PRINCETON LECTURES IN ANALYSIS
プリンストン解析学講義

REAL ANALYSIS
MEASURE THEORY, INTEGRATION, & HILBERT SPACES

実 解 析
測度論, 積分, およびヒルベルト空間

ELIAS M. STEIN / RAMI SHAKARCHI

エリアス・M.スタイン
ラミ・シャカルチ
［著］…………………………

新井仁之
杉本　充
髙木啓行
千原浩之
［訳］…………………………

日本評論社

JCOPY <(社)出版者著作権管理機構 委託出版物>

本書の無断複写は著作権法上での例外を除き禁じられています．
複写される場合は，そのつど事前に，
　(社) 出版者著作権管理機構
　TEL：03-5244-5088, FAX：03-5244-5089, E-mail：info@jcopy.or.jp
の許諾を得てください．
また，本書を代行業者等の第三者に依頼してスキャニング等の行為によりデジタル化することは，
個人の家庭内の利用であっても，一切認められておりません．

REAL ANALYSIS : Measure Theory, Integration, and Hilbert Spaces
by Elias M. Stein and Rami Shakarchi
Copyright © 2005 by Princeton University Press
Japanese translation published by arrangement with Princeton University Press
through The English Agency (Japan) Ltd.
All rights reserved.

No part of this book may be reproduced or transmitted in any form or by any means,
electronic or mechanical, including photocopying, recording
or by any information storage and retrieval system,
without permission in writing from the Publisher.

日本語版への序文

　本書ならびに本シリーズの他の巻を新井仁之氏，千原浩之氏，杉本充氏，髙木啓行氏が日本語に翻訳するという計画を知ってたいへんうれしく思っています．私たちは，数学を学んでいる世界中のなるべく多くの学生が本シリーズの本を手にしてくれればと思い執筆してきましたので，この翻訳の話は特に喜ばしい限りです．私たちは本シリーズがこのような形でも，日本の解析学の長く豊かな伝統に多少なりとも貢献できることを願っています．この場を借りて，この翻訳のプロジェクトに関係した方々に感謝いたします．

2006 年 10 月

エリアス・M. スタイン
ラミ・シャカルチ

まえがき

　2000年の初春から，四つの一学期間のコースがプリンストン大学で教えられた．その目的は，一貫した方法で，解析学のコアとなる部分を講義することであった．目標はさまざまなテーマをわかりやすく有機的にまとめ，解析学で育まれた考え方が，数学や科学の諸分野に幅広い応用の可能性をもっていることを描き出すことであった．ここに提供するシリーズは，そのとき行われた講義に手を入れたものである．

　私たちが取り上げた分野のうち，一つ一つの部分を個々に扱った優れた教科書はたくさんある．しかしこの講義録は，それらとは異なったものを目指している．具体的に言えば，解析学のいろいろな分野を切り離して提示するのではなく，むしろそれらが相互に固くつながりあっている姿を見せることを意図している．私たちは，読者がそういった相互の関連性やそれによって生まれる相乗作用を見ることにより，個々のテーマを従来より深く多角的に理解しようとするモチベーションをもてると考えている．こういった効果を念頭において，この講義録ではそれぞれの分野を方向付けるような重要なアイデアや定理に焦点をあてた (よりシステマティックなアプローチはいくらか犠牲にした)．また，あるテーマが論理的にどのように発展してきたかという歴史的な経緯もだいぶ考慮に入れた．

　この講義録を4巻にまとめたが，各巻は一学期に取り上げられる内容を反映している．内容は大きくわけて次のようなものである．

　I. フーリエ級数とフーリエ積分
　II. 複素解析
　III. 測度論，ルベーグ積分，ヒルベルト空間
　IV. 関数解析学，超関数論，確率論の基礎などに関する発展的な話題から精選したもの．

ただし，このリストではテーマ間の相互関係や，他分野への応用が記されておらず，完全な全体像を表していない．そのような横断的な部分の例をいくつか挙げておきたい．第 I 巻で学ぶ (有限) フーリエ級数の基礎はディリクレ指標という概念につながり，そこから等差数列の中の素数の無限性が導出される．また X-線変換やラドン変換は第 I 巻で扱われる問題の一つであるが，2 次元と 3 次元のベシコヴィッチ類似集合の研究において重要な役割を果たすものとして第 III 巻に再び登場する．ファトゥーの定理は，単位円板上の有界正則関数の境界値の存在を保証するものであるが，その証明は最初の三つの各巻で発展させたアイデアに基づいて行われる．テータ関数は第 I 巻で熱方程式の解の中に最初に出てくるが，第 II 巻では，ある整数が二つあるいは四つの平方数の和で表せる方法を見出すことに用いられる．またゼータ関数の解析接続にも用いられる．

この 4 巻の本とそのもとになったコースについて，もう少し述べておきたい．コースは一学期 48 時間というかなり集中的なペースで行われた．毎週の問題はコースにとって不可欠なものであり，そのため練習と問題は本書でも講義のときと同じように重要な役割をはたしている．各章には「練習」があるが，それらは本文と直接関係しているもので，あるものは簡単だが，多少の努力を要すると思われる問題もある．しかし，ヒントもたくさんあるので，ほとんどの練習が挑戦しやすくなっているだろう．より複雑で骨の折れる「問題」もある．最高難度のもの，あるいは本書の範囲を超えているものには，アステリスクのマークをつけておいた．

異なった巻の間にもかなり相互に関連した部分があるが，最初の三つの各巻については最小の予備知識で読めるように，必要とあれば重複した記述もいとわなかった．最小の予備知識というのは，極限，級数，可微分関数，リーマン積分などの解析学の初等的なトピックや線形代数で学ぶ事柄である．このようにしたことで，このシリーズは数学，物理，工学，そして経済学などさまざまな分野の学部生，大学院生にも近づきやすいものになっている．

この事業を援助してくれたすべての人に感謝したい．とりわけ，この四つのコースに参加してくれた学生諸君には特に感謝したい．彼らの絶え間ない興味，熱意，そして献身が励みとなり，このプロジェクトは可能になった．またエイドリアン・バナーとジョセ・ルイス・ロドリゴにも感謝したい．二人にはこのコースを運営

するに当たり特に助力してもらい，学生たちがそれぞれの授業から最大限のものを獲得するように努力してくれた．それからエイドリアン・バナーはテキストに対しても貴重な提案をしてくれた．

以下にあげる人々にも特別な謝意を記しておきたい：チャールズ・フェファーマンは第一週を教えた(これはプロジェクト全体にとって大成功の出発だった！)．ポール・ヘーゲルスタインは原稿の一部を読むことに加えて，コースの一つを数週間教えた．そしてそれ以降，このシリーズの第二ラウンドの教育も引き継いだ．ダニエル・レヴィンは校正をする際に多大な助力をしてくれた．最後になってしまったが，ジェリー・ペヒトには，彼女の組版の完璧な技能，そしてOHPシート，ノート，原稿など講義のすべての面で準備に費やしてくれた時間とエネルギーに対して感謝したい．

プリンストン大学の250周年記念基金とナチュラル・サイエンス・ファンデーションのVIGREプログラム[1]の援助に対しても感謝したい．

エリアス・M. スタイン
ラミ・シャカルチ

プリンストン，ニュージャージー
2002年8月

第III巻で私たちは，測度論と積分に関する基本的なことがらを扱った．この巻では，前巻までに現れた多くの重要なトピックスを再吟味し，さらに発展させ，また，解析学で本質的に重要な数多くの別の主題へと案内することができた．興味をもった読者には，さらに発展的な題材を扱った星印付きの節を設けた．これ

---

[1] 訳注：VIGRE は Grants for Vertical Integration of Research and Education in the Mathematical Sciences (数理科学における研究と教育の垂直的統合のための基金) の略．VIGRE は 'Vigor' と発音する．

は最初に読む際は省略してもよいだろう．この機会にダニエル・レヴィンには校正と，本書に取り入れさせていただいた多くの提案に対して感謝したい．

2004 年 11 月

訳者まえがき

　本書は「プリンストン解析学講義」全4巻の中の第III巻『実解析　測度論，積分，およびヒルベルト空間』の翻訳である．第III巻は，第I巻『フーリエ解析入門』，第II巻『複素解析』に続き2005年に出版された．

　本書はその題目が示すように実解析の教科書である．しかし，その内容は非常に濃く，また扱われている題材も広範囲にわたっている．通常の実解析の入門書とは一線を画しているといえよう．

　まずユークリッド空間上のルベーグ測度とルベーグ積分の解説から始まり，関数や積分の微分可能性の詳論，ヒルベルト空間論の初歩，単位円板や上半平面上のハーディ空間 H^2，定数係数偏微分方程式，ディリクレの原理，抽象的な測度と積分論，エルゴード理論，そしてハウスドルフ測度とフラクタルの話題がていねいに解説されている．この中には，ベシコヴィッチ集合やラドン変換などの話も含まれている．また第I巻でルベーグ積分を仮定せずに解説されていたフーリエ解析も，第III巻ではルベーグ積分を前提にした扱いがされている．

　とかく実解析の教程では，測度と積分の話に終始しがちであるが，本書ではそれがどのように使われ，そしてどのように発展していったのかも古典的な題材を通して学ぶことができる．

　本書の翻訳は緒言，第1章，第2章，注と文献を杉本，第3章，第5章を千原，第4章，第6章を髙木，まえがき，第7章その他を新井が担当した．

2017年秋

訳者を代表して
新井仁之

目次

日本語版への序文	i
まえがき	iii
訳者まえがき	vii
緒言	xv
1 フーリエ級数：完備化	xvi
2 連続関数の極限	xvii
3 曲線の長さ	xvii
4 微分と積分	xviii
5 測度の問題	xix
第1章 測度論	1
1 準備	1
2 外測度	10
3 可測集合とルベーグ測度	17
4 可測関数	29
4.1 定義と基本的性質	30
4.2 単関数または階段関数による近似	33
4.3 リトルウッドの三原則	35
5* ブルン−ミンコフスキーの不等式	37
6 練習	40
7 問題	50

第2章　積分論　　54

1. ルベーグ積分：基本的性質と収束定理 ……… 54
2. 可積分関数の空間 L^1 ……… 74
3. フビニの定理 ……… 81
   - 3.1　定理の主張と証明 ……… 82
   - 3.2　フビニの定理の応用 ……… 87
4.* フーリエの反転公式 ……… 94
5. 練習 ……… 97
6. 問題 ……… 103

第3章　微分と積分　　106

1. 積分の微分 ……… 107
   - 1.1　ハーディ−リトルウッドの最大関数 ……… 108
   - 1.2　ルベーグの微分定理 ……… 112
2. 良い核と近似単位元 ……… 117
3. 関数の微分可能性 ……… 123
   - 3.1　有界変動関数 ……… 123
   - 3.2　絶対連続関数 ……… 136
   - 3.3　跳躍関数の微分可能性 ……… 140
4. 求長可能な曲線と等周不等式 ……… 143
   - 4.1*　曲線のミンコフスキー容量 ……… 146
   - 4.2*　等周不等式 ……… 153
5. 練習 ……… 155
6. 問題 ……… 162

第4章　ヒルベルト空間：序説　　167

1. ヒルベルト空間 L^2 ……… 168
2. ヒルベルト空間 ……… 172
   - 2.1　直交性 ……… 175
   - 2.2　ユニタリー写像 ……… 179
   - 2.3　前ヒルベルト空間 ……… 181
3. フーリエ級数とファトゥーの定理 ……… 182
   - 3.1　ファトゥーの定理 ……… 185

4	閉部分空間と直交射影	187
5	線形変換	192
	5.1　線形汎関数とリースの表現定理	194
	5.2　共役	195
	5.3　例	197
6	コンパクト作用素	200
7	練習	206
8	問題	215

第5章　ヒルベルト空間：いくつかの例　　221

1	L^2 上のフーリエ変換	222
2	上半平面のハーディ空間	227
3	定数係数偏微分方程式	235
	3.1　弱解	236
	3.2　主定理と重要な評価式	239
4*	ディリクレの原理	244
	4.1　調和関数	248
	4.2　境界値問題とディリクレの原理	258
5	練習	268
6	問題	274

第6章　一般の測度論と積分論　　278

1	一般の測度空間	279
	1.1　外測度とカラテオドリの定理	280
	1.2　距離外測度	283
	1.3　拡張定理	286
2	測度空間上の積分	290
3	例	292
	3.1　直積測度と一般のフビニの定理	293
	3.2　極座標に関する積分公式	296
	3.3　$\mathbb{R}$ 上のボレル測度とルベーグ–スティルチェス積分	298
4	測度の絶対連続性	302
	4.1　符号つき測度	303

		4.2	絶対連続性	305
	5*		エルゴード定理	309
		5.1	平均エルゴード定理	312
		5.2	最大エルゴード定理	314
		5.3	各点エルゴード定理	318
		5.4	エルゴード的な保測変換	320
	6*		付録：スペクトル分解定理	324
		6.1	定理の主張	325
		6.2	正の作用素	326
		6.3	定理の証明	329
		6.4	スペクトル	332
	7		練習	333
	8		問題	341

第7章 ハウスドルフ測度とフラクタル　346

	1		ハウスドルフ測度	348
	2		ハウスドルフ次元	353
		2.1	例	354
		2.2	自己相似性	365
	3		空間を埋め尽くす曲線	374
		3.1	4乗ベキ区間と2進正方形	375
		3.2	2進対応	378
		3.3	ペアノ曲線の構成	381
	4*		ベシコヴィッチ集合と正則性	386
		4.1	ラドン変換	389
		4.2	$d \geq 3$ の場合の集合の正則性	395
		4.3	ベシコヴィッチ集合は次元2である	397
		4.4	ベシコヴィッチ集合の構成	400
	5		練習	407
	6		問題	412

注と文献　417

参考文献 **421**

記号の説明 **423**

緒言

> 私は激しい驚きと恐怖でもって，導関数をもたない関数の嘆かわしい大襲来から顔をそむけるのである．
>
> —— C. エルミート，1893

　解析学の概念的枠組みに関する革命的な変化が 1870 年頃に始まり，そしてそれは明確な形となって現れ始め，ついには関数という基本的な対象や，連続，微分可能性，積分可能性などといった観念に対する理解の，大きな変容と一般化がもたらされるにいたった．

　解析学において適切な関数とは公式やあるいはその他の「解析的」表現により与えられるものであるとか，それはもともと備わった性質として連続 (あるいはそれに近いもの) であるとか，またほとんどすべての点において導関数をもっている必要があり，さらにはすでに認知されている積分論に関して積分可能であるべきであるなどといった，これら関数に対する初期の認識のすべてが，次々と登場する決して無視することのできない反例や，その理解のためには新しい概念を必要とするさまざまな問題の重みに耐えかねて，崩壊を始めたのであった．このような展開と並行して，より幾何学的であると同時に，より抽象的な新しい物の見方が登場した．それはすなわち，曲線の性質に対する明確な理解，その修正と延長の可能性などのことであり，さらには初期の集合論，直線上・平面上などの部分集合から始まり，そのそれぞれに割り当てられる「測度」といった概念のことである．

　それはこれらの進歩が必要とした観点の変更にそれなりの抵抗がなかったかというと，そうともいえない．矛盾したことに，この新しい旅立ちの価値を最もよ

く理解することができたはずの当時の一流の数学者たちの中においてすら，これらを最も懐疑的に思う人たちの仲間入りをしたものも存在したのである．そしてこれら新しいアイデアがついには勝利を収めたことは，今ならば扱うことができる多くの問題の形で理解することができる．ここでは，そのような問題のうち最も重要ないくつかを，やや不正確な形ながらあげてみることにしよう．

1. フーリエ級数：完備化

第I巻において，f が $[-\pi, \pi]$ 上の (リーマン) 可積分関数であるときに，我々はそのフーリエ級数 $f \sim \sum a_n e^{inx}$ を

(1) $$a_n = \frac{1}{2\pi} \int_{-\pi}^{\pi} f(x) e^{-inx}\, dx$$

で定義し，さらにパーセヴァルの等式

$$\sum_{n=-\infty}^{\infty} |a_n|^2 = \frac{1}{2\pi} \int_{-\pi}^{\pi} |f(x)|^2\, dx$$

が成立することを見た．

しかしながら，上にあるような関数とそのフーリエ係数との間の関係は，リーマン可積分関数に限ってしまうと，完全には互いに行き来できないものとなっている．仮にそのような行き来のできる関数全体からなる集合 $\mathcal{R}$ に2乗ノルムを与えたものを考え，また，空間 $\ell^2(\mathbb{Z})$ もそのノルム付きで考えるとき[1]，$\mathcal{R}$ のおのおのの元 f に対し，対応する $\ell^2(\mathbb{Z})$ の元 $\{a_n\}$ が割り当てられ，これら二つのノルムはそれぞれ一致することになる．しかしながら，$\ell^2(\mathbb{Z})$ の元でありながら $\mathcal{R}$ の関数が対応しないものを構成することはたやすい．$\ell^2(\mathbb{Z})$ はそのノルムに関して完備であるが，$\mathcal{R}$ はそうではない[2]ことにも注意してほしい．かくして，我々は次の二つの問題へと行き着くことになる：

(i) $\mathcal{R}$ を完備化した場合に，どのような「関数」が現れると推測されるか？言い換えると，任意の数列 $\{a_n\} \in \ell^2(\mathbb{Z})$ を与えるとき，これをフーリエ係数にもつ関数は (それが存在するものと仮定して) どのような性質をもつものであるか？

(ii) そのような関数 f をどのようにして積分するか (特に，(1) をどのように

---

[1] この記号は，第I巻第3章にて用いられている．
[2] 第I巻第3章の第1節の定理1.1あたりの議論を見よ．

正当化するか)?

2. 連続関数の極限

　$\{f_n\}$ を $[0,1]$ 上の連続関数の列とする．すべての x に関して $\lim_{n\to\infty} f_n(x) = f(x)$ であるものと仮定するとき，極限関数 f の性質について考えてみよう．

　もし収束が一様であるならば，事は単純であり，f はいたるところ連続である．しかしながら，ひとたび一様収束の仮定を外すや事態はいきなり過激なものとなり，これにより引き起こされる問題は何ともとらえがたいものとなるのである．このことはたとえば，連続関数の列 $\{f_n\}$ で f にいたるところ収束し，

(a)　すべての x に対して $0 \leq f_n(x) \leq 1$.
(b)　列 $f_n(x)$ は $n \to \infty$ のとき単調に減少する．
(c)　極限関数 f はリーマン可積分ではない[3]．

をみたすものを構成することができるという事実からも見て取ることができる．しかしながら，(a) と (b) から列 $\int_0^1 f_n(x)\,dx$ は収束することがわかる．したがって，f の積分をどのような方法で定義することにすれば

$$\int_0^1 f(x)\,dx = \lim_{n\to\infty} \int_0^1 f_n(x)\,dx$$

が成立するのか？　という疑問が自然にわきおこってくる．

　このことと前の問題を同時に解決してくれるのがルベーグ積分である．

3. 曲線の長さ

　微積分を学習する際にまず論ぜられる問題の一つとして，平面上の曲線およびそれらの長さを調べることがあげられる．Γ を平面上の連続曲線とし，t の連続関数 x および y によるパラメータ表示 $\Gamma = \{(x(t), y(t))\},\ a \leq t \leq b$ をもつものとする．通常 Γ の <u>長さ</u> は，Γ 上の有限個の点を次々とつないでできる折れ線の長さの上限として定義される．その長さ L が有限であるとき，Γ は <u>長さ有限</u> であるという．$x(t)$ および $y(t)$ が連続微分可能のとき，よく知られた公式

---

[3]　極限 f として非常に不連続なものをとることができる．たとえば第 1 章の練習 10 を見よ．

(2) $$L = \int_a^b \left((x'(t))^2 + (y'(t))^2\right)^{1/2} dt$$

が成立する．

一般の曲線を考えた場合，自然と疑問が発生してくる．より具体的には，

（ i ） Γ が長さ有限であることを保証する $x(t)$ および $y(t)$ の条件は何か？

（ ii ） 長さが有限であるとき，公式 (2) は成立するか？

といった問題のことである．

最初の問題に対しては，「有界変動」という用語を用いた完全なる解答が存在する．2 番目に関しては，x と y が有界変動ならば (2) の積分は常に意味をもつことがわかるが，一般には等式は成立せず，しかし Γ のパラメータを適当に付け替えることにより成立させることが可能となる．

さらに問題となってくる事柄がある．長さ有限な曲線は，長さが与えられているがゆえ純粋に 1 次元的な性質をもつ．では 2 次元的な (長さが有限ではない) 曲線といったものは存在するのであろうか？　実際われわれは，正方形を埋め尽くす平面上の連続曲線が存在し，さらに分数次元を適当に定義するならば，より一般に 1 と 2 の間の任意の次元をもたせることも可能であることを見ることになる．

4. 微分と積分

いわゆる「微分積分学の基本定理」とは微分と積分が逆の作用になっていることを表しており，二通りの違った手段で簡単に以下のように述べることができる：

(3) $$F(b) - F(a) = \int_a^b F'(x)\, dx,$$

(4) $$\frac{d}{dx} \int_0^x f(y)\, dy = f(x).$$

最初の主張に関しては，連続関数 F でいたるところ微分不可能なものや，すべての x で $F'(x)$ が存在するが F' は積分可能ではないものの存在により，(3) が有効となる F の一般的なクラスを見つけることが問題となってくる．(4) に関しては，上で考えた最初の二つの問題の解として登場する積分可能な関数 f の一般的なクラスに対する主張を，適切に定式化した上で証明することが問題となる．これらの問題には，ある種の「被覆」論法や絶対連続の概念を用いることにより解答を与えることができる．

5. 測度の問題

　事を明確にするならば，上に掲げたすべての問題に対して答えようとする際に理解されていなければならない基本的な論点とは，測度の問題である．2次元の場合に (不正確に) 述べるならば，これは $\mathbb{R}^2$ の任意の部分集合 E に対して，測度すなわちその「面積」$m_2(E)$ を与える問題であり，これは初等的な集合に対しては標準的に定まっているものに対する拡張である．かわりに，1次元の場合における類似の問題をより正確に述べることにしよう．これは，$\mathbb{R}$ における長さの概念を一般化した1次元測度 $m_1 = m$ を構成する問題である．

　$\mathbb{R}$ の部分集合 E の族の上で定義された非負関数 m で，拡張実数値すなわち $+\infty$ を値としてとることを許容したものを探したい．次の性質を要求する：

(a) E が長さ $b-a$ の区間 $[a,b]$，$a \leq b$ であるならば，$m(E) = b-a$．

(b) $E = \bigcup_{n=1}^{\infty} E_n$ かつ E_n が互いに素ならば，$m(E) = \sum_{n=1}^{\infty} m(E_n)$．

条件 (b) は測度 m の「加算加法性」である．これは特別な場合として

(b′) E_1 と E_2 が互いに素ならば，$m(E_1 \cup E_2) = m(E_1) + m(E_2)$

を含んでいる．

　しかしながら，理論の中で多くの極限の議論を適用するには，一般の場合 (b) が不可欠であり，(b′) 単独では限りなく不十分である．

　公理 (a) および (b) に対し，m の平行移動不変性，すなわち

(c) $h \in \mathbb{R}$ に対し，$m(E+h) = m(E)$

も付け加えよう．

　手ごろなすなわち「可測」な集合のクラスに限定するならば，このような測度すなわちルベーグ測度の存在 (と一意性) は理論における基本的な結果のひとつである．この集合のクラスは加算回の和，交わり，補集合をとる操作に関して閉じており，開集合全体，閉集合全体などを含んだものとなっている[4]．

　我々は，この測度の構成に関することから学習を始めることにする．これを出発点として，積分の一般論，とりわけ上で論じた問題の答へと話の流れが続いて

---

[4] 非可測な集合が存在することにより，すべての部分集合からなるクラスに対してはこのような測度は存在しない．第1章第3節の最後におけるこのような集合の構成法を見よ．

いくことになる．

年表

この問題の初期の発展に貢献した顕著な出来事のいくつかを並べて，この序論を終えることにする．

1872 — ワイエルシュトラスによる，いたるところ微分不可能な関数の構成

1881 — ジョルダンによる有界変動関数の導入と，後の (1887 年) 長さ有限性との関連性

1883 — カントールの 3 進集合

1890 — ペアノによる空間を埋め尽くす曲線の構成

1898 — ボレルの可測集合

1902 — ルベーグによる測度と積分の理論

1905 — ヴィタリによる非可測集合の構成

1906 — ファトゥーによるルベーグの理論の複素関数論への応用

第1章　測度論

> 前述のアイデアにより定義できる測度をもつ集合を，可測集合と呼ぶことにしよう．これは，その他の集合には測度を与えることができないことの示唆を意図するものではない．
>
> ——— E. ボレル，1898

　この章では，$\mathbb{R}^d$ 上のルベーグ測度の構成と，その結果として得られる可測関数のクラスについて調べることにする．いくつかの準備をした後，最初の重要な定義である $\mathbb{R}^d$ の任意の部分集合 E に対する外測度の定義へと進む．これは，E を被覆する立方体の和集合での近似により与えられる．このアイデアを手に可測性を定義することができ，かくして可測な集合へと議論を限定することができる．それから，可測集合の集まりは補集合や加算個の和集合をとる操作に関して閉じていることや，互いに交わらない部分集合の和集合であれば測度は加法的であることなど，基本的な結果について取り組む．

　可測関数の概念は，可測集合のアイデアからの自然な派生である．このことは，連続関数の概念が開 (閉) 集合との関係の上に立脚しているのと同様である．しかし，可測関数のクラスは各点収束に関して閉じているといった重要な利点をもっている．

1. 準備

　まず，以下において展開される理論において基本となる，いくつかの初等的な概念について論じることから始めよう．

　$\mathbb{R}^d$ における部分集合の「体積」あるいは「測度」を求める際に主要となる考え

方は，その集合を単純な幾何をもちかつ測度が既知なものの和集合により近似することである．$\mathbb{R}^d$ における集合について述べる際に「体積」という言い方は便利であるが，実際には $d=2$ の場合には「面積」，$d=1$ の場合には「長さ」を意味していることになる．ここでのアプローチにおいては，矩形や立方体が理論構築の際の基本ブロックとして用いられる．すなわち，$\mathbb{R}$ の場合には区間を用い，$\mathbb{R}^d$ の場合には区間の直積を用いる．任意の次元において，矩形は操作が容易であり，その体積の概念はそれぞれの辺の長さの積をとることにより標準的に理解することができる．

次に，開集合の幾何におけるこれら矩形の重要性を際立たせる，二つの簡単な定理を証明する．ひとつは，$\mathbb{R}$ の任意の開集合は可算個の互いに交わらない開区間の和集合であるというものであり，もう一つは，$\mathbb{R}^d$ $(d \geq 2)$ の任意の開集合は，境界での交わりのみを許容するという意味において，「ほとんど」互いに交わらない閉立方体の和集合であるというものである．これら二つの定理を鑑みて，後に外測度が定義される．

以下の標準的な記号を用いることにする．**点** $x \in \mathbb{R}^d$ とは，d 個の実数の組

$$x = (x_1, x_2, \cdots, x_d), \qquad x_i \in \mathbb{R}, \quad i = 1, \cdots, d$$

のことである．点の加法は，成分ごとの加法として定義する．実数のスカラー倍もまた同様である．x の**ノルム**を $|x|$ で表し，標準的なユークリッド・ノルム

$$|x| = (x_1^2 + \cdots + x_d^2)^{1/2}$$

として定義する．このとき，2 点 x と y の間の**距離**は，単に $|x-y|$ で与えられる．

$\mathbb{R}^d$ における集合 E の**補集合**を E^c で表し，

$$E^c = \{x \in \mathbb{R}^d : x \notin E\}$$

で定義する．E と F を $\mathbb{R}^d$ の部分集合とするとき，F の E における補集合を

$$E - F = \{x \in \mathbb{R}^d : x \in E \text{ かつ } x \notin F\}$$

で表す．二つの集合 E および F の間の**距離**は，

$$d(E, F) = \inf |x - y|$$

で定義される．ここで，inf はすべての $x \in E$ と $y \in F$ をとるときの下限である．

開集合,閉集合,コンパクト集合

$\mathbb{R}^d$ における中心 x,半径 r の**開球**を

$$B_r(x) = \{y \in \mathbb{R}^d : |y-x| < r\}$$

で定義する.

部分集合 $E \subset \mathbb{R}^d$ が**開**であるとは,任意の $x \in E$ に対して $r > 0$ が存在して $B_r(x) \subset E$ となることをいう.定義として,集合が**閉**であるとはその補集合が開であることをいう.

任意の開集合 (必ずしも可算個である必要はない) の和集合は開集合であるが,一般には有限個の開集合の交わりのみが開となることに注意しておく.和集合と交わりの役割を交換することにより,同様の主張が閉集合に対しても成立する.

集合 E が**有界**であるとは,ある有限の半径をもつ球に含まれることをいう.有界集合がさらに閉でもある場合には,**コンパクト**であるという.コンパクト集合は,ハイネ–ボレルの被覆性をもっている:

- E はコンパクト集合であると仮定し,$E \subset \bigcup_\alpha \mathcal{O}_\alpha$ かつ各 $\mathcal{O}_\alpha$ は開であるものとする.このとき,有限個の開集合 $\mathcal{O}_{\alpha_1}, \mathcal{O}_{\alpha_2}, \cdots, \mathcal{O}_{\alpha_N}$ で $E \subset \bigcup_{j=1}^N \mathcal{O}_{\alpha_j}$ となるものが存在する.

言い換えれば,コンパクト集合の <u>任意の</u> 開被覆は <u>有限</u> 部分被覆をもつ.

点 $x \in \mathbb{R}^d$ が集合 E の**極限点**であるとは,任意の $r > 0$ に対して球 $B_r(x)$ が E の点を含んでいることをいう.これは,E には x にいくらでも近い点が存在することを意味している.E の**孤立点**とは,ある r が存在して $B_r(x) \cap E$ が $\{x\}$ と等しくなるような点 $x \in E$ のことをいう.

点 $x \in E$ が**内点**であるとは,ある $r > 0$ が存在して $B_r(x) \subset E$ となることをいう.E の内点全体の集合を,E の**内部**という.また,E の**閉包** $\overline{E}$ とは,E とそのすべての極限点からなる集合のことである.集合 E の**境界**とは,E の閉包にありその内部にはない点の集合のことであり,∂E で表す.

集合の閉包は閉集合であることに注意してほしい.E のすべての点は E の極限点であり,集合が閉であることはそれがすべての極限点を含むことと同値だからである.最後に,閉集合 E が**完全**であるとは,E がいかなる孤立点をももたないことをいう.

矩形と立方体

$\mathbb{R}^d$ における (閉) **矩形** R は，$a_j \leq b_j, j = 1, 2, \cdots, d$ を実数として，1次元有界閉区間の直積

$$R = [a_1, b_1] \times [a_2, b_2] \times \cdots \times [a_d, b_d]$$

により与えられる．ここでの定義によれば，矩形は<u>閉</u>であり，各辺は座標軸に平

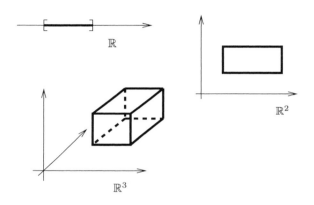

図1 $\mathbb{R}^d$ における矩形 $(d = 1, 2, 3)$．

行である．$\mathbb{R}$ においては矩形は有界閉区間そのものであり，$\mathbb{R}^2$ においては通常の四辺からなる長方形である．$\mathbb{R}^3$ においては閉直方体となる．

矩形 R の辺の長さとは，$b_1 - a_1, \cdots, b_d - a_d$ のことである．矩形 R の**体積**を $|R|$ で表し，

$$|R| = (b_1 - a_1) \cdots (b_d - a_d)$$

で定義されるものとする．もちろん，$d = 1$ のときには「体積」は長さのことであり，$d = 2$ のときには面積のことである．

開矩形とは開区間の直積のことであり，矩形 R の内部は

$$(a_1, b_1) \times (a_2, b_2) \times \cdots \times (a_d, b_d)$$

となる．

また，**立方体**とは矩形のうち $b_1 - a_1 = b_2 - a_2 = \cdots = b_d - a_d$ となるもののことをいう．よって，$Q \subset \mathbb{R}^d$ が辺の長さ ℓ の立方体であるとき，その体積は $|Q| = \ell^d$ である．

矩形の和集合が**ほとんど互いに交わらない**とは，それら矩形の内部どうしが互いに交わらないことをいう．

この章では矩形や立方体での被覆が主要な役割を果たすので，二つの重要な補題をここで取り出しておく．

補題 1.1 矩形がほとんど互いに交わらない有限個の矩形の和集合で表されるものとし，それを $R = \bigcup_{k=1}^{N} R_k$ とするとき，
$$|R| = \sum_{k=1}^{N} |R_k|$$
が成立する．

証明 すべての矩形 $R_1, \cdots, R_N$ の辺をそのまま延長することにより形成される格子を考える．これにより，有限個の矩形 $\widetilde{R}_1, \cdots, \widetilde{R}_M$ と 1 から M までの整数の分割 $J_1, \cdots, J_N$ を用いて，
$$R = \bigcup_{j=1}^{M} \widetilde{R}_j \quad \text{および} \quad R_k = \bigcup_{j \in J_k} \widetilde{R}_j, \quad k = 1, \cdots, N$$
がほとんど互いに交わらないようにできる (図 2 を見よ)．

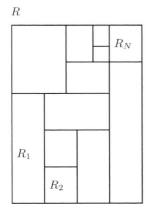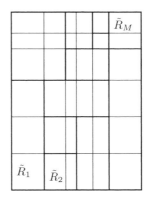

図 2 矩形 R_k により形成される格子．

たとえば矩形 R に対しては，この格子が R の各辺の分割を与え，各 $\widetilde{R}_j$ がこの分割により得られる区間の積となっていることから，$|R| = \sum_{j=1}^{M} |\widetilde{R}_j|$ となるこ

とがわかる．このように，$\widetilde{R}_j$ の体積を足し合わせることは，対応する区間の長さの積の合計を求めていることになっている．このことは，他の矩形 $R_1, \cdots, R_N$ に対しても成立するので，結局

$$|R| = \sum_{j=1}^{M} |\widetilde{R}_j| = \sum_{k=1}^{N} \sum_{j \in J_k} |\widetilde{R}_j| = \sum_{k=1}^{N} |R_k|$$

となる． ∎

この議論を若干修正することにより，次が得られる．

補題 1.2 $R, R_1, \cdots, R_N$ を矩形とし $R \subset \bigcup_{k=1}^{N} R_k$ とするとき，

$$|R| \leq \sum_{k=1}^{N} |R_k|$$

が成り立つ．

主なアイデアとしては，矩形 $R, R_1, \cdots, R_N$ のすべての辺を延長して格子をつくり，(上の証明における) J_k に対応する集合がもはや互いに交わらないものである必要はないことに注意すればよい．

続いて，開集合の構造に対して矩形を用いた表現を与えよう．

定理 1.3 $\mathbb{R}$ におけるすべての開集合 $\mathcal{O}$ は，互いに交わらない開区間の可算個の和集合としてただひと通りに表すことができる．

証明 各 $x \in \mathcal{O}$ に対し，x を含み $\mathcal{O}$ に含まれる最も大きな区間を I_x で表すものとする．より正確には，$\mathcal{O}$ は開集合であることから，x はある (非自明な) 小区間に含まれ，したがって

$$a_x = \inf\{a < x : (a, x) \subset \mathcal{O}\} \quad \text{および} \quad b_x = \sup\{b > x : (x, b) \subset \mathcal{O}\}$$

とおけば，(a_x や b_x が無限大となることも許容して) $a_x < x < b_x$ でなくてはならない．そこで $I_x = (a_x, b_x)$ とおけば，その構成法から $x \in I_x$ および $I_x \subset \mathcal{O}$ となる．それゆえ

$$\mathcal{O} = \bigcup_{x \in \mathcal{O}} I_x$$

である．ここでもし二つの区間 I_x と I_y が互いに交わるとすると，その和集合 (これもまた開区間である) は $\mathcal{O}$ に含まれ x を含む．I_x はそのようなものの最大

であることから，$(I_x \cup I_y) \subset I_x$ であり，また同時に $(I_x \cup I_y) \subset I_y$ でなくてはならない．このようなことが起こるのは $I_x = I_y$ のときのみであり，それゆえ，$\mathcal{I} = \{I_x\}_{x \in \mathcal{O}}$ の中のどの相異なる二つの区間も互いに交わらない．証明は，$\mathcal{I}$ には高々可算個の互いに交わらない区間しかないことを示せば完成する．しかし，任意の開区間 I_x が有理数を含んでいることから，これを見ることは容易である．異なる区間は互いに交わらないので，それらは相異なる有理数を含んでいなくてはならないことから，望み通り $\mathcal{I}$ は可算となる． ∎

もし $\mathcal{O}$ が開集合で，$\mathcal{O} = \bigcup_{j=1}^{\infty} I_j$，ただし各 I_j は互いに交わらない開区間であるならば，$\mathcal{O}$ の測度が $\sum_{j=1}^{\infty} |I_j|$ となるべきことは自然である．この表現は一意的であったから，これを測度の定義として採用することもできる．その場合には $\mathcal{O}_1$ と $\mathcal{O}_2$ が開集合で互いに交わらない限り，それらの和集合の測度はそれぞれの測度の和となることに注意しておく．これは開集合に対しては測度の自然な概念を与えるが，$\mathbb{R}$ の他の集合に対して一般化することは直ちに明らかというわけではない．そのうえ，高次元の場合における同様のアプローチは，この文脈における定理 1.3 の直接の類似が有効ではないことから (練習 12 参照)，開集合の測度を定義する場合においてさえすでに複雑さに遭遇してしまう．しかし，代わりとなる結果ならば存在する．

定理 1.4 $\mathbb{R}^d$ $(d \geq 1)$ における任意の開集合 $\mathcal{O}$ は，ほとんど互いに交わらない可算個の閉立方体の和集合として表される．

証明 内部どうしが互いに交わらない可算個の閉立方体の集まり $\mathcal{Q}$ で，$\mathcal{O} = \bigcup_{Q \in \mathcal{Q}} Q$ となるものを構成しなくてはならない．

第 1 ステップとして，$\mathbb{R}^d$ において各頂点を整数座標にとるような，1 辺の長さ 1 の閉立方体すべてをとることによりできる格子を考える．別の言い方をすれば，座標軸に平行な線からなる通常の格子，すなわち格子点 $\mathbb{Z}^d$ から生成される格子を考える．また，その格子の等分割を繰り返すことにより得られる，1 辺の長さ 2^{-N} の格子も考えることにしよう．

最初の格子において，次のルールに従って各立方体を $\mathcal{Q}$ の一つとして残すかあるいは捨て去ることにする：もし Q が完全に $\mathcal{O}$ に含まれるならば，その Q を受け入れ；もし Q が $\mathcal{O}$ および $\mathcal{O}^c$ と交わるならば，とりあえずそれを残す；も

し Q が完全に $\mathcal{O}^c$ に含まれるならば，その Q は捨て去る．

　第2ステップとして，とりあえず残しておいた立方体を等分割することにより，1辺の長さ $1/2$ の 2^d 個の立方体にする．そして上の手続きを繰り返して，もし完全に $\mathcal{O}$ に含まれるならばその小さい立方体を受け入れ，$\mathcal{O}$ および $\mathcal{O}^c$ と交わるならばとりあえず残し，もし完全に $\mathcal{O}^c$ に含まれるならば捨て去る．図3は，$\mathbb{R}^2$ における開集合に対するこのステップを表している．

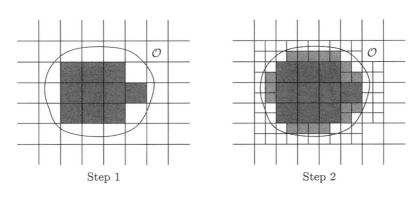

図3　$\mathcal{O}$ の互いに交わらない立方体への分割．

　この手続きを無限回繰り返せば，こうして残された立方体の集まり $\mathcal{Q}$ は，(その構成法から) 可算個でありほとんど互いに交わらないものから成り立っている．なぜこれらの和集合が $\mathcal{O}$ すべてとなるかを見るために，与えられた $x \in \mathcal{O}$ に対して，(最初の格子から等分割を繰り返すことにより得られる) 1辺の長さが 2^{-N} の立方体で，x を含み $\mathcal{O}$ に完全に含まれるものが存在することに注意する．この立方体は受け入れられたものであるか，すでに前の段階で受け入れられた立方体に含まれるかのいずれかである．このことは，$\mathcal{Q}$ に含まれるすべての立方体の和集合は $\mathcal{O}$ を覆いつくすことを示している． ∎

　ここで再び，ほとんど互いに交わらない矩形 R_j により $\mathcal{O} = \bigcup_{j=1}^{\infty} R_j$ と表されるとき，$\mathcal{O}$ の測度として $\sum_{j=1}^{\infty} |R_j|$ と定めるのは理にかなったことである．これは，それぞれの矩形の境界は0であるべきであり，矩形どうしの交わりは $\mathcal{O}$ の体積には影響しないはずであることより自然である．しかしながら，上での立方体への分割は一意的ではなく，この和が分割の仕方によらないことは直ちに分か

ることではない.よって,$d \geq 2$ の場合の $\mathbb{R}^d$ においては,たとえ開集合に対してであっても,体積や面積の概念はより微妙なものとなっているのである.

実は次節における一般論が,前の二つの定理における開集合の分割と整合する体積の概念を与え,そしてすべての次元に適用される.そこに行く前に,$\mathbb{R}$ におけるある重要な例について論じておこう.

カントール集合

カントール集合は,集合論や一般の解析学において顕著な役割をはたしている.これとその変形版は,啓発的な例を与える豊かな源となっている

閉単位区間 $C_0 = [0,1]$ から始めて,$[0,1]$ から中央の 3 分の 1 開区間を取り去って得られる集合を C_1 で表す.すなわち
$$C_1 = \left[0, \frac{1}{3}\right] \cup \left[\frac{2}{3}, 1\right].$$
次にこの手続きを C_1 のそれぞれの部分区間に対して繰り返す,つまり中央の 3 分の 1 開区間を取り去る.この第 2 段階では
$$C_2 = \left[0, \frac{1}{9}\right] \cup \left[\frac{2}{9}, \frac{1}{3}\right] \cup \left[\frac{2}{3}, \frac{7}{9}\right] \cup \left[\frac{8}{9}, 1\right]$$
となっている.この手続きを C_2 のそれぞれの部分区間に対して繰り返し,さらに同様にこの手続きを進めていく (図 4).

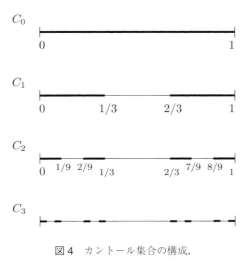

図 4 カントール集合の構成.

この手続きにより，コンパクト集合の列 $C_k, k = 1, 2, \cdots$ で
$$C_0 \supset C_1 \supset C_2 \supset \cdots \supset C_k \supset C_{k+1} \supset \cdots$$
となるものが得られる．**カントール集合** $\mathcal{C}$ は，すべての C_k の共通部分と定義することで得られる：
$$\mathcal{C} = \bigcap_{k=0}^{\infty} C_k$$
集合 $\mathcal{C}$ は，(すべての k に対して) C_k の各区間の端点が $\mathcal{C}$ に含まれることから，空とはならない．

この単純な構成法にもかかわらず，カントール集合は数多くの興味深い位相的および解析的な性質を携えている．たとえば，$\mathcal{C}$ は閉かつ有界であり，したがってコンパクトである．また，$\mathcal{C}$ は完全不連結である，すなわち，与えられた任意の $x, y \in \mathcal{C}$ に対して，ある $z \notin \mathcal{C}$ が x と y の間に存在する．最後に，$\mathcal{C}$ は完全である，すなわち孤立点をもたない (練習 1)．

次に，$\mathcal{C}$ の「サイズ」を決定する問題へと目を転じてみよう．これは繊細な問題であり，サイズというものをどうとらえるかによって，それぞれ違った角度からのアプローチができよう．たとえば，カントール集合の濃度に関していえばサイズはかなり大きなものとなる，すなわちそれは可算ではない．区間 $[0, 1]$ へ写像として写すことができるので，カントール集合は連続の濃度をもっている (練習 2)．

しかしながら，「長さ」の観点からは $\mathcal{C}$ のサイズは小さい．荒っぽい言い方をすればカントール集合の長さは 0 であり，これは次の直感的な議論から示される．すなわち，集合 $\mathcal{C}$ は長さが 0 へと向かう集合 C_k によって覆われている．実際，C_k は長さ 3^{-k} の 2^k 個の互いに交わらない区間からなっており，C_k の全長は $(2/3)^k$ に等しい．しかしすべての k に対して $\mathcal{C} \subset C_k$ であり，k が無限大へと向かうとき $(2/3)^k \to 0$ となる．次の節において測度の概念を定義し，この議論を正確なものとしよう．

2. 外測度

外測度という考え方は，測度論を展開するうえで重要な二つの概念のうちの最初のものである．外測度の定義と基本的な性質から始めよう．おおまかな言い方

をすれば，外測度 m_* は $\mathbb{R}^d$ の<u>任意の</u>部分集合に対してサイズの概念を定める最初のものであり，さまざまな例により我々のもともとの直感と一致することがわかる．しかしながら外測度には，互いに交わらない集合の和集合をとる際において望ましい性質である加法性が欠落している．次節においてこの問題を収拾するが，そこでは測度論の鍵となる概念，すなわち可測集合について詳細に論じることになる．

外測度とは，その名が示すとおり，集合 E の体積を外側から近似することを試みるものである．集合 E は立方体によって被覆され，立方体の交わりがより少なくなり，その被覆がより優れたものになっていくならば，E の体積はそれら立方体の体積の和に近づくはずである．

正確な定義は次の通りである．すなわち，E を $\mathbb{R}^d$ の任意の部分集合として，E の**外測度**[1] を

$$(1) \qquad m_*(E) = \inf \sum_{j=1}^{\infty} |Q_j|$$

とする．ここで下限は閉立方体による任意の被覆 $E \subset \bigcup_{j=1}^{\infty} Q_j$ すべてにわたってとるものとする．外測度は常に非負であるが無限大ともなりうるので，一般には $0 \leq m_*(E) \leq \infty$ であり，それゆえ拡張された正数にその値をとることになる．

(1) によって与えられる外測度の定義について，いくつかの予備的な注意をしておこう．

（ⅰ） $m_*(E)$ の定義において，<u>有限</u>個の和とするだけでは不十分である．有限個の立方体の和集合で被覆を考えただけでは，その量は一般に $m_*(E)$ よりも大きくなる (練習 14 参照)．

（ⅱ） しかしながら，立方体での被覆を矩形での被覆あるいは球による被覆に置き換えることが可能である．前者の代案が同じ外測度を与えることは極めて直接的に得られる (練習 15 参照)．後者との同値性はより微妙である (第 3 章練習 26 参照)．

外測度が計算可能な集合の例をいくつか与えることによりこの新しい概念を調

---

[1] exterior measure の訳であるが，著者によっては **outer measure** という用語を用いる場合もある．

べ始めるが，後半は体積 (1 次元の場合には長さ，2 次元の場合には面積，など) を理解する際の我々の直感にあてはまるものとなっている．

例 1 1 点の外測度は 0 である．これは，1 点は体積 0 の立方体であり，自分自身を被覆していることをみれば明らかである．もちろん，空集合の外測度もやはり 0 となる．

例 2 閉立方体の外測度はその体積に等しい．実際，Q を $\mathbb{R}^d$ における閉立方体とする．Q は自分自身を被覆するので，$m_*(Q) \leq |Q|$ でなくてはいけない．それゆえ，逆向きの不等式を証明すれば十分である．

立方体による任意の被覆 $Q \subset \bigcup_{j=1}^{\infty} Q_j$ を考え，

$$
(2) \qquad |Q| \leq \sum_{j=1}^{\infty} |Q_j|
$$

を示せば十分であることに注意する．固定された $\varepsilon > 0$ に対して，それぞれの j ごとに，Q_j を含む開立方体 S_j を $|S_j| \leq (1+\varepsilon)|Q_j|$ となるように選ぶ．コンパクト集合 Q の開被覆 $\bigcup_{j=1}^{\infty} S_j$ に対して有限個の部分被覆を選び，必要ならば番号を付けかえることにより，$Q \subset \bigcup_{j=1}^{N} S_j$ としてもよい．S_j の閉包をとり，補題 1.2 を適用することにより $|Q| \leq \sum_{j=1}^{N} |S_j|$ を得る．その結果，

$$
|Q| \leq (1+\varepsilon) \sum_{j=1}^{N} |Q_j| \leq (1+\varepsilon) \sum_{j=1}^{\infty} |Q_j|
$$

となる．ε は任意であるので，(2) が成り立つことがわかる．かくして，求めるべき $|Q| \leq m_*(Q)$ が得られた．

例 3 Q が開立方体ならば，$m_*(Q) = |Q|$ は引き続き成立する．Q はその閉包 $\overline{Q}$ に被覆され，かつ $|\overline{Q}| = |Q|$ であるので，$m_*(Q) \leq |Q|$ は直ちにわかる．逆向きの不等式を示すには，Q_0 が Q に含まれる閉立方体ならば，Q の可算個の閉立方体による任意の被覆は Q_0 の被覆でもあることから (後述の観察 1 を見よ)，$m_*(Q_0) \leq m_*(Q)$ となることに注意すればよい．それゆえ，$|Q_0| \leq m_*(Q)$ であり，Q_0 はその体積が $|Q|$ にいくらでも近くなるようにとれることから，$|Q| \leq m_*(Q)$ とならねばならない．

例 4 矩形 R の外測度はその体積に等しい．実際，例 2 のように議論することにより，$|R| \leq m_*(R)$ がわかる．逆向きの不等式を得るには，1 辺の長さが $1/k$ である立方体からなる $\mathbb{R}^d$ での格子を考える．そのとき，$\mathcal{Q}$ を R に完全に含まれるすべての (有限個の) 立方体の集まりからなるものとし，$\mathcal{Q}'$ を R の補集合とも交わるすべての (有限個の) 立方体の集まりからなるものとして，$R \subset \bigcup_{Q \in (\mathcal{Q} \cup \mathcal{Q}')} Q$ となることにまずは注意する．また，単純な議論により

$$\sum_{Q \in \mathcal{Q}} |Q| \leq |R|$$

が得られる．さらに，$\mathcal{Q}'$ には $O(k^{d-1})$ [2] だけの立方体があり，それらの立方体の体積は k^{-d} であることから，$\sum_{Q \in \mathcal{Q}'} |Q| = O(1/k)$ となる．よって，

$$\sum_{Q \in (\mathcal{Q} \cup \mathcal{Q}')} |Q| \leq |R| + O(1/k)$$

となり，k を無限大に飛ばすことにより，求めるべき $m_*(R) \leq |R|$ が得られる．

例 5 $\mathbb{R}^d$ の外測度は無限大である．このことは，$\mathbb{R}^d$ の任意の被覆は任意の立方体 $Q \subset \mathbb{R}^d$ の被覆でもあることから，$|Q| \leq m_*(\mathbb{R}^d)$ であることより従う．Q はいくらでも大きい体積をもつものとできるので，$m_*(\mathbb{R}^d) = \infty$ でなくてはならない．

例 6 カントール集合 $\mathcal{C}$ の外測度は 0 である．我々は $\mathcal{C}$ の構成法から，C_k をそれぞれの長さが 3^{-k} である互いに交わらない 2^k 個の閉区間の和集合とするとき，$\mathcal{C} \subset C_k$ であることを知っている．したがって，すべての k に対して $m_*(\mathcal{C}) \leq (2/3)^k$ であり，それゆえ $m_*(\mathcal{C}) = 0$ となる．

外測度の性質

前の例とそこでの解説は，外測度を定義する際に下敷きとしているいくつかの直感的事実を示すものである．ここでは，m_* をさらに詳しく調べ，以下で必要となる外測度の五つの性質を証明していくことにする．

まず，次の注意点を記しておこう．これは m_* の定義から直ちに従う．

---

[2] 記号 $f(x) = O(g(x))$ は，ある定数 C とある与えられた範囲にあるすべての x に対して $|f(x)| \leq C|g(x)|$ が成り立つことを意味していることに注意しておく．特にこの例においては，$k \to \infty$ のとき，議論に関わる立方体の数が Ck^{d-1} より少ないことを意味する．

- 任意の $\varepsilon > 0$ に対して，被覆 $E \subset \bigcup_{j=1}^{\infty} Q_j$ で

$$\sum_{j=1}^{\infty} m_*(Q_j) \leq m_*(E) + \varepsilon$$

となるものが存在する．

観察 1 (単調性) $E_1 \subset E_2$ ならば $m_*(E_1) \leq m_*(E_2)$．

これは，E_2 の可算個の立方体による任意の被覆は E_1 の被覆でもあることを見れば，直ちに従う．

観察 2 (可算劣加法性) $E = \bigcup_{j=1}^{\infty} E_j$ ならば $m_*(E) \leq \sum_{j=1}^{\infty} m_*(E_j)$．

まず，それぞれ $m_*(E_j) < \infty$ であることを仮定してもよい．さもなくば不等号は明らかに成立するからである．任意の $\varepsilon > 0$ に対して，外測度の定義から，各 j における閉立方体による被覆 $E_j \subset \bigcup_{k=1}^{\infty} Q_{k,j}$ で

$$\sum_{k=1}^{\infty} |Q_{k,j}| \leq m_*(E_j) + \frac{\varepsilon}{2^j}$$

となるものがとれる．このとき，$E \subset \bigcup_{j,k=1}^{\infty} Q_{k,j}$ は E の閉立方体による被覆であり，それゆえ

$$\begin{aligned} m_*(E) \leq \sum_{j,k=1}^{\infty} |Q_{k,j}| &= \sum_{j=1}^{\infty} \sum_{k=1}^{\infty} |Q_{k,j}| \\ &\leq \sum_{j=1}^{\infty} \left(m_*(E_j) + \frac{\varepsilon}{2^j} \right) \\ &= \sum_{j=1}^{\infty} m_*(E_j) + \varepsilon \end{aligned}$$

となる．これは任意の $\varepsilon > 0$ に対して正しいので，観察 2 が示される．

観察 3 $E \subset \mathbb{R}^d$ ならば $m_*(E) = \inf m_*(\mathcal{O})$ である．ここで，下限は E を含むすべての開集合 $\mathcal{O}$ にわたるものとする．

単調性より，不等式 $m_*(E) \leq \inf m_*(\mathcal{O})$ が成り立つことは明らかである．逆向きの不等式については，$\varepsilon > 0$ をとし，立方体 Q_j を $E \subset \bigcup_{j=1}^{\infty} Q_j$ で

$$\sum_{j=1}^{\infty} |Q_j| \leq m_*(E) + \frac{\varepsilon}{2}$$

となるように選ぶ．Q_j^0 で Q_j を含むある開立方体を表し，さらに $|Q_j^0| \leq |Q_j| + \varepsilon/2^{j+1}$ であるものとする．このとき，$\mathcal{O} = \bigcup_{j=1}^{\infty} Q_j^0$ は開であり，観察 2 から

$$\begin{aligned}
m_*(\mathcal{O}) &\leq \sum_{j=1}^{\infty} m_*(Q_j^0) = \sum_{j=1}^{\infty} |Q_j^0| \\
&\leq \sum_{j=1}^{\infty} \left(|Q_j| + \frac{\varepsilon}{2^{j+1}} \right) \\
&= \sum_{j=1}^{\infty} |Q_j| + \frac{\varepsilon}{2} \\
&\leq m_*(E) + \varepsilon
\end{aligned}$$

となる．それゆえ，$\inf m_*(\mathcal{O}) \leq m_*(E)$ となり，これが示すべきものであった．

観察 4 $E = E_1 \cup E_2$ かつ $d(E_1, E_2) > 0$ ならば

$$m_*(E) = m_*(E_1) + m_*(E_2)$$

である．

観察 2 により，$m_*(E) \leq m_*(E_1) + m_*(E_2)$ となることはすでにわかっているので，逆向きの不等式を示せば十分である．そのために，まず δ を $d(E_1, E_2) > \delta > 0$ となるように選ぶ．次に，閉立方体による被覆 $E \subset \bigcup_{j=1}^{\infty} Q_j$ を，$\sum_{j=1}^{\infty} |Q_j| \leq m_*(E) + \varepsilon$ となるように選ぶ．立方体 Q_j をさらに細かく分割することにより，Q_j の直径は δ より小さいとしてよい．この場合，各 Q_j は二つの集合 E_1 と E_2 のうち高々どちらか一つとしか交わらない．J_1, J_2 をそれぞれ E_1, E_2 と交わる場合の添え字 j の集合とすれば，$J_1 \cap J_2$ は空集合であり，

$$E_1 \subset \bigcup_{j \in J_1} Q_j \quad \text{そして同様に} \quad E_2 \subset \bigcup_{j \in J_2} Q_j$$

となる．それゆえ，

$$\begin{aligned}
m_*(E_1) + m_*(E_2) &\leq \sum_{j \in J_1}^{\infty} |Q_j| + \sum_{j \in J_2}^{\infty} |Q_j| \\
&\leq \sum_{j=1}^{\infty} |Q_j|
\end{aligned}$$

$$\leq m_*(E) + \varepsilon$$

である．ε は任意であったから，観察 4 の証明は完成する．

観察 5 集合 E がほとんど互いに交わらない可算個の立方体の和集合 $E = \bigcup_{j=1}^{\infty} Q_j$ ならば，

$$m_*(E) = \sum_{j=1}^{\infty} |Q_j|$$

である．

ε は任意であるが固定されているものとし，$\widetilde{Q}_j$ を Q_j に完全に含まれる立方体で $|Q_j| \leq |\widetilde{Q}_j| + \varepsilon/2^j$ となるものとする．このとき，すべての N に対し立方体 $\widetilde{Q}_1, \widetilde{Q}_2, \cdots, \widetilde{Q}_N$ は互いに交わらず，それゆえお互いがある有限の距離どうしであり，観察 4 を繰り返し用いることにより

$$m_*\left(\bigcup_{j=1}^{N} \widetilde{Q}_j\right) = \sum_{j=1}^{N} |\widetilde{Q}_j| \geq \sum_{j=1}^{N}(|Q_j| - \varepsilon/2^j)$$

を得る．$\bigcup_{j=1}^{N} \widetilde{Q}_j \subset E$ であるから，任意の整数 N に対して

$$m_*(E) \geq \sum_{j=1}^{N} |Q_j| - \varepsilon$$

が結論づけられる．N を無限大へと飛ばす極限をとることにより，任意の ε に対して $\sum_{j=1}^{\infty} |Q_j| \leq m_*(E) + \varepsilon$ となるから，$\sum_{j=1}^{\infty} |Q_j| \leq m_*(E)$ が導かれる．それゆえ，この結果と観察 2 とをあわせて等号が証明される．

この最後の性質から，集合がほとんど互いに交わらない立方体に分割されれば，その外測度はそれら立方体の体積の和に等しいことが示される．特に定理 1.4 より，開集合の外測度はある分割により得られた立方体の体積の和に等しいことがわかり，これは我々が最初に想像したことと一致している．さらにこれは，その和が分割の仕方にはよらないことも示している．

このことより，初等的な計算により体積が求められる単純な集合の場合には，その体積が外測度と一致していることもわかる．この主張は，いったん積分論に必須の道具を開発しさえすれば，ごく簡単に証明することができる (第 2 章を見

よ)．特に，(開閉にかかわらず) 球の外測度はその体積に一致することを正当化することができるようになる．

観察 4 と 5 の事実にもかかわらず，$E_1 \cup E_2$ が互いに交わらない $\mathbb{R}^d$ の部分集合であったとしても，一般には

$$(3) \qquad m_*(E_1 \cup E_2) = m_*(E_1) + m_*(E_2)$$

を結論づけることは できない．実際 (3) は，問題となっている集合が極度に変則的であったり「病的」であったりはせず，以下に述べる意味で可測であるときに成立する．

3. 可測集合とルベーグ測度

可測性の概念とは，$\mathbb{R}^d$ の部分集合の集まりを分離して，互いに交わらない集合の和集合に対する加法性 (実際には可算加法性) など，外測度に関し我々が望むすべての性質をみたすもののみを取り出すものである．

可測性を定義する数多くの異なる方法が存在するが，結局はそれらすべてが同値であることがわかる．おそらく，最も簡単でかつ最も直感的な方法は次であろう：$\mathbb{R}^d$ の部分集合 E が**ルベーグ可測**，あるいは単に**可測**であるとは，任意の $\varepsilon > 0$ に対してある開集合 $\mathcal{O}$ が存在して，$E \subset \mathcal{O}$ かつ

$$m_*(\mathcal{O} - E) \leq \varepsilon$$

が成り立つことをいう．このことと，**すべての** 集合 E に対して成立している観察 3 とを比較してもらいたい．

もし E が可測であれば，その**ルベーグ測度** (あるいは**測度**) $m(E)$ を

$$m(E) = m_*(E)$$

で定義する．明らかに，ルベーグ測度は外測度に関する観察 1–5 に含まれるすべての特徴を受け継いでいる．

定義から直ちに，次がわかる：

性質 1 $\mathbb{R}^d$ のすべての開集合は可測である．

我々の当面の目標は，可測集合のもつさまざまなさらなる性質を集めてくることである．特に，可測集合の全体は可算個の和集合，可算個の交わり，補集合な

ど,集合論におけるさまざまな操作に関してよいふるまいを示す.

性質2 $m_*(E) = 0$ ならば E は可測である.特に,F が外測度 0 である集合の部分集合ならば,F は可測である.

外測度に関する観察 3 より,任意の $\varepsilon > 0$ に対して,ある開集合 $\mathcal{O}$ で $E \subset \mathcal{O}$ かつ $m_*(\mathcal{O}) \leq \varepsilon$ となるものが存在する.$(\mathcal{O} - E) \subset \mathcal{O}$ であるので,単調性から求める $m_*(\mathcal{O} - E) \leq \varepsilon$ を得る.

この性質の一つの帰結として,例 6 のカントール集合 $\mathcal{C}$ は可測であり,測度は 0 であることが従う.

性質3 可測集合の可算個の和集合は可測である.

$E = \bigcup_{j=1}^{\infty} E_j$ で,E_j はそれぞれ可測とする.与えられた $\varepsilon > 0$ に対して,各 j ごとに開集合 $\mathcal{O}_j$ を $E_j \subset \mathcal{O}_j$ かつ $m_*(\mathcal{O}_j - E_j) \leq \varepsilon/2^j$ となるように選べる.このとき,和集合 $\mathcal{O} = \bigcup_{j=1}^{\infty} \mathcal{O}_j$ は開であり $E \subset \mathcal{O}$,かつ $(\mathcal{O} - E) \subset \bigcup_{j=1}^{\infty} (\mathcal{O}_j - E_j)$ であるので,外測度の単調性と劣加法性から

$$m_*(\mathcal{O} - E) \leq \sum_{j=1}^{\infty} m_*(\mathcal{O}_j - E_j) \leq \varepsilon$$

を得る.

性質4 閉集合は可測である.

まず,コンパクト集合が可測であることを示せば十分であることを見ておこう.実際,任意の閉集合 F はコンパクト集合の和集合として表される.たとえば,B_k により原点中心で半径 k の閉球を表すとき,$F = \bigcup_{k=1}^{\infty} F \cap B_k$ である.よって性質 3 を適用すればよい.

そこで,F をコンパクト(したがって特に $m_*(F) < \infty$)とし,$\varepsilon > 0$ とする.観察 3 により,開集合 $\mathcal{O}$ を $F \subset \mathcal{O}$ かつ $m_*(\mathcal{O}) \leq m_*(F) + \varepsilon$ となるように選ぶことができる.F は閉であるから,差 $\mathcal{O} - F$ は開であり,定理 1.4 よりこの差をほとんど互いに交わらない立方体の可算個の和集合

$$\mathcal{O} - F = \bigcup_{j=1}^{\infty} Q_j$$

として表すことができる．固定された N に対して，有限個の和集合 $K = \bigcup_{j=1}^{N} Q_j$ はコンパクトであり，それゆえ，$d(K, F) > 0$（この些細な事実は後の補題にて別途考察する）である．$(K \cup F) \subset \mathcal{O}$ であるので，外測度に関する観察 1, 4 および 5 から

$$m_*(\mathcal{O}) \geq m_*(F) + m_*(K)$$
$$= m_*(F) + \sum_{j=1}^{N} m_*(Q_j)$$

となる．それゆえ，$\sum_{j=1}^{N} m_*(Q_j) \leq m_*(\mathcal{O}) - m_*(F) \leq \varepsilon$ であり，これは N を無限大へ飛ばしても成立する．外測度の劣加法性を発動させることにより，最終的に

$$m_*(\mathcal{O} - F) \leq \sum_{j=1}^{\infty} m_*(Q_j) \leq \varepsilon$$

が従い，これが求めるべきものであった．

本筋からはしばし離れた，以下を証明することにより上の議論を完成させよう．

補題 3.1 F は閉，K はコンパクトであり，かつこれらの集合が互いに交わらないならば，$d(F, K) > 0$ である．

証明 F は閉であるので，各点 $x \in K$ に対してある $\delta_x > 0$ が存在して $d(x, F) > 3\delta_x$ となる．$\bigcup_{x \in K} B_{2\delta_x}(x)$ は K を被覆し，かつ K はコンパクトであることから部分被覆を見つけることができ，それを $\bigcup_{j=1}^{N} B_{2\delta_j}(x_j)$ で表すことにする．$\delta = \min(\delta_1, \cdots, \delta_N)$ とおくならば，$d(K, F) \geq \delta > 0$ でなくてはならない．実際，$x \in K$ かつ $y \in F$ ならば，ある j に対して $|x_j - x| \leq 2\delta_j$ となり，また構成の仕方から $|y - x_j| \geq 3\delta_j$ である．それゆえ，

$$|y - x| \geq |y - x_j| - |x_j - x| \geq 3\delta_j - 2\delta_j \geq \delta$$

となり，補題は証明された． ■

性質 5 可測集合の補集合は可測である．

E を可測とするとき，すべての正の整数 n に対して開集合 $\mathcal{O}_n$ を，$E \subset \mathcal{O}_n$

かつ $m_*(\mathcal{O}_n - E) \leq 1/n$ となるように選ぶことができる．補集合 $\mathcal{O}_n^c$ は閉であり，それゆえ可測であるので，性質3より和集合 $S = \bigcup_{n=1}^{\infty} \mathcal{O}_n^c$ もまた可測である．ここで単純に $S \subset E^c$ と

$$(E^c - S) \subset (\mathcal{O}_n - E)$$

から，すべての n に対して $m_*(E^c - S) \leq 1/n$ となることに注意する．これより $m_*(E^c - S) = 0$ となり，性質2から $E^c - S$ は可測となる．それゆえ E^c は，二つの可測集合すなわち S と $(E^c - S)$ の和集合であるので，やはり可測となる．

性質6 可測集合の可算個の交わりは可測である．

これは

$$\bigcap_{j=1}^{\infty} E_j = \left(\bigcup_{j=1}^{\infty} E_j^c \right)^c$$

であることより，性質3と5から従う．

結論として，可測集合の族は集合論におけるよく知られた操作に関して閉じていることがわかった．ここで指摘しておくが，我々はただ単に有限個の和集合や交わりに関して閉じている以上のこと，すなわち可測集合の集まりが<u>可算</u>個の和集合や交わりに関しても閉じていることを示している．この有限の操作から無限のそれへの移行は，解析の面からは重要である．しかしながら，可測集合を扱う際には<u>非可算</u>個の和集合や交わりは許されていないことを強調しておく．

定理 3.2 $E_1, E_2, \cdots$ が互いに交わらない可測集合で $E = \bigcup_{j=1}^{\infty} E_j$ ならば，

$$m(E) = \sum_{j=1}^{\infty} m(E_j)$$

である．

証明 最初に，さらに E_j が有界であるものと仮定する．このとき，各 j に対して E_j^C の可測性の定義を当てはめることにより，E_j のある閉部分集合 F_j で $m_*(E_j - F_j) \leq \varepsilon/2^j$ となるものを選ぶことができる．N を固定するごとに，$F_1, \cdots, F_N$ はコンパクトかつ互いに交わらず，したがって $m\left(\bigcup_{j=1}^{N} F_j \right) = \sum_{j=1}^{N} m(F_j)$ となる．$\bigcup_{j=1}^{N} F_j \subset E$ ゆえ，

$$m(E) \geq \sum_{j=1}^{N} m(F_j) \geq \sum_{j=1}^{N} m(E_j) - \varepsilon$$

とならなくてはいけない. N を無限大に飛ばせば, ε は任意であることから

$$m(E) \geq \sum_{j=1}^{\infty} m(E_j)$$

がわかる. 逆向きの不等式は (観察 2 における劣加法性より) 常に成立するので, これより各 E_j が有界である場合には証明が完了する.

一般の場合には, 任意の立方体の列 $\{Q_k\}_{k=1}^{\infty}$ で, すべての $k \geq 1$ に対して $Q_k \subset Q_{k+1}$ でありかつ $\bigcup_{k=1}^{\infty} Q_k = \mathbb{R}^d$ であるという意味において, $\mathbb{R}^d$ へと増大するものを選ぶ. このとき, $S_1 = Q_1$ かつ $k \geq 2$ に対し $S_k = Q_k - Q_{k-1}$ とおく. $E_{j,k} = E_j \cap S_k$ により可測集合を定義すれば,

$$E = \bigcup_{j,k} E_{j,k}$$

となる. この和集合は互いに交わらないものどうしであり, どの $E_{j,k}$ も有界である. さらに $E_j = \bigcup_{k=1}^{\infty} E_{j,k}$ であり, この和集合もまた互いに交わらないものからなる. これらの事実を合わせて, すでに証明されたことを用いることにより,

$$m(E) = \sum_{j,k} m(E_{j,k}) = \sum_{j} \sum_{k} m(E_{j,k}) = \sum_{j} m(E_j)$$

が得られるが, これが主張であった. ∎

これにより, 可測集合上のルベーグ測度の可算加法性が示された. この結果により, 以下のことどうしが必然的に関連することになる:

- 外測度により与えられる素朴な体積の概念,
- 可測集合というより洗練された考え,
- これらの集合上で許される可算無限回の操作.

さらにいくつかの結果を簡潔に述べるため, 定義を二つ与えよう.

可算個の $\mathbb{R}^d$ の部分集合の集まり $E_1, E_2, \cdots$ が, すべての k に対して $E_k \subset E_{k+1}$ でありかつ $E = \bigcup_{k=1}^{\infty} E_k$ であるという意味において E へと増大するとき, $E_k \nearrow E$ と表す.

同様に, $E_1, E_2, \cdots$ が, すべての k に対して $E_k \supset E_{k+1}$ でありかつ $E =$

$\bigcap_{k=1}^{\infty} E_k$ であるという意味において E へと減少するとき, $E_k \searrow E$ と表す.

系 3.3 $E_1, E_2, \cdots$ は $\mathbb{R}^d$ の可測な部分集合であるとする.
(i) $E_k \nearrow E$ ならば $m(E) = \lim_{N \to \infty} m(E_N)$.
(ii) $E_k \searrow E$ かつある k に対して $m(E_k) < \infty$ ならば $m(E) = \lim_{N \to \infty} m(E_N)$.

証明 1番目の主張に対しては, $G_1 = E_1, G_2 = E_2 - E_1$ とし, 一般に $k \geq 2$ に対して $G_k = E_k - E_{k-1}$ とおく. この構成法により, 集合 G_k たちは可測, 互いに交わらず, かつ $E = \bigcup_{k=1}^{\infty} G_k$ となる. よって,

$$m(E) = \sum_{k=1}^{\infty} m(G_k) = \lim_{N \to \infty} \sum_{k=1}^{N} m(G_k) = \lim_{N \to \infty} m\left(\bigcup_{k=1}^{N} G_k\right)$$

となり, $\bigcup_{k=1}^{N} G_k = E_N$ であることから, 示すべき極限が得られる.

2番目の部分に対しては, 明らかに $m(E_1) < \infty$ と仮定してもよい. 各 k に対して $G_k = E_k - E_{k-1}$ とおいて,

$$E_1 = E \cup \bigcup_{k=1}^{\infty} G_k$$

が互いに交わらない可測集合の和集合となるようにする. その結果,

$$m(E_1) = m(E) + \lim_{N \to \infty} \sum_{k=1}^{N-1} (m(E_k) - m(E_{k+1}))$$
$$= m(E) + m(E_1) - \lim_{N \to \infty} m(E_N)$$

となることがわかる. よって $m(E_1) < \infty$ であることから $m(E) = \lim_{N \to \infty} m(E_N)$ となることがわかり, 証明が完結する. ■

2番目の結論は, 仮定 $m(E_k) < \infty$ がない場合には成立しない場合もありうることに読者は注意すべきであろう. このことは, 簡単な例としてすべての n に対して $E_n = (n, \infty) \subset \mathbb{R}$ とおくことにより示される.

以下は, 可測集合の性質に対する重要な幾何的および解析的洞察を, その開集合や閉集合との関係という観点から与えるものである. その主意は, 要するに, 任意の可測集合はそれを含む開集合により, あるいはそれが含む閉集合により近似されるというものである.

定理 3.4 E を $\mathbb{R}^d$ の可測な部分集合とする．このとき，すべての $\varepsilon > 0$ に対して

(i) ある開集合 $\mathcal{O}$ で，$E \subset \mathcal{O}$ かつ $m(\mathcal{O} - E) \leq \varepsilon$ となるものが存在する．

(ii) ある閉集合 F で，$F \subset E$ かつ $m(E - F) \leq \varepsilon$ となるものが存在する．

(iii) もし $m(E)$ が有限ならば，あるコンパクト集合 K で，$K \subset E$ かつ $m(E - K) \leq \varepsilon$ となるものが存在する．

(iv) もし $m(E)$ が有限ならば，ある有限個の閉立方体の和集合 $F = \bigcup_{j=1}^{N} Q_j$ で，
$$m(E \triangle F) \leq \varepsilon$$
となるものが存在する．

記号 $E \triangle F$ は E と F との**対称差**を表し，$E \triangle F = (E - F) \cup (F - E)$ で定義され，E または F のどちらかにのみ属する点から構成される．

証明 （ⅰ）は可測性の定義にすぎない．2 番目の主張に対しては，E^c が可測であることはわかっているので，ある開集合 $\mathcal{O}$ で $E^c \subset \mathcal{O}$ かつ $m(\mathcal{O} - E^c) \leq \varepsilon$ となるものが存在する．$F = \mathcal{O}^c$ とおくならば，F は閉であり，$F \subset E$ かつ $E - F = \mathcal{O} - E^c$ である．よって，求める $m(E - F) \leq \varepsilon$ を得る．

（ⅲ）に対しては，まず閉集合 F を $F \subset E$ かつ $m(E - F) \leq \varepsilon/2$ となるように選ぶ．各 n に対して B_n により原点中心で半径 n の球を表すものとし，コンパクト集合 $K_n = F \cap B_n$ を定義する．このとき，$E - K_n$ は $E - F$ へと減少する可測集合の列であり，$m(E) < \infty$ であるので，すべての大きい n に対して $m(E - K_n) \leq \varepsilon$ となることが結論づけられる．

最後の主張に対しては，閉立方体の族 $\{Q_j\}_{j=1}^{\infty}$ を
$$E \subset \bigcup_{j=1}^{\infty} Q_j \quad \text{かつ} \quad \sum_{j=1}^{\infty} |Q_j| \leq m(E) + \frac{\varepsilon}{2}$$
となるように選ぶ．$m(E) < \infty$ なので，この級数は収束し，ある $N > 0$ が存在して $\sum_{j=N+1}^{\infty} |Q_j| < \varepsilon/2$ となる．$F = \bigcup_{j=1}^{N} Q_j$ とすれば，
$$m(E \triangle F) = m(E - F) + m(F - E)$$
$$\leq m\left(\bigcup_{j=N+1}^{\infty} Q_j\right) + m\left(\bigcup_{j=1}^{\infty} Q_j - E\right)$$

$$\leq \sum_{j=N+1}^{\infty} |Q_j| + \sum_{j=1}^{\infty} |Q_j| - m(E)$$
$$\leq \varepsilon$$

となる. ∎

ルベーグ測度の不変性

$\mathbb{R}^d$ におけるルベーグ測度の一つの重要な性質として平行移動不変性があり，これは次のように述べられる： E を可測集合とし $h \in \mathbb{R}^d$ とするとき，集合 $E_h = E + h = \{x + h : x \in E\}$ も可測であり，$m(E+h) = m(E)$ が成り立つ．特別な場合として E が立方体のときには成立していることを見れば，任意の集合 E の外測度へと移行して，第2節で与えられた m_* の定義から $m_*(E_h) = m_*(E)$ となることがわかる．E が可測であるという条件のもとで E_h の可測性を証明するためには，$\mathcal{O}$ が開で $\mathcal{O} \supset E$ かつ $m_*(\mathcal{O} - E) < \varepsilon$ ならば，$\mathcal{O}_h$ は開で $\mathcal{O}_h \supset E_h$ かつ $m_*(\mathcal{O}_h - E_h) < \varepsilon$ となることに注意すればよい．

同様に，ルベーグ測度の相対的伸張不変性も証明することができる．$\delta > 0$ として，δE により集合 $\{\delta x : x \in E\}$ を表すものとする．このとき，E が可測である限り δE も可測で，$m(\delta E) = \delta^d m(E)$ が成立する．ルベーグ測度が反射不変であることも簡単に見ることができる．すなわち，E が可測である限り $-E = \{-x : x \in E\}$ も可測で，$m(-E) = m(E)$ が成立する．

ルベーグ測度のその他の不変性が，練習7と8および第2章の問題4であげられている．

σ-代数とボレル集合

集合の σ-代数[3]とは，$\mathbb{R}^d$ の部分集合の集まりで，可算個の和集合，可算個の交わり，および補集合に関して閉じているものをいう．

$\mathbb{R}^d$ のすべての部分集合全体はもちろん σ-代数である．より興味深く関連のある例として $\mathbb{R}^d$ の可測集合全体があるが，これも σ-代数をなすことは示したばかりである．

解析において極めて重要な役割をはたすもう一つの σ-代数は $\mathbb{R}^d$ のボレル σ-

---

[3] 訳注：σ-代数は σ-加法族，完全加法族，σ-集合体ともいう．

代数であり，これは $\mathcal{B}_{\mathbb{R}^d}$ と表され，すべての開集合を含む最小の σ–代数として定義される．この σ–代数の元は**ボレル集合**と呼ばれる．

ボレル σ–代数の定義は，「最小の」という用語を定義し，そのような σ–代数が存在して一意であることを示しさえすれば意味のあるものとなる．「最小の」という用語は，$\mathcal{S}$ が $\mathbb{R}^d$ におけるすべての開集合を含む σ–代数である限り，必ず $\mathcal{B}_{\mathbb{R}^d} \subset \mathcal{S}$ であることを意味している．σ–代数の任意の交わり (必ずしも可算個である必要はない) は再び σ–代数であることがわかるので，$\mathcal{B}_{\mathbb{R}^d}$ を開集合を含む任意の σ–代数の交わりとして定義してもよい．これは，ボレル σ–代数の存在と一意性を表している．

開集合は可測であるので，結果としてボレル σ–代数は可測集合のなす σ–代数に含まれる．ここで，この包含関係が真なるものであるかという疑問が自然と生じてくる．すなわちルベーグ可測集合であってボレル集合でないものは存在するであろうか？　この答えは「はい」である (練習 35 を見よ)．

ボレル集合の観点から見れば，ルベーグ集合はボレル集合のなす σ–代数の**完備化**，すなわち測度が 0 であるボレル集合のすべての部分集合を付加することにより現れる．これは後の系 3.5 から直ちに得られる結論である．

最も単純なボレル集合である開集合と閉集合から出発して，ボレル集合をその複雑さの順に並べることを試みたとしよう．次の順番にくるのは，開集合の可算個の交わりであり，このような集合は $\boldsymbol{G_\delta}$ **集合**と呼ばれる．あるいは，それらの補集合である閉集合の可算個の和集合を考えてもよく，$\boldsymbol{F_\sigma}$ **集合**と呼ばれる[4]．

系 3.5 $\mathbb{R}^d$ の部分集合 E が可測であるのは，

(i)　E とある G_δ 集合との違いが測度 0 の集合であるときであり，またそのときに限る．

(ii)　E とある F_σ 集合との違いが測度 0 の集合であるときであり，またそのときに限る．

証明　E が (i) または (ii) をみたすとき，F_σ, G_δ および測度 0 の集合が可測であることから，明らかに可測となる．

逆に E が可測であるとき，各整数 $n \geq 1$ に対して開集合 $\mathcal{O}_n$ を，E を含みか

---

[4]　G_δ という用語は，ドイツ語の「Gebiete」と「Durschnitt」に，F_σ はフランス語の「fermé」と「somme」にそれぞれ由来している．

つ $m(\mathcal{O}_n - E) \leq 1/n$ となるように選ぶことができる．このとき，$S = \bigcap_{n=1}^{\infty} \mathcal{O}_n$ は E を含む G_δ であり，すべての n に対し $(S - E) \subset (\mathcal{O}_n - E)$ となる．それゆえ，すべての n に対し $m(S - E) \leq 1/n$ となり，よって $S - E$ の外測度は 0，したがって可測となる．

2番目の主張を導くには，単に定理3.4の (ii) の部分を $\varepsilon = 1/n$ に対して適用し，その結果得られる閉集合の和集合をとればよい． ∎

非可測集合の構成

$\mathbb{R}^d$ のすべての部分集合は可測であろうか？ この節では可測<u>ではない</u> $\mathbb{R}$ の部分集合を構成することにより，$d = 1$ の場合でのこの問に対する答えを与えよう[5]．満足のいく測度の理論というものは $\mathbb{R}$ のすべての部分集合を取り込むことはできないという結論が，このことにより正当化される．

非可測集合 $\mathcal{N}$ の構成には選択公理が用いられ，$[0, 1]$ 内の実数の間の単純な同値関係に支えられている．

$x - y$ が有理数である場合に $x \sim y$ と書くことにすれば，これは以下の性質をみたすことから同値関係となる：

- 任意の $x \in [0, 1]$ に対して $x \sim x$
- $x \sim y$ ならば $y \sim x$
- $x \sim y$ かつ $y \sim z$ ならば $x \sim z$

二つの同値類は互いに交わらないか一致するかのいずれかであり，$[0, 1]$ は互いに交わらないすべての同値類の和集合となり，それを

$$[0, 1] = \bigcup_\alpha \mathcal{E}_\alpha$$

と書くことにする．

さて，各 $\mathcal{E}_\alpha$ からちょうど一つずつ元 x_α を選ぶことにより集合 $\mathcal{N}$ を構成し，$\mathcal{N} = \{x_\alpha\}$ と書くことにする．この (一見明らかに見える) 手順にはさらなる解説が必要なのだが，これについては次の定理の証明の後に回すことにする．

---

[5] $\mathbb{R}$ におけるこのような集合の存在は，次章の命題3.4の帰結として，各 d に対する $\mathbb{R}^d$ の非可測な部分集合の存在も意味している．

定理 3.6 集合 $\mathcal{N}$ は可測でない．

証明は背理法による．そこで，$\mathcal{N}$ は可測であると仮定する．$\{r_k\}_{k=1}^{\infty}$ を $[-1, 1]$ 上のすべての有理数を列挙したものとし，平行移動

$$\mathcal{N}_k = \mathcal{N} + r_k$$

を考える．

$\mathcal{N}_k$ は互いに交わらない集合どうしで，

(4) $$[0, 1] \subset \bigcup_{k=1}^{\infty} \mathcal{N}_k \subset [-1, 2]$$

であることを主張したい．

互いに交わらないことを見るために，交わり $\mathcal{N}_k \cap \mathcal{N}_{k'}$ が空でないものと仮定する．このとき，有理数 $r_k \neq r'_k$ および α, β で $x_\alpha + r_k = x_\beta + r_{k'}$ となるものが存在し，よって

$$x_\alpha - x_\beta = r_k - r_{k'}$$

となる．その結果，$\alpha \neq \beta$ かつ $x_\alpha - x_\beta$ は有理数となり，それゆえ $x_\alpha \sim x_\beta$ となるが，これは $\mathcal{N}$ が各同値類からはただ <u>ひとつ</u> の代表元のみを含んでいることに矛盾する．

2番目の包含関係は，その構成法より各 $\mathcal{N}_k$ が $[-1, 2]$ に含まれていることから直ちに得られる．最後に，$x \in [0, 1]$ ならば，ある α に対して $x \sim x_\alpha$ であり，それゆえある k に対して $x - x_\alpha = r_k$ となる．よって $x \in \mathcal{N}_k$ であり，最初の包含関係が成立する．

さて，定理の証明を完結させよう．もし $\mathcal{N}$ が可測ならば，すべての k に対して $\mathcal{N}_k$ もそうであり，和集合 $\bigcup_{k=1}^{\infty} \mathcal{N}_k$ は互いに交わらないものどうしであるから，(4) での包含関係から

$$1 \leq \sum_{k=1}^{\infty} m(\mathcal{N}_k) \leq 3$$

となる．$\mathcal{N}_k$ は $\mathcal{N}$ を平行移動したものであるから，すべての k に対して，$m(\mathcal{N}_k) = m(\mathcal{N})$ でなくてはならない．よって，

$$1 \leq \sum_{k=1}^{\infty} m(\mathcal{N}) \leq 3$$

である．これより，$m(\mathcal{N}) = 0$ も $m(\mathcal{N}) > 0$ もありえないので，求めていた矛

盾が導かれた．

選択公理

$\mathcal{N}$ の構成が可能であることは，次の一般的な命題に基づくものである．

- E を集合とし，$\{E_\alpha\}$ を E の空でない部分集合からなる集まりとする (α の添字集合が可算であるとは仮定していない)．このとき，ある関数 $\alpha \longmapsto x_\alpha$ (「選択関数」とよばれる) で，すべての α に対して $x_\alpha \in E_\alpha$ となるものが存在する．

この主張は，この一般的な形式により**選択公理**とよばれている．この公理は数学における多くの証明において (少なくとも暗黙のうちに) 登場するが，直感的には自明に見えることから，初めのうちはその重要性が理解されなかった．初めてこの公理の重要性が認識されたのは，カントールによる有名な主張である**整列可能原理**の証明に用いられたことによるものであった．この (このしばしば「超限帰納法」と呼ばれる) 命題は，以下のように定式化される．

集合 E において，二項関係 $\leq$ で

(a) すべての $x \in E$ に対して，$x \leq x$ である．

(b) $x, y \in E$ が相異なるならば，$x \leq y$ または $y \leq x$ のいずれかである (ただし，どちらもではない)．

(c) $x \leq y$ かつ $y \leq z$ ならば $x \leq z$ である．

をみたすものが存在するとき，E は**線形順序**づけられているという．

E が**整列順序**づけ可能であるとは，「任意の」空ではない部分集合 $A \subset E$ が最小の元 (すなわち，すべての $x \in A$ に対して $x_0 \leq x$ となるような元 $x_0 \in A$ のこと) をもつように線形順序づけられることをいう．

整列順序づけ可能な集合の簡単な例は，通常の順序による正の整数全体 $\mathbb{Z}^+$ である．$\mathbb{Z}^+$ が整列順序づけ可能であるという事実は，通常の (有限の) 帰納法の原理の本質的な部分である．より一般には，整列可能原理は次のように述べられる：

- 任意の集合 E は整列順序づけ可能である．

実際，整列可能原理が選択公理を導くことはほとんど明らかである：もし E が整列順序づけが可能であれば，E_α の最小の元として x_α を選ぶことができ，これにより求める選択関数を構成することができる．この逆，すなわち選択公理が整列可能原理を導くことも，これほど容易ではないが示すことは可能である (選

択公理の他の同値な表現については問題 6 を見よ).

我々は，選択公理の正当性 (それゆえ，整列可能原理の正当性) を仮定するという慣習に従うことにする[6]．しかしながら，選択公理が自明である一方，整列可能原理は直ちに不可解な結論を導くことを指摘しておこう：ほんの少しの時間をとって，整列順序づけられた実数とはどのようなものであるかを想像してみようとするだけで十分であろう．

4. 可測関数

可測集合の概念は手中におさめたので，積分論の中心に横たわる対象，すなわち可測関数に目を転じることにしよう．

出発点は，
$$\chi_E(x) = \begin{cases} 1 & x \in E, \\ 0 & x \notin E \end{cases}$$
で定義される集合 E の**特性関数**の概念である．次の段階は，積分論における基本要素の関数への移行である．リーマン積分の場合にはこれはまさしく**階段関数**であり，R_k を矩形，a_k を定数とした有限和

(5) $$f = \sum_{k=1}^{N} a_k \chi_{R_k}$$

で与えられる．

しかしながらルベーグ積分に対しては，次の章で見るような，より一般の概念が必要になる．**単関数**とは，E_k を有限測度をもつ可測集合，a_k を定数とした有限和

(6) $$f = \sum_{k=1}^{N} a_k \chi_{E_k}$$

のことである．

---

[6] 集合論の公理の適切な定式化においては，選択公理は他の公理からは独立であることが証明可能である．したがって，その正当性を受け入れるかどうかは自由である．

4.1 定義と基本的性質

まずは $\mathbb{R}^d$ 上の実数値関数 f の場合のみを考えるが，それが無限値 $+\infty$ および $-\infty$ をとることを許容するものとし，したがって $f(x)$ は拡張された実数値

$$-\infty \leq f(x) \leq \infty$$

であるものとする．すべての x に対して $-\infty < f(x) < \infty$ である場合には，f は**有限値**であるということにしよう．以下において展開する理論およびその多くの応用においては，そのほとんどの場合に，関数がせいぜい測度 0 の集合上でのみ無限値をとるような状況を考えることになる．

$\mathbb{R}^d$ の可測な部分集合 E 上で定義された関数 f が**可測**であるとは，任意の $a \in \mathbb{R}$ に対して集合

$$f^{-1}([-\infty, a)) = \{x \in E : f(x) < a\}$$

が可測であることをいう．記号を単純化するため，特に混乱が生じない限り，集合 $\{x \in E : f(x) < a\}$ を単に $\{f < a\}$ と表す．

最初に，可測関数には同値な定義が数多く存在することに注意しておく．たとえば，かわりとして閉区間の逆像が可測であることを要求してもよい．実際，f が可測であるのは任意の a に対して $\{x : f(x) \leq a\} = \{f \leq a\}$ が可測であるときであり，またそのときに限ることを証明するために，一方向には

$$\{f \leq a\} = \bigcap_{k=1}^{\infty} \left\{ f < a + \frac{1}{k} \right\}$$

が成り立つことに注意し，可測集合の可算個の交わりは可測であることを思い出せばよい．逆方向には，

$$\{f < a\} = \bigcup_{k=1}^{\infty} \left\{ f \leq a - \frac{1}{k} \right\}$$

を見ればよい．同様に，f が可測であるのは任意の a に対して $\{f \geq a\}$ (あるいは $\{f > a\}$) が可測であるときであり，またそのときに限る．最初の場合は，ここでの定義と $\{f \geq a\}$ が $\{f < a\}$ の補集合であることから直ちにわかり，2番目の場合はいま示したばかりのことと $\{f \leq a\} = \{f > a\}^c$ とから従う．単純な帰結として，f が可測であれば $-f$ も可測である．

同じ方法により，f が有限値であるならば，f が可測であるのは任意の $a, b \in \mathbb{R}$ に対して集合 $\{a < f < b\}$ が可測であるときであり，またそのときに限ることを示すことができる．同様の結論が，不等号において等号の有無をどのような組み

合わせで選んでも成立する．たとえば，f が有限値であるならば，それが可測であるのはすべての $a, b \in \mathbb{R}$ に対して集合 $\{a \leq f < b\}$ が可測であるときであり，またそのときに限る．同じ議論で，次を示すことができる：

性質 1 有限値の関数 f が可測であるのは任意の開集合 $\mathcal{O}$ に対して $f^{-1}(\mathcal{O})$ が可測であるときであり，またそのときに限る．さらに，任意の閉集合 F に対して $f^{-1}(F)$ が可測であるときであり，またそのときに限る．

この性質は，$f^{-1}(\infty)$ および $f^{-1}(-\infty)$ が可測集合であることを追加で仮定しておけば，拡張された値をもつ関数に対しても当てはまることに注意しておく．

性質 2 f が $\mathbb{R}^d$ 上で連続ならば，f は可測である．f が可測かつ有限値で Φ が連続ならば，$\Phi \circ f$ は可測である．

実際，Φ は連続であり，よって $\Phi^{-1}((-\infty, a))$ はある開集合 $\mathcal{O}$ であるから，$(\Phi \circ f)^{-1}((-\infty, a)) = f^{-1}(\mathcal{O})$ は可測である．

しかしながら，f が可測で Φ が連続ならば $f \circ \Phi$ が可測であることは，一般には正しくはないことに注意しておくべきであろう．練習 35 を見よ．

性質 3 $\{f_n\}_{n=1}^{\infty}$ を可測関数の列とする．このとき，
$$\sup_n f_n(x), \quad \inf_n f_n(x), \quad \limsup_{n \to \infty} f_n(x), \quad \liminf_{n \to \infty} f_n(x)$$
は可測である．

$\sup_n f_n(x)$ が可測であることを示すには，$\left\{\sup_n f_n > a\right\} = \bigcup_n \{f_n > a\}$ に注意すればよい．$\inf_n f_n(x)$ は $-\sup_n(-f_n(x))$ に等しいことから，それに対する結果も導かれる．

$\limsup$ や $\liminf$ に対する結果も，
$$\limsup_{n \to \infty} f_n(x) = \inf_k \left\{\sup_{n \geq k} f_n\right\} \quad \text{および} \quad \liminf_{n \to \infty} f_n(x) = \sup_k \left\{\inf_{n \geq k} f_n\right\}$$
という二つのことから従う．

性質 4 $\{f_n\}_{n=1}^{\infty}$ は可測関数の集まりで
$$\lim_{n \to \infty} f_n(x) = f(x)$$
とするとき，f は可測である．

$f(x) = \limsup_{n\to\infty} f_n(x) = \liminf_{n\to\infty} f_n(x)$ であるので，この性質は性質3からの帰結である．

性質5 f と g は可測であるとする．このとき，

（ⅰ） 整数ベキ $f^k (k \geq 1)$ は可測である．

（ⅱ） f と g がともに有限値であれば，$f+g$ および fg は可測である．

（ⅰ）については，単に k が奇数ならば $\{f^k > a\} = \{f > a^{1/k}\}$，$k$ が偶数で $a > 0$ ならば $\{f^k > a\} = \{f > a^{1/k}\} \cup \{f < -a^{1/k}\}$ であることに注意すればよい．

（ⅱ）については，まず $\mathbb{Q}$ を有理数全体として

$$\{f+g > a\} = \bigcup_{r \in \mathbb{Q}} \{f > a-r\} \cap \{g > r\}$$

であることから，$f+g$ が可測であることがわかる．

最後に，前の結果と

$$fg = \frac{1}{4}\left[(f+g)^2 - (f-g)^2\right]$$

という事実とにより，fg は可測になる．

E 上で定義された二つの関数 f と g が**ほとんどいたるところ等しい**とは，集合 $\{x \in E : f(x) \neq g(x)\}$ が測度 0 であることをいい，

$$f(x) = g(x) \quad \text{a.e. } x \in E$$

と表すことにしよう．ときには，$f = g$ a.e. と省略することもある．より一般に，ある性質や主張がほとんどいたるところ (a.e.) 成立するとは，それがある測度 0 の集合を除いて正しいことをいう．

f が可測で $f = g$ a.e. ならば g は可測であることを見るのはたやすい．これは，$\{f < a\}$ と $\{g < a\}$ は測度 0 の集合の違いしかないという事実から直ちに従う．さらに，上記すべての性質における条件を，ほとんどいたるところ成り立つものとして緩めることが可能である．たとえば，$\{f_n\}_{n=1}^{\infty}$ を可測関数の集まりとして

$$\lim_{n\to\infty} f_n(x) = f(x) \quad \text{a.e.}$$

とするとき，f は可測となる．

f と g がある可測な部分集合 $E \subset \mathbb{R}^d$ 上ほとんどいたるところで定義されているとき，関数 $f+g$ と fg は f および g の定義域の交わり上で定義されるにすぎない．二つの測度 0 の集合の和集合は再び測度 0 であることより，$f+g$ は E 上ほとんどいたるところ定義される．この議論を以下のように総括しよう：

性質 6 f は可測であるものとし，$f(x) = g(x)$ a.e. x を仮定する．このとき，g は可測である．

このことを考慮すれば，性質 5 (ii) は f と g がほとんどいたるところ有限値である場合にも成立する．

4.2 単関数または階段関数による近似

この節の定理はすべて同じ性質に根ざすものであり，可測関数の構造にさらなる洞察を与えるものである．非負の可測関数を単関数により各点近似することから始めよう．

定理 4.1 f を $\mathbb{R}^d$ 上の非負可測関数とする．このとき，ある非負単関数の増加列 $\{\varphi_k\}_{k=1}^{\infty}$ で f に各点収束する，すなわち

すべての x に対して $\varphi_k(x) \leq \varphi_{k+1}(x)$ かつ $\lim_{k \to \infty} \varphi_k(x) = f(x)$

となるものが存在する．

証明 まずは関数を切り落とすことから始める．$k \geq 1$ に対して，Q_k で 1 辺の長さが k で原点を中心にもつ立方体を表すものとする．そして，

$$F_k(x) = \begin{cases} f(x) & x \in Q_k \text{ かつ } f(x) \leq k, \\ k & x \in Q_k \text{ かつ } f(x) > k, \\ 0 & \text{その他} \end{cases}$$

と定義する．このとき，k を ∞ へと飛ばせば $F_k(x) \to f(x)$ となる．ここで，F_k の値域，すなわち $[0, k]$ を次のように分割する．$k, j \geq 1$ を固定するごとに，

$$E_{\ell, j} = \left\{ x \in Q_k : \frac{\ell}{j} < F_k(x) \leq \frac{\ell+1}{j} \right\}, \qquad 0 \leq \ell < kj$$

と定義する．これより

$$F_{k,j}(x) = \sum_{\ell} \frac{\ell}{j} \chi_{E_{\ell,j}}(x)$$

とおく．各 $F_{k,j}$ は，すべての x に対して $0 \leq F_k(x) - F_{k,j}(x) \leq 1/j$ をみたす単関数である．ここで $j = k$ として $\varphi_k = F_{2^k, 2^k}$ とおくならば，すべての x に対して $0 \leq F_k(x) - \varphi_k(x) \leq 1/2^k$ となるので，$\{\varphi_k\}$ には欲しい性質がすべて備わっていることになる． ∎

この結果は，極限値として $+\infty$ を許容すれば，拡張された値をもつ非負関数に対しても成立することに注意しておく．今度は，f が非負という仮定を落とし，極限値として $-\infty$ を許容することにする．

定理 4.2 f は $\mathbb{R}^d$ 上で可測であるものとする．このとき，ある単関数の列 $\{\varphi_k\}_{k=1}^\infty$ で

すべての x に対して $|\varphi_k(x)| \leq |\varphi_{k+1}(x)|$ かつ $\lim_{k \to \infty} \varphi_k(x) = f(x)$

となるものが存在する．特に，すべての x と k に対して $|\varphi_k(x)| \leq |f(x)|$ が成り立つ．

証明 関数 f に対する分解 $f(x) = f^+(x) - f^-(x)$ を用いる．ここで，
$$f^+(x) = \max(f(x), 0), \qquad f^-(x) = \max(-f(x), 0)$$
である．f^+ と f^- はどちらも非負関数であるので，前定理から二つの非負関数列 $\{\varphi_k^{(1)}(x)\}_{k=1}^\infty$, $\{\varphi_k^{(2)}(x)\}_{k=1}^\infty$ で単調に増加しながらそれぞれ f^+, f^- に各点収束するものがとれる．そこで
$$\varphi_k(x) = \varphi_k^{(1)}(x) - \varphi_k^{(2)}(x)$$
とすると，すべての x に対して，$\varphi_k(x)$ は $f(x)$ に収束する．最後に，f^+, f^- の定義および $\varphi_k^{(1)}, \varphi_k^{(2)}$ の性質から
$$|\varphi_k(x)| = \varphi_k^{(1)}(x) + \varphi_k^{(2)}(x)$$
となるので，列 $\{|\varphi_k|\}$ は単調増加となる． ∎

ここでさらに一歩進めて，階段関数による近似を考えよう．このとき，一般にはほとんどいたるところのみの収束となる．

定理 4.3 f は $\mathbb{R}^d$ 上で可測であるものとする．このとき，ある階段関数の列 $\{\psi_k\}_{k=1}^\infty$ で，ほとんどすべての x に対して $f(x)$ に各点収束するものが存在する．

証明 前の結果により, E を有限の測度をもつ可測集合とし, $f = \chi_E$ が階段関数で近似できることを示せば十分である. この目的のために, 定理 3.4 の (iv) の主張, すなわち任意の ε に対してある立方体 $Q_1, \cdots, Q_N$ で $m\left(E \triangle \bigcup_{j=1}^{N} Q_j\right) \leq \varepsilon$ となるものが存在することを思い出そう. これら立方体の辺々を伸ばしてできる格子を考えることにより, ほとんど互いに交わらない矩形 $\widetilde{R}_1, \cdots, \widetilde{R}_M$ で $\bigcup_{j=1}^{N} Q_j = \bigcup_{j=1}^{M} \widetilde{R}_j$ となるものが存在することがわかる. $\widetilde{R}_j$ に含まれるやや小さめの矩形 R_j をとることにより, 互いに交わらない矩形の集まりで $m\left(E \triangle \bigcup_{j=1}^{M} R_j\right) \leq 2\varepsilon$ となるものを見つけることができる. よって, 測度が 2ε 以下の集合を除けば

$$f(x) = \sum_{j=1}^{M} \chi_{R_j}(x)$$

が成り立つ. 結果として, 任意の $k \geq 1$ に対して, ある階段関数 $\psi_k(x)$ で

$$E_k = \{x : f(x) \neq \psi_k(x)\}$$

とすれば $m(E_k) \leq 2^{-k}$ となるものが存在する. $F_K = \bigcup_{j=K+1}^{\infty} E_j$ および $F = \bigcap_{K=1}^{\infty} F_K$ とおくことにより, $m(F_K) \leq 2^{-K}$ から $m(F) = 0$ となり, かつ F の補集合に属する任意の x に対して $\psi_k(x) \to f(x)$ となって, これが求めていた結論である. ∎

4.3 リトルウッドの三原則

可測集合や可測関数といった考え方は新しい道具を代表するものであるが, それらがとってかわった古い概念との関連を見逃してはならない. リトルウッドはこれらの関係を適切に 3 原則の形にまとめており, この理論を初めて学ぶ上で役に立つ直感的な指針となっている.

 (ⅰ) すべての集合は, ある有限個の区間の和集合にほとんど等しい.
 (ⅱ) すべての関数は, ほとんど連続である,
 (ⅲ) すべての収束列は, ほとんど一様収束である.

上で引き合いに出されている集合および関数は, もちろん可測であることが仮定されている. 「ほとんど」という言葉には落とし穴があり, それぞれの文脈ごと

に適切に理解されるべきものである．第1の原則を正確に述べたものが，定理 3.4 の (iv) である．第3の原則の厳密な定式化は，次の重要な結果により与えられる．

定理 4.4（エゴロフ）　$\{f_k\}_{k=1}^{\infty}$ を $m(E) < \infty$ である可測集合 E 上で定義された可測関数列とし，E 上 $f_k \to f$ a.e. であることを仮定する．$\varepsilon > 0$ を与えるごとに，ある閉集合 $A_\varepsilon \subset E$ で $m(E - A_\varepsilon) \leq \varepsilon$ かつ A_ε 上一様に $f_k \to f$ となるものが存在する．

証明　一般性を失うことなく，すべての $x \in E$ に対して $f_k(x) \to f(x)$ であるものと仮定してよい．非負整数の組 n, k のそれぞれに対し，

$$E_k^n = \left\{ x \in E : \text{すべての } j > k \text{ に対して } |f_j(x) - f(x)| < \frac{1}{n} \right\}$$

とおく．ここで n を固定すれば，$E_k^n \subset E_{k+1}^n$ であることと，k を無限大に飛ばすとき $E_k^n \nearrow E$ となることに注意しておこう．系 3.3 により，ある k_n で $m(E - E_{k_n}^n) < 1/2^n$ となるものが存在することがわかる．このとき，その構成法から，

$$j > k_n \text{ かつ } x \in E_{k_n}^n \text{ ならば } |f_j(x) - f(x)| < \frac{1}{n}$$

となる．N を $\sum_{n=N}^{\infty} 2^{-n} < \varepsilon/2$ となるように選び，

$$\widetilde{A}_\varepsilon = \bigcap_{n \geq N} E_{k_n}^n$$

とおく．まず，

$$m(E - \widetilde{A}_\varepsilon) \leq \sum_{n=N}^{\infty} m(E - E_{k_n}^n) < \frac{\varepsilon}{2}$$

となることがわかる．次に，$\delta > 0$ のとき $n \geq N$ を $1/n < \delta$ となるように選び，$x \in \widetilde{A}_\varepsilon$ ならば $x \in E_{k_n}^n$ であることに注意する．したがって，$j > k_n$ ならば $|f_j(x) - f(x)| < \delta$ であることがわかる．よって，f_k は $\widetilde{A}_\varepsilon$ 上で f に一様収束する．

最後に定理 3.4 を用いて，閉部分集合 $A_\varepsilon \subset \widetilde{A}_\varepsilon$ で $m(\widetilde{A}_\varepsilon - A_\varepsilon) < \varepsilon/2$ となるものを選ぶ．その結果 $m(E - A_\varepsilon) < \varepsilon$ となり，定理が証明される．∎

次の定理は，リトルウッドの 2 番目の原則の正当性を示すものである．

定理 4.5（ルージン）　f は測度有限な E 上で可測かつ有限値であるものとす

る．このとき，任意の $\varepsilon > 0$ に対して，ある閉集合 F_ε で
$$F_\varepsilon \subset E \quad \text{かつ} \quad m(E - F_\varepsilon) \le \varepsilon$$
で $f|_{F_\varepsilon}$ が連続となるものが存在する．

$f|_{F_\varepsilon}$ により，f の集合 F_ε への制限を意味するものとする．この定理の結論は，f を F_ε 上のみの関数と見るならば，f は連続であることを述べている．しかしながらこの定理は，より強い主張である E 上で定義された関数 f が F_ε の各点で連続であるとまでは述べていない．

証明 f_n を，階段関数の列で $f_n \to f$ a.e. となるものとする．このとき，集合 E_n で $m(E_n) < 1/2^n$ かつ f_n が E_n の外で連続となるものをとることができる．エゴロフの定理より，集合 $A_{\varepsilon/3}$ で，その上で一様に $f_n \to f$ でありかつ $m(E - A_{\varepsilon/3}) \le \varepsilon/3$ となるものを見つけることができる．そこで，N を $\sum_{n \ge N} 1/2^n < \varepsilon/3$ となるぐらいに大きいとして，それに対して
$$F' = A_{\varepsilon/3} - \bigcup_{n \ge N} E_n$$
を考える．いま，任意の $n \ge N$ に対して関数 f_n は F' 上連続であり，したがって（$\{f_n\}$ の一様な極限である）f も F' 上連続となる．証明を終えるには，F' をある閉集合 $F_\varepsilon \subset F'$ で $m(F' - F_\varepsilon) < \varepsilon/3$ となるものにより近似することが必要となるだけである． ∎

5*. ブルン–ミンコフスキーの不等式

加法およびスカラーとの乗法はベクトル空間における基本的な操作であり，これらの性質が $\mathbb{R}^d$ 上のルベーグ測度の理論においてある根本的な登場の仕方をしたとしても驚くことではない．このことについては，我々はすでにルベーグ測度の平行移動不変性や相対的伸張不変性などを議論してきた．ここでは，
$$A + B = \{x \in \mathbb{R}^d : x = x' + x'',\ x' \in A,\ x'' \in B\}$$
で定義される二つの可測集合 A と B の和について調べることにする．この認識はいくつもの問題，特に凸集合の理論において重要であり，実際第 3 章においてこれを等周問題に応用する．

この点について我々が最初に問いかける(明らかに漠然とした)問題は，$A+B$ の測度を A と B の測度を用いて(これら三つの集合が可測であると仮定して)一般的に評価することができるかどうかについてである．$m(A)$ と $m(B)$ とを用いて $m(A+B)$ を上から評価することができないことを見るのは容易である．実際，単純な例により $m(A) = m(B) = 0$ であるが $m(A+B) > 0$ となりうることが示される(練習 20 を見よ)．

逆向きに関しては，一般に
$$m(A+B)^\alpha \geq c_\alpha(m(A)^\alpha + m(B)^\alpha)$$
の形の評価式が成り立つか考えてもよいであろう．ここで α は正の数であり，c_α は A や B には依存しない定数である．明らかに，期待しうる最もよい値は $c_\alpha = 1$ である．指数 α の役割は，凸集合を考察することにより理解される．それは，x と y が A 上にあればそれらを結ぶ線分 $\{xt+y(1-t) : 0 \leq t \leq 1\}$ も A に属するという性質により定義される集合 A のことである．$\lambda > 0$ に対して $\lambda A = \{\lambda x, x \in A\}$ と定義したことを思い出せば，A が凸ならば $A + \lambda A = (1+\lambda)A$ である．しかしながら，$m((1+\lambda)A) = (1+\lambda)^d m(A)$ であり，よって予想している不等式は，すべての $\lambda > 0$ に対して $(1+\lambda)^{d\alpha} \geq 1 + \lambda^{d\alpha}$ となる場合にのみ成立しうる．いま，

(7) $\qquad \gamma \geq 1$ かつ $a, b \geq 0$ ならば $(a+b)^\gamma \geq a^\gamma + b^\gamma$

であり，$0 \leq \gamma \leq 1$ ならば逆向きの不等式が成立する(練習 38 を見よ)．これより，$\alpha \geq 1/d$ が従う．さらに (7) より，指数 $1/d$ での不等式から $\alpha \geq 1/d$ での対応する不等式が得られることがわかり，自然に不等式

(8) $\qquad m(A+B)^{1/d} \geq m(A)^{1/d} + m(B)^{1/d}$

に到達する．(8) の証明に入る前に，技術的に障害となることについて述べておく必要がある．A と B が可測であることを仮定してもよいのだが，だからといって必ずしも $A+B$ が可測になるとは限らない(次章の練習 13 を見よ)．しかしながら，たとえば A や B が閉集合の場合や，どちらかが開集合の場合には，この困難は生じないことを容易に示すことができる(問題 19 を見よ)．

以上のことを考慮して，主結果を述べよう．

定理 5.1 A と B は $\mathbb{R}^d$ の可測集合とし，その和 $A+B$ も可測であると仮定する．このとき，不等式 (8) が成立する．

まず最初に，A と B がそれぞれ $\{a_j\}_{j=1}^d$ と $\{b_j\}_{j=1}^d$ を辺の長さにもつ矩形である場合に (8) を確かめてみよう．この場合, (8) は

$$(9) \qquad \left(\prod_{j=1}^d (a_j+b_j)\right)^{1/d} \geq \left(\prod_{j=1}^d a_j\right)^{1/d} + \left(\prod_{j=1}^d b_j\right)^{1/d}$$

となり，斉次性から各 j に対して $a_j + b_j = 1$ となる特別な場合に帰着される．実際，a_j, b_j を $\lambda_j > 0$ に対し $\lambda_j a_j, \lambda_j b_j$ で置き換えれば，(9) の両辺に $(\lambda_1 \lambda_2 \cdots \lambda_d)^{1/d}$ がかかる．後は，$\lambda_j = (a_j + b_j)^{-1}$ と選ぶだけである．この帰着により，(9) は相加・相乗平均の不等式 (練習 39)

$$\frac{1}{d}\sum_{j=1}^d x_j \geq \left(\prod_{j=1}^d x_j\right)^{1/d}, \qquad x_j \geq 0$$

からの直接の帰結になる．それぞれ $x_j = a_j, x_j = b_j$ とおいた二つの不等式を足し合わせればよい．

次に，A と B それぞれが内部が互いに交わらない有限個の矩形の和集合である場合へと移ろう．この場合は，(8) を A と B における矩形の個数の総和に関する帰納法により示す．この数を n で表すことにする．ここで，求める不等式が A と B を独立に平行移動させても不変であることに注意するのは重要である．実際，A を $A+h$ に，B を $B+h'$ に置き換えることにより，$A+B$ は $A+B+h+h'$ に置き換わり，したがって対応する測度は同じままである．ここで，A の構成に加わる矩形の中から互いに交わらないものの組 R_1, R_2 を選び，それらが座標軸に平行な超平面で分離されることに注意する．これより，適当な h で平行移動の後，ある j に対して R_1 が $A_- = A \cap \{x_j \leq 0\}$ にあり，R_2 が $A_+ = A \cap \{0 \leq x_j\}$ にあると仮定してもよい．A_+ と A_- が，A よりも最低でも 1 個は少ない矩形からなること，および $A = A_- \cup A_+$ にも注意せよ．

次に，B を $B_- = B \cap \{x_j \leq 0\}$ と $B_+ = B \cap \{x_j \geq 0\}$ とが

$$\frac{m(B_\pm)}{m(B)} = \frac{m(A_\pm)}{m(A)}$$

をみたすように平行移動する．ここで，$A + B \supset (A_+ + B_+) \cup (A_- + B_-)$ であり，右辺の和集合はその二つの部分がそれぞれ異なる半平面にあることから本質的には互いに交わらない．さらに，A_+ と B_+ あるいは A_- と B_- のどちらにおいても，そこでの矩形の個数の総和は n よりも小さくなる．したがって，帰納法の仮定より

$$m(A+B) \geq m(A_+ + B_+) + m(A_- + B_-)$$
$$\geq \left(m(A_+)^{1/d} + m(B_+)^{1/d}\right)^d + \left(m(A_-)^{1/d} + m(B_-)^{1/d}\right)^d$$
$$= m(A_+) \left[1 + \left(\frac{m(B)}{m(A)}\right)^{1/d}\right]^d + m(A_-) \left[1 + \left(\frac{m(B)}{m(A)}\right)^{1/d}\right]^d$$
$$= \left(m(A)^{1/d} + m(B)^{1/d}\right)^d$$

となり，A と B がともに互いに交わらない内部をもつ有限個の矩形の和集合の場合には，求める不等式 (8) が得られる．

次に，このことから直ちに A と B が有限測度をもつ開集合の場合が得られる．実際，定理 1.4 より，任意の $\varepsilon > 0$ に対してほとんど互いに交わらない矩形の和集合 $A_\varepsilon, B_\varepsilon$ で，$A_\varepsilon \subset A, B_\varepsilon \subset B$ および $m(A) \leq m(A_\varepsilon) + \varepsilon, m(B) \leq m(B_\varepsilon) + \varepsilon$ となるものを見つけることができる．$A + B \supset A_\varepsilon + B_\varepsilon$ であるから，A_ε と B_ε に対する不等式 (8) と極限移行により求める結果が得られる．このことから，A と B が任意のコンパクト集合の場合が得られる．それは，まず $A + B$ がコンパクトになることと，$A^\varepsilon = \{x : d(x, A) < \varepsilon\}$ と定義すれば A^ε は開であり，$\varepsilon \to 0$ とすれば $A^\varepsilon \searrow A$ であることに注意することによる．B^ε や $(A+B)^\varepsilon$ を同様に定義すれば，$A + B \subset A^\varepsilon + B^\varepsilon \subset (A+B)^{2\varepsilon}$ となることもわかる．よって，$\varepsilon \to 0$ とすることにより，A^ε と B^ε に対する (8) から，求めるべき A と B に対する結果が得られる．A, B および $A + B$ を可測と仮定した一般の場合は，定理 3.4 の (iii) と同様に，A と B を内側からコンパクト集合で近似することにより従う．

6. 練習

1. 本文中で構成したカントール集合 $\mathcal{C}$ は完全非連結でありかつ完全であることを証明せよ．言い換えれば，二つの相異なる点 $x, y \in \mathcal{C}$ を与えるとき，x と y の間に点 $z \notin \mathcal{C}$ が存在するが，$\mathcal{C}$ は孤立点をもたない．
[ヒント：$x, y \in \mathcal{C}$ かつ $|x - y| > 1/3^k$ ならば，x と y は $\mathcal{C}_k$ の二つの異なる区間に属する．また，任意の $x \in \mathcal{C}$ を与えるとき，$\mathcal{C}_k$ のある区間の端点 y_k で $x \neq y_k$ かつ $|x - y_k| \leq 1/3^k$ となるものが存在する．]

2. カントール集合 $\mathcal{C}$ は 3 進展開を用いて表現することができる．

(a) $[0, 1]$ 上の任意の数は，3 進展開

$$x = \sum_{k=1}^{\infty} a_k 3^{-k}, \qquad a_k = 0, 1 \text{ または } 2$$

をもつ．この分解は，たとえば $1/3 = \sum_{k=2}^{\infty} 2/3^k$ であるので，一意ではないことに注意せよ．$x \in \mathcal{C}$ となるのは，x が上の表現においてすべての a_k が 0 または 2 になるときであり，またそのときに限ることを証明せよ．

(b) $\mathcal{C}$ 上の**カントール–ルベーグ関数**は，

$$x = \sum_{k=1}^{\infty} a_k 3^{-k} \text{ ならば } F(x) = \sum_{k=1}^{\infty} \frac{b_k}{2^k}, \qquad \text{ただし } b_k = \frac{a_k}{2}$$

で定義される．この定義において，x の展開は $a_k = 0$ または 2 となるように選ぶ．F は well defined (矛盾なく定義できている) であり $\mathcal{C}$ 上で連続，さらに $F(0) = 0$ および $F(1) = 1$ であることを示せ．

(c) $F : \mathcal{C} \to [0, 1]$ は全射である，すなわち任意の $y \in [0, 1]$ に対してある $x \in \mathcal{C}$ で $F(x) = y$ となることを証明せよ．

(d) F を，以下のように $[0, 1]$ 上の連続関数に拡張することができる．(a, b) が $\mathcal{C}$ の補集合の連結成分となる開区間ならば $F(a) = F(b)$ であることに注意せよ．よって，その区間上では定数 $F(a)$ をとるものとして F を定義すればよい．

F の幾何学的な構成については，第 3 章で与えられる．

3. 定数切開によるカントール集合 単位区間 $[0, 1]$ を考え，ξ を $0 < \xi < 1$ となるある固定した実数とする ($\xi = 1/3$ の場合が，本文中のカントール集合 $\mathcal{C}$ の場合に対応する)．

構成の第 1 段階として，$[0, 1]$ 内の中央に位置する長さ ξ の開区間を取り除く．第 2 段階として，第 1 段階で残ったそれぞれの区間において，中央に位置する相対的な長さが ξ の二つの区間を取り除く，といった具合である．

上の手続きを無限回繰り返した後に残った集合を $\mathcal{C}_\xi$ で表す[7]．

(a) $\mathcal{C}$ の $[0, 1]$ における補集合は開区間の和集合であり，長さの総和が 1 に等しいことを示せ．

(b) $m_*(\mathcal{C}_\xi) = 0$ であることを直接示せ．

[ヒント：第 k 段階後において，残っている集合の長さの総和 $= (1 - \xi)^k$ であることを示せ．]

---

7) 我々が $\mathcal{C}_\xi$ としたものは，しばしば $\mathcal{C}_{\frac{1-\xi}{2}}$ と表される．

4. カントール型集合 閉集合 $\widehat{\mathcal{C}}$ を，第 k 段階において中央に位置する長さ ℓ_k の 2^{k-1} 個の開区間を取り除くことにより構成する．ただし
$$\ell_1 + 2\ell_2 + \cdots + 2^{k-1}\ell_k < 1$$
とする．

(a) ℓ_j を十分小さく選べば，$\sum_{k=1}^{\infty} 2^{k-1}\ell_k < 1$ となる．この場合に，$m(\widehat{\mathcal{C}}) > 0$ であること，そして実際 $m(\widehat{\mathcal{C}}) = 1 - \sum_{k=1}^{\infty} 2^{k-1}\ell_k$ であることを示せ．

(b) $x \in \widehat{\mathcal{C}}$ ならば，$x_n \notin \widehat{\mathcal{C}}$ であるが $x_n \to x$ かつ $x_n \in I_n$，ただし I_n は $\widehat{\mathcal{C}}$ の補集合のある部分区間で $|I_n| \to 0$，となる点列 $\{x_n\}_{n=1}^{\infty}$ が存在することを示せ．

(c) 結論として $\widehat{\mathcal{C}}$ は完全であり，いかなる開区間も含まないことを証明せよ．

(d) $\widehat{\mathcal{C}}$ が非可算であることも示せ．

5. E を与えられた集合とし，$\mathcal{O}_n$ を開集合
$$\mathcal{O}_n = \left\{ x : d(x, E) < \frac{1}{n} \right\}$$
とする．以下を示せ：

(a) E がコンパクトならば，$m(E) = \lim_{n \to \infty} m(\mathcal{O}_n)$ である．

(b) しかしながら，閉かつ非有界な E あるいは 開かつ有界な E に対しては，(a) の結論は正しくない場合がある．

6. 平行移動と伸張を用いて次を示せ：B を $\mathbb{R}^d$ における半径 r の球とする．このとき，$m(B) = v_d r^d$ である．ただし，$v_d = m(B_1)$ で，B_1 は単位球 $B_1 = \{x \in \mathbb{R}^d : |x| < 1\}$ である．

定数 v_d の値の計算は，次章の練習 14 に回す．

7. $\delta = (\delta_1, \cdots, \delta_d)$ を正の数 $\delta_i > 0$ の d 個の組とし，E を $\mathbb{R}^d$ の部分集合とするとき，δE を
$$\delta E = \{(\delta_1 x_1, \cdots, \delta_d x_d) : (x_1, \cdots, x_d) \in E\}$$
で定義する．E が可測ならば δE は可測であり，かつ
$$m(\delta E) = \delta_1 \cdots \delta_d \, m(E)$$
であることを証明せよ．

8. L を $\mathbb{R}^d$ 上の線形変換とする．E が $\mathbb{R}^d$ の可測な部分集合であるならば $L(E)$ もそうであることを，以下に従って示せ．

(a) E がコンパクトならば $L(E)$ もそうであることに注意せよ．よって，E が F_σ 集合ならば $L(E)$ もそうである．

(b) L は自動的に，ある M に対して不等式
$$|L(x) - L(x')| \leq M|x - x'|$$
をみたすので，辺の長さが ℓ のいかなる立方体も，L により辺の長さが $c_d M \ell$ (ただし $c_d = 2\sqrt{d}$) のある立方体の中へと写される．いま，$m(E) = 0$ ならば，ある立方体の集まり $\{Q_j\}$ で $E \subset \bigcup_j Q_j$ かつ $\sum_j m(Q_j) < \varepsilon$ となるものが存在する．かくして $m_*(L(E)) \leq c' \varepsilon$ となり，よって $m(L(E)) = 0$ となる．最後に系 3.5 を用いよ．$m(L(E)) = |\det L| \, m(E)$ を示すことができる；次章の問題 4 を見よ．

9. 開集合 $\mathcal{O}$ で以下の性質をもつものの例を与えよ：$\mathcal{O}$ の閉包の境界のルベーグ測度が正である．

[ヒント：カントール型集合の構成において，その奇数段階において除かれる開区間の和集合をとることにより得られる集合を考えよ．]

10. この練習は，区間 $[0, 1]$ における正値連続関数の単調減少列で，その各点収束極限がリーマン可積分 でない ものの構成法を与える．

$\widehat{\mathcal{C}}$ を，練習 4 で詳述された構成法により得られるカントール型集合とし，よって特に $m(\widehat{\mathcal{C}}) > 0$ とする．F_1 により，$[0, 1]$ 上区分的に 1 次かつ連続で，$\widehat{\mathcal{C}}$ の構成法において最初に除かれる区間の補集合上で $F_1 = 1$，この区間の中心で $F_1 = 0$ であり，すべての x に対して $0 \leq F_1(x) \leq 1$ となる，ある関数を表すものとする．同様に，$\widehat{\mathcal{C}}$ の構成法の第 2 段階で除かれる区間の補集合上で $F_2 = 1$，これらの区間の中心で $F_2 = 0$ であり，$0 \leq F_2(x) \leq 1$ となる F_2 を構成する．これを繰り返して，$f_n = F_1 \cdot F_2 \cdots F_n$ とおく (図 5 を見よ).

以下を証明せよ：

(a) すべての $n \geq 1$ とすべての $x \in [0, 1]$ に対して，$0 \leq f_n(x) \leq 1$ かつ $f_n(x) \geq f_{n+1}(x)$ が成立する．よって，$n \to \infty$ としたときに $f_n(x)$ はある極限に収束し，それを $f(x)$ で表す．

(b) 関数 f は $\widehat{\mathcal{C}}$ のすべての点において不連続である．

[ヒント：$x \in \widehat{\mathcal{C}}$ ならば $f(x) = 1$ であることに注意して，点列 $\{x_n\}$ で $x_n \to x$ かつ $f(x_n) = 0$ となるものを見つけよ．]

いま $\int f_n(x) \, dx$ は単調減少であり，それゆえ $\int f_n$ は収束する．しかるに，有界関数がリーマン可積分であるのはその不連続点の集合の測度が 0 のときであり，またその

ときに限る (この事実の証明は，第I巻の付録において与えられており，問題4で概説される)．f は正の測度をもつ集合上で不連続であるから，f がリーマン可積分でないことがわかる．

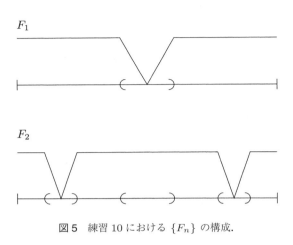

図5 練習10における $\{F_n\}$ の構成．

11. A は $[0, 1]$ の部分集合で，小数展開において数字の4が現れない数全体からなるものとする．$m(A)$ を求めよ．

12. 定理1.3は，$\mathbb{R}$ の任意の開集合が互いに交わらない開区間の和集合であることを主張している．$\mathbb{R}^d, d \geq 2$ における類似の主張は誤りである．以下を証明せよ．

(a) $\mathbb{R}^2$ における開円板は，互いに交わらない開矩形の和集合とはならない．
[ヒント：これらの任意の矩形において，その境界に対して何が起こるであろうか？]

(b) 開かつ連結な集合 Ω が互いに交わらない開矩形の和集合となるのは，Ω それ自身が開矩形であるときであり，またそのときに限る．

13. 以下は G_δ 集合と F_σ 集合に関するものである．

(a) 閉集合は G_δ であり，開集合は F_σ であることを示せ．
[ヒント：F が閉のときには，$\mathcal{O}_n = \{x : d(x, F) < 1/n\}$ を考えよ．]

(b) F_σ であるが G_δ ではないものの例を与えよ．
[ヒント：これはより難しい；F を稠密な可算集合とせよ．]

(c) G_δ でも F_σ でもないボレル集合の例を与えよ．

14. この練習は，<u>有限</u> 個の区間による被覆だけでは外測度 m_* を定義するのに不十

分であることを示すのが目的である．

$\mathbb{R}$ における集合 E のジョルダン外体積 $J_*(E)$ を

$$J_*(E) = \inf \sum_{j=1}^{N} |I_j|$$

により定義する．ここで inf は区間 I_j による <u>有限</u> 被覆 $E \subset \bigcup_{j=1}^{N} I_j$ 全体にわたってとるものとする．

(a) すべての集合 E に対して $J_*(E) = J_*(\overline{E})$ を示せ (ここで $\overline{E}$ は E の閉包を表す).

(b) 可算な部分集合 $E \subset [0, 1]$ で，$m_*(E) = 0$ であるが $J_*(E) = 1$ であるものを示せ．

15. 理論を始めるにおいて，立方体の代わりに矩形による被覆をとって外測度を定義することも可能である．より正確には，

$$m_*^{\mathcal{R}}(E) = \inf \sum_{j=1}^{\infty} |R_j|$$

と定義する．ここで inf は (閉) 矩形によるすべての可算被覆 $E \subset \bigcup_{j=1}^{\infty} R_j$ にわたってとるものとする．

このアプローチが本文で展開された測度の理論と同じものを引き起こすことを，$\mathbb{R}^d$ のすべての部分集合 E に対して $m_*(E) = m_*^{\mathcal{R}}(E)$ を証明することにより示せ．
[ヒント：補題 1.1 を用いよ．]

16. ボレル–カンテリの補題 $\{E_k\}_{k=1}^{\infty}$ は $\mathbb{R}^d$ の可測部分集合の可算個の集まりで，

$$\sum_{k=1}^{\infty} m(E_k) < \infty$$

であるものとする．

$$E = \{x \in \mathbb{R}^d : \text{無限個の } k \text{ に対して } x \in E_k\}$$
$$= \limsup_{k \to \infty}(E_k)$$

とおく．

(a) E が可測であることを示せ．
(b) $m(E) = 0$ を証明せよ．
[ヒント：$E = \bigcap_{n=1}^{\infty} \bigcup_{k \geq n} E_k$ と書け．]

17. $\{f_n\}$ を,$[0,1]$ 上の可測関数の列で a.e. x に対して $|f_n(x)| < \infty$ であるものとする.ある正の実数列 c_n で,
$$\frac{f_n(x)}{c_n} \to 0 \quad \text{a.e. } x$$
となるものが存在することを示せ.
[ヒント:c_n を $m(\{x : |f_n(x)/c_n| > 1/n\}) < 2^{-n}$ となるように選び,ボレル–カンテリの補題を適用せよ.]

18. 次の主張を示せ:任意の可測関数は,ある連続関数列の a.e. での極限である.

19. 集合演算 $A + B$ に関するいくつかの考察である.
 (a) A と B のどちらかが開なら $A + B$ は開であることを示せ.
 (b) A と B が閉なら $A + B$ は可測であることを示せ.
 (c) たとえ A と B が閉であっても $A + B$ が閉とは限らないことを示せ.
[ヒント:(b) については,$A + B$ が F_σ 集合であることを示せ.]

20. 閉集合 A および B で,$m(A) = m(B) = 0$ であるが $m(A + B) > 0$ となるものが存在することを示せ:
 (a) $\mathbb{R}$ では,$A = \mathcal{C}$(カントール集合),$B = \mathcal{C}/2$ とせよ.$A + B \supset [0,1]$ に注意せよ.
 (b) $\mathbb{R}^2$ では,$A = I \times \{0\}$ かつ $B = \{0\} \times I$(ただし $I = [0,1]$)ならば $A + B = I \times I$ であることに注意せよ.

21. 連続関数で,あるルベーグ可測集合をある非可測集合へ写すものが存在することを証明せよ.
[ヒント:$[0,1]$ の非可測部分集合と,その練習 2 での関数 F による $\mathcal{C}$ 内での逆像を考えよ.]

22. $\chi_{[0,1]}$ を $[0,1]$ の特性関数とする.$\mathbb{R}$ 上いたるところで連続な関数 f で,
$$\text{ほとんどいたるところ} \quad f(x) = \chi_{[0,1]}(x)$$
となるものは存在しないことを示せ.

23. $f(x,y)$ を $\mathbb{R}^2$ で各個連続な関数とする:すなわち,一つの変数を固定するごとに他の変数に関して連続とする.f は $\mathbb{R}^2$ 上可測であることを証明せよ.
[ヒント:f を変数 x に関して区分的に 1 次な関数 f_n で近似して,各点で $f_n \to f$ となるようにせよ.]

24. 有理数の番号づけ $\{r_n\}_{n=1}^{\infty}$ で，
$$\bigcup_{n=1}^{\infty}\left(r_n - \frac{1}{n}, r_n + \frac{1}{n}\right)$$
の $\mathbb{R}$ での補集合が空ではないものは存在するか？
[ヒント：ある固定した有界区間の外にある有理数に対してのみ，整数 m で $n = m^2$ と書ける形の r_n をとる番号づけを見つけよ．]

25. 可測性の別の定義を以下に与える：任意の $\varepsilon > 0$ に対して E に含まれるある閉集合 F で $m_*(E - F) < \varepsilon$ となるものが存在するとき，E は可測であるという．この定義が本文中で与えられたものと同値であることを示せ．

26. A と B は有限測度をもつ可測集合で，$A \subset E \subset B$ であるものとする．$m(A) = m(B)$ ならば E は可測であることを証明せよ．

27. E_1 と E_2 は $\mathbb{R}^d$ のコンパクト集合の組で $E_1 \subset E_2$ となるものとし，$a = m(E_1)$ および $b = m(E_2)$ とおく．$a < c < b$ となる任意の c に対して，$E_1 \subset E \subset E_2$ かつ $m(E) = c$ となるコンパクト集合 E が存在することを証明せよ．
[ヒント：一つの例として，$d = 1$ で E が $[0, 1]$ の可測部分集合の場合には，$m(E \cap [0, t])$ を t の関数として考えよ．]

28. E は $\mathbb{R}$ の部分集合で，$m_*(E) > 0$ であるものとする．各 $0 < \alpha < 1$ に対して，ある開区間 I で
$$m_*(E \cap I) \geq \alpha m_*(I)$$
となるものが存在することを証明せよ．大まかな言い方をすれば，この評価は E が区間 I のほぼすべての部分を含むことを表している．
[ヒント：開集合 $\mathcal{O}$ で，E を含みかつ $m_*(E) \geq \alpha m_*(\mathcal{O})$ となるものを選べ．$\mathcal{O}$ を互いに交わらない開区間の和集合として表し，それら区間のうちの一つは求める性質を満たさなければならないことを示せ．]

29. E は $\mathbb{R}$ の可測な部分集合で，$m(E) > 0$ であるものとする．E の**差集合**とは
$$\{z \in \mathbb{R} : \text{ある } x, y \in E \text{ に対して } z = x - y\}$$
で定義されるものであるが，これが原点を中心とするある開区間を含むことを示せ．

もし E がある区間を含んでいれば，結論は直ちに得られる．一般の場合には，練習 28 に頼ればよい．
[ヒント：実際，練習 28 により，ある開区間 I で $m(E \cap I) \geq (9/10) m(I)$ となるもの

が存在する．$E \cap I$ を E_0 で表し，もし E_0 の差集合が原点のまわりの開区間を含まないものと仮定すれば，任意の小さい a に対して集合 E_0 と $E_0 + a$ は互いに素である．$(E_0 \cup (E_0 + a)) \subset (I \cup (I + a))$ であるという事実から矛盾を得るが，これは左辺の測度が $2m(E_0)$ である一方，右辺の測度は $m(I)$ よりやや大きいに過ぎないことによる．]

次は，この結果のより一般的な定式化である．

30. E と F が可測で，$m(E) > 0$ かつ $m(F) > 0$ ならば，
$$E + F = \{x + y : x \in E, x \in F\}$$
はある区間を含むことを証明せよ．

31. 練習 29 の結果は，本文で調べた集合 $\mathcal{N}$ の非可測性の別証明を与える．実際，集合 $\mathcal{N}$ と密接に関連する $\mathbb{R}$ の部分集合の非可測性が証明できる．

与えられた二つの実数 x と y に対して，前と同じように，差 $x - y$ が有理数であるときに $x \sim y$ と書くことにしよう．$\mathcal{N}^*$ により，$\sim$ の各同値類から一つずつ選んだ元からなる集合を表すものとする．練習 29 の結果を用いて，$\mathcal{N}^*$ が非可測であることを証明せよ．

[ヒント：$\mathcal{N}^*$ が可測ならば，$\{r_n\}_{n=1}^{\infty}$ を有理数 $\mathbb{Q}$ の番号づけとして，平行移動 $\mathcal{N}_n^* = \mathcal{N}^* + r_n$ もそうである．このことから，どのようにして $m(\mathcal{N}^*) > 0$ が導かれるのであろうか？ $\mathcal{N}^*$ の差集合は，原点を中心とするある開区間を含み得るであろうか？]

32. $\mathcal{N}$ により，第 3 節の最後で構成された $I = [0, 1]$ の非可測な部分集合を表すものとする．

(a) E が $\mathcal{N}$ の可測な部分集合であるならば，$m(E) = 0$ である．

(b) G は $\mathbb{R}$ の部分集合で $m_*(G) > 0$ であるものとするとき，G のある部分集合は非可測であることを証明せよ．

[ヒント：(a) について，E の有理数による平行移動を用いよ．]

33. $\mathcal{N}$ により，本文中で構成された非可測集合を表すものとする．上の練習から $\mathcal{N}$ の可測な部分集合の測度は 0 になることを思い出してもらいたい．

集合 $\mathcal{N}^c = I - \mathcal{N}$ は $m_*(\mathcal{N}^c) = 1$ をみたすことを示し，$E_1 = \mathcal{N}$ および $E_2 = \mathcal{N}^c$ とするとき，E_1 と E_2 が互いに交わらないにも関わらず，
$$m_*(E_1) + m_*(E_2) \neq m_*(E_1 \cup E_2)$$
となることを結論づけよ．

[ヒント：$m_*(\mathcal{N}^*) = 1$ を証明するには，背理法により議論を行い，可測集合 U を $U \subset I$,

$\mathcal{N}^c \subset U$ および $m_*(U) < 1-\varepsilon$ となるようにとれ．]

34. $\mathcal{C}_1$ と $\mathcal{C}_2$ は (練習 3 で構成された) 任意の二つのカントール集合とする．ある関数 $F : [0,1] \to [0,1]$ で以下の性質をもつものが存在することを示せ．
(i) F は連続で全単射，
(ii) F は単調増大，
(iii) F は $\mathcal{C}_1$ を $\mathcal{C}_2$ 上に写す全射．
[ヒント：標準的なカントール–ルベーグ関数の構成法をまねよ．]

35. 可測関数 f と連続関数 Φ で $f \circ \Phi$ が非可測となるものの例を与えよ．
[ヒント：$\Phi : \mathcal{C}_1 \to \mathcal{C}_2$ を練習 34 のようにとり，$m(\mathcal{C}_1) > 0$ かつ $m(\mathcal{C}_2) = 0$ とする．$N \subset \mathcal{C}_1$ を非可測とし，$f = \chi_{\Phi(N)}$ とせよ．]

ルベーグ可測集合だがボレル集合でないものが存在することを示すためには，このヒントでの構成を用いよ．

36. この練習では，$[0,1]$ 上の可測関数 f で，(f と g が異なるのは測度 0 の集合においてのみという意味で) f と同値な任意の関数 g が<u>すべての</u>点で不連続となるものの例を与える．

(a) 可測集合 $E \subset [0,1]$ で，$[0,1]$ の空でない任意の開部分区間 I に対して集合 $E \cap I$ と $E^c \cap I$ のいずれもが正の測度をもつものを構成せよ．

(b) $f = \chi_E$ は，$g(x) = f(x)$ a.e. x ならば g は $[0,1]$ におけるすべての点で不連続でなければならないという性質をもつことを示せ．
[ヒント：最初の部分に対しては，正測度をもつカントール型集合を考え，その構成法の第 1 段階において省かれた区間の部分に，別のカントール集合を付け加える．この手続きを無限回続けよ．]

37. Γ は，f を連続とした $\mathbb{R}^2$ 内の曲線 $y = f(x)$ であるものとする．$m(\Gamma) = 0$ であることを示せ．
[ヒント：f の一様連続性を用いて，Γ を矩形で被覆せよ．]

38. $\gamma \geq 1$ かつ $a,b \geq 0$ ならば $(a+b)^\gamma \geq a^\gamma + b^\gamma$ であることを示せ．また，$0 \leq \gamma \leq 1$ のときには逆向きの不等式が成り立つことを示せ．
[ヒント：$(a+t)^{\gamma-1}$ と $t^{\gamma-1}$ との間に成り立つ不等式を，0 から b まで積分せよ．]

39. 不等式

(10) $$\frac{x_1 + \cdots + x_d}{d} \geq (x_1 \cdots x_d)^{1/d}, \qquad x_j \geq 0, \quad j = 1, \cdots, d$$

を，以下の逆向きの帰納法を用いることにより証明せよ．

(a) d が 2 のベキ乗 ($d=2^k, k \geq 1$) ならば，この不等式は正しい．

(b) もし (10) がある整数 $d \geq 2$ で成立するならば，$d-1$ においても成立しなければならない．すなわち，$j=1, \cdots, d-1$ として，すべての $y_j \geq 0$ に対して $(y_1 + \cdots + y_{d-1})/(d-1) \geq (y_1 \cdots y_{d-1})^{1/(d-1)}$ を得る．

[ヒント：(a) については，$k \geq 2$ ならば $(x_1 + \cdots + x_{2^k})/2^k$ を $(A+B)/2$，ただし $A = (x_1 + \cdots + x_{2^{k-1}})/2^{k-1}$ と書いて，$d=2$ の場合の不等式を適用せよ．(b) については，不等式を $x_1 = y_1, \cdots, x_{d-1} = y_{d-1}$ かつ $x_d = (y_1 + \cdots + y_{d-1})/(d-1)$ に対して適用せよ．]

7. 問題

1. 与えられた無理数 x に対し，(たとえば鳩の巣原理を用いて) 互いに素な整数 p と q により p/q となる分数で
$$\left|x - \frac{p}{q}\right| \leq \frac{1}{q^2}$$
となるものが無限個存在することが示せる．しかしながら，互いに素な整数 p と q により p/q となる分数で
$$\left|x - \frac{p}{q}\right| \leq \frac{1}{q^3} \qquad \left(\text{または} \leq \frac{1}{q^{2+\varepsilon}}\right)$$
となるものが無限個存在する $x \in \mathbb{R}$ の集合の測度は 0 である．このことを証明せよ．
[ヒント：ボレル–カンテリの補題を用いよ．]

2. 任意の開集合 Ω は閉立方体の和集合として書くことができ，その表現 $\Omega = \bigcup Q_j$ は以下の性質をもつとできる．

(i) Q_j たちは互いに交わらない内部をもつ．

(ii) $d(Q_j, \Omega^c) \approx l(Q_j)$ である．これは，ある正の定数 c および C が存在して $c \leq d(Q_j, \Omega^c)/\ell(Q_j) \leq C$ となることを意味している．ここで，$\ell(Q_j)$ は Q_j の 1 辺の長さを表す．

3. $[0, 1]$ の可測な部分集合 C で，$m(C) = 0$ であるが，C の差集合が原点を中心とする非自明な区間を含むものの例を見つけよ．練習 29 の結果と比較せよ．
[ヒント：カントール集合 $C = \mathcal{C}$ を選べ．ある固定された $a \in [-1, 1]$ に対して，平面上の直線 $y = x + a$ を考え，カントール集合の構成法を模倣せよ，ただし立方体 $Q = [0, 1] \times [0, 1]$ においてである．まず，Q の四隅にある 1 辺の長さが $1/3$ の閉立

方体以外をすべて取り去り，この手続きを残った立方体のそれぞれに対して繰り返す (図 6 を見よ)．その結果得られる集合はしばしばカントール・ダストと呼ばれる．入れ子式になっているコンパクト集合たちの性質から，この直線がカントール・ダストと交わることを示せ．]

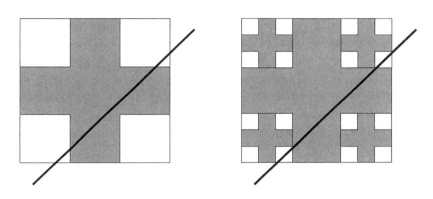

図 6　カントール・ダストの構成．

4.　以下は，区間 $[a, b]$ 上の有界関数がリーマン可積分であるのは不連続点の集合の測度が 0 のときであり，またそのときに限ることの証明の概略を与えたものであるが，これを完全なものにせよ．この議論の詳細は第 I 巻の付録で与えられている．

　f をコンパクト区間 J 上の<u>有界</u>関数とし，$I(c, r)$ で中心が c, 半径 r の開区間を表すものとする．$\text{osc}\,(f, c, r) = \sup |f(x)-f(y)|$ とおき，ここで上限はすべての $x, y \in J \cap I(c, r)$ にわたってとるものとし，f の c における振動を $\text{osc}\,(f, c) = \lim_{r \to 0} \text{osc}\,(f, c, r)$ で定義する．明らかに，f が $c \in J$ で連続であるのは $\text{osc}\,(f, c) = 0$ のときであり，またそのときに限る．

以下の主張を証明せよ：

(a)　任意の $\varepsilon > 0$ に対し，J 内の点 c で $\text{osc}\,(f, c) \geq \varepsilon$ となるものの集合はコンパクトである．

(b)　f の不連続点の集合の測度が 0 ならば，f はリーマン可積分である．

　[ヒント：与えられた $\varepsilon > 0$ に対して，$A_\varepsilon = \{c \in J : \text{osc}\,(f, c) \geq \varepsilon\}$ とおく．A_ε を全長が $\leq \varepsilon$ である有限個の開区間で被覆する．J の適当な分割を選んで，この分割における f の過剰和と不足和の差を評価せよ．]

(c)　逆に，f が J 上でリーマン可積分ならば，その不連続点の集合の測度は 0 である．

[ヒント: f の不連続性の集合は $\bigcup_n A_{1/n}$ に含まれる. 分割 P を $U(f, P) - L(f, P) < \varepsilon/n$ となるように選ぶ. P による区間のうち, その内部が $A_{1/n}$ と交わるものの長さの総和は $\leq \varepsilon$ であることを示せ.]

5. E は $m(E) < \infty$ である可測集合で,
$$E = E_1 \cup E_2, \qquad E_1 \cap E_2 = \emptyset$$
であるものとする. もし $m(E) = m_*(E_1) + m_*(E_2)$ ならば, E_1 および E_2 は可測である.

特に, ある有限立方体 Q に関し $E \subset Q$ であるならば, E が可測であるのは $m(Q) = m_*(E) + m_*(Q - E)$ のときであり, またそのときに限る.

6.* 選択公理と整列可能原理が同値であるという事実は, 以下の考察からの帰結である.

まず, 集合 E 上の半順序として, E 上の二項関係 $\leq$ が以下をみたすことで定義することから始める:

(i) すべての $x \in E$ に対して $x \leq x$.
(ii) $x \leq y$ かつ $y \leq x$ ならば $x = y$.
(iii) $x \leq y$ かつ $y \leq z$ ならば $x \leq z$.

これらに加えて, $x, y \in E$ ならば必ず $x \leq y$ または $y \leq x$ となるとき, $\leq$ は E の線形順序という.

選択公理と整列可能原理は, 論理的にはハウスドルフの最大原理と同値である :

「任意の空でない半順序集合は, (空でない) 最大の線形順序づけられた部分集合をもつ」

言い換えると, もし E が半順序 $\leq$ をもつならば, E は $\leq$ により線形順序づけられた空ではないある部分集合 F を含んでおり, さらにその F は, やはり $\leq$ により線形順序づけられた集合 G に含まれるならば $F = G$ となる.

ハウスドルフの最大原理を, E の部分集合に対するすべての整列順序の集まりに対して適用すれば, E に対する整列可能原理が導かれる. しかしながら, 選択公理がハウスドルフの最大原理を導くことの証明は, より複雑である.

7.* $\mathbb{R}^2$ 内の曲線 $\Gamma = \{y = f(x)\}, 0 \leq x \leq 1$ を考える. f は $0 \leq x \leq 1$ で 2 階連続微分可能であるものと仮定する. このとき, $m(\Gamma + \Gamma) > 0$ であるのは $\Gamma + \Gamma$ がある開集合を含むことが必要十分であり, f が線形でないことが必要十分である.

8.*　A と B は有限かつ正の測度をもつ開集合であるものとする．このとき，ブルン–ミンコフスキーの不等式 (8) において等号が成立するのは，A と B が凸でかつ相似，すなわち，ある $\delta > 0$ と $h \in \mathbb{R}^d$ が存在して
$$A = \delta B + h$$
となるときであり，またそのときに限る．

第2章　積分論

> ……実変数で実数値の関数に対する積分として提案され成功を収めてきた数々の定義のうち，積分の問題において登場するいろいろな変換を理解したり，一見単純な面積の概念とある程度複雑な積分の解析的な定義との関係を捉えたりするのに不可欠である，と私が思うもの，のみを留めおいてきた．
>
> このような複雑さに専心するに足るほど興味深いことであるのか，そして単純な定義のみを必要とする関数の研究に限定する方が良くはないかと人は尋ねるかも知れないが……．いずれわかるように，それだとずいぶん昔において提示され単純に述べられている多くの問題に関して，その解決の可能性を放棄しなければならないことになる．この本において，リーマン積分の定義よりもさらに一般化された積分の定義を導入してきたが，それはこれらの問題を解くためであって，複雑さへの愛のためなどではない．
>
> —— E. ルベーグ，1903

1. ルベーグ積分：基本的性質と収束定理

$\mathbb{R}^d$ 上のルベーグ積分の一般的な概念は一段階ずつ定義され，より広い関数の族へと順次進行していく．各段階において積分が線形性や単調性などの初等的な性質をみたすことを見て，積分と極限とが順序交換されることに相当する適当な収束定理を証明する．この手続きの最後には，さらなる問題の研究において決定的な力となる，積分の一般理論に到達することになる．

四つの段階を踏みながら，順次統合していく形で進めていく．

1. 単関数
2. 有限測度集合上に台をもつ有界関数
3. 非負関数
4. 可積分関数 (一般の場合)

事の始まりから，すべて関数は可測であると仮定されていることを強調しておく．また最初のうちは，実数に値をとる有限値関数のみを考えることにする．後で，拡張された値をもつ関数や複素数値関数も考察する．

第 1 段階：単関数

前章において，単関数 φ は有限和

(1) $$\varphi(x) = \sum_{k=1}^{N} a_k \chi_{E_k}(x)$$

で表されたことを思い出しておこう．ここで E_k は有限測度をもつ集合であり，a_k は定数である．この定義から引き起こされるやっかいな問題のひとつとして，単関数は多くの方法でこのような有限線形結合により表現されることである；たとえば，任意の有限測度をもつ可測集合 E に対して $0 = \chi_E - \chi_E$ である．幸いなことに，単関数の表現として，自然で応用上も便利なある曖昧さのない選び方が存在する．

φ の**標準形**とは，数 a_k は相異なり 0 ではなく，集合 E_k は互いに交わらないような (1) による一意的な分解のことである．

φ の標準形を見つけることは容易である：φ は 0 でない値としては有限個のみをとり，たとえばそれを $c_1, \cdots, c_M$ とすれば $F_k = \{x : \varphi(x) = c_k\}$ とおけばよく，集合 F_k は互いに交わらないことに注意せよ．よって，$\varphi = \sum_{k=1}^{M} c_k \chi_{F_k}$ は求める φ の標準形となる．

もし φ が標準形 $\varphi(x) = \sum_{k=1}^{M} c_k \chi_{F_k}(x)$ をもつ単関数であるならば，φ のルベーグ積分を

$$\int_{\mathbb{R}^d} \varphi(x) \, dx = \sum_{k=1}^{M} c_k m(F_k)$$

により<u>定義する</u>．E が $\mathbb{R}^d$ の有限測度をもつ可測部分集合とするとき，$\varphi(x)\chi_E(x)$ もまた単関数であり，

$$\int_E \varphi(x)\,dx = \int \varphi(x)\chi_E(x)\,dx$$

と定義する．積分の定義においてルベーグ測度 m を選択していることを強調するために，φ のルベーグ積分をときどき

$$\int_{\mathbb{R}^d} \varphi(x)\,dm(x)$$

で表すことがある．実際は，便宜上，$\mathbb{R}^d$ 上の φ の積分をしばしば $\int \varphi(x)dx$ あるいは単に $\int \varphi$ で表すことにする．

命題 1.1 上で定義された単関数の積分は以下の性質をみたす：

（ⅰ）「表現の非依存性」$\varphi = \sum_{k=1}^{N} a_k \chi_{E_k}$ を φ の任意の表現とするとき，

$$\int \varphi = \sum_{k=1}^{N} a_k m(E_k)$$

である．

（ⅱ）「線形性」φ と ψ は単関数で，$a, b \in \mathbb{R}$ ならば，

$$\int (a\varphi + b\psi) = a \int \varphi + b \int \psi$$

である．

（ⅲ）「加法性」E と F が $\mathbb{R}^d$ の互いに交わらない有限測度をもつ部分集合であるならば，

$$\int_{E \cup F} \varphi = \int_E \varphi + \int_F \varphi$$

である．

（ⅳ）「単調性」$\varphi \leq \psi$ が単関数ならば

$$\int \varphi \leq \int \psi$$

である．

（ⅴ）「三角不等式」φ が単関数ならば，$|\varphi|$ もそうであり，

$$\left| \int \varphi \right| \leq \int |\varphi|$$

である．

証明 やや技巧的な結論は，単関数の積分が特性関数の線形結合によるいかなる分解を用いて計算してもよいことを述べた最初の主張のみである．

$\varphi = \sum_{k=1}^{N} a_k \chi_{E_k}$ として，集合 E_k は互いに交わらないが，数 a_k は相異なりかつ 0 でないことは仮定しないものとする．$\{a_k\}$ の中の相異なる 0 でない各値 a に対して，$E'_a = \bigcup E_k$ と定義し，和集合は $a_k = a$ となる指数 k にわたってとるものとする．ここで集合 E'_a は互いに交わらず，$m(E'_a) = \sum m(E_k)$ であることに注意せよ．ただし，和は同じ k の集合にわたってとる．このとき明らかに $\varphi = \sum a \chi_{E'_a}$ であり，和は $\{a_k\}$ の中の相異なる非ゼロにわたってとっている．よって

$$\int \varphi = \sum a \, m(E'_a) = \sum_{k=1}^{N} a_k m(E_k)$$

となる．次に，$\varphi = \sum_{k=1}^{N} a_k \chi_{E_k}$ だが，E_k が互いに交わらないことはもはや仮定しないものとする．このとき，分解 $\bigcup_{k=1}^{N} E_k$ を集合 $E_1^*, E_2^*, \cdots, E_n^*$ で $\bigcup_{k=1}^{N} E_k = \bigcup_{j=1}^{n} E_j^*$ となるものを見つけて「洗練する」．ここで E_j^* $(j=1, \cdots, n)$ は互いに交わらず，各 k に対して，和集合を E_k に含まれる E_j^* にわたってとれば $E_k = \bigcup E_j^*$ となる性質をもつものとする (この初等的な事実の証明は練習 1 にある)．さて，各 j に対して $a_j^* = \sum a_k$ とおき，和は E_k が E_j^* を含むような k すべてにわたってとるものとする．このとき，明らかに $\varphi = \sum_{j=1}^{n} a_j^* \chi_{E_j^*}$ である．しかしこの分解は，E_j^* は互いに交わらないことから，すでに上で扱ったものである．かくして

$$\int \varphi = \sum a_j^* m(E_j^*) = \sum_{E_k \supset E_j^*} \sum a_k m(E_j^*) = \sum a_k m(E_k)$$

となり，結論 (i) は証明された．

結論 (ii) は，φ と ψ の任意の表現を用いることにより，(i) の明らかな線形性とから従う．

集合に関する加法性に対しては，E と F が互いに交わらないならば

$$\chi_{E \cup F} = \chi_E + \chi_F$$

であることに注意する必要があり，$\int_{E \cup F} \varphi = \int_E \varphi + \int_F \varphi$ を見るために積分の

線形性を用いればよい．

$\eta \geq 0$ が単関数ならば，その標準形はいたるところ非負であり，それゆえ，積分の定義から $\int \eta \geq 0$ となる．この議論を $\psi - \varphi$ に対して適用すれば，求める単調性が得られる．

最後に，三角不等式に対しては，φ をその標準形 $\varphi = \sum_{k=1}^{N} a_k \chi_{E_k}$ で表して

$$|\varphi| = \sum_{k=1}^{N} |a_k| \chi_{E_k}(x)$$

を見ておけば十分である．それゆえ，積分の定義に対して三角不等式を適用することにより

$$\left| \int \varphi \right| = \left| \sum_{k=1}^{N} a_k m(E_k) \right| \leq \sum_{k=1}^{N} |a_k| m(E_k) = \int |\varphi|$$

がわかる． ∎

ついでに，以下の簡単な事実を指摘しておく価値はあるであろう：f と g をほとんどいたるところ一致する単関数の組とするとき，$\int f = \int g$ が成り立つ．ほとんどいたるところ一致する二つの関数の積分に関する等式は，以下において引き続き定義される積分においてもそのまま成立する．

第 2 段階：有限測度集合上に台をもつ有界関数

可測関数 f の台とは f が消えないすべての点の集合

$$\mathrm{supp}(f) = \{x : f(x) \neq 0\}$$

として定義される．$x \notin E$ ならば $f(x) = 0$ であるときに，f は E に台をもつともいう．

f は可測なので，集合 $\mathrm{supp}(f)$ も可測である．我々が次に興味をもつのは，$m(\mathrm{supp}(f)) < \infty$ となるこれら有界な可測関数である．

前章におけるある重要な結果 (定理 4.2) は，次のように主張する：f が M により押さえられ E に台をもつ関数とするならば，ある単関数の列 $\{\varphi_n\}$ で，各 φ_n が M で押さえられ E に台をもち，

$$\text{すべての } x \text{ に対して} \quad \varphi_n(x) \to f(x)$$

となるものが存在する．鍵となる次の補題により，有限測度をもつ集合上に台を
もつ有界関数のクラスに対して積分を定義することが可能となる．

補題 1.2 f を有限測度をもつ集合 E 上に台をもつ有界関数とする．$\{\varphi_n\}_{n=1}^\infty$
を，M で押さえられ E に台をもち，a.e. x に対して $\varphi_n(x) \to f(x)$ となる任意
の単関数列とするとき，次が成り立つ：

（ⅰ）　極限 $\displaystyle\lim_{n\to\infty}\int \varphi_n$ は存在する．

（ⅱ）　$f = 0$ a.e. ならば，極限 $\displaystyle\lim_{n\to\infty}\int \varphi_n$ は 0 に等しい．

証明　φ_n が f に E 上一様に収束する場合には，補題の主張はほとんど明らか
である．その代わり，可測関数列の収束は「ほとんど」一様であることを述べた
リトルウッドの原則のうちの一つを思い出す必要がある．この原則の後ろに横た
わる正確な主張がエゴロフの定理であり，これは第 1 章で証明され，ここで応用
される．

E の測度は有限なので，与えられた $\varepsilon > 0$ に対して，E の (閉) 可測部分集合
A_ε で $m(E - A_\varepsilon) \leq \varepsilon$ かつ A_ε 上一様に $\varphi_n \to f$ となるものの存在をエゴロフ
の定理は保証している．よって，$I_n = \int \varphi_n$ とおけば

$$\begin{aligned}
|I_n - I_m| &\leq \int_E |\varphi_n(x) - \varphi_m(x)|\,dx \\
&= \int_{A_\varepsilon} |\varphi_n(x) - \varphi_m(x)|\,dx + \int_{E - A_\varepsilon} |\varphi_n(x) - \varphi_m(x)|\,dx \\
&\leq \int_{A_\varepsilon} |\varphi_n(x) - \varphi_m(x)|\,dx + 2M m(E - A_\varepsilon) \\
&\leq \int_{A_\varepsilon} |\varphi_n(x) - \varphi_m(x)|\,dx + 2M\varepsilon
\end{aligned}$$

となる．一様収束性から，任意の $x \in A_\varepsilon$ と任意の大きな n および m に対して，
評価 $|\varphi_n(x) - \varphi_m(x)| < \varepsilon$ を得るので，

すべての大きな n および m に対して　$|I_n - I_m| \leq m(E)\varepsilon + 2M\varepsilon$

が導かれる．ε は任意であり，$m(E) < \infty$ であることより，これは望みどおり
$\{I_n\}$ がコーシー列，したがって収束列であることを示している．

2 番目の部分に対しては，$f = 0$ ならば上の議論を繰り返すことにより $|I_n| \leq m(E)\varepsilon + M\varepsilon$ がわかり，示すべき $\displaystyle\lim_{n\to\infty} I_n = 0$ が従う．　∎

補題 1.2 を用いれば，有限測度集合上に台をもつ有界関数の積分へと戻ることができる．そのような関数 f に対して，**ルベーグ積分**を
$$\int f(x)\,dx = \lim_{n\to\infty}\int \varphi_n(x)\,dx$$
により<u>定義</u>する．ここで，$\{\varphi_n\}$ は次をみたす任意の単関数列である：$|\varphi_n|\le M$ であり，各 φ_n は f の台上において台をもち，n を無限大へ飛ばすとき a.e. x に対して $\varphi_n(x)\to f(x)$ となる．前補題により，この極限が存在することは分かっている．

次に，まずは積分が well defined であるために，$\int f$ が極限列 $\{\varphi_n\}$ の取り方に依存しないことを示す必要がある．それゆえ $\{\psi_n\}$ を別の単関数列とし，$|\psi_n|\le M$ であり，$\mathrm{supp}(f)$ に台をもち，n を無限大へ飛ばすとき a.e. x に対して $\psi_n(x)\to f(x)$ となるものと仮定する．このとき $\eta_n = \varphi_n - \psi_n$ とおけば，列 $\{\eta_n\}$ は $2M$ で押さえられる単関数で，有限測度集合上に台をもち，n を無限大へと飛ばすとき $\eta_n \to 0$ a.e. x となるものたちから成っている．よって，補題の 2 番目の部分から，n を無限大へと飛ばすとき $\int \eta_n \to 0$ となることを結論づけることができる．結果として，(補題により存在する) 二つの極限
$$\lim_{n\to\infty}\int \varphi_n(x)\,dx \quad \text{と} \quad \lim_{n\to\infty}\int \psi_n(x)\,dx$$
は実際には等しい．

E は有限測度をもつ $\mathbb{R}^d$ の部分集合であるとし，f は有界で $m(\mathrm{supp}(f)) < \infty$ であるものとするとき，
$$\int_E f(x)\,dx = \int f(x)\chi_E(x)\,dx$$
と定義することは自然である．

明らかに，f それ自身が単関数であるならば，上により定義される $\int f$ は前に論じた単関数の積分に一致している．このように積分の定義を拡張したものは，やはり単関数の積分の場合の基本的な性質をすべてみたしている．

命題 1.3 f と g は有限測度集合上に台をもつ有界関数とする．このとき，以下の性質が成り立つ．

（ i ）「**線形性**」$a, b \in \mathbb{R}$ ならば，

$$\int (af + bg) = a\int f + b\int g$$

である．

(ii)「加法性」E と F が $\mathbb{R}^d$ の互いに交わらない可測部分集合であるならば，
$$\int_{E \cup F} f = \int_E f + \int_F f$$
である．

(iii)「単調性」$f \leq g$ ならば
$$\int f \leq \int g$$
である．

(iv)「三角不等式」$|f|$ も有界で，有限測度集合上に台をもち，
$$\left|\int f\right| \leq \int |f|$$
である．

これら性質のすべては，単関数による近似を用いることと，命題 1.1 で与えられた単関数の積分の諸性質とから従う．

これで，最初の重要な収束定理を証明する準備が整った．

定理 1.4（有界収束定理） $\{f_n\}$ は可測であり，M で押さえられ，有限測度集合 E に台をもち，$n \to \infty$ とするとき $f_n(x) \to f(x)$ a.e. x となる関数の列とする．このとき，f は可測で有界であり，a.e. x に対して E に台をもち，
$$\int |f_n - f| \to 0, \qquad n \to \infty$$
となる．結果として，
$$\int f_n \to \int f, \qquad n \to \infty$$
となる．

証明 仮定から直ちに，f がほとんどいたるところ M で押さえられ，ある測度 0 の集合を除けば，E の外では消えていることがわかる．明らかに，積分に関する三角不等式から n が無限大へ向かうときに $\int |f_n - f| \to 0$ となることを示せば十分である．

証明は，補題 1.2 での議論の繰り返しである．$\varepsilon > 0$ を与えるとき，エゴロフの

定理から,ある E の部分集合 A_ε で $m(E-A_\varepsilon) \leq \varepsilon$ かつ A_ε 上で一様に $f_n \to f$ となるものを見つけることができる.これは,十分に大きな n において,すべての $x \in A_\varepsilon$ で $|f_n(x) - f(x)| \leq \varepsilon$ であることをいっている.これらの事実を合わせると,すべての大きな n に対して

$$\int |f_n(x) - f(x)| \, dx \leq \int_{A_\varepsilon} |f_n(x) - f(x)| \, dx + \int_{E-A_\varepsilon} |f_n(x) - f(x)| \, dx$$
$$\leq \varepsilon m(E) + 2Mm(E - A_\varepsilon)$$

となる.ε は任意であったから,定理の証明は完成した. ∎

上の収束定理は,結論がただ

$$\lim_{n \to \infty} \int f_n = \int \lim_{n \to \infty} f_n$$

であることを述べているので,積分と極限の順序交換に関する主張であることに注意しておく.

この時点において可能である,ある有用な考察を以下実行しておく:$f \geq 0$ が有界で,ある測度有限集合 E の上に台をもち,かつ $\int f = 0$ であるならば,ほとんどいたるところ $f = 0$ である.実際,各整数 $k \geq 1$ に対して $E_k = \{x \in E : f(x) \geq 1/k\}$ とおけば,$k^{-1} \chi_{E_k}(x) \leq f(x)$ であるという事実から,積分の単調性により

$$k^{-1} m(E_k) \leq \int f$$

となる.よって,すべての k において $m(E_k) = 0$ であり,また $\{x : f(x) > 0\} = \bigcup_{k=1}^{\infty} E_k$ であるので,ほとんどいたるところ $f = 0$ であることがわかる.

リーマン積分に戻って

ここで,リーマン可積分な関数はルベーグ可積分でもあることを示そう.このことといま証明したばかりの有界収束定理を合わせると,ルベーグ積分は序論における 2 番目の問題を解決することがわかる.

定理 1.5 f は閉区間 $[a, b]$ 上でリーマン可積分であるとする.このとき,f は可測であり,

$$\int_{[a,b]}^{\mathcal{R}} f(x) \, dx = \int_{[a,b]}^{\mathcal{L}} f(x) \, dx$$

が成立する．ここで左辺の積分は標準的なリーマン積分であり，右辺のそれはルベーグ積分のことである．

証明 定義から，リーマン可積分な関数は有界であり，たとえば $|f(x)| \leq M$ として，f が可測であることおよび積分間の等式を証明する必要がある．

再びリーマン可積分性の定義から[1])，二つの階段関数の列 $\{\varphi_k\}$ および $\{\psi_k\}$ で次の性質をもつものを構成できよう：すべての $x \in [a,b]$ と $k \geq 1$ に対して $|\varphi_k(x)| \leq M$ かつ $|\psi_k(x)| \leq M$ で，

$$\varphi_1(x) \leq \varphi_2(x) \leq \cdots \leq f \leq \cdots \leq \psi_2(x) \leq \psi_1(x)$$

および

(2) $$\lim_{k\to\infty} \int_{[a,b]}^{\mathcal{R}} \varphi_k(x)\,dx = \lim_{k\to\infty} \int_{[a,b]}^{\mathcal{R}} \psi_k(x)\,dx = \int_{[a,b]}^{\mathcal{R}} f(x)\,dx.$$

いくつかの考察を順を追って取り上げる．まず，階段関数に対するリーマン積分とルベーグ積分は一致することが，定義から直ちに得られる：よって

(3) $$\int_{[a,b]}^{\mathcal{R}} \varphi_k(x)\,dx = \int_{[a,b]}^{\mathcal{L}} \varphi_k(x)\,dx$$

$$\text{かつ} \quad \int_{[a,b]}^{\mathcal{R}} \psi_k(x)\,dx = \int_{[a,b]}^{\mathcal{L}} \psi_k(x)\,dx$$

がすべての $k \geq 1$ に対して成り立つ．次に，

$$\widetilde{\varphi}(x) = \lim_{k\to\infty} \varphi_k(x) \quad \text{および} \quad \widetilde{\psi}(x) = \lim_{k\to\infty} \psi_k(x)$$

とおけば，$\widetilde{\varphi} \leq f \leq \widetilde{\psi}$ となる．さらに，$\widetilde{\varphi}$ と $\widetilde{\psi}$ はどちらも (階段関数の極限なので) 可測であり，有界収束定理から

$$\lim_{k\to\infty} \int_{[a,b]}^{\mathcal{L}} \varphi_k(x)\,dx = \int_{[a,b]}^{\mathcal{L}} \widetilde{\varphi}(x)\,dx$$

と

$$\lim_{k\to\infty} \int_{[a,b]}^{\mathcal{L}} \psi_k(x)\,dx = \int_{[a,b]}^{\mathcal{L}} \widetilde{\psi}(x)\,dx$$

を得る．これと (2) および (3) とから，

$$\int_{[a,b]}^{\mathcal{L}} (\widetilde{\psi}(x) - \widetilde{\varphi}(x))\,dx = 0$$

---

[1]) 第 I 巻付録の第 1 節も見よ．

となり，また $\psi_k - \varphi_k \geq 0$ であるので，$\widetilde{\psi} - \widetilde{\varphi} \geq 0$ でなくてはならない．有界収束定理の証明の後に続く考察により，$\widetilde{\psi} - \widetilde{\varphi} = 0$ a.e. それゆえ $\widetilde{\psi} = \widetilde{\varphi} = f$ a.e. が結論づけられ，これが f が可測であることを証明している．最後に，ほとんどいたるところ $\varphi_k \to f$ なので，(定義より)

$$\lim_{k \to \infty} \int_{[a,b]}^{\mathcal{L}} \varphi_k(x)\, dx = \int_{[a,b]}^{\mathcal{L}} f(x)\, dx$$

となり，(2) と (3) により求める $\displaystyle\int_{[a,b]}^{\mathcal{R}} f(x)\, dx = \int_{[a,b]}^{\mathcal{L}} f(x)\, dx$ を得る． ∎

第 3 段階：非負関数

可測で非負であるが，必ずしも有界とは限らない関数の積分へと続けていこう．これらの関数は拡張された実数値をとる，すなわち関数が (ある可測集合上で) 値 $+\infty$ をとることを許容しておくことが重要となる．これに関連して，正数からなる集合の上限を，その集合が非有界ならば $+\infty$ と定義する慣例を思い出しておこう．

このような関数 f の場合には，(拡張された) **ルベーグ積分**を

$$\int f(x)\, dx = \sup_g \int g(x)\, dx$$

により 定義する．ここで上限は，$0 \leq g \leq f$ であり有界かつある有限測度集合上に台をもつような，すべての可測関数 g にわたってとるものとする．

上の積分の定義においては，上限が有限であるか無限であるかの二つの場合のみがあり得る．最初の場合，すなわち $\int f(x) < \infty$ のときには，f は**ルベーグ可積分**あるいは単に**可積分**であるということにしよう．

明らかに，E が任意の $\mathbb{R}^d$ の可測部分集合で $f \geq 0$ ならば $f\chi_E$ も正値であり，

$$\int_E f(x)\, dx = \int f(x) \chi_E(x)\, dx$$

と定義する．

可積分 (あるいは可積分でない) $\mathbb{R}^d$ 上の関数の簡単な例が，

$$f_a(x) = \begin{cases} |x|^{-a} & |x| \leq 1 \text{ の場合}, \\ 0 & |x| > 1 \text{ の場合} \end{cases}$$

$$F_a(x) = \frac{1}{1 + |x|^a}, \qquad x \in \mathbb{R}^d$$

で与えられる．このとき，f_a はちょうど $a < d$ の場合に可積分であり，一方 F_a はちょうど $a > d$ の場合に可積分である．系 1.10 の後に続く議論および練習 10 を見よ．

命題 1.6 非負可測関数の積分は以下の性質をもつ：

（ⅰ）「線形性」$f, g \geq 0$ で a, b が正の実数値であるならば，
$$\int (af + bg) = a \int f + b \int g$$
である．

（ⅱ）「加法性」E と F が $\mathbb{R}^d$ の互いに交わらない可測部分集合で $f \geq 0$ ならば，
$$\int_{E \cup F} f = \int_E f + \int_F f$$
である．

（ⅲ）「単調性」$0 \leq f \leq g$ ならば
$$\int f \leq \int g$$
である．

（ⅳ）g が可積分で $0 \leq f \leq g$ ならば，f は可積分．

（ⅴ）f が可積分ならば，ほとんどすべての x に対して $f(x) < \infty$．

（ⅵ）$\int f = 0$ ならば，ほとんどすべての x に対して $f(x) = 0$．

証明 最初の四つの主張のうち，定義から直ちに得られないのは（ⅰ）のみであり，これを証明するために以下のように議論する．$a = b = 1$ にとり，φ と ψ はどちらも有界で有限測度集合上に台をもつものとして，$\varphi \leq f$ かつ $\psi \leq g$ ならば $\varphi + \psi \leq f + g$ であり，$\varphi + \psi$ もまた有界で有限測度集合上に台をもつことに注意する．結果として，
$$\int f + \int g \leq \int (f + g)$$
となる．逆向きの不等式を示すために，η は有界で，ある有限測度集合上に台をもち $\eta \leq f + g$ であるものとする．$\eta_1(x) = \min(f(x), \eta(x))$ および $\eta_2 = \eta - \eta_1$ とおけば，
$$\eta_1 \leq f \quad \text{かつ} \quad \eta_2 \leq g$$

であることに注意する．さらに，η_1 と η_2 はともに有界で，ある有限測度集合上に台をもつ．よって，
$$\int \eta = \int (\eta_1 + \eta_2) = \int \eta_1 + \int \eta_2 \leq \int f + \int g$$
となり，η に関する上限をとることにより，求める不等式が得られる．

(v) の結論を証明するには，以下のように議論する．$E_k = \{x : f(x) \geq k\}$, $E_\infty = \{x : f(x) = \infty\}$ とする．このとき，
$$\int f \geq \int \chi_{E_k} f \geq k m(E_k)$$
となり，それゆえ $k \to \infty$ とすれば $m(E_k) \to 0$ となる．$E_k \searrow E_\infty$ であるから，前章の系 3.3 により $m(E_\infty) = 0$ となる．

(vi) の証明は定理 1.4 の後に続く考察と同じである． ∎

さて，次は非負可測関数のクラスに対するある重要な収束定理へと目を転じよう．このあとに続く一連の結果に対する動機づけとして，次の疑問を投げかけてみよう：$f_n \geq 0$ でほとんどすべての x に対して $f_n(x) \to f(x)$ と仮定する．$\int f_n \, dx \to \int f \, dx$ は正しいか？ 残念ながら，以下の例はこれに対する否定的な解答を与えるものであり，肯定的な収束の結果を得るためには定式化を変更せざるをえないことを示している．
$$f_n(x) = \begin{cases} n & 0 < x < \dfrac{1}{n} \text{ の場合,} \\ 0 & \text{その他} \end{cases}$$
とおく．このとき，すべての x に対して $f_n(x) \to 0$ であるが，すべての n に対して $\int f_n(x) \, dx = 1$ である．この特別の例においては，積分の極限は極限関数の積分よりも大きい．今から見るように，これは一般に成立していることであるとわかる．

補題 1.7（ファトゥー） $\{f_n\}$ は $f_n \geq 0$ である可測関数の列とする．a.e. x で $\lim_{n \to \infty} f_n(x) = f(x)$ ならば，
$$\int f \leq \liminf_{n \to \infty} \int f_n$$
である．

証明 $0 \leq g \leq f$ で g は有界である有限測度集合 E 上に台をもつものとする. $g_n(x) = \min(g(x), f_n(x))$ とおけば,g_n は可測で,E に台をもち,$g_n(x) \to g(x)$ a.e. となり,よって有界収束定理から

$$\int g_n \to \int g$$

である.その構成法から,$g_n \leq f_n$ も成立し,したがって $\int g_n \leq \int f_n$,それゆえ

$$\int g \leq \liminf_{n \to \infty} \int f_n$$

となる.すべての g に関する上限をとれば,求める不等式を得る. ∎

特に,$\int f = \infty$ や $\liminf_{n \to \infty} f_n = \infty$ となる場合を除外してはいない.

今や,以下の一連の系を直ちに得ることができる.

系 1.8 f を非負で可測な関数とし,$\{f_n\}$ を非負で可測な関数列で,ほとんどすべての x に対して $f_n(x) \leq f(x)$ かつ $f_n(x) \to f(x)$ であるものとする.このとき,

$$\lim_{n \to \infty} \int f_n = \int f$$

である.

証明 $f_n(x) \leq f(x)$ a.e. x であるので,すべての n に対して $\int f_n \leq \int f$ とならざるを得ない;よって

$$\limsup_{n \to \infty} \int f_n \leq \int f$$

である.この不等式とファトゥーの補題を合わせれば,求める極限を得る. ∎

特に,今や非負可測関数のクラスに対して基本的な収束定理を得ることができる.これを述べるためには,以下の記号法が必要である.

集合の列の単調増大や減少を記述するのに用いた ↗ や ↘ といった記号の類似として,$\{f_n\}_{n=1}^\infty$ が可測関数の列で,

$$f_n(x) \leq f_{n+1}(x) \text{ a.e. } x \ (n \geq 1) \quad \text{かつ} \quad \lim_{n \to \infty} f_n(x) = f(x) \text{ a.e. } x$$

をみたすときに,

$$f_n \nearrow f$$

と書くことにする．同様に，

$$f_n(x) \geq f_{n+1}(x) \text{ a.e. } x \ (n \geq 1) \quad \text{かつ} \quad \lim_{n \to \infty} f_n(x) = f(x) \text{ a.e. } x$$

であるとき，$f_n \searrow f$ と書く．

系 1.9（単調収束定理） $\{f_n\}$ を非負可測関数の列で $f_n \nearrow f$ となるものとする．このとき

$$\lim_{n \to \infty} \int f_n = \int f$$

が成り立つ．

単調収束定理は，以下の有用な結論を導く．

系 1.10 級数 $\sum_{k=1}^{\infty} a_k(x)$ で，$a_k(x) \geq 0$ がすべての $k \geq 1$ に対して可測なものを考える．このとき，

$$\int \sum_{k=1}^{\infty} a_k(x)\,dx = \sum_{k=1}^{\infty} \int a_k(x)\,dx$$

である．もし $\sum_{k=1}^{\infty} \int a_k(x)\,dx$ が有限ならば，級数 $\sum_{k=1}^{\infty} a_k(x)$ は a.e. x で収束する．

証明 $f_n(x) = \sum_{k=1}^{n} a_k(x)$ および $f(x) = \sum_{k=1}^{\infty} a_k(x)$ とおく．関数 f_n は可測であり，$f_n(x) \leq f_{n+1}(x)$ かつ n が無限大へと向かうとき $f_n(x) \to f(x)$ である．

$$\int f_n = \sum_{k=1}^{n} \int a_k(x)\,dx$$

であるから，単調収束定理より

$$\sum_{k=1}^{\infty} \int a_k(x)\,dx = \int \sum_{k=1}^{\infty} a_k(x)\,dx$$

となる．もし $\sum \int a_k < \infty$ ならば，上のことから $\sum_{k=1}^{\infty} a_k(x)$ は可積分となるので，先ほどの考察から $\sum_{k=1}^{\infty} a_k(x)$ ほとんどいたるところ有限となる．

この最後の系に関する二つの見事な実例を与える．

最初のものは，$E_1, E_2, \cdots$ が可測な部分集合の集まりで $\sum m(E_k) < \infty$ なら

ば無限個の E_k に属する点の集合の測度は 0 であることを述べた．ボレル – カンテリの補題 (第 1 章練習 16 を見よ) の別証明からなる．この事実を証明するため，

$$a_k(x) = \chi_{E_k}(x)$$

とおき，点 x が無限個の E_k に属するのは $\sum_{k=1}^{\infty} a_k(x) = \infty$ のときで，またそのときに限ることに注意する．$\sum m(E_k)$ に対する仮定はまさに $\sum_{k=1}^{\infty} \int a_k(x)\,dx < \infty$ を述べており，系より，ある測度 0 の集合を除けばそこで $\sum_{k=1}^{\infty} a_k(x)$ は有限となり，ボレル – カンテリの補題が証明される．

2 番目の実例は，第 3 章における恒等作用素の近似の議論において役に立つものである．関数

$$f(x) = \begin{cases} \dfrac{1}{|x|^{d+1}} & x \neq 0 \text{ の場合}, \\ 0 & \text{その他} \end{cases}$$

を考える．f が任意の球の外部 $|x| \geq \varepsilon$ で可積分であり，さらに

$$\text{ある定数 } C > 0 \text{ に関して} \qquad \int_{|x| \geq \varepsilon} f(x)\,dx \leq \frac{C}{\varepsilon}$$

であることを証明しよう．実際，$A_k = \{x \in \mathbb{R}^d : 2^k \varepsilon < |x| \leq 2^{k+1} \varepsilon\}$ とおいて，

$$g(x) = \sum_{k=0}^{\infty} a_k(x) \quad \text{ただし} \quad a_k(x) = \frac{1}{(2^k \varepsilon)^{d+1}} \chi_{A_k}(x)$$

と定義すれば $f(x) \leq g(x)$ でなくてはならず，それゆえ $\int f \leq \int g$ である．集合 A_k は $\mathcal{A} = \{1 < |x| < 2\}$ を $2^k \varepsilon$ だけ伸張して得られることから，ルベーグ測度の相対的伸張不変性により $m(A_k) = (2^k \varepsilon)^d m(\mathcal{A})$ となる．また系 1.10 から，$C = 2m(\mathcal{A})$ として

$$\int g = \sum_{k=0}^{\infty} \frac{m(A_k)}{(2^k \varepsilon)^{d+1}} = m(\mathcal{A}) \sum_{k=0}^{\infty} \frac{(2^k \varepsilon)^d}{(2^k \varepsilon)^{d+1}} = \frac{C}{\varepsilon}$$

となることがわかる．同じ伸張不変性から

$$\int_{|x| \geq \varepsilon} \frac{dx}{|x|^{d+1}} = \frac{1}{\varepsilon} \int_{|x| \geq 1} \frac{dx}{|x|^{d+1}}$$

が示されることに注意しておく．後出の等式 (7) も見よ．

第 4 段階：一般の場合

f が $\mathbb{R}^d$ 上の実数値可測関数である場合には，非負可測関数 $|f|$ が前節の意味において可積分であるときに f が**ルベーグ可積分**(あるいは単に可積分) であるということにする．

もし f がルベーグ可積分ならば，その積分に以下のように意味を与える．まず，

$$f^+(x) = \max(f(x), 0) \quad \text{および} \quad f^-(x) = \max(-f(x), 0)$$

と定義して，f^+ と f^- が非負で $f^+ - f^- = f$ となるようにしてよいであろう．$f^{\pm} \leq |f|$ なので，f が可積分ならば f^+ と f^- もそうであり，f の**ルベーグ積分**を

$$\int f = \int f^+ - \int f^-$$

で定義する．

実際問題として，f_1, f_2 をどちらも非負の可積分関数としたいくつもの分解 $f = f_1 - f_2$ に出くわすことになるが，f の分解によらず常に

$$\int f = \int f_1 - \int f_2$$

が成り立つことが期待される．言い換えれば，積分の定義は分解 $f = f_1 - f_2$ に依存しないはずである．なぜこれが正しいかを見るために，$f = g_1 - g_2$ を g_1 と g_2 が非負で可積分な別の分解とする．$f_1 - f_2 = g_1 - g_2$ であるから $f_1 + g_2 = g_1 + f_2$ となるが，この最後の等式は両辺とも正値な可測関数であり，この場合における積分の線形性から

$$\int f_1 + \int g_2 = \int g_1 + \int f_2$$

となる．すべての積分は有限であるから，求める結果

$$\int f_1 - \int f_2 = \int g_1 - \int g_2$$

が得られる．

上の定義を考える際，以下のちょっとした考察を記憶にとどめておくことは有用である．f の可積分性とその積分値は，f の値をある測度 0 の集合上で任意に修正したとしても変化することはない．それゆえ，積分の文脈においては，考える関数に対して測度 0 の集合上では定義しておかないことを許すという約束事を採用しておくと便利である．さらに，f が可積分であるならば命題 1.6 の (v) よ

りほとんどいたるところ有限値である．よって，この約束事により二つの可積分関数 f および g をいつでも足し合わせることが可能となるが，これはそれぞれの拡張された値のために生ずる $f+g$ の曖昧さが測度 0 の集合の中に存在しているためである．さらに，f のことを述べる際，事実上はほとんどいたるところ f に等しい関数すべての集まりについても述べていることに注意しておこう．

定義および前に示した性質を適用することにより，積分に関するすべての基本的な性質が簡単に導かれる．

命題 1.11 ルベーグ可積分関数の積分は，線形性，加法性，単調性をもち，三角不等式をみたす．

さてここで，それ自身ためになるが次の定理の証明にも必要となる，二つの結果を集めておこう．

命題 1.12 f は $\mathbb{R}^d$ 上可積分であるとする．このとき，任意の $\varepsilon > 0$ に対して：
（ⅰ） ある有限測度集合 B (たとえば球) が存在して
$$\int_{B^c} |f| < \varepsilon$$
となる．
（ⅱ） ある $\delta > 0$ が存在して
$$m(E) < \delta \quad \text{ならば} \quad \int_E |f| < \varepsilon$$
となる．

最後の条件は，絶対連続性として知られているものである．

証明 f を $|f|$ に置き換えることにより，一般性を失うことなく $f \geq 0$ と仮定してもよい．

最初の部分に関しては，B_N により原点中心で半径 N の球を表すものとし，$f_N(x) = f(x)\chi_{B_N}(x)$ とすれば $f_N \geq 0$ は可測で $f_N(x) \leq f_{N+1}(x)$ であり，かつ $\lim_{N \to \infty} f_N(x) = f(x)$ となることに注意する．単調収束定理から
$$\lim_{N \to \infty} \int f_N = \int f$$
でなくてはならない．特に，ある大きな N に対して

$$0 \leq \int f - \int f \chi_{B_N} < \varepsilon$$

であり，$1 - \chi_{B_N} = \chi_{B_N^c}$ であることから，証明すべき $\int_{B_N^c} f < \varepsilon$ が導かれる．

2番目の部分に関しては，再び $f \geq 0$ と仮定して，

$$E_N = \{x : f(x) \leq N\}$$

として $f_N(x) = f(x)\chi_{E_N}$ とおく．さらに再び，$f_N \geq 0$ は可測で $f_N(x) \leq f_{N+1}(x)$ であり，$\varepsilon > 0$ を与えるとき (単調収束定理から) ある整数 $N > 0$ で

$$\int (f - f_N) < \frac{\varepsilon}{2}$$

となるものが存在する．ここで $\delta > 0$ を $N\delta < \varepsilon/2$ となるようにとる．もし $m(E) < \delta$ ならば，

$$\int_E f = \int_E (f - f_N) + \int_E f_N$$
$$\leq \int (f - f_N) + \int_E f_N$$
$$\leq \int (f - f_N) + Nm(E)$$
$$\leq \frac{\varepsilon}{2} + \frac{\varepsilon}{2} = \varepsilon$$

となる．これにより命題の証明が完結する． ∎

可積分な関数は積分値が有限であるから，直感的にはある意味で無限大において消えていなくてはならないが，命題の最初の部分はこの直感に正確な意味づけを与えている．しかしながら可積分性は，より素朴に $|x|$ が大きくなるときに各点で消えることまでは保証していない．練習6を見よ．

さて，ルベーグ積分の理論の礎石である，優収束定理を証明する準備が整った．これは我々の努力の最高点とみることができる，極限と積分との間の相互作用に関する一般的な主張である．

定理 1.13 $\{f_n\}$ は可測関数の列で，n を無限大にするとき $f_n(x) \to f(x)$ a.e. x とする．g が可積分で $|f_n(x)| \leq g(x)$ ならば

$$\int |f_n - f| \to 0, \qquad n \to \infty$$

であり，結果として
$$\int f_n \to \int f, \qquad n \to \infty$$
である．

証明 各 $N \geq 0$ に対して $E_N = \{x : |x| \leq N, g(x) \leq N\}$ とおく．$\varepsilon > 0$ を与えるとき，前命題の最初の部分と同じように議論して，ある N で $\int_{E_N^c} g < \varepsilon$ となるものが存在することがわかる．このとき関数 $f_n \chi_{E_N}$ は有界で (N で押さえられる)，ある測度有限集合上に台をもち，よって有界収束定理から
$$\text{すべての大きな } n \text{ に対して} \quad \int_{E_N} |f_n - f| < \varepsilon$$
となる．よって，すべての大きな n に対して，評価式
$$\int |f_n - f| = \int_{E_N} |f_n - f| + \int_{E_N^c} |f_n - f|$$
$$\leq \int_{E_N} |f_n - f| + 2\int_{E_N^c} g$$
$$\leq \varepsilon + 2\varepsilon = 3\varepsilon$$
を得る．これにより定理が証明される． ∎

複素数値関数

f が $\mathbb{R}^d$ 上の複素数値関数ならば，これを
$$f(x) = u(x) + iv(x)$$
と書くことができる．ここで u と v は実数値関数であり，それぞれ f の実部および虚部と呼ばれる．関数 f が可測なのは u と v の両方が可測のときであり，またそのときに限る．(非負関数である) $|f(x)| = (u(x)^2 + v(x)^2)^{1/2}$ が前に定義した意味でルベーグ可積分なときに，f は**ルベーグ可積分**であるという．

明らかに
$$|u(x)| \leq |f(x)| \quad \text{かつ} \quad |v(x)| \leq |f(x)|$$
である．また，$a, b \geq 0$ ならば $(a+b)^{1/2} \leq a^{1/2} + b^{1/2}$ であり，よって
$$|f(x)| \leq |u(x)| + |v(x)|$$

である．これら単純な不等式からの帰結として，複素数値関数が可積分であるのは実部と虚部の両方が可積分であるときであり，またそのときに限ることが導かれる．このとき，f のルベーグ積分は

$$\int f(x)\,dx = \int u(x)\,dx + i \int v(x)\,dx$$

により定義される．

最後に，E を $\mathbb{R}^d$ の可測部分集合で f が E 上の複素数値可測関数とするとき，$f\chi_E$ が $\mathbb{R}^d$ 上で可積分であるときに f は E 上で**ルベーグ可積分**であるといい，$\int_E f = \int f\chi_E$ と定義する．

可測な部分集合 $E \subset \mathbb{R}^d$ 上の複素数値の可積分関数全体を集めたものは，$\mathbb{C}$ 上のベクトル空間をなす．実際，f と g が可積分ならば，三角不等式より $|(f+g)(x)| \leq |f(x)| + |g(x)|$ となり，積分の単調性より

$$\int_E |f+g| \leq \int_E |f| + \int_E |g| < \infty$$

となることから，$f+g$ も可積分である．また，$a \in \mathbb{C}$ で f が可積分ならば af もそうであることは明らかである．最後に，引き続き積分は $\mathbb{C}$ 上で線形である．

2. 可積分関数の空間 L^1

可積分関数の集まりがベクトル空間をなすという事実は，そのような関数の代数的性質に関するひとつの重要な考察である．ひとつの基本的な解析的事実として，このベクトル空間が適当なノルムに関して完備であることがあげられよう．

$\mathbb{R}^d$ 上の任意の可積分関数 f に対して，f の**ノルム**[2] を

$$\|f\| = \|f\|_{L^1} = \|f\|_{L^1(\mathbb{R}^d)} = \int_{\mathbb{R}^d} |f(x)|\,dx$$

で定義する．上でのノルムをもった可積分関数すべての集まりが，空間 $L^1(\mathbb{R}^d)$ の (やや不正確な) 定義である．$\|f\| = 0$ となるのはほとんどいたるところ $f = 0$ のときで，またそのときに限り (命題 1.6 を見よ)，またノルムに関するこの単純な性質は，ほとんどいたるところ一致する二つの関数を区別しないという，すでに

---

[2] この章で考えるのは L^1-ノルムのみであり，$\|f\|_{L^1}$ をしばしば $\|f\|$ と書く．後のほうで他のノルムを考える機会があり，そのときは記号法を適宜修正する．

採用した習わしを反映するものであることに注意しておく．このことを念頭において，$L^1(\mathbb{R}^d)$ の正確な定義としては可積分関数の同値類の空間としたものを採用する．ここで二つの関数が**同値**であるとは，それらがほとんどいたるところ一致することをいう．しかしながら，元 $f \in L^1(\mathbb{R}^d)$ は可積分関数であるといった (不正確な) 用語は，たとえそのような関数の同値類のことに過ぎなくとも，そのまま使い続けると便利なこともしばしばである．上のことより，元 $f \in L^1(\mathbb{R}^d)$ のノルム $\|f\|$ は，その同値類に属するいかなる関数をとったとしても well defined であることに注意しておく．さらに，$L^1(\mathbb{R}^d)$ はそれがベクトル空間であるという性質も保っている．このことやその他の簡単な事実を以下の命題にまとめておく：

命題 2.1 f と g を $L^1(\mathbb{R}^d)$ に属する二つの関数とする．

(i) すべての $a \in \mathbb{C}$ に対して $\|af\|_{L^1(\mathbb{R}^d)} = |a|\,\|f\|_{L^1(\mathbb{R}^d)}$．

(ii) $\|f+g\|_{L^1(\mathbb{R}^d)} \leq \|f\|_{L^1(\mathbb{R}^d)} + \|g\|_{L^1(\mathbb{R}^d)}$．

(iii) $\|f\|_{L^1(\mathbb{R}^d)} = 0$ となるのは $f = 0$ a.e. のときであり，またそのときに限る．

(iv) $d(f, g) = \|f - g\|_{L^1(\mathbb{R}^d)}$ は $L^1(\mathbb{R}^d)$ 上の距離である．

(iv) は，d が次の条件をみたすことを意味している：まずは，すべての可積分関数 f および g に対して $d(f, g) \geq 0$ であり，$d(f, g) = 0$ となるのは $f = g$ a.e. のときであり，またそのときに限る．また，$d(f, g) = d(g, f)$ であり，最後に d は三角不等式

$$\text{すべての } f, g, h \in L^1(\mathbb{R}^d) \text{ に対し} \quad d(f, g) \leq d(f, h) + d(h, g)$$

をみたす．

距離 d をもつ空間 V が**完備**であるとは，V の任意コーシー列 $\{x_k\}$ (すなわち $k, \ell \to \infty$ のとき $d(x_k, x_\ell) \to 0$) に対して，ある $x \in V$ で

$$d(x_k, x) \to 0, \qquad k \to \infty$$

の意味において $\lim_{k \to \infty} x_k = x$ となるものが存在することをいう．

リーマン可積分関数の空間を完備化するという我々の主目標は，次の重要な定理がいったん示されさえすれば達成される．

定理 2.2（リース–フィッシャー） ベクトル空間 L^1 はその距離に関し完備である．

証明 $\{f_n\}$ をノルムに関するコーシー列であると仮定し,$n, m \to \infty$ のとき $\|f_n - f_m\| \to 0$ であるとしておく.ほとんどいたるところ各点で,およびノルムの意味の両方において f に収束する $\{f_n\}$ の部分列を取り出すことが,証明のプランである.

理想的な状況下では,列 $\{f_n\}$ がほとんどいたるところ f に収束することがわかり,そしてその列がノルムの意味でも収束することが証明されることもあるかもしれない.残念ながら,一般のコーシー列がほとんどいたるところ収束するとは限らない (練習 12 を見よ).しかしながら,ノルムでの収束が十分に速いならばほとんどいたるところでの収束はその結果であり,そしてもとの列から適当な部分列を扱うことによりこのことは達成されるというのが主要な論点である.

実際,$\{f_n\}$ の部分列 $\{f_{n_k}\}_{k=1}^{\infty}$ で以下の性質をもつものを考える:

$$\text{すべての } k \geq 1 \text{ に対して} \quad \|f_{n_{k+1}} - f_{n_k}\| \leq 2^{-k}.$$

このような部分列が存在することは,$n, m \geq N(\varepsilon)$ ならば $\|f_n - f_m\| \leq \varepsilon$ であり,$n_k = N(2^{-k})$ ととれば十分であることにより保証される.

さて,ここで

$$f(x) = f_{n_1}(x) + \sum_{k=1}^{\infty} (f_{n_{k+1}}(x) - f_{n_k}(x))$$

および

$$g(x) = |f_{n_1}(x)| + \sum_{k=1}^{\infty} |f_{n_{k+1}}(x) - f_{n_k}(x)|$$

とおき,

$$\int |f_{n_1}| + \sum_{k=1}^{\infty} \int |f_{n_{k+1}} - f_{n_k}| \leq \int |f_{n_1}| + \sum_{k=1}^{\infty} 2^{-k} < \infty$$

となることに注意する.そうすると,単調収束定理より g は可積分となり,$|f| \leq g$ であるから f もそうである.特に,f を定義する級数はほとんどいたるところ収束し,この級数の部分和は (畳み込み級数の構成法から) まさに f_{n_k} であるので,

$$f_{n_k}(x) \to f(x) \quad \text{a.e. } x$$

となることがわかる.L^1 の意味でも $f_{n_k} \to f$ となることを証明するには,単にすべての k に対して $|f - f_{n_k}| \leq g$ であることをみて,優収束定理を適用して k が無限大に向かうときに $\|f_{n_k} - f\| \to 0$ であることを得ればよい.

最後に，証明の最終段は $\{f_n\}$ がコーシー列であることを思い出すことにある．ε を与えるとき，ある N で，任意の $n, m > N$ に対して $\|f_n - f_m\| < \varepsilon/2$ となるものが存在する．n_k を $n_k > N$ でかつ $\|f_{n_k} - f\| < \varepsilon/2$ であるように選べば，三角不等式により $n > N$ ならば

$$\|f_n - f\| \leq \|f_n - f_{n_k}\| + \|f_{n_k} - f\| < \varepsilon$$

となる．かくして，$\{f_n\}$ は L^1 に極限 f をもち，定理の証明は完成した． ■

ノルムの意味で収束する任意の列はそのノルムに関してコーシー列であるから，定理の証明の議論により以下が従う．

系 2.3 $\{f_n\}_{n=1}^\infty$ が L^1 において f に収束するならば，ある部分列 $\{f_{n_k}\}_{k=1}^\infty$ で

$$f_{n_k}(x) \to f(x) \quad \text{a.e. } x$$

となるものが存在する．

可積分関数の族 $\mathcal{G}$ が L^1 で**稠密**であるとは，任意の $f \in L^1$ と $\varepsilon > 0$ に対して，ある $g \in \mathcal{G}$ が存在して $\|f - g\|_{L^1} < \varepsilon$ となることをいう．幸運なことに，我々は L^1 で稠密である族の多くに精通しており，以下の定理においてその幾つかを記しておこう．これらは，可積分関数に関するある事実や等式を証明する際，問題に直面したときに役に立つものである．この状況においては，ある一般原理が当てはまる：より制限的な (下の定理におけるような) 関数のクラスに対して結果を証明する方がしばしば容易であり，稠密性 (あるいは極限移行) の議論により一般の結果が従う．

定理 2.4 以下の関数の族は $L^1(\mathbb{R}^d)$ で稠密である：

(ⅰ) 単関数

(ⅱ) 階段関数

(ⅲ) コンパクトな台をもつ連続関数

証明 f は $\mathbb{R}^d$ 上の可積分関数とする．まず，実部と虚部を独立に近似すればよいので，f は実数値であると仮定してよい．この場合，$f^+, f^- \geq 0$ として $f = f^+ - f^-$ と書いてもよく，$f \geq 0$ の場合に定理を証明すれば十分となった．

(ⅰ) については，第 1 章の定理 4.1 が非負単関数列 $\{\varphi_k\}$ で各点で f へと増加

するものの存在が保証されている．このとき優収束定理 (あるいは単に単調収束定理) により，

$$\|f - \varphi_k\|_{L^1} \to 0, \qquad k \to \infty$$

となる．よって，L^1-ノルムの意味において f にいくらでも近い単関数が存在する．

(ii) については，まず (i) から単関数を階段関数で近似すれば十分であることに注意しておく．そこで，単関数は有限測度の集合の特性関数の有限線形結合であることを思い出せば，E をそのような集合としたときに，ある階段関数 ψ で $\|\chi_E - \psi\|_{L^1}$ が小さくなるものの存在を証明すれば十分である．しかしながら，この議論はすでに第 1 章定理 4.3 の証明において行われていることをここで思い出そう．実際，そこではほとんど互いに交わらない矩形の族 $\{R_j\}$ で $m\left(E \triangle \bigcup_{j=1}^{M} R_j\right) \leq 2\varepsilon$ となるものの存在が示されている．したがって，χ_E と $\psi = \sum_j \chi_{R_j}$ は測度がせいぜい 2ε である集合上でのみ異なっており，結果として $\|\chi_E - \psi\|_{L^1} < 2\varepsilon$ がわかる．

(ii) により，(iii) は f が矩形の特性関数の場合に示せば十分である．1 次元の場合には，f は区間 $[a, b]$ の特性関数であり，

$$g(x) = \begin{cases} 1 & a \leq x \leq b \text{ の場合}, \\ 0 & x \leq a - \varepsilon \text{ または } x \geq b + \varepsilon \text{ の場合} \end{cases}$$

で区間 $[a - \varepsilon, a]$ および $[b, b + \varepsilon]$ 上では g を線形として定義される，連続で区分的に 1 次な関数 g を選べばよい．このとき，$\|f - g\|_{L^1} < 2\varepsilon$ である．d 次元の場合には，矩形の特性関数が区間の特性関数の積であることに注意すれば十分である．このとき，求めるコンパクト台の連続関数は，単に上で定義した g のような関数の積となる．■

$L^1(\mathbb{R}^d)$ に対する上の結果から，$\mathbb{R}^d$ を任意に固定された正の測度をもつ部分集合 E に置き換える拡張が直ちに得られる．実際 E をそのような集合とするとき，$L^1(E)$ を定義し $L^1(\mathbb{R}^d)$ と類似の議論を遂行することが可能である．しかしもっとよいことには，E 上の任意の関数 f を E 上では $\widetilde{f} = f$，E^c 上では $\widetilde{f} = 0$ として拡張し，$\|f\|_{L^1(E)} = \|\widetilde{f}\|_{L^1(\mathbb{R}^d)}$ と定義することにより話を進めることができる．命題 2.1 と定理 2.2 の類似の結果が，空間 $L^1(E)$ に対して成立する．

不変性

 f を $\mathbb{R}^d$ 上で定義された関数とするとき，f のベクトル $h \in \mathbb{R}^d$ による**平行移動**とは，$f_h(x) = f(x-h)$ で定義される関数 f_h のことである．ここで，可積分関数の平行移動に関するいくつかの基本的様相について調べてみたい．

まずは，積分の平行移動不変性である．その一つの表現として次のように述べることができる：f が可積分関数であるならば f_h もそうであり，

$$(4) \qquad \int_{\mathbb{R}^d} f(x-h)\,dx = \int_{\mathbb{R}^d} f(x)\,dx$$

が成り立つ．この主張を，まずは可測集合 E の特性関数 $f = \chi_E$ の場合に確かめてみる．このときは明らかに，$E_h = \{x+h : x \in E\}$ として $f_h = \chi_{E_h}$ であり，よって $m(E_h) = m(E)$ であることから (第 1 章第 3 節を見よ) 主張が従う．線形性の結果として，等式 (4) はすべての単関数に対して成立する．さて，f が非負であり，$\{\varphi_n\}$ が各点 (a.e.) で f に向かって単調増大する単関数列であるとき (このような列は前章の定理 4.1 により存在している)，$\{(\varphi_n)_h\}$ は各点 (a.e.) で f_h に向かって単調増大する列となり，単調収束定理からこの特別な場合に (4) が導かれる．かくして，f が複素数値で可積分である場合には，$\int_{\mathbb{R}^d} |f(x-h)|\,dx = \int_{\mathbb{R}^d} |f(x)|\,dx$ がわかり，これは $f_h \in L^1(\mathbb{R}^d)$ であり，また $\|f_h\| = \|f\|$ であることを示している．定義から，$f \in L^1$ ならば (4) が成り立つことが結論づけられる．

ついでながら，ルベーグ積分の相対的伸張および反射不変性 (第 1 章第 3 節) を用いることにより，同様に $f(x)$ が可積分ならば $f(\delta x), \delta > 0$ および $f(-x)$ もそうであり，

$$(5) \qquad \delta^d \int_{\mathbb{R}^d} f(\delta x)\,dx = \int_{\mathbb{R}^d} f(x)\,dx, \qquad \int_{\mathbb{R}^d} f(-x)\,dx = \int_{\mathbb{R}^d} f(x)\,dx$$

であることを証明することができる．

本筋を離れて，後で用いるために上の不変性からの二つの有用な結論を書き留めておこう．

（i） f と g を $\mathbb{R}^d$ 上の可測関数のひとつの組で，ある固定された $x \in \mathbb{R}^d$ に対して，関数 $y \longmapsto f(x-y)g(y)$ は可積分であると仮定する．その結果，関数 $y \longmapsto f(y)g(x-y)$ も可積分であり，

$$(6) \qquad \int_{\mathbb{R}^d} f(x-y)g(y)\,dy = \int_{\mathbb{R}^d} f(y)g(x-y)\,dy$$

を得る．これは y を $x-y$ に置き換える変数変換により，この変換が平行移動と反射の組み合わせであることに注意して，(4) と (5) から従う．

左辺の積分は $(f*g)(x)$ で表され，f と g の**畳み込み**として定義されるものである．したがって，(6) は畳み込みの積が可換であることを主張している．

(ii) (5) を用いることにより，任意の $\varepsilon > 0$ に対して

$$(7) \qquad \int_{|x|\geq \varepsilon} \frac{dx}{|x|^a} = \varepsilon^{-a+d} \int_{|x|\geq 1} \frac{dx}{|x|^a}, \qquad a > d$$

および

$$(8) \qquad \int_{|x|\leq \varepsilon} \frac{dx}{|x|^a} = \varepsilon^{-a+d} \int_{|x|\leq 1} \frac{dx}{|x|^a}, \qquad a < d$$

を得る．積分 $\int_{|x|\geq 1} \frac{dx}{|x|^a}$ および $\int_{|x|\leq 1} \frac{dx}{|x|^a}$ が (それぞれ $a > d$ および $a < d$ のとき)，有限であることも，系 1.10 の後に現れる議論から見てとれる．

平行移動と連続性

次に，f の連続性が，平行移動 f_h の h に関する変化の仕方とどのように関連しているかについて調べてみることにする．任意に与えられた $x \in \mathbb{R}^d$ に対して，$h \to 0$ のときに $f_h(x) \to f(x)$ であるという主張は，f の点 x における連続性と同じことである．

しかしながら，一般の可積分な f は，たとえ測度 0 の集合上で修正を加えたとしても，すべての点 x において不連続であるかもしれない；練習 15 を見よ．それにもかかわらず，任意の $f \in L^1(\mathbb{R}^d)$ がもつ全体的な連続性といったもの，すなわちノルムの意味において成立する連続性が存在する．

命題 2.5 $f \in L^1(\mathbb{R}^d)$ とする．このとき

$$\|f_h - f\|_{L^1} \to 0, \qquad h \to 0$$

である．

証明は，定理 2.4 で与えられた，可積分関数のコンパクトな台をもつ連続関数による近似からの簡単な帰結である．実際，任意の $\varepsilon > 0$ に対し，そのような関数 g で $\|f - g\| < \varepsilon$ となるものを見つけることができる．ここで

$$f_h - f = (g_h - g) + (f_h - g_h) - (f - g)$$

である．しかし $\|f_h - g_h\| = \|f - g\| < \varepsilon$ であり，一方で g は連続でコンパクトな台をもつので，明らかに

$$\|g_h - g\| = \int_{\mathbb{R}^d} |g(x-h) - g(x)|\, dx \to 0, \qquad h \to 0$$

である．それゆえ，$|h| < \delta$ で δ が十分に小さいならば，$\|g_h - g\| < \varepsilon$ となり，結果として $|h| < \delta$ ならば $\|f_h - f\| < 3\varepsilon$ となる．

3. フビニの定理

初等微分積分学においては，多変数の連続関数の積分はしばしば1次元の積分を繰り返すことにより計算される．ここではこの重要な解析的装置を，$\mathbb{R}^d$ 上のルベーグ積分による一般的な視点から調べることにするが，いくつもの興味深い点が生じてくる．

一般に，$\mathbb{R}^d$ を積

$$\mathbb{R}^d = \mathbb{R}^{d_1} \times \mathbb{R}^{d_2} \qquad \text{ただし } d = d_1 + d_2 \text{ かつ } d_1, d_2 \geq 1$$

として書くことができる．このとき，$\mathbb{R}^d$ の点は $x \in \mathbb{R}^{d_1}$ および $y \in \mathbb{R}^{d_2}$ として (x, y) の形をもつ．このような $\mathbb{R}^d$ の分割を念頭におくことで，一つの変数を固定することにより形成される一般的な断面の考えは自然なものとなる．f を $\mathbb{R}^{d_1} \times \mathbb{R}^{d_2}$ 上の関数とするとき，$y \in \mathbb{R}^{d_2}$ に対する f の**断面**とは，

$$f^y(x) = f(x, y)$$

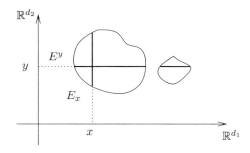

図1 集合 E の (固定された x および y に対する) 断面 E^y および E_x.

で与えられる $x \in \mathbb{R}^{d_1}$ の関数 f^y のことである．同様に，固定された $x \in \mathbb{R}^{d_1}$ に対する f の断面は $f_x(y) = f(x,y)$ である．

集合 $E \subset \mathbb{R}^{d_1} \times \mathbb{R}^{d_2}$ の場合には，その**断面**を

$$E^y = \{x \in \mathbb{R}^{d_1} : (x,y) \in E\} \quad \text{および} \quad E_x = \{y \in \mathbb{R}^{d_2} : (x,y) \in E\}$$

で定義する．図解したものとして，図1を見よ．

3.1 定理の主張と証明

以下に続く定理が全く簡単なものではないことは，考える関数と集合の可測性がからむその定式化の際に生じる，最初の困難からして明らかである．実際，たとえ f が $\mathbb{R}^d$ 上で可測であると仮定されていても，各 y に対する断面 f^y が $\mathbb{R}^{d_1}$ 上で可測であることは必ずしも正しくはなく，可測集合に関する対応する主張においてもまたしかりであり，各 y に対して断面 E^y は可測ではないかもしれないのである．1次元的な非可測集合を x–軸上におくことにより，$\mathbb{R}^2$ における簡単な例が生じてくる；$\mathbb{R}^2$ におけるこの集合 E は測度 0 であるが，$y = 0$ に対して E^y は可測ではない．にもかかわらず，ほとんどすべての断面に対しては可測性が成立することによって我々は救われるのである．

以下が主定理である．定義により，すべての可積分関数は可測であることを思い出しておこう．

定理 3.1 $f(x,y)$ は $\mathbb{R}^{d_1} \times \mathbb{R}^{d_2}$ 上で可積分であるものとする．このとき，ほとんどすべての $y \in \mathbb{R}^{d_2}$ に対して：

(ⅰ) 断面 f^y は $\mathbb{R}^{d_1}$ 上で可積分である．

(ⅱ) $\displaystyle\int_{\mathbb{R}^{d_1}} f^y(x)\,dx$ で定義される関数は $\mathbb{R}^{d_2}$ 上で可積分である．

さらに：

(ⅲ) $\displaystyle\int_{\mathbb{R}^{d_2}} \left(\int_{\mathbb{R}^{d_1}} f(x,y)\,dx \right) dy = \int_{\mathbb{R}^d} f.$

明らかに，この定理は x と y に関する対称性をもっており，a.e. x に対して断面 f_x が $\mathbb{R}^{d_2}$ 上で可積分であると結論づけてもよい．さらに，$\displaystyle\int_{\mathbb{R}^{d_2}} f_x(y)\,dy$ は $\mathbb{R}^{d_1}$ 上で可積分であり，

$$\int_{\mathbb{R}^{d_1}} \left(\int_{\mathbb{R}^{d_2}} f(x,y)\,dy \right) dx = \int_{\mathbb{R}^d} f$$

が成り立つ．特に，フビニの定理は $\mathbb{R}^d$ 上における f の積分は次元の低い積分の繰り返しにより計算することが可能で，その繰り返しはどのような順番であってもよい：

$$\int_{\mathbb{R}^{d_2}} \left(\int_{\mathbb{R}^{d_1}} f(x, y)\, dx \right) dy = \int_{\mathbb{R}^{d_1}} \left(\int_{\mathbb{R}^{d_2}} f(x, y)\, dy \right) dx = \int_{\mathbb{R}^d} f.$$

まず最初に，f は実数値であると仮定してもよいことに注意しておく．複素数値の場合には，実部と虚部に対して定理が適用されるからである．次に与えるフビニの定理の証明は一連の六つの段から成り立っている．$\mathbb{R}^d$ 上の可積分関数で定理における三つの結論をすべてみたすものの集合を $\mathcal{F}$ で表すことから始めて，$L^1(\mathbb{R}^d) \subset \mathcal{F}$ であることの証明に着手しよう．

最初に $\mathcal{F}$ が線形結合 (第 1 段) や極限 (第 2 段) をとる操作に関して閉じていることを示すことにより進めていく．次に，$\mathcal{F}$ に属する関数の族の構成を開始する．任意の可積分関数は単関数の「極限」であり，単関数はそれ自身が有限測度の集合による線形結合であるので，直ちに，E が有限測度をもつ $\mathbb{R}^d$ の可測な部分集合であるときに χ_E が $\mathcal{F}$ に属することを証明することが目標となる．この目標を達成するために，矩形から始めて G_δ 型の集合へ (第 3 段)，そして測度 0 の集合へ (第 4 段) たたきあげていく．最後に，極限の議論により，すべての可積分関数は $\mathcal{F}$ に属することを示す．これでフビニの定理の証明は完成となる．

第 1 段． $\mathcal{F}$ に属する関数の任意の有限線形結合は，また $\mathcal{F}$ に属する．

実際，$\{f_k\}_{k=1}^N \subset \mathcal{F}$ とする．各 k に対して，ある測度 0 の集合 $A_k \subset \mathbb{R}^{d_2}$ で，$y \notin A_k$ ならば f_k^y が $\mathbb{R}^{d_1}$ 上で可積分となるものが存在する．このとき，$A = \bigcup_{k=1}^N A_k$ とすれば A の測度は 0 であり，A の補集合上では f_k の任意の有限線形結合に関する y–断面が可測であり，可積分でもある．このとき積分の線形性から，f_k の任意の線形結合は $\mathcal{F}$ に属することが結論づけられる．

第 2 段． $\{f_k\}$ を，$\mathcal{F}$ に属する可測関数の列で，($\mathbb{R}^d$ 上で) 可積分な f に対して $f_k \nearrow f$ または $f_k \searrow f$ となるものとする．このとき $f \in \mathcal{F}$ である．

必要ならば f_k のかわりに $-f_k$ をとることにより，単調増大列の場合のみ考えれば十分であることに注意しておく．また，f_k を $f_k - f_1$ で置き換えることにより，f_k が非負であると仮定してもよい．さて，単調収束定理 (系 1.9) を応用する

ことにより

(9) $$\lim_{k\to\infty}\int_{\mathbb{R}^d} f_k(x,y)\,dx\,dy = \int_{\mathbb{R}^d} f(x,y)\,dx\,dy$$

が導かれることを見てみよう．仮定により，各 k に対して，ある集合 $A_k \subset \mathbb{R}^{d_2}$ で，$y \notin A_k$ ならば f_k^y が $\mathbb{R}^{d_1}$ 上で可積分となるものが存在する．$A = \bigcup_{k=1}^{\infty} A_k$ とすれば，$\mathbb{R}^{d_2}$ において $m(A) = 0$ であり，もし $y \notin A$ ならば任意の k に対して f_k^y は $\mathbb{R}^{d_1}$ 上で可積分となり，そして k が無限大へと向かうとき，単調収束定理より

$$g_k(y) = \int_{\mathbb{R}^{d_1}} f_k^y(x)\,dx \quad \text{は極限} \quad g(y) = \int_{\mathbb{R}^{d_1}} f^y(x)\,dx \quad \text{に向かって増大}$$

することがわかる．仮定より各 $g_k(y)$ は可積分であり，よって単調収束定理を再度適用して

(10) $$\int_{\mathbb{R}^{d_2}} g_k(y)\,dy \to \int_{\mathbb{R}^{d_2}} g(y)\,dy, \quad k \to \infty$$

が導かれる．$f_k \in \mathcal{F}$ であるという仮定から

$$\int_{\mathbb{R}^{d_2}} g_k(y)\,dy = \int_{\mathbb{R}^d} f_k(x,y) dx\,dy$$

となるが，この事実を (9) および (10) と組み合わせることにより，

$$\int_{\mathbb{R}^{d_2}} g(y)\,dy = \int_{\mathbb{R}^d} f(x,y) dx\,dy$$

と結論づけることができる．f は可積分であるから右辺の積分は有限であり，これにより g は可積分であることが証明される．その結果 $g(y) < \infty$ a.e. y となり，よって f^y は a.e. y で可積分であるとともに

$$\int_{\mathbb{R}^{d_2}} \left(\int_{\mathbb{R}^{d_1}} f(x,y)\,dx \right) dy = \int_{\mathbb{R}^d} f(x,y)\,dx\,dy$$

が成立する．これにより，欲しかった $f \in \mathcal{F}$ が証明される．

第3段． G_δ でありかつ有限測度をもつ任意の集合 E に対して，その特性関数は $\mathcal{F}$ に属する．

段階を踏むごとに順々と一般性を増しながら議論を進めていく．

(a) まず最初に，E は $\mathbb{R}^d$ における有界な開立方体で，Q_1 と Q_2 をそれぞれ $\mathbb{R}^{d_1}$ と $\mathbb{R}^{d_2}$ における開立方体として $E = Q_1 \times Q_2$ とできるものとする．このとき，各 $y \in E$ ごとに関数 $\chi_E(x, y)$ は x について可測であり，そして可積分で

$$g(y) = \int_{\mathbb{R}^{d_1}} \chi_E(x, y)\, dx = \begin{cases} |Q_1| & y \in Q_2 \text{ の場合,} \\ 0 & \text{その他の場合} \end{cases}$$

となる．結果として，$g = |Q_1|\chi_{Q_2}$ もまた可測で可積分であり，

$$\int_{\mathbb{R}^{d_2}} g(y)\, dy = |Q_1||Q_2|$$

となる．最初のうちは $\int_{\mathbb{R}^d} \chi_E(x, y)\, dx\, dy = |E| = |Q_1||Q_2|$ が成立しているので，$\chi_E \in \mathcal{F}$ が得られる．

(b) さて，E がある閉立方体の境界の部分集合であるものとしよう．このときは，立方体の境界の $\mathbb{R}^d$ での測度が 0 であることから，$\int_{\mathbb{R}^d} \chi_E(x, y)\, dx\, dy = 0$ となる．

次に，さまざまな可能性を調べあげることにより，ほとんどすべての y に対して断面 E^y は $\mathbb{R}^{d_1}$ で測度 0 であり，それゆえ $g(y) = \int_{\mathbb{R}^{d_1}} \chi_E(x, y)\, dx$ とするならば a.e. y に対して $g(y) = 0$ となることに注意しておく．その結果 $\int_{\mathbb{R}^{d_2}} g(y)\, dy = 0$ であり，したがって $\chi_E \in \mathcal{F}$ である．

(c) ここでは，E は内部どうしが互いに交わらない閉立方体の有限和集合 $E = \bigcup_{k=1}^{K} Q_k$ であるものとする．このとき，$\widetilde{Q}_k$ で Q_k の内部を表すものとして，χ_E を $\chi_{\widetilde{Q}_k}$ と χ_{A_k} の線形結合として書いてもよい．ここで，$k = 1, \cdots, K$ に対して A_k は Q_k の境界のある部分集合である．前で解析したように，すべての k に対して，χ_{Q_k} と χ_{A_k} は $\mathcal{F}$ に属することがわかっており，第 1 段で $\mathcal{F}$ が有限線形結合に関して閉じていることが保証されているので，求める $\chi_E \in \mathcal{F}$ が結論づけられる．

(d) 次に，E が開で有限測度をもつならば $\chi_E \in \mathcal{F}$ であることを証明しよう．これは，前の場合における極限をとることにより導かれる．実際，第 1 章定理 1.4 により，E をほとんど互いに交わらない立方体の可算個の和集合

$$E = \bigcup_{j=1}^{\infty} Q_j$$

で表してもよい．その結果，$f_k = \sum_{j=1}^{k} \chi_{Q_j}$ とおけば，関数 f_k は $m(E)$ が有限ゆえ可積分である $f = \chi_E$ に向かって増大していくことに注意する．したがって，

第 2 段より $f \in \mathcal{F}$ が結論づけられる.

(e) 最後に, E が有限測度をもつ G_δ であるならば $\chi_E \in \mathcal{F}$ である. 実際, 定義により, ある開集合 $\widetilde{\mathcal{O}}_1, \widetilde{\mathcal{O}}_2, \cdots$ で
$$E = \bigcap_{k=1}^{\infty} \widetilde{\mathcal{O}}_k$$
となるものが存在する. E は有限測度であるから, ある有限測度をもつ開集合 $\widetilde{\mathcal{O}}_0$ で $E \subset \widetilde{\mathcal{O}}_0$ となるものが存在する. もし
$$\mathcal{O}_k = \widetilde{\mathcal{O}}_0 \cap \bigcap_{j=1}^{k} \widetilde{\mathcal{O}}_j$$
とおくならば, 有限測度をもつ開集合の減少列 $\mathcal{O}_1 \supset \mathcal{O}_2 \supset \cdots$ で
$$E = \bigcap_{k=1}^{\infty} \mathcal{O}_k$$
となるものが得られることに注意しよう. それゆえ, 関数 $f_k = \chi_{\mathcal{O}_k}$ の列は $f = \chi_E$ に向かって減少しており, 上の (d) よりすべての k に対して $\chi_{\mathcal{O}_k} \in \mathcal{F}$ となることから, 第 2 段より χ_E が $\mathcal{F}$ に属することが結論づけられる.

第 4 段. E の測度が 0 ならば χ_E は $\mathcal{F}$ に属する.

実際, E は可測であるので, G_δ 型集合 G を $E \subset G$ および $m(G) = 0$ となるように選んでもよい (第 1 章系 3.5). (前段より) $\chi_G \in \mathcal{F}$ であるので,
$$\int_{\mathbb{R}^{d_2}} \left(\int_{\mathbb{R}^{d_1}} \chi_G(x,y)\,dx \right) dy = \int_{\mathbb{R}^d} \chi_G = 0$$
がわかる. よって,
$$\int_{\mathbb{R}^{d_1}} \chi_G(x,y)\,dx = 0 \quad \text{a.e. } y$$
となる. その結果, a.e. y に対する断面 G^y の測度は 0 である. $E^y \subset G^y$ であるという簡単な考察から, a.e. y に対して E^y の測度が 0 であり, そして a.e. y で $\int_{\mathbb{R}^{d_1}} \chi_E(x,y)\,dx = 0$ がわかる. それゆえ,
$$\int_{\mathbb{R}^{d_2}} \left(\int_{\mathbb{R}^{d_1}} \chi_E(x,y)\,dx \right) dy = 0 = \int_{\mathbb{R}^d} \chi_E$$
であり, よって示すべき $\chi_E \in \mathcal{F}$ が得られた.

第 5 段. E を有限測度をもつ $\mathbb{R}^d$ の任意の可測な部分集合とすれば, χ_E は $\mathcal{F}$

に属する.

これを証明するには,まずはある有限測度をもつ G_δ 型の集合 G で,$E \subset G$ かつ $m(G - E) = 0$ であるものが存在することを思い出そう.

$$\chi_E = \chi_G - \chi_{G-E}$$

でありかつ $\mathcal{F}$ は線形結合に関して閉じているので,求める $\chi_E \in \mathcal{F}$ が得られる.

第 6 段. これは,f が可積分ならば $f \in \mathcal{F}$ であることの証明からなる最終段である.

最初に,f はいずれも非負で可積分な f^+ と f^- により $f = f^+ - f^-$ と分解され,よって第 1 段から f 自身が非負であると仮定してもよいことに注意する.前章の定理 4.1 により,増大しながら f に向かう単関数の列 $\{\varphi_k\}$ が存在する.各 φ_k は有限測度をもつ集合の特性関数による有限線形結合であるので,第 5 段および第 1 段により $\varphi_k \in \mathcal{F}$ となり,よって第 2 段から $f \in \mathcal{F}$ となる.

3.2 フビニの定理の応用

定理 3.2 $f(x, y)$ は $\mathbb{R}^{d_1} \times \mathbb{R}^{d_2}$ 上の非負可測関数であるとする.このとき,ほとんどすべての $y \in \mathbb{R}^{d_2}$ に対して:

(i) 断面 f^y は $\mathbb{R}^{d_1}$ 上で可測である.

(ii) $\int_{\mathbb{R}^{d_1}} f^y(x) \, dx$ で定義される関数は,$\mathbb{R}^{d_2}$ 上で可測である.

さらに

(iii) 拡張された意味において $\int_{\mathbb{R}^{d_2}} \left(\int_{\mathbb{R}^{d_1}} f(x, y) \, dx \right) dy = \int_{\mathbb{R}^d} f(x, y) \, dx \, dy$ である.

現実において,この定理はフビニの定理とともにしばしば用いられる[3].実際,$\mathbb{R}^d$ 上可測関数 f が与えられて $\int_{\mathbb{R}^d} f$ を計算することが求められているものとする.累次積分を用いることを正当化するためには,まずこの定理を $|f|$ に対して適用する.これを用いることにより,非負関数 $|f|$ の累次積分を自由に計算 (ま

---

[3] 定理 3.2 はトネリにより定式化された.しかしながら,定理 3.1 や系 3.3 などとともに,簡略化してフビニの定理と呼ぶことにする.

たは評価) することができる．もしこれらが有限であるならば，定理 3.2 は f が可積分，すなわち，$\int |f| < \infty$ であることを保証する．そうすればフビニの定理の仮定が確かめられ，その定理を f の積分計算に用いてもよいことになる．

定理 3.2 の証明 切り落とし
$$f_k(x, y) = \begin{cases} f(x, y) & |(x, y)| < k \text{ かつ } f(x, y) < k \text{ の場合,} \\ 0 & \text{その他の場合} \end{cases}$$
を考える．各 f_k は可積分であり，フビニの定理の (i) により，測度 0 の集合 $E_k \subset \mathbb{R}^{d_2}$ で，任意の $y \in E_k^c$ に対して断面 $f_k^y(x)$ は可測であるようなものが存在する．このとき，$E = \bigcup_k E_k$ とおけば，任意の $y \in E^c$ と任意の k に対して f_k^y は可測であることがわかる．さらに $m(E) = 0$ である．$f_k^y \nearrow f^y$ であるから，単調収束定理により，$y \notin E$ ならば
$$\int_{\mathbb{R}^{d_1}} f_k(x, y)\,dx \nearrow \int_{\mathbb{R}^{d_1}} f(x, y)\,dx, \qquad k \to \infty$$
となる．再びフビニの定理より，任意の $y \in E^c$ に対して $\int_{\mathbb{R}^{d_1}} f_k(x, y)\,dx$ は可測であり，よって $\int_{\mathbb{R}^{d_1}} f(x, y)\,dx$ もそうである．単調収束定理の再度の応用により，
$$(11) \qquad \int_{\mathbb{R}^{d_2}} \left(\int_{\mathbb{R}^{d_1}} f_k(x, y)\,dx \right) dy \to \int_{\mathbb{R}^{d_2}} \left(\int_{\mathbb{R}^{d_1}} f(x, y)\,dx \right) dy$$
を得る．フビニの定理の (iii) により，
$$(12) \qquad \int_{\mathbb{R}^{d_2}} \left(\int_{\mathbb{R}^{d_1}} f_k(x, y)\,dx \right) dy = \int_{\mathbb{R}^d} f_k$$
であることがわかっている．直接 f_k に単調収束定理の最後の適用をすることにより，
$$(13) \qquad \int_{\mathbb{R}^d} f_k \to \int_{\mathbb{R}^d} f$$
を得る．(11), (12), および (13) を合わせることにより，定理 3.2 の証明が完成する． ∎

系 3.3 E を $\mathbb{R}^{d_1} \times \mathbb{R}^{d_2}$ における可測集合とするとき，ほとんどすべての $y \in \mathbb{R}^{d_2}$ に対して断面

$$E^y = \{x \in \mathbb{R}^{d_1} : (x, y) \in E\}$$

は $\mathbb{R}^{d_1}$ の可測な部分集合である．さらに，$m(E^y)$ は y の可測関数であり，

$$m(E) = \int_{\mathbb{R}^{d_2}} m(E^y)\,dy$$

である．

これは，定理 3.2 の最初の部分を関数 χ_E に適用することにより，直ちに得られる結果である．明らかに，$\mathbb{R}^{d_2}$ における x–断面に関する対称的な結果が成立する．

かくして我々は，E が $\mathbb{R}^{d_1} \times \mathbb{R}^{d_2}$ 上で可測ならば，ほとんどすべての $y \in \mathbb{R}^{d_2}$ に対して断面 E^y は $\mathbb{R}^{d_1}$ で可測であるという基本的な事実を（そしてまた x と y の役割を交換した対称的な主張も）証明した．ここで，逆の主張が成立するかについて考えてみたくなるかもしれない．これが正しくないことを見るには，$\mathcal{N}$ を $\mathbb{R}$ のある非可測な部分集合として，

$$E = [0, 1] \times \mathcal{N} \subset \mathbb{R} \times \mathbb{R}$$

と定義すれば，

$$E^y = \begin{cases} [0, 1] & y \in \mathcal{N} \text{ の場合}, \\ \emptyset & y \notin \mathcal{N} \text{ の場合} \end{cases}$$

であることがわかることに注意する．これより E^y は任意の y に対して可測である．しかしながら，もし E が可測であったなら，系より $E_x = \{y \in \mathbb{R} : (x, y) \in E\}$ はほとんどすべての $x \in \mathbb{R}$ に対して可測となることが導かれるが，これは E_x がすべての $x \in [0, 1]$ に対して $\mathcal{N}$ と等しいことから正しくはない．

より著しい例として，単位正方形 $[0, 1] \times [0, 1]$ 内の集合 E で，非可測ではあるが，断面 E^y および E_x が各 $x, y \in [0, 1]$ に対して可測で，$m(E^y) = 0$ かつ $m(E_x) = 1$ となるものがあげられる．E の構成法は，実数に対する極めて逆説的な順序 $\prec$ で，$\{x : x \prec y\}$ が各 $y \in \mathbb{R}$ に対して可算集合となる性質をもつものの存在に基づいている（この順序の構成については問題 5 で議論される）．この順序が与えられたとして，

$$E = \{(x, y) \in [0, 1] \times [0, 1],\ \text{ただし}\ x \prec y\}$$

とおく．各 $y \in [0, 1]$ に対して，$E^y = \{x : x \prec y\}$；したがって E^y は可算で

$m(E^y) = 0$ であることに注意する.同様に,E_x は $[0,1]$ における可算な集合の補集合であるので $m(E_x) = 1$ である.もし E が可測であったとしたら,系3.3における公式と矛盾してしまう.

集合 E をその断面 E_x および E^y と関連づけようとするとき,$\mathbb{R}^d$ を積 $\mathbb{R}^{d_1} \times \mathbb{R}^{d_2}$ として考える際に現れる基本的な集合に対しては,事は容易となる.それらは,$E_j \subset \mathbb{R}^{d_j}$ としたときの**積集合** $E = E_1 \times E_2$ のことである.

命題 3.4 $E = E_1 \times E_2$ が可測な $\mathbb{R}^d$ の部分集合であり,かつ $m_*(E_2) > 0$ ならば,E_1 は可測である.

証明 系3.3より,a.e. $y \in \mathbb{R}^{d_2}$ に対して,断面関数

$$(\chi_{E_1 \times E_2})^y(x) = \chi_{E_1}(x)\chi_{E_2}(y)$$

は x の可測関数であることがわかっている.実際,ある $y \in E_2$ が存在して,上の断面関数が x に関して可測であることを主張する:そのような y に対しては $\chi_{E_1 \times E_2} = \chi_{E_1}(x)$ であり,これより E_1 が可測であることが導かれる.

そのような y が存在することを証明するために,仮定 $m_*(E_2) > 0$ を用いる.実際,断面 E^y が可測となる $y \in \mathbb{R}^{d_2}$ の集合を F で表す.このとき,(前系より) $m(F^c) = 0$ となる.しかしながら,$m_*(E_2 \cap F) > 0$ であるから $E_2 \cap F$ は空ではない.これを見るには,$E_2 = (E_2 \cap F) \bigcup (E_2 \cap F^c)$ であり,よって,$E_2 \cap F^c$ が測度 0 の集合の部分集合であることより

$$0 < m_*(E_2) \leq m_*(E_2 \cap F) + m_*(E_2 \cap F^c) = m_*(E_2 \cap F)$$

となることに注意せよ. ∎

上の結果の逆を論ずるには,以下の補題を必要とする.

補題 3.5 $E_1 \subset \mathbb{R}^{d_1}$ かつ $E_2 \subset \mathbb{R}^{d_2}$ ならば,

$$m_*(E_1 \times E_2) \leq m_*(E_1) m_*(E_2)$$

である.ただし,集合 E_j のいずれかの外測度が 0 のときは $m_*(E_1 \times E_2) = 0$ であるものと解釈する.

証明 $\varepsilon > 0$ とする.定義より,$\mathbb{R}^{d_1}$ における立方体 $\{Q_k\}_{k=1}^\infty$ および $\mathbb{R}^{d_2}$ における立方体 $\{Q'_\ell\}_{\ell=1}^\infty$ で,

$$E_1 \subset \bigcup_{k=1}^{\infty} Q_k \quad \text{および} \quad E_2 \subset \bigcup_{\ell=1}^{\infty} Q'_\ell$$

かつ

$$\sum_{k=1}^{\infty} |Q_k| \leq m_*(E_1) + \varepsilon \quad \text{および} \quad \sum_{\ell=1}^{\infty} |Q'_\ell| \leq m_*(E_2) + \varepsilon$$

となるものを見つけることができる．$E_1 \times E_2 \subset \bigcup_{k,\ell=1}^{\infty} Q_k \times Q'_\ell$ であるから，外測度の劣加法性により

$$\begin{aligned}
m_*(E_1 \times E_2) &\leq \sum_{k,\ell=1}^{\infty} |Q_k \times Q'_\ell| \\
&= \left(\sum_{k=1}^{\infty} |Q_k|\right)\left(\sum_{\ell=1}^{\infty} |Q'_\ell|\right) \\
&\leq (m_*(E_1) + \varepsilon)(m_*(E_2) + \varepsilon)
\end{aligned}$$

となる．もし，E_1 と E_2 のどちらの外測度も 0 でないならば，上より

$$m_*(E_1 \times E_2) \leq m_*(E_1) m_*(E_2) + O(\varepsilon)$$

がわかり，また ε は任意であるので，$m_*(E_1 \times E_2) \leq m_*(E_1) m_*(E_2)$ でなくてはならない．

もし，たとえば $m_*(E_1) = 0$ であるならば，各正整数 j に対して集合 $E_2^j = E_2 \cap \{y \in \mathbb{R}^{d_2} : |y| \leq j\}$ を考えよ．このとき，上の議論により $m_*(E_1 \times E_2^j) = 0$ がわかる．$j \to \infty$ のとき $(E_1 \times E_2^j) \nearrow (E_1 \times E_2)$ であるから，$m_*(E_1 \times E_2) = 0$ が結論づけられる． ∎

命題 3.6 E_1 と E_2 をそれぞれ $\mathbb{R}^{d_1}$ と $\mathbb{R}^{d_2}$ の可測な部分集合とする．このとき，$E = E_1 \times E_2$ は $\mathbb{R}^d$ の可測な部分集合である．さらに，

$$m(E) = m(E_1) m(E_2)$$

が成立する．ただし，集合 E_j のいずれかの測度が 0 の場合は $m(E) = 0$ であるものと解釈する．

証明 $m(E)$ に関する主張は系 3.3 から従うので，E が可測であることを示せば十分である．各 E_j は可測であるので，$j = 1, 2$ に対してある G_δ 型の集合 $G_j \subset \mathbb{R}^{d_j}$ で $G_j \supset E_j$ かつ $m_*(G_j - E_j) = 0$ となるものが存在する（第 1 章系

3.5 を見よ). 明らかに, $G = G_1 \times G_2$ は $\mathbb{R}^{d_1} \times \mathbb{R}^{d_2}$ の可測集合であり, かつ

$$(G_1 \times G_2) - (E_1 \times E_2) \subset ((G_1 - E_1) \times G_2) \cup (G_1 \times (G_2 - E_2))$$

となる. 補題より $m_*(G - E) = 0$ が結論として得られる. よって E は可測となる. ∎

この命題からのひとつの帰結として, 以下を得る.

系 3.7 f を $\mathbb{R}^{d_1}$ 上の可測関数とする. このとき, $\widetilde{f}(x,y) = f(x)$ で定義される関数 $\widetilde{f}$ は $\mathbb{R}^{d_1} \times \mathbb{R}^{d_2}$ 上で可測である.

証明 これを見るには, f が実数値であると仮定してもよく, また最初に, $a \in \mathbb{R}$ かつ $E_1 = \{x \in \mathbb{R}^{d_1} : f(x) < a\}$ ならば, 定義より E_1 は可測であることを思い出しておく.

$$\{(x,y) \in \mathbb{R}^{d_1} \times \mathbb{R}^{d_2} : \widetilde{f}(x,y) < a\} = E_1 \times \mathbb{R}^{d_2}$$

であるので, 前命題から $\widetilde{f}(x,y) < a$ は各 $a \in \mathbb{R}$ に対して可測となる. よって, 求めるとおり, $\widetilde{f}$ は $\mathbb{R}^{d_1} \times \mathbb{R}^{d_2}$ 上で可測となる. ∎

最後に, 微分積分学において最初に登場した積分の解釈へと戻ることにする. 我々は, $\int f$ は f のグラフの下の部分の「面積」を表しているという理解を心の中に描いている. ここでは, これをルベーグ積分と関連づけ, そしていかに我々の一般的な状況の場合へと拡張されるのかについて示そう.

系 3.8 $f(x)$ を $\mathbb{R}^d$ 上の非負関数とし,

$$\mathcal{A} = \{(x,y) \in \mathbb{R}^d \times \mathbb{R} : 0 \leq y \leq f(x)\}$$

とおく. このとき,

(ⅰ) f が $\mathbb{R}^d$ 上可測であるのは $\mathcal{A}$ が $\mathbb{R}^{d+1}$ で可測であるときであり, またそのときに限る.

(ⅱ) (ⅰ) での条件が成立するならば,

$$\int_{\mathbb{R}^d} f(x)\,dx = m(\mathcal{A})$$

である.

証明 f が $\mathbb{R}^d$ 上可測ならば, 前命題より関数

$$F(x, y) = y - f(x)$$

は $\mathbb{R}^{d+1}$ 上で可測であることが保証され，よって直ちに $\mathcal{A} = \{y \geq 0\} \cap \{F \leq 0\}$ は可測であることがわかる．

逆に $\mathcal{A}$ が可測であるものとする．各 $x \in \mathbb{R}^{d_1}$ に対して，断面 $\mathcal{A}_x = \{y \in \mathbb{R} : (x, y) \in \mathcal{A}\}$ は閉線分，すなわち $\mathcal{A}_x = [0, f(x)]$ である．したがって，系 3.3 より (x と y の役割を交換して) $m(\mathcal{A}_x) = f(x)$ の可測性が従う．さらに，示すべき
$$m(\mathcal{A}) = \int \chi_{\mathcal{A}}(x, y)\, dx\, dy = \int_{\mathbb{R}^{d_1}} m(\mathcal{A}_x)\, dx = \int_{\mathbb{R}^{d_1}} f(x)\, dx$$
が成立する． ∎

ある有用な結果でもってこの節を締めくくることにしよう．

命題 3.9 f が $\mathbb{R}^d$ 上で可測ならば，関数 $\widetilde{f}(x, y) = f(x - y)$ は $\mathbb{R}^d \times \mathbb{R}^d$ 上で可測である．

$E = \{z \in \mathbb{R}^d : f(z) < a\}$ と選ぶことにすれば，E が $\mathbb{R}^d$ の可測な部分集合のときに $\widetilde{E} = \{(x, y) : x - y \in E\}$ が $\mathbb{R}^d \times \mathbb{R}^d$ の可測な部分集合であることを示せば十分である．

まず，$\mathcal{O}$ が開集合ならば $\widetilde{\mathcal{O}}$ も開集合であることに注意しておく．可算個の交わりをとることにより，E が G_δ 集合ならば $\widetilde{E}$ もそうであることがわかる．さて，$B_k = \{|y| < k\}$ および $\widetilde{E}_k = \widetilde{E} \cap B_k$ とおいて，各 k に対して $m(\widetilde{E}_k) = 0$ と仮定する．再び，$\mathcal{O}$ を $\mathbb{R}^d$ で開であるようにとり，$m(\widetilde{\mathcal{O}} \cap B_k)$ を計算しよう．$\chi_{\widetilde{\mathcal{O}} \cap B_k} = \chi_{\mathcal{O}}(x - y)\chi_{B_k}(y)$ である．よって，測度の平行移動不変性から
$$m(\widetilde{\mathcal{O}} \cap B_k) = \int \chi_{\mathcal{O}}(x - y)\chi_{B_k}(y)\, dy\, dx$$
$$= \int \left(\int \chi_{\mathcal{O}}(x - y)\, dx\right) \chi_{B_k}(y)\, dy$$
$$= m(\mathcal{O}) m(B_k)$$

を得る．いま，$m(E) = 0$ ならば，ある開集合の列 $\mathcal{O}_n$ で $E \subset \mathcal{O}_n$ かつ $m(\mathcal{O}_n) \to 0$ となるものが存在する．上のことより，各 k を固定するごとに，n に関して $\widetilde{E}_k \subset \widetilde{\mathcal{O}}_n \cap B_k$ かつ $m(\widetilde{\mathcal{O}}_n \cap B_k) \to 0$ となることがわかる．これより，$m(\widetilde{E}_k) = 0$ がわかり，よって $m(\widetilde{E}) = 0$ となる．任意の可測集合 E はある G_δ と測度 0 の集合との差で書けることさえ思い出せば，命題の証明は終了する．

4*. フーリエの反転公式

フーリエ変換の逆に関する疑問は，実際フーリエ解析の根源にかかわる問題を含んでいる．この問題は，関数 f に対する反転公式の正当性をそのフーリエ変換 $\widehat{f}$ の言葉で立証すること，すなわち

$$\widehat{f}(\xi) = \int_{\mathbb{R}^d} f(x) e^{-2\pi i x \cdot \xi} \, dx, \tag{14}$$

$$f(x) = \int_{\mathbb{R}^d} \widehat{f}(\xi) e^{2\pi i x \cdot \xi} \, d\xi \tag{15}$$

を意味している．

この問題には，実際 f と $\widehat{f}$ が連続でかつ無限遠で急減少 (緩やかに減少) する基本的な場合において，第 I 巻ですでに遭遇している．第 II 巻では 1 次元的な設定において，複素解析の観点からもこの問題を考察した．フーリエの反転に関する最も簡潔で有用な定式化は，L^2 理論の見地によるものか，あるいはその最大の一般化である超関数の言葉で述べられたものかのいずれかであろう．これらのことに関しては，後で組織的に取り上げることにする[4]．にもかかわらず，ここで本筋を離れて，現時点での我々の知識からこの問題に関して何がわかるかについて見ておくことで啓発されることもあるであろう．我々は，L^1 に対して適している，単純でありかつ多くの状況において十分である反転公式の変形版を紹介することにより，これを実行するつもりである．

まず最初に，$L^1(\mathbb{R}^d)$ に属する任意の関数に関して何がいえるかについて知っておく必要がある．

命題 4.1 $f \in L^1(\mathbb{R}^d)$ とする．このとき，(14) で定義される $\widehat{f}$ は $\mathbb{R}^d$ で連続かつ有界である．

実際，$|f(x) e^{-2\pi i x \cdot \xi}| = |f(x)|$ なので，積分表現 $\widehat{f}$ は各 ξ に対して収束し，かつ $\sup_{\xi \in \mathbb{R}^d} |\widehat{f}(\xi)| \leq \int_{\mathbb{R}^d} |f(x)| \, dx = \|f\|$ となる．連続性を確かめるには，すべての x に対し，ξ_0 を $\mathbb{R}^d$ の点として $\xi \to \xi_0$ のとき $f(x) e^{-2\pi i x \cdot \xi} \to f(x) e^{-2\pi i x \cdot \xi_0}$ となることに注意せよ．よって優収束定理から $\widehat{f}(\xi) \to \widehat{f}(\xi_0)$ となる．

$\widehat{f}$ の有界性よりも少しだけ多くのこと，すなわち $|\xi| \to \infty$ のときに $\widehat{f}(\xi) \to 0$

---

[4] L^2 理論は第 5 章で扱われ，超関数は第 IV 巻で学ぶことになる．

となることを主張することができるが，$\widehat{f}$ の無限遠での減少度についてはそれほど多くのことを述べることはできない (練習 22, 25 を見よ)．結果として，一般の $f \in L^1(\mathbb{R}^d)$ に対して $\widehat{f}$ が $L^1(\mathbb{R}^d)$ に入るわけではなく，推定している公式 (15) は問題を含んだものとなる．次の定理はこの困難を避けてはいるが，多くの状況において役に立つものである．

定理 4.2 $f \in L^1(\mathbb{R}^d)$ とし $\widehat{f} \in L^1(\mathbb{R}^d)$ でもあるとする．このとき，反転公式 (15) はほとんどすべての x に対して成立する．

直ちに得られる系として，L^1 上のフーリエ変換の一意性がある．

系 4.3 すべての ξ に対して $\widehat{f}(\xi) = 0$ であるものとする．このとき $f = 0$ a.e. である．

定理の証明に必要なのは，第 I 巻第 5 章でのシュヴァルツ関数に対して以前行った議論をここでの文脈に適合させることだけである．まずは「乗法公式」から始めよう．

補題 4.4 f と g は $L^1(\mathbb{R}^d)$ に属するものとする．このとき，
$$\int_{\mathbb{R}^d} \widehat{f}(\xi) g(\xi) \, d\xi = \int_{\mathbb{R}^d} f(y) \widehat{g}(y) \, dy$$
が成り立つ．

上の命題を考慮すれば，両方の積分が収束していることがわかる．$(\xi, y) \in \mathbb{R}^d \times \mathbb{R}^d = \mathbb{R}^{2d}$ に対して定義された関数 $F(\xi, y) = g(\xi) f(y) e^{-2\pi i \xi \cdot y}$ を考えよう．系 3.7 より，これは $\mathbb{R}^{2d}$ 上の関数として可測である．ここでフビニの定理を適用して，まずは
$$\int_{\mathbb{R}^d} \int_{\mathbb{R}^d} |F(\xi, y)| \, d\xi \, dy = \int_{\mathbb{R}^d} |g(\xi)| \, d\xi \int_{\mathbb{R}^d} |f(y)| \, dy < \infty$$
がわかる．次に，$\int_{\mathbb{R}^d} \int_{\mathbb{R}^d} F(\xi, y) \, d\xi \, dy$ の値を $\int_{\mathbb{R}^d} \left(\int_{\mathbb{R}^d} F(\xi, y) \, d\xi \right) dy$ と書くことにより計算すれば，求めるべき等式の左辺が得られる．2 重積分の値を逆の順番に計算すれば右辺が得られ，補題が証明される．

次に，積率 δ と x は $\delta > 0$ および $x \in \mathbb{R}^d$ に固定し，変調されたガウス関数

$g(\xi) = e^{-\pi\delta|\xi|^2} e^{2\pi i x \cdot \xi}$ を考える．初等的な計算により[5]，
$$\widehat{g}(y) = \int_{\mathbb{R}^d} e^{-\pi\delta|\xi|^2} e^{2\pi i(x-y)\cdot\xi}\, d\xi = \delta^{-d/2} e^{-\pi|x-y|^2/\delta}$$
となり，これを $K_\delta(x-y)$ と略して書くことにする．K_δ は

(i) $\quad \int_{\mathbb{R}^d} K_\delta(y)\, dy = 1$

(ii) $\quad$ 各 $\eta > 0$ に対して，$\delta \to 0$ のとき $\int_{|y|>\eta} K_\delta(y)\, dy \to 0$

をみたす「良い核」と見なすことができる．補題を適用することにより，

(16) $\quad\displaystyle \int_{\mathbb{R}^d} \widehat{f}(\xi) e^{-\pi\delta|\xi|^2} e^{2\pi i x \cdot \xi}\, d\xi = \int_{\mathbb{R}^d} f(y) K_\delta(x-y)\, dy$

を得る．$\widehat{f} \in L^1(\mathbb{R}^d)$ であるので，(16) の左辺は各 x に対して，優収束定理から $\delta \to 0$ のとき $\int_{\mathbb{R}^d} \widehat{f}(\xi) e^{2\pi i x \cdot \xi}\, d\xi$ に収束することが示されることに注意しておく．右辺に関しては，二つの変数変換 $y \to y+x$ (平行移動) および $y \to -y$ (反射) を続けざまに施し，それらに対応する積分の不変性を考慮に入れる (等式 (4) および (5) を見よ)．これにより，右辺は $\int_{\mathbb{R}^d} f(x-y) K_\delta(y)\, dy$ となり，この関数が $\delta \to 0$ のとき L^1-ノルムに関して f に収束することを証明しよう．実際，上の性質 (i) から，この差を

$$\Delta_\delta(x) = \int_{\mathbb{R}^d} f(x-y) K_\delta(y)\, dy - f(x) = \int_{\mathbb{R}^d} (f(x-y) - f(x)) K_\delta(y)\, dy$$

として書くことができる．よって，

$$|\Delta_\delta(x)| \leq \int_{\mathbb{R}^d} |f(x-y) - f(x)| K_\delta(y)\, dy$$

となる．ここで，$f(x)$ と $f(x-y)$ の $\mathbb{R}^d \times \mathbb{R}^d$ での可測性が系 3.7 と命題 3.9 で示されていることを思い出せば，フビニの定理を適用することができる．その結果，

$$\|\Delta_\delta\| \leq \int_{\mathbb{R}^d} \|f_y - f\| K_\delta(y)\, dy \quad \text{ただし} \quad f_y(x) = f(x-y)$$

となる．さて，与えられた $\varepsilon > 0$ に対して (命題 2.5 より) 小さい $\eta > 0$ を見つけて，$|y| < \eta$ ならば $\|f_y - f\| < \varepsilon$ となるようにできる．よって，

$$\|\Delta_\delta\| \leq \varepsilon + \int_{|y|>\eta} \|f_y - f\| K_\delta(y)\, dy \leq \varepsilon + 2\|f\| \int_{|y|>\eta} K_\delta(y)\, dy$$

---

[5] たとえば，第 I 巻第 6 章を見よ．

である．最初の不等式は再び (ⅰ) を用いることにより従う．2 番目は $\|f_y - f\| \le \|f_y\| + \|f\| = 2\|f\|$ であることから成立している．よって，(ⅱ) を用いることにより，δ が十分小ならば上の組み合わせは $\le 2\varepsilon$ となる．まとめると，(16) の右辺は $\delta \to 0$ のとき L^1-ノルムに関して f に収束し，よって系 2.3 よりある部分列で $f(x)$ にほとんどいたるところ収束するものが存在し，定理が証明された．

定理と命題から直ちに得られる結論として，もし $\widehat{f}$ が L^1 に属するならば，f は測度 0 の集合上での修正を施すことによりいたるところ連続な関数となる．このことはもちろん一般の $f \in L^1(\mathbb{R}^d)$ に対しては成立しない．

5. 練習

1. 集合の集まり $F_1, F_2, \cdots, F_n$ が与えられたとき，$N = 2^n - 1$ とした別の集まり $F_1^*, F_2^*, \cdots, F_N^*$ で，$\bigcup_{k=1}^n F_k = \bigcup_{j=1}^N F_j^*$, $\{F_j^*\}$ は互いに交わらず，またすべての k に対して $F_k = \bigcup_{F_j^* \subset F_k} F_j^*$ となるものを構成せよ．
[ヒント：各 F_k' を F_k または F_k^c として，2^n 個の集合 $F_1' \cap F_2' \cap \cdots \cap F_n'$ を考えよ．]

2. 命題 2.5 の類似として，f が $\mathbb{R}^d$ 上で可積分で $\delta > 0$ ならば，$\delta \to 1$ のとき $f(\delta x)$ は $f(x)$ に L^1-ノルムに関して収束することを証明せよ．

3. f は $(-\pi, \pi]$ 上で可積分で，周期 2π の関数として $\mathbb{R}$ まで拡張されているものとする．I を長さ 2π をもつ $\mathbb{R}$ 内の任意の区間とするとき，

$$\int_{-\pi}^{\pi} f(x)\,dx = \int_I f(x)\,dx$$

を示せ．
[ヒント：I は $(k\pi, (k+2)\pi]$ の形をもつ二つの連続した区間に含まれる．]

4. f は $[0, b]$ 上で可積分であり，

$$g(x) = \int_x^b \frac{f(t)}{t}\,dt, \qquad 0 < x \le b$$

とする．g は $[0, b]$ 上で可積分であり

$$\int_0^b g(x)\,dx = \int_0^b f(t)\,dt$$

となることを証明せよ．

5. F は $\mathbb{R}$ における閉集合で，その補集合は有限測度をもつものとし，$\delta(x)$ で x から F までの距離をあらわすものとする．すなわち

$$\delta(x) = d(x, F) = \inf\{|x-y| : y \in F\}$$

である．

$$I(x) = \int_{\mathbb{R}} \frac{\delta(y)}{|x-y|^2} \, dy$$

を考える．

(a) δ がリプシッツ条件

$$|\delta(x) - \delta(y)| \le |x-y|$$

をみたすことを示すことにより，δ は連続であることを証明せよ．

(b) 各 $x \notin F$ に対して $I(x) = \infty$ を示せ．

(c) a.e. $x \in F$ に対して $I(x) < \infty$ であることを示せ．I の積分において，リプシッツ条件が $|x-y|$ のベキを一つしか解消しないことを考えると，これは驚くべきことかもしれない．

[ヒント：最後の部分については，$\int_F I(x)\,dx$ を調べよ．]

6. f の $\mathbb{R}$ 上での可積分性は，必ずしも $x \to \infty$ のときに $f(x)$ が 0 に収束することを導くとは限らない．

(a) $\mathbb{R}$ 上の正値連続関数 f で，$\mathbb{R}$ 上可積分であるが $\limsup\limits_{x \to \infty} f(x) = \infty$ となるものが存在する．

(b) しかしながら，f が $\mathbb{R}$ 上で一様連続でありかつ可積分ならば，$\lim\limits_{|x| \to \infty} f(x) = 0$ である．

[ヒント：(a) については，線分 $[n, n+1/n^3], n \ge 1$ 上で n に等しい関数の連続版を構成せよ．]

7. $\Gamma \subset \mathbb{R}^d \times \mathbb{R}$, $\Gamma = \{(x,y) \in \mathbb{R}^d \times \mathbb{R} : y = f(x)\}$ として，f は $\mathbb{R}^d$ 上で可測であるものと仮定する．Γ は $\mathbb{R}^{d+1}$ の可測な部分集合であり，$m(\Gamma) = 0$ であることを示せ．

8. f が $\mathbb{R}$ 上で可積分ならば，$F(x) = \int_{-\infty}^{x} f(t)\,dt$ は一様連続であることを示せ．

9. チェビシェフの不等式 $f \ge 0$ でかつ f は可積分であるとする．$\alpha > 0$ で $E_\alpha\{x : f(x) > \alpha\}$ とおくとき，

$$m(E_\alpha) \le \frac{1}{\alpha} \int f$$

10. $f \geq 0$ とし, $E_{2^k} = \{x : f(x) > 2^k\}$ かつ $F_k = \{x : 2^k < f(x) \leq 2^{k+1}\}$ とおく. f がほとんどいたるところ有限であるならば,
$$\bigcup_{k=-\infty}^{\infty} F_k = \{f(x) > 0\}$$
であり, 集合 F_k は互いに交わらない.

f が可積分であるのは
$$\sum_{k=-\infty}^{\infty} 2^k m(F_k) < \infty$$
のときでありまたそのときに限ること, そして
$$\sum_{k=-\infty}^{\infty} 2^k m(E_{2^k}) < \infty$$
のときでありまたそのときに限ることを証明せよ.

この結果を用いて以下の主張を正当化せよ.
$$f(x) = \begin{cases} |x|^{-a} & |x| \leq 1 \text{ の場合,} \\ 0 & \text{その他の場合} \end{cases} \quad \text{および} \quad g(x) = \begin{cases} |x|^{-b} & |x| > 1 \text{ の場合,} \\ 0 & \text{その他の場合} \end{cases}$$
とおく. このとき, f が $\mathbb{R}^d$ 上で可積分であるのは $a < d$ のときでありまたそのときに限ること, また g が $\mathbb{R}^d$ 上で可積分であるのは $b > d$ のときでありまたそのときに限る.

11. f は $\mathbb{R}^d$ 上で可積分で, 実数値, かつ任意の可測集合 E に対して $\int_E f(x)\,dx \geq 0$ とするならば, $f(x) \geq 0$ a.e. x であることを証明せよ. 結果として, 任意の可測集合 E に対して $\int_E f(x)\,dx = 0$ ならば, $f(x) = 0$ a.e. である.

12. $f \in L^1(\mathbb{R}^d)$ と $f_n \in L^1(\mathbb{R}^d)$ である列 $\{f_n\}$ で,
$$\|f - f_n\|_{L^1} \to 0$$
であるが $f_n(x) \to f(x)$ となる x がないものが存在することを示せ.
[ヒント: $\mathbb{R}$ の場合には, 区間の列 I_n を $m(I_n) \to 0$ となるように適当に選び, $f_n = \chi_{I_n}$ とせよ.]

13. 二つの可測集合 A および B で, $A + B$ が可測でないものの例を与えよ.
[ヒント: $\mathbb{R}^2$ の場合には, $A = \{0\} \times [0,1]$ および $B = \mathcal{N} \times \{0\}$ ととれ.]

14. 前章の練習 6 において，B が $\mathbb{R}^d$ における半径 r の球で，B_1 を単位球として $v_d = m(B_1)$ とおくとき，$m(B) = v_d r^d$ であることを見た．ここでは，定数 v_d の値を求めよう．

(a) $d = 2$ の場合には，系 3.8 を用いることにより
$$v_2 = 2\int_{-1}^{1} (1-x^2)^{1/2}\,dx,$$
したがって初等的な計算により $v_2 = \pi$ であることを証明せよ．

(b) 同様の方法により，
$$v_d = 2v_{d-1}\int_{-1}^{1} (1-x^2)^{(d-1)/2}\,dx$$
を示せ．

(c) 結果は
$$v_d = \frac{\pi^{d/2}}{\Gamma(d/2+1)}$$
となる．

別の導出方法が，第 6 章練習 5 にある．ガンマ関数やベータ関数についての関連する事実については，第 II 巻第 6 章を見るとよい．

15. $\mathbb{R}$ 上で
$$f(x) = \begin{cases} x^{-1/2} & 0 < x < 1 \text{ の場合}, \\ 0 & \text{その他の場合} \end{cases}$$
により定義される関数を考える．有理数 $\mathbb{Q}$ の番号づけ $\{r_n\}_{n=1}^{\infty}$ を固定し，
$$F(x) = \sum_{n=1}^{\infty} 2^{-n} f(x - r_n)$$
とおく．F は可積分であり，それゆえ F を定義する級数はほとんどすべての $x \in \mathbb{R}$ に対して収束することを証明せよ．しかしながら，この級数は任意の区間上で非有界であり，実際 F と a.e. で一致する任意の関数 $\widetilde{F}$ はいかなる区間上においても非有界であることを見よ．

16. f は $\mathbb{R}^d$ 上で可積分であるものとする．$\delta = (\delta_1, \cdots, \delta_d)$ を 0 でない実数の d 個の組とし，
$$f^\delta(x) = f(\delta x) = f(\delta_1 x_1, \cdots, \delta_d x_d)$$
とするとき，f^δ は可積分であり
$$\int_{\mathbb{R}^d} f^\delta(x)\,dx = |\delta_1|^{-1} \cdots |\delta_d|^{-1} \int_{\mathbb{R}^d} f(x)\,dx$$

となることを示せ.

17. f は $\mathbb{R}^2$ 上で以下のように定義されているものとする：$n \leq x < n+1$ かつ $n \leq y < n+1$ $(n \geq 0)$ に対しては $f(x,y) = a_n$, $n \leq x < n+1$ かつ $n+1 \leq y < n+2$ $(n \geq 0)$ に対しては $f(x,y) = -a_n$ で, 一方, それ以外では $f(x,y) = 0$. ここで, $a_n = \sum_{k \leq n} b_k$ であり, $\{b_k\}$ は $\sum_{k=0}^{\infty} b_k = s < \infty$ となる正の列とする.

(a) それぞれの断面 f^y および f_x は可積分である. また, すべての x に対して $\int f_x(y)\,dy = 0$ であり, それゆえ $\int \left(\int f(x,y)\,dy \right) dx = 0$ である.

(b) しかしながら, $0 \leq y < 1$ ならば $\int f^y(x)\,dx = a_0$ であり, また $n \leq y < n+1$ で $n \geq 1$ ならば $\int f^y(x)\,dx = a_n - a_{n-1}$ である. それゆえ $y \longmapsto \int f^y(x)\,dx$ は $(0, \infty)$ 上可積分であり,
$$\int \left(\int f(x,y)\,dx \right) dy = s$$
となる.

(c) $\int_{\mathbb{R} \times \mathbb{R}} |f(x,y)|\,dx\,dy = \infty$ に注意せよ.

18. f を $[0,1]$ 上の可測な有限値関数とし, $|f(x) - f(y)|$ は $[0,1] \times [0,1]$ 上で可積分であるものとする. $f(x)$ は $[0,1]$ 上で可積分であることを示せ.

19. f は $\mathbb{R}^d$ 上で可積分であるものとする. 各 $\alpha > 0$ に対して, $E_\alpha = \{x : |f(x)| > \alpha\}$ とおく.
$$\int_{\mathbb{R}^d} |f(x)|\,dx = \int_0^\infty m(E_\alpha)\,d\alpha$$
を証明せよ.

20. (フビニの定理に先立つ議論において浮き彫りにされた) ある可測集合の断面が非可測であるかも知れないという問題は, ボレル可測関数とボレル集合に注意を絞りこむことにより回避することができる. 実際, 以下を証明せよ.

E を $\mathbb{R}^2$ のボレル集合とする. 任意の y に対して, 断面 E^y は $\mathbb{R}$ のボレル集合である.

[ヒント：$\mathbb{R}^2$ の部分集合 E で, 各断面 E^y が $\mathbb{R}$ のボレル集合となるものの集まり $\mathcal{C}$ を考えよ. $\mathcal{C}$ が開集合をすべて含む σ-代数であることを確かめよ.]

21. f と g は $\mathbb{R}^d$ 上の可測関数とする.

(a) $f(x-y)g(y)$ は $\mathbb{R}^{2d}$ 上で可測であることを証明せよ.

(b) f と g が $\mathbb{R}^d$ 上で可積分ならば, $f(x-y)g(y)$ は $\mathbb{R}^{2d}$ 上で可積分であることを示せ.

(c) f と g の畳み込みの定義は
$$(f*g)(x) = \int_{\mathbb{R}^d} f(x-y)g(y)\,dy$$
で与えられたことを思い出そう. $f*g$ が a.e. x で well defined (すなわち, $f(x-y)g(y)$ が a.e. x に対して $\mathbb{R}^d$ 上で可積分) であることを示せ.

(d) f と g が可積分ならば $f*g$ も可積分で,
$$\|f*g\|_{L^1(\mathbb{R}^d)} \le \|f\|_{L^1(\mathbb{R}^d)} \|g\|_{L^1(\mathbb{R}^d)}$$
であり, 等号は f と g が非負であるときに成立することを示せ.

(e) 可積分関数 f のフーリエ変換は
$$\widehat{f}(\xi) = \int_{\mathbb{R}^d} f(x) e^{-2\pi i x \cdot \xi}\,dx$$
で定義される. $\widehat{f}$ は ξ の有界かつ連続な関数であることを確認せよ. 各 ξ に対して,
$$\widehat{(f*g)}(\xi) = \widehat{f}(\xi)\widehat{g}(\xi)$$
が成り立つことを証明せよ.

22. $f \in L^1(\mathbb{R}^d)$ で
$$\widehat{f}(\xi) = \int_{\mathbb{R}^d} f(x) e^{-2\pi i x \cdot \xi}\,dx$$
ならば, $|\xi| \to \infty$ のとき $\widehat{f}(\xi) \to 0$ であることを証明せよ (これはリーマン–ルベーグの補題である).
[ヒント: $\xi' = \dfrac{1}{2}\dfrac{\xi}{|\xi|^2}$ に対して $\widehat{f}(\xi) = \dfrac{1}{2}\displaystyle\int_{\mathbb{R}^d}[f(x)-f(x-\xi')]e^{-2\pi i x \cdot \xi}\,dx$ と書き, 命題 2.5 を用いよ.]

23. フーリエ変換の一つの応用として, 関数 $I \in L^1(\mathbb{R}^d)$ で
$$\text{すべての } f \in L^1(\mathbb{R}^d) \text{ に対して} \quad f*I = f$$
となるものは存在しないことを示せ.

24. 畳み込み
$$(f*g)(x) = \int_{\mathbb{R}^d} f(x-y)g(y)\,dy$$
を考察しよう.

(a) f が可積分で g が有界ならば，$f * g$ は一様連続であることを示せ．

(b) 加えて，さらに g が可積分ならば，$|x| \to \infty$ のときに $(f * g)(x) \to 0$ であることを証明せよ．

25. 各 ε に対して，関数 $F(\xi) = \dfrac{1}{(1+|\xi|^2)^\varepsilon}$ はある L^1 関数のフーリエ変換であることを示せ．

[ヒント：$K_\delta(x) = e^{-\pi|x|^2/\delta}\delta^{-\delta/2}$ として $f(x) = \displaystyle\int_0^\infty K_\delta(x) e^{-\pi\delta}\delta^{\varepsilon-1}\,d\delta$ を考えよ．フビニの定理を用いて $f \in L^1(\mathbb{R}^d)$ および
$$\widehat{f}(\xi) = \int_0^\infty e^{-\pi\delta|\xi|^2} e^{-\pi\delta}\delta^{\varepsilon-1}\,d\delta$$
を証明し，最後の積分の値を計算して $\pi^{-\varepsilon}\Gamma(\varepsilon)\dfrac{1}{(1+|\xi|^2)^\varepsilon}$ であることを求めよ．ここで，$\Gamma(s)$ は $\Gamma(s) = \displaystyle\int_0^\infty e^{-t}t^{s-1}\,dt$ で定義されるガンマ関数である．]

6. 問題

1. f が $[0, 2\pi]$ 上で可積分ならば，$|n| \to \infty$ のとき $\displaystyle\int_0^{2\pi} f(x)e^{-inx}\,dx \to 0$ となる．その結果として，E が $[0, 2\pi]$ の可測な部分集合ならば，任意の列 $\{u_n\}$ に対して
$$\int_E \cos^2(nx + u_n)\,dx \to \frac{m(E)}{2}, \qquad n \to \infty$$
となることを示せ．

[ヒント：練習 22 を見よ．]

2. 次のカントール–ルベーグの定理を証明せよ：
$$\sum_{n=0}^\infty A_n(x) = \sum_{n=0}^\infty (a_n \cos nx + b_n \sin nx)$$
がある正の測度をもつ集合上の x に対して (特にすべての x に対して) 収束するならば，$n \to \infty$ のとき $a_n \to 0$ かつ $b_n \to 0$ となる．

[ヒント：ある正の測度をもつ集合 E 上で一様に $A_n(x) \to 0$ であることに注意せよ．]

3. $\mathbb{R}^d$ 上の可測関数列 $\{f_k\}$ が**測度コーシー**であるとは，任意の $\varepsilon > 0$ に対し
$$m(\{x : |f_k(x) - f_\ell(x)| > \varepsilon\}) \to 0, \qquad k, \ell \to \infty$$
となることをいう．$\{f_k\}$ がある (可測) 関数 f に**測度収束**するとは，任意の $\varepsilon > 0$ に対し

$$m(\{x : |f_k(x) - f(x)| > \varepsilon\}) \to 0, \qquad k \to \infty$$

となることをいう．この概念は，確率論における「確率収束」と一致している．

もし可積分関数の列 $\{f_k\}$ が f に L^1 収束すれば，$\{f_k\}$ は f に測度収束することを証明せよ．この逆は正しいであろうか？

この収束の形態はエゴロフの定理の証明において自然に登場することに注意しておく．

4. 我々はすでに (第 1 章練習 8 において)，E が $\mathbb{R}^d$ の可測集合であり L が $\mathbb{R}^d$ から $\mathbb{R}^d$ への線形変換ならば，$L(E)$ もまた可測であり，E の測度が 0 ならば $L(E)$ もそうであることを見た．この量的な主張は，

$$m(L(E)) = |\det(L)| m(E)$$

となる．特別な場合として，ルベーグ測度は回転に関して不変である (この特別な場合については，次章の練習 26 も見よ)．

上の等式はフビニの定理を用いて証明することができる．

(a) まず最初に，$d = 2$ で L が「狭義」上三角変換 $x' = x + ay, y' = y$ の場合を考える．このとき，

$$\chi_{L(E)}(x, y) = \chi_E(L^{-1}(x, y)) = \chi_E(x - ay, y)$$

である．よって，測度の平行移動不変性より

$$m(L(E)) = \int_{\mathbb{R} \times \mathbb{R}} \left(\int \chi_E(x - ay, y) \right) dy$$
$$= \int_{\mathbb{R} \times \mathbb{R}} \left(\int \chi_E(x, y) \, dx \right) dy$$
$$= m(E)$$

となる．

(b) 同様に，L が狭義下三角変換の場合に $m(L(E)) = m(E)$ となる．一般に，L_j を狭義 (上または下) 三角変換，Δ を対角変換として $L = L_1 \Delta L_2$ と書くことができる．よって，第 1 章練習 7 を用いると $m(L(E)) = |\det(L)| m(E)$ となる．

5. $\mathbb{R}$ の順序 $\prec$ で，各 $y \in \mathbb{R}$ に対して集合 $\{x \in \mathbb{R} : x \prec y\}$ が高々可算であるという性質をもつものが存在する．

この順序の存在は**連続体仮説**に依存しているが，これは次のように述べられる：S が $\mathbb{R}$ の無限部分集合であるならば，S は可算であるか，または S は $\mathbb{R}$ の濃度をもつ (すなわち，$\mathbb{R}$ へ全単射で写される)[6]．

---

[6] カントールにより定式化されたこの主張は，整列可能原理のように他の集合論の公理から

[ヒント：$\prec$ を $\mathbb{R}$ のある整列順序とし，$X = \{y \in \mathbb{R} : 集合 \{x : x \prec y\} は非可算\}$ により集合 X を定義する．もし X が空ならばこれで終わる．さもなくば，X の最小元 $\overline{y}$ を考え，連続体仮説を用いよ．]

は独立しており，この有効性を受け入れるかどうかはやはり自由である．

第3章　微分と積分

> 最大値問題：
> 　問題は，クリケット用語，あるいは，選手が挙げる得点の平均値が記録される他のあらゆる競技の専門用語で述べれば，ほとんど容易に理解される．
> 　　　　　　　——G.H.ハーディ，J.E.リトルウッド，1930

微分と積分は逆の作用であることは，すでに微分積分学の初期の学習の中で理解された．ここでは，この基本的な認識を前章で学んだ一般論の枠組みの中で再検証したい．我々の対象は，このような設定の下での微分積分学の基本定理の定式化およびその証明と，それにより派生する諸概念を発展させることである．二つの問題に解答を与えることにより，これを達成するが，各々の問題は微分と積分の相互の関係の表現方法の一つを述べている．

最初に関わる問題は以下のように述べられる．

- f は $[a, b]$ で可積分で，F はその不定積分 $F(x) = \int_a^x f(y)\,dy$ とする．これから F が（少なくとも a.e. x で）微分可能で，$F' = f$ が従うか？

この問題に対する肯定的な解答は，幅広い応用のある1次元に限定されない着想に拠ることを見る．

二つ目の問題については，微分と積分の順番を逆にする．

- $[a, b]$ 上の関数 F に課す条件で，$F'(x)$ が (a.e. x で) 存在し，この関数は可積分となって，さらに，

$$F(b) - F(a) = \int_a^b F'(x)dx$$

となることを保証する条件は何か？

この問題は，後に第一の問題よりも狭い見方から検証されるが，そこに生ずる問題は深く，そこから導かれる帰結は広範囲にわたる．特に，この問題は曲線の求長法の問題と関連があり，これに関連する例として平面上の一般の等周不等式を確立する．

1. 積分の微分

1 番目の問題，すなわち，積分の微分の研究から始める．f が $[a, b]$ で与えられ，その区間で可積分であるとき，
$$F(x) = \int_a^x f(y)\,dy, \qquad a \leq x \leq b$$
とおく．$F'(x)$ を扱うために，微分の定義は，h が 0 に近づくときの商
$$\frac{F(x+h) - F(x)}{h}$$
の極限値であることを思い起こそう．この商は (たとえば $h > 0$ の場合に)
$$\frac{1}{h} \int_x^{x+h} f(y)\,dy = \frac{1}{|I|} \int_I f(y)\,dy$$
の形になることに注意しよう．ここに，$I = (x, x+h)$，および，この区間の長さを表す $|I|$ という記号を用いた．ここでちょっと止まって，上の表現は f の I 上での平均値であること，さらに，$|I| \to 0$ の極限では，これらの平均値が $f(x)$ に近づくことを期待してもよいかもしれないことを観察しておこう．問題を少しだけ別の言い方で述べると，
$$\lim_{\substack{|I| \to 0 \\ x \in I}} \frac{1}{|I|} \int_I f(y)\,dy = f(x)$$
が適当な x に対して成り立つかどうかを問うことになる．高次元では，1 次元の区間を一般化した適当な集合上で f の平均値をとり，類似の問題を課すことができる．まず最初に，関わる集合を x を含む球 B にして，I の長さ $|I|$ を体積 $m(B)$ に置き換えて，この問題を研究する．その後で，この特殊な場合の帰結として，類似の結果が，より一般の有界な「離心率」をもつ集合の族に対して成立することを見る．

このことを念頭において，すべての $d \geq 1$ に対する $\mathbb{R}^d$ の文脈で 1 番目の問題

を改めて述べる.

f は $\mathbb{R}^d$ 上で可積分であると仮定する.
$$\lim_{\substack{m(B)\to 0 \\ x\in B}} \frac{1}{m(B)} \int_B f(y)\,dy = f(x)$$
が a.e. x に対して成立するか？ 極限は x を含む開球の体積が 0 に近づくときにとる.

この問題を**平均化問題**とよぶ. B は $\mathbb{R}^d$ の半径 r の任意の球ならば $m(B) = v_d r^d$ であることに注意しよう. ここに, v_d は単位球の測度である (前章の練習 14 を見よ).

f が x で連続あるという特殊な場合には, 極限はまさに $f(x)$ に収束することはもちろんである. 実際, $\varepsilon > 0$ が与えられると, $\delta > 0$ が存在して, $|x-y| < \delta$ のとき $|f(x) - f(y)| < \varepsilon$ である.
$$f(x) - \frac{1}{m(B)} \int_B f(y)\,dy = \frac{1}{m(B)} \int_B (f(x) - f(y))\,dy$$
であるから, B が x を含む半径 $< \delta/2$ の球のとき
$$\left| f(x) - \frac{1}{m(B)} \int_B f(y)\,dy \right| \leq \frac{1}{m(B)} \int_B |f(x) - f(y)|\,dy < \varepsilon$$
となって, 求めるものが成立することがわかる.

平均化問題は肯定的解答をもつが, 本来は質的なこの事実を確立するために, f の平均値の挙動の全般に関わる量的な評価をいくつか行うことが必要である. このことは $|f|$ の最大平均によってなされるが, ここから話題をそちらへ向けることにしよう.

1.1 ハーディ–リトルウッドの最大関数

以下で考察する最大関数は, 1 次元の状況で初めて登場し, ハーディとリトルウッドによって論じられた. 彼らはクリケットの打者の得点を, いかにして彼の満足を最大にするのに最適に分布させられるかという問題を考えることによって, この関数の研究に導かれたようである. 結局, 必要とされた発想は解析学において普遍的な重要性をもっている. 重要な定義を以下に述べる.

f が $\mathbb{R}^d$ 上で可積分ならば, その**最大関数** f^* を

$$f^*(x) = \sup_{x \in B} \frac{1}{m(B)} \int_B |f(y)|\, dy, \qquad x \in \mathbb{R}^d$$

によって定義する．ここに，上限は点 x を含むすべての球にわたってとる．別の言い方をすると，平均化問題の記述における極限を上限で，f をその絶対値で置き換えたものである．

f^* の主な性質のうち必要となるものを定理にまとめておく．

定理 1.1 f は $\mathbb{R}^d$ 上で可積分であると仮定する．このとき，次が成り立つ．

(ⅰ) f^* は可測である．
(ⅱ) $f^*(x) < \infty$ が a.e. x で成り立つ．
(ⅲ) すべての $\alpha > 0$ に対して，f^* は

$$\tag{1} m(\{x \in \mathbb{R}^d : f^*(x) > \alpha\}) \leq \frac{A}{\alpha} \|f\|_{L^1(\mathbb{R}^d)}$$

をみたす．ここに，$A = 3^d$, $\|f\|_{L^1(\mathbb{R}^d)} = \int_{\mathbb{R}^d} |f(x)|dx$ である．

証明にいく前に，主要な結論 (ⅲ) の本質を明確にしておきたい．後で見るように，$f^*(x) \geq |f(x)|$ が a.e. x に対して成立する．(ⅲ) の直接的結果は，大雑把にいうと，f^* は $|f|$ に比べてそれほど大きくはないということである．もしできることなら，この観点から，仮定である f の可積分性の結果として，f^* は可積分であることを結論づけたい．しかし，それはうまくいかなくて，(ⅲ) は可能な限りの最良のその代用品である (練習 4 と 5 を見よ)．

(1) の型の不等式は，L^1-ノルムについての対応する不等式よりも弱いので，**弱型の不等式**とよばれる．実際，このことは，任意の可積分関数 g に対して

$$m(\{x : |g(x)| > \alpha\}) \leq \frac{1}{\alpha} \|g\|_{L^1(\mathbb{R}^d)}$$

がすべての $\alpha > 0$ で成立するというチェビシェフの不等式 (第 2 章の練習 9) から理解することができる．

不等式 (1) の A の精密な値は我々にとって重要でないことも付け加えておくべきである．重要なことは，この定数が α や f に依存しないことである．

定理の中で唯一の単純な主張は，f^* が可測関数であることである．実際，集合 $E_\alpha = \{x \in \mathbb{R}^d : f^*(x) > \alpha\}$ は開である．なぜならば，もし $\bar{x} \in E_\alpha$ ならば，ある球 B が存在して，$\bar{x} \in B$ かつ

$$\frac{1}{m(B)}\int_B |f(y)|\,dy > \alpha$$

となるからである.ここで,$\bar{x}$ に十分近い任意の点 x も B に属するので,したがって $x \in E_\alpha$ であることも従う.

定理における f^* の他の二つの性質は深く,(ii) は (iii) の帰結である.このことは,すべての $\alpha > 0$ に対して

$$\{x : f^*(x) = \infty\} \subset \{x : f^*(x) > \alpha\}$$

であることを見れば,直ちに従う.α が無限大に行くときの極限をとると,3番目の性質は $m(\{x : f^*(x) = \infty\}) = 0$ を与える.

不等式 (1) の証明はヴィタリ被覆の初等的な議論による[1].

補題 1.2 $\mathcal{B} = \{B_1, B_2, \cdots, B_N\}$ は,有限個の $\mathbb{R}^d$ の開球の族とする.このとき,$\mathcal{B}$ の互いに交わらない部分族 $B_{i_1}, B_{i_2}, \cdots, B_{i_k}$ が存在して,

$$m\left(\bigcup_{\ell=1}^N B_\ell\right) \leq 3^d \sum_{j=1}^k m(B_{i_j})$$

をみたす.

粗くいえば,球の元々の族で覆われる領域のある種の分数倍を覆うような球の互いに交わらない部分族を必ず見つけることができるということである.

証明 我々が与える証明は構成的であり,以下の簡単な観察に拠る.B と B' は球の組で,互いに交わり,B' の半径は B の半径よりも大きくないとする.このとき,B' は,中心が B と同じで半径がその 3 倍の球 $\widetilde{B}$ に含まれる.

第1段として,$\mathcal{B}$ から極大(すなわち,最大)の半径をもつ B_{i_1} をとり,$\mathcal{B}$ から B_{i_1} に交わるすべての球だけでなく球 B_{i_1} 自身を除く.除かれたすべての球は,B_{i_1} と同じ中心をもち半径がその 3 倍の球 $\widetilde{B}_{i_1}$ に含まれる.

残った球は新しい族 $\mathcal{B}'$ を与え,これに対してこの手続きを繰り返す.$\mathcal{B}'$ の中で最大半径をもつ B_{i_2} をとり,$\mathcal{B}'$ から B_{i_2} および B_{i_2} と交わるすべての球を除く.この方法を続けると,高々 N 回で,互いに交わらない球の族 $B_{i_1}, B_{i_2}, \cdots, B_{i_k}$

---

[1] ここで従う補題は,微分の理論において以下に起こる一連の被覆の議論の 1 番目であることに注意する.補題 3.5 はもちろん,補題 3.9 とその系も見よ.そこでは被覆の主張がより暗黙な形で述べられている.

を見つけることができる．

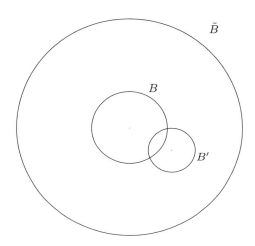

図 1　球 B と $\widetilde{B}$．

最後に，この互いに交わらない球の族が補題の不等式をみたすことを証明するために，証明の最初に行った観察を用いる．$\widetilde{B}_{i_j}$ で B_{i_j} と同じ中心をもち，その 3 倍の半径をもつ球を表すことにする．$\mathcal{B}$ に属する任意の球 B は，ある球 B_{i_j} と交わり，B_{i_j} と等しいかあるいは小さい半径をもたなくてはならないから，$B \subset \widetilde{B}_{i_j}$ でなくてはならない．よって，

$$m\left(\bigcup_{\ell=1}^{N} B_\ell\right) \leq m\left(\bigcup_{j=1}^{k} \widetilde{B}_{i_j}\right) \leq \sum_{j=1}^{k} m(\widetilde{B}_{i_j}) = 3^d \sum_{j=1}^{k} m(B_{i_j})$$

となる．最後の等式で，$\mathbb{R}^d$ では，集合を $\delta > 0$ で伸長すると，この集合のルベーグ測度に δ^d をかけたものになるという事実を用いた．

これで，定理 1.1 の (iii) の証明に手が届く．$E_\alpha = \{x : f^*(x) > \alpha\}$ とすると，各 $x \in E_\alpha$ に対して，x を含み，

$$\frac{1}{m(B_x)} \int_{B_x} |f(y)|\, dy > \alpha$$

となる球 B_x が存在する．したがって，各々の球 B_x に対して，

(2) $$m(B_x) < \frac{1}{\alpha} \int_{B_x} |f(y)|\, dy$$

である．E_α のコンパクト部分集合 K を固定する．K は $\bigcup_{x \in E_\alpha} B_x$ によって覆われるから，K の有限部分被覆を選ぶことができて，たとえば $K \subset \bigcup_{\ell=1}^{N} B_\ell$ とする．被覆補題は，互いに交わらない球の部分族 $B_{i_1}, \cdots, B_{i_k}$ で，

$$(3) \qquad m\left(\bigcup_{\ell=1}^{N} B_\ell\right) \leq 3^d \sum_{j=1}^{k} m(B_{i_j})$$

となるものの存在を保証する．球 $B_{i_1}, \cdots, B_{i_k}$ は (3) だけでなく，(2) をみたすから，

$$m(K) \leq m\left(\bigcup_{\ell=1}^{N} B_\ell\right) \leq 3^d \sum_{j=1}^{k} m(B_{i_j}) \leq \frac{3^d}{\alpha} \sum_{j=1}^{k} \int_{B_{i_j}} |f(y)|\, dy$$
$$= \frac{3^d}{\alpha} \int_{\cup_{j=1}^{k} B_{i_j}} |f(y)|\, dy$$
$$\leq \frac{3^d}{\alpha} \int_{\mathbb{R}^d} |f(y)|\, dy$$

となることがわかる．この不等式は E_α のすべてのコンパクト部分集合 K に対して成立するから，最大作用素の弱型不等式の証明が完了する．∎

1.2 ルベーグの微分定理

最大関数に対して導出された評価が，ここで平均化問題に対する解答を導く．

定理 1.3 f が $\mathbb{R}^d$ 上で可積分ならば，

$$(4) \qquad \lim_{\substack{m(B) \to 0 \\ x \in B}} \frac{1}{m(B)} \int_B f(y)\, dy = f(x)$$

が a.e. x に対して成立する．

証明 各 $\alpha > 0$ に対して，集合

$$E_\alpha = \left\{ x : \limsup_{\substack{m(B) \to 0 \\ x \in B}} \left| \frac{1}{m(B)} \int_B f(y)\, dy - f(x) \right| > 2\alpha \right\}$$

の測度が 0 であることを示せば十分である．なぜならば，この主張は，集合 $E = \bigcup_{n=1}^{\infty} E_{1/n}$ の測度が 0 であることを保証し，(4) の極限が E^c のすべての点で成立するからである．

α を固定し，第 2 章の定理 2.4 を思い出そう．これは，各 $\varepsilon > 0$ に対して，コンパクトな台をもつ連続関数 g を選んで，$\|f-g\|_{L^1(\mathbb{R}^d)} < \varepsilon$ となるようにできることを述べている．先に注意したように，g の連続性により，

$$\lim_{\substack{m(B)\to 0 \\ x\in B}} \frac{1}{m(B)} \int_B g(y)\,dy = g(x)$$

がすべての x に対して成立する．差 $\dfrac{1}{m(B)}\int_B f(y)\,dy - f(x)$ は

$$\frac{1}{m(B)} \int_B (f(y)-g(y))\,dy + \frac{1}{m(B)} \int_B g(y)\,dy - g(x) + g(x) - f(x)$$

と書くことができるから，

$$\limsup_{\substack{m(B)\to 0 \\ x\in B}} \left| \frac{1}{m(B)} \int_B f(y)\,dy - f(x) \right| \leq (f-g)^*(x) + |g(x) - f(x)|$$

となることがわかる．ここに，記号 $*$ は最大関数を表す．その結果，

$$F_\alpha = \{x : (f-g)^*(x) > \alpha\}, \qquad G_\alpha = \{x : |f(x)-g(x)| > \alpha\}$$

とすると，$E_\alpha \subset (F_\alpha \cup G_\alpha)$ となる．なぜならば，u_1 と u_2 が正ならば，$u_1 + u_2 > 2\alpha$ となるのは，少なくとも一つの u_i に対して $u_i > \alpha$ となる場合に限られるからである．一方で，チェビシェフの不等式は

$$m(G_\alpha) \leq \frac{1}{\alpha} \|f - g\|_{L^1(\mathbb{R}^d)}$$

を与え，他方で，最大関数の弱型評価は

$$m(F_\alpha) \leq \frac{A}{\alpha} \|f - g\|_{L^1(\mathbb{R}^d)}$$

を与える．関数 g は $\|f-g\|_{L^1(\mathbb{R}^d)} < \varepsilon$ となるように選ばれていた．ゆえに，

$$m(E_\alpha) \leq \frac{A}{\alpha}\varepsilon + \frac{1}{\alpha}\varepsilon$$

を得る．ε は任意であるから，$m(E_\alpha) = 0$ でなくてはならず，定理の証明が完了する． ∎

定理を $|f|$ に適用した直接的帰結として，f^* を最大関数とすると，$f^*(x) \geq |f(x)|$ が a.e. x に対して成立することを見る．

これまでは，f は可積分であるという仮定の下で考察してきた．この「大域的な」仮定は，微分可能性のような「局所的な」概念の文脈ではやや不適当である．

実際,ルベーグの定理における極限は,点 x へと縮む球上でとられるので,x から遠く離れた点での f のふるまいは無関係である.したがって,単に f がすべての球上で可積分であることを仮定すれば,結果はそのまま成立することが期待される.

これを正確に述べると,f が $\mathbb{R}^d$ 上で**局所可積分**であるとは,すべての球 B に対して $f(x)\chi_B(x)$ が可積分であることである.$L^1_{\text{loc}}(\mathbb{R}^d)$ により,局所可積分関数全体の空間を表すことにする.粗くいえば,無限遠での挙動は関数の局所可積分性に影響しない.たとえば,関数 $e^{|x|}$ と $|x|^{-1/2}$ は,ともに局所可積分であるが,$\mathbb{R}^d$ 上では可積分でない.

最後の定理の結論は,f が局所可積分であるというより弱い仮定のもとで成立することは明らかである.

定理 1.4 $f \in L^1_{\text{loc}}(\mathbb{R}^d)$ ならば,
$$\lim_{\substack{m(B)\to 0 \\ x\in B}} \frac{1}{m(B)} \int_B f(y)\,dy = f(x)$$
が a.e. x に対して成立する.

この定理の最初の応用は,可測集合の性質に興味深い洞察を与える.E が可測集合で $x \in \mathbb{R}^d$ とすると,x が E の**ルベーグ密度**の点であるとは,
$$\lim_{\substack{m(B)\to 0 \\ x\in B}} \frac{m(B\cap E)}{m(B)} = 1$$
が成り立つことである.粗くいえば,この条件は,x のまわりの小さい球は E によってほぼ完全に覆われているということである.より正確には,1 に近いすべての $\alpha < 1$ と,x を含む半径が十分小さいすべての球 B に対して,
$$m(B\cap E) \geq \alpha m(B)$$
が成り立つということである.よって,E は少なくとも B 中の割合 α の部分を覆う.

定理 1.4 を E の特性関数に適用すると,直ちに次を与える.

系 1.5 E は $\mathbb{R}^d$ の可測な部分集合とする.このとき次が成り立つ:

(ⅰ) ほとんどすべての $x \in E$ は E の密度の点である.

(ⅱ) ほとんどすべての $x \notin E$ は E の密度の点でない.

次に，可積分関数に対して，各点的な連続性に代わる有用な概念を考察する．
f が $\mathbb{R}^d$ 上で局所可積分のとき，f の**ルベーグ集合**とは，$f(\overline{x})$ が有限な値をとり，
$$\lim_{\substack{m(B)\to 0 \\ \overline{x}\in B}} \frac{1}{m(B)} \int_B |f(y) - f(\overline{x})|\, dy = 0$$
をみたす点 $\overline{x} \in \mathbb{R}^d$ の全体とする．この段階で，この定義についての二つの簡単な観察を順次述べよう．まず，f が $\overline{x}$ で連続ならば，$\overline{x}$ は f のルベーグ集合に属する．次に，$\overline{x}$ が f のルベーグ集合に属するならば，
$$\lim_{\substack{m(B)\to 0 \\ \overline{x}\in B}} \frac{1}{m(B)} \int_B f(y)\, dy = f(\overline{x})$$
が成り立つ．

系 1.6 f が $\mathbb{R}^d$ 上で局所可積分ならば，ほとんどすべての点は f のルベーグ集合に属する．

証明 定理 1.4 を関数 $|f(y) - r|$ に適用すると，各有理数 r に対して，測度 0 集合 E_r が存在して，$x \notin E_r$ ならば
$$\lim_{\substack{m(B)\to 0 \\ x\in B}} \frac{1}{m(B)} \int_B |f(y) - r|\, dy = |f(x) - r|$$
が成り立つ．$E = \bigcup_{r\in\mathbb{Q}} E_r$ とすると $m(E) = 0$ である．ここで，$\overline{x} \notin E$ であること，および，$f(\overline{x})$ は有限であることを仮定する．$\varepsilon > 0$ に対して，ある有理数 r が存在して，$|f(\overline{x}) - r| < \varepsilon$ となる．
$$\frac{1}{m(B)} \int_B |f(y) - f(\overline{x})|\, dy \leq \frac{1}{m(B)} \int_B |f(y) - r|\, dy + |f(\overline{x}) - r|$$
であるから，
$$\limsup_{\substack{m(B)\to 0 \\ \overline{x}\in B}} \frac{1}{m(B)} \int_B |f(y) - f(\overline{x})|\, dy \leq 2\varepsilon$$
となるしかなく，ゆえに，$\overline{x}$ は f のルベーグ集合に属する．したがって，系が証明されたことになる． ∎

注意 第 2 章の第 2 節の定義から，$L^1(\mathbb{R}^d)$ の元は実際には同値類であり，二つの関数が同値であるとは，それらが一致しないのは測度 0 集合上であることを思い出そう．平均値 (4) が極限値に収束する点の集合は，f と g が同値であるとき

$$\int_B f(y)\,dy = \int_B g(y)\,dy$$

であるから，f の代表元の選び方に依存しないことを見るのは興味深い．にもかかわらず，f のルベーグ集合は，考察する f の特定の代表元に依存する．

関数のルベーグ集合は，幅広く多様な平均値をとることにより，関数をその点において再生することができるという不変の性質をもつことを見よう．球を一般化した集合上の平均値，および，近似単位元の設定の両方について，このことを証明しよう．これまで展開した微分の理論は球上の平均値を用いるが，前に述べたように，立方体や矩形のような他の集合族に対して類似の結論が成立するかどうかを問うことができるであろう．解答は，基本的にある程度は問題とする集合族の幾何学的性質に依存する．たとえば，ここで立方体の族（さらにより一般の有界な「偏心」をもつ集合族）の場合に，上記の結果はそのまま成立する．しかし，すべての矩形の族の場合，ほとんどいたるところの極限値の存在や弱型不等式は成立しない（問題 8 を見よ）．

集合族 $\{U_\alpha\}$ が $\overline{x}$ へ**規則的に縮む**（あるいは，$\overline{x}$ で**有界な偏心**をもつ）とは，ある定数 $c > 0$ が存在して，各 U_α に対して球 B が存在し

$$\overline{x} \in B, \quad U_\alpha \subset B, \quad m(U_\alpha) \geq c\,m(B)$$

となることである．したがって，U_α は B に含まれるが，その測度は B の測度に匹敵する．たとえば，$\overline{x}$ を含むすべての開立方体の族は $\overline{x}$ に規則的に縮む．しかし，$\mathbb{R}^d$ で $d \geq 2$ のとき，$\overline{x}$ を含むすべての矩形の族は $\overline{x}$ に規則的に縮むことはない．このことは非常に細い矩形を考えればわかる．

系 1.7 f は $\mathbb{R}^d$ 上で局所可積分であるとする．$\{U_\alpha\}$ が $\overline{x}$ へ規則的に縮むならば，

$$\lim_{\substack{m(U_\alpha) \to 0 \\ x \in U_\alpha}} \frac{1}{m(U_\alpha)} \int_{U_\alpha} f(y)\,dy = f(\overline{x})$$

が f のルベーグ集合のすべての点 $\overline{x}$ で成り立つ．

$\overline{x} \in B$ で $U_\alpha \subset B, m(U_\alpha) \geq c\,m(B)$ ならば

$$\frac{1}{m(U_\alpha)} \int_{U_\alpha} |f(y) - f(\overline{x})|\,dy \leq \frac{1}{c\,m(B)} \int_B |f(y) - f(\overline{x})|\,dy$$

であることを見れば，証明は直ちに終わる．

2. 良い核と近似単位元

ここで，畳み込みとして与えられる関数の平均について考えよう[2]．これは，
$$(f * K_\delta)(x) = \int_{\mathbb{R}^d} f(x-y)K_\delta(y)\,dy$$
と書くことができる．ここに，f は一般の可積分関数であり，固定したままにするが，一方 K_δ は特別な関数族上を変動し，積分核とよばれる．この種の表示は数多くの問題 (たとえば，前章のフーリエ反転の定理) に現れ，第Ⅰ巻ですでに議論された．

最初の考察では，これらの関数が可積分であり，$\delta > 0$ に対して次の条件をみたすならば，これらの関数を「良い核」とよんだ．

(ⅰ) $\displaystyle\int_{\mathbb{R}^d} K_\delta(x)dx = 1$.

(ⅱ) $\displaystyle\int_{\mathbb{R}^d} |K_\delta(x)|\,dx \leq A$.

(ⅲ) すべての $\eta > 0$ に対して，
$$\int_{|x|\geq \eta} |K_\delta(x)|dx \to 0, \qquad \delta \to 0.$$

ここに，A は δ に依存しない定数である．

これらの核の主な用途は，f が有界ならば，f のすべての連続点において，$(f * K_\delta)(x) \to f(x)$ ($\delta \to 0$) とすることである．類似の結論である，f のルベーグ集合のすべての点においても同じことが成立すること，を導くために，核 K_δ に対する仮定を幾分強化する必要がある．この状況を反映させるために，異なる述語を採用して，結果的により狭い核の族を**近似単位元**とよぶ．仮定は，再び K_δ は可積分で (ⅰ) をみたすことであるが，(ⅱ) と (ⅲ) の代わりに

(ⅱ′) すべての $\delta > 0$ に対して $|K_\delta(x)| \leq A\delta^{-d}$ が成り立つ．

(ⅲ′) すべての $\delta > 0, x \in \mathbb{R}^d$ に対して $|K_\delta(x)| \leq A\delta/|x|^{d+1}$ が成り立つ[3]．

を仮定する．これらの条件はより強く，良い核の定義における条件を導く．実際，まず (ⅱ) を証明する．そのために，第2章の系 1.10 の 2 番目の例を用いると，

---

[2] 畳み込みのいくつかの基本的性質は前章の練習 21 で述べられている．

[3] 条件 (ⅲ′) は，ある固定された $\varepsilon > 0$ に対して $|K_\delta(x)| \leq A\delta^\varepsilon/|x|^{d+\varepsilon}$ という条件に置き換えられることがある．しかし，ほとんどの状況において，$\varepsilon = 1$ という特殊な場合で十分である．

ある $C > 0$ に対して，すべての $\varepsilon > 0$ で

(5) $$\int_{|x| \geq \varepsilon} \frac{dx}{|x|^{d+1}} \leq \frac{C}{\varepsilon}$$

となる．そこで，評価式 (ii′) と (iii′) とを，$|x| < \delta$ のときと $|x| \geq \delta$ のときに，それぞれ用いると，

$$\int_{\mathbb{R}^d} |K_\delta(x)| dx = \int_{|x| < \delta} |K_\delta(x)| dx + \int_{|x| \geq \delta} |K_\delta(x)| dx$$

$$\leq A \int_{|x| < \delta} \frac{dx}{\delta^d} + A\delta \int_{|x| \geq \delta} \frac{1}{|x|^{d+1}} dx$$

$$\leq A' + A'' < \infty$$

を与える．最後に，また (5) を応用すると

$$\int_{|x| \geq \eta} |K_\delta(x)| dx \leq A\delta \int_{|x| \geq \eta} \frac{1}{|x|^{d+1}} dx$$

$$\leq \frac{A'\delta}{\eta}$$

を与え，この最後の式は $\delta \to 0$ のとき 0 に収束するので，良い核の最後の条件が確かめられる．

「近似単位元」という術語は，以下に見るだけでなく，さまざまな意味において，写像 $f \longmapsto f * K_\delta$ が $\delta \to 0$ のとき恒等写像 $f \longmapsto f$ に収束するという事実に起源をもつ．また，以下の発見的方法とも関連がある．図 2 は典型的な近似単位元を表している．

各 $\delta > 0$ に対して，核は，集合 $|x| \leq \delta$ に台をもち，$1/2\delta$ の高さをもつ．δ が 0 に近づくとき，この核の族は，いわゆる原点における単位質量あるいは**ディラックのデルタ**「関数」に収束する．後者は発見的に

$$\mathcal{D}(x) = \begin{cases} \infty & x = 0 \text{ のとき,} \\ 0 & x \neq 0 \text{ のとき} \end{cases} \qquad \int \mathcal{D}(x) dx = 1$$

によって定義される．各 K_δ の積分は 1 であるから，大雑把に

$$K_\delta \to \mathcal{D}, \qquad \delta \to 0$$

であるといってよい．畳み込み $f * \mathcal{D}$ を $\int f(x-y)\mathcal{D}(y)\,dy$ とみなすと，積 $f(x-y)\mathcal{D}(y)$ は $y = 0$ のとき以外は 0 であり，$\mathcal{D}$ の質量は $y = 0$ に集中しているので，直観的には

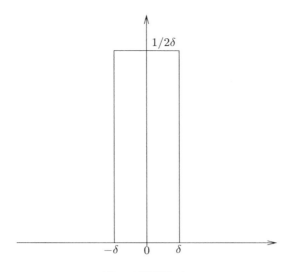

図2 近似単位元.

$$(f * \mathcal{D})(x) = f(x)$$

であることを期待してよい．したがって，$f * \mathcal{D} = f$ であり，$\mathcal{D}$ は畳み込みに対する単位元の役割を果たす．この議論は正式なものにすることができて，第6章で採り上げるルベーグ–スティルチェス測度，あるいは，第IV巻に譲る「一般化関数」(すなわち，シュヴァルツ超関数) のどちらかにより，$\mathcal{D}$ には正確な定義が与えられる．

ここで，近似単位元の例を列挙する．

例1 φ は $\mathbb{R}^d$ における非負の有界な関数で，単位球 $|x| \leq 1$ 上に台をもち，

$$\int_{\mathbb{R}^d} \varphi = 1$$

とする．このとき，$K_\delta(x) = \delta^{-d}\varphi(\delta^{-1}x)$ とおくと，族 $\{K_\delta\}_{\delta>0}$ は近似単位元である．検証は簡単なので読者に任せる．重要な特別の場合は次の二つの例である．

例2 上半平面に対するポアソン核は

$$\mathcal{P}_y(x) = \frac{1}{\pi}\frac{y}{x^2+y^2}, \qquad x \in \mathbb{R}$$

によって与えられる．ここに，パラメータは $\delta = y > 0$ である．

例 3 $\mathbb{R}^d$ における熱核は
$$\mathcal{H}_t(x) = \frac{1}{(4\pi t)^{d/2}} e^{-|x|^2/4t}$$
によって定義される．ここに，$t > 0$ であり，$\delta = t^{1/2}$ である．あるいは，$\delta = 4\pi t$ とおいて，第 2 章の独特の使い方と一致させることも可能である．

例 4 円板に対するポアソン核は
$$\frac{1}{2\pi} P_r(x) = \begin{cases} \dfrac{1}{2\pi} \dfrac{1-r^2}{1-2r\cos x + r^2} & |x| \leq \pi \text{ のとき,} \\ 0 & |x| > \pi \text{ のとき} \end{cases}$$
である．ここに，$0 < r < 1$ であり $\delta = 1 - r$ である．

例 5 フェイェール核は
$$\frac{1}{2\pi} F_N(x) = \begin{cases} \dfrac{1}{2\pi N} \dfrac{\sin^2(Nx/2)}{\sin^2(x/2)} & |x| \leq \pi \text{ のとき,} \\ 0 & |x| > \pi \text{ のとき} \end{cases}$$
によって定義される．ここに，$\delta = 1/N$ である．

例 2 から 5 までは第 I 巻ですでに現れたことに注意する．

ここで，ルベーグ集合の役割を強調する近似単位元に関する一般的な結果を述べる．

定理 2.1 $\{K_\delta\}_{\delta > 0}$ は近似単位元で，f は $\mathbb{R}^d$ 上で可積分ならば，
$$(f * K_\delta)(x) \to f(x), \qquad \delta \to 0$$
が，f のルベーグ集合に属するすべての x に対して成立する．特に，極限は a.e. x に対して成立する．

各々の核 K_δ の積分は 1 に等しいので，
$$(f * K_\delta)(x) - f(x) = \int [f(x-y) - f(x)] K_\delta(y) \, dy$$
と書くことができる．その結果，
$$|(f * K_\delta)(x) - f(x)| \leq \int |f(x-y) - f(x)| |K_\delta(y)| \, dy$$
であり，δ が 0 に行くとき右辺が 0 に近づくことを証明すれば十分である．我々

が与える議論は，次の補題に分離した簡単な結果に拠る．

補題 2.2 f は $\mathbb{R}^d$ 上で可積分であり，x は f のルベーグ集合の点であるとする．$r > 0$ のとき
$$\mathcal{A}(r) = \frac{1}{r^d} \int_{|y| \leq r} |f(x-y) - f(x)|\, dy$$
とする．このとき，$\mathcal{A}(r)$ は $r > 0$ の連続関数で，
$$\mathcal{A}(r) \to 0, \qquad r \to 0$$
である．さらに，$\mathcal{A}(r)$ は有界，すなわち，ある $M > 0$ に対して $\mathcal{A}(r) \leq M$ がすべての $r > 0$ で成立する．

証明 $\mathcal{A}(r)$ の連続性は，第 2 章の命題 1.12 における絶対連続性を持ち出すことにより従う．

r が 0 に近づくとき $\mathcal{A}(r)$ が 0 に近づくという事実は，x が f のルベーグ集合に属することと，半径 r の球の測度は $v_d r^d$ であることから従う．このことと $\mathcal{A}(r)$ の $0 < r \leq 1$ に対する連続性は，$\mathcal{A}(r)$ が $0 < r \leq 1$ のとき有界であることを示す．$\mathcal{A}(r)$ が $r > 1$ で有界であることを証明するには，
$$\mathcal{A}(r) \leq \frac{1}{r^d} \int_{|y| \leq r} |f(x-y)|\, dy + \frac{1}{r^d} \int_{|y| \leq r} |f(x)|\, dy$$
$$\leq r^{-d} \|f\|_{L^1(\mathbb{R}^d)} + v_d |f(x)|$$
に注意せよ．これで補題の証明が完了する． ∎

ここで，定理の証明に戻る．鍵となるのは，以下のように $\mathbb{R}^d$ 上の積分を円環上の積分の和として書くことである：
$$\int |f(x-y) - f(x)|\, |K_\delta(y)|\, dy = \int_{|y| \leq \delta} + \sum_{k=0}^{\infty} \int_{2^k \delta < |y| \leq 2^{k+1}\delta}.$$
近似単位元の性質 (ii′) を用いることにより，第 1 項は
$$\int_{|y| \leq \delta} |f(x-y) - f(x)|\, |K_\delta(y)|\, dy \leq \frac{c}{\delta^d} \int_{|y| \leq \delta} |f(x-y) - f(x)|\, dy$$
$$= c\mathcal{A}(\delta)$$
によって評価される．和の中の各項は同様に評価されるが，今度は近似単位元の性質 (iii′) を用いることによる：

$$\int_{2^k\delta<|y|\leq 2^{k+1}\delta} |f(x-y)-f(x)|\,|K_\delta(y)|\,dy$$

$$\leq \frac{c\delta}{(2^k\delta)^{d+1}} \int_{|y|\leq 2^{k+1}\delta} |f(x-y)-f(x)|\,dy$$

$$\leq \frac{c'}{2^k(2^{k+1}\delta)^d} \int_{|y|\leq 2^{k+1}\delta} |f(x-y)-f(x)|\,dy$$

$$\leq c' 2^{-k} \mathcal{A}(2^{k+1}\delta).$$

これらの評価をまとめると,

$$|(f*K_\delta)(x)-f(x)| \leq c\mathcal{A}(\delta) + c'\sum_{k=0}^\infty 2^{-k}\mathcal{A}(2^{k+1}\delta)$$

となることがわかる. $\varepsilon>0$ とすると, まず $\sum_{k\geq N} 2^{-k} < \varepsilon$ となるように N を大きく選ぶ. このとき, δ を十分小さくすることにより, 補題から, $k=0,1,\cdots,N-1$ ならば

$$\mathcal{A}(2^k\delta) < \varepsilon/N$$

となる. したがって, $\mathcal{A}(r)$ が有界であることを思い出すと, 十分小さい δ に対して

$$|(f*K_\delta)(x)-f(x)| \leq C\varepsilon$$

となることがわかるので, 定理が証明される.

この各点的な結果に加えて, 近似単位元との畳み込みは L^1-ノルムでの収束も与える.

定理2.3 f は $\mathbb{R}^d$ 上で可積分であり, $\{K_\delta\}_{\delta>0}$ は近似単位元とする. このとき, 各 $\delta>0$ に対して, 畳み込み

$$(f*K_\delta)(x) = \int_{\mathbb{R}^d} f(x-y)K_\delta(y)\,dy$$

は可積分であり,

$$\|(f*K_\delta) - f\|_{L^1(\mathbb{R}^d)} \to 0, \qquad \delta \to 0$$

となる.

証明は, 第2章の第4*節で与えた $K_\delta(x) = \delta^{-d/2} e^{-\pi|x|^2/\delta}$ という特別な場合

の議論を一般の文脈でほぼ繰り返すものなので，ここでは繰り返さない．

3. 関数の微分可能性

さて，本章の最初に登場した 2 番目の問題である，等式
$$F(b) - F(a) = \int_a^b F'(x)dx \tag{6}$$
を保証するための関数 F に対する一般的な条件を見つけるという問題を採り上げよう．この等式の一般的定式化を決定しがたいものにする二つの現象がある．ひとつは，微分不可能な関数[4]が存在するために，単に F は連続であることを仮定するだけでは，(6) の右辺は意味があることにはならないことである．もうひとつは，$F'(x)$ がすべての x に対して存在するとしても，関数 F' は必ずしも (ルベーグ) 可積分にはならないことである (練習 12 を見よ)．

これらの困難をどう扱うか？ 一つの方法は，(可積分関数の) 不定積分として現れる F に限定することによる．これは，このような関数をどう特徴づけるかという問題を引き起こすが，我々はその問題をより広いクラスである有界変動関数を通じて研究する．これらの関数は曲線の求長可能性と密接な関係があり，この関連を考察することから始める．

3.1 有界変動関数

γ は $z(t) = (x(t), y(t))$, $a \leq t \leq b$ によって与えられる平面内のパラメータ付けられた曲線とする．ここに，$x(t)$ と $y(t)$ は $[a, b]$ 上の実数値連続関数である．曲線 γ が**求長可能**であるとは，ある $M < \infty$ が存在して，$[a, b]$ の任意の分割 $a = t_0 < t_1 < \cdots < t_N = b$ に対して
$$\sum_{j=1}^{N} |z(t_j) - z(t_{j-1})| \leq M \tag{7}$$
となることである．定義により，曲線の**長さ** $L(\gamma)$ とは，左辺の和のすべての分割にわたる上限，すなわち，

---

[4] 特に，連続だがいたるところ微分不可能な関数が存在する．第 I 巻第 4 章または以下の第 7 章を見よ．

$$L(\gamma) = \sup_{a=t_0<t_1<\cdots<t_N=b} \sum_{j=1}^{N} |z(t_j) - z(t_{j-1})|$$

である.あるいは, $L(\gamma)$ は (7) をみたすすべての M の下限である.幾何学的には, $L(\gamma)$ という量は,多辺形の輪郭によって曲線を近似し,区間 $[a,b]$ をより細かく分割するときの多辺形の輪郭の長さの極限をとることにより導かれる (図3の例を見よ).

図3 多辺形の輪郭による求長可能な曲線の近似.

ここで,次のような疑問が自然に生ずる. γ の求長可能性を保証するような $x(t)$ と $y(t)$ に対する解析的条件は何か? 特に, $x(t)$ と $y(t)$ の導関数は存在しなくてはならないのか? もしそうであるならば,望みの公式

$$L(\gamma) = \int_a^b (x'(t)^2 + y'(t)^2)^{1/2} dt$$

が得られる.第一の疑問に対する解答は,直接,有界変動関数のクラスへいたるが,それは微分の理論において重要な役割を果たすクラスである.

$F(t)$ は $[a,b]$ 上の複素数値関数で, $a = t_0 < t_1 < \cdots < t_N = b$ はこの区間の分割であるとする.この分割上の F の変動は

$$\sum_{j=1}^{N} |F(t_j) - F(t_{j-1})|$$

によって定義される.関数 F が**有界変動**であるとは, F のすべての分割にわたる変動が有界であること,すなわち,ある $M < \infty$ が存在して,

$$\sum_{j=1}^{N} |F(t_j) - F(t_{j-1})| \leq M$$

がすべての分割 $a = t_0 < t_1 < \cdots < t_N = b$ に対して成立することである．この定義において，F が連続であることは仮定しない．しかし，これを曲線の場合に適用するとき，$F(t) = z(t) = x(t) + iy(t)$ は連続であると仮定する．

$a = \widetilde{t}_0 < \widetilde{t}_1 < \cdots < \widetilde{t}_M = b$ によって与えられる分割 $\widetilde{\mathcal{P}}$ が，$a = t_0 < t_1 < \cdots < t_N = b$ によって与えられる分割 $\mathcal{P}$ の細分[5]ならば，F の $\widetilde{\mathcal{P}}$ 上の変動は，F の $\mathcal{P}$ 上の変動よりも大きいか，または，等しいことがわかる．

定理 3.1 $(x(t), y(t))$，$a \leq t \leq b$ によりパラメータ付けられた曲線が求長可能であるのは，$x(t)$ と $y(t)$ の両方が有界変動であるとき，かつそのときに限る．

$F(t) = x(t) + iy(t)$ ならば
$$F(t_j) - F(t_{j-1}) = (x(t_j) - x(t_{j-1})) + i(y(t_j) - y(t_{j-1}))$$
であり，a と b が実数ならば $|a + ib| \leq |a| + |b| \leq 2|a + ib|$ であることを見れば，直ちに証明される．

直観的には，有界変動関数は非常に大きい振幅できわめて激しく振動することはできない．この主張を明らかにするのに補助にすべき例がいくつかある．

まず，術語を固定する．$[a, b]$ で定義された実数値関数 F が**増加**であるとは，$a \leq t_1 \leq t_2 \leq b$ ならば $F(t_1) \leq F(t_2)$ となることである．不等式が等号を含まなければ，F は**狭義増加**であるという．

例 1 F は実数値で単調で有界ならば，F は有界変動である．実際，たとえば F が増加かつ M で押さえられるならば，
$$\sum_{j=1}^{N} |F(t_j) - F(t_{j-1})| = \sum_{j=1}^{N} \{F(t_j) - F(t_{j-1})\}$$
$$= F(b) - F(a) \leq 2M$$
であることがわかる．

例 2 F がすべての点で微分可能で，F' が有界ならば，F は有界変動である．実際，$|F'| \leq M$ ならば，平均値定理により，すべての $x, y \in [a, b]$ に対して

---
[5] $[a, b]$ の分割 $\widetilde{\mathcal{P}}$ が，$[a, b]$ の分割 $\mathcal{P}$ の細分であるとは，$\mathcal{P}$ のすべての点が $\widetilde{\mathcal{P}}$ に属することである．

$$|F(x) - F(y)| \leq M|x - y|$$

となり，したがって $\sum_{j=1}^{N} |F(t_j) - F(t_{j-1})| \leq M(b - a)$ となる (練習 23 も見よ).

例 3 $F(x)$ を

$$F(x) = \begin{cases} x^a \sin(x^{-b}) & 0 < x \leq 1 \text{ のとき}, \\ 0 & x = 0 \text{ のとき} \end{cases}$$

とする．このとき，F が $[0, 1]$ 上で有界変動であるのは，$a > b$ のとき，そのときに限る (練習 11)．図 4 は $a > b$, $a = b$, $a < b$ の三つの場合を説明している．

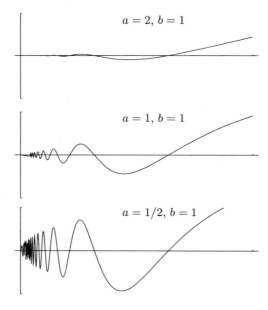

図 4　a と b の異なる値に対する $x^a \sin(x^{-b})$ のグラフ.

次の結果は，ある意味で，上の 1 番目の例がすべての有界変動関数を尽くしていることを示すものである．その証明のために，次の定義が必要である．f の $[a, x]$ $(a \leq x \leq b)$ 上の**全変動**は，

$$T_F(a, x) = \sup \sum_{j=1}^{N} |F(t_j) - F(t_{j-1})|$$

によって定義される．ここに，上限は $[a, x]$ のすべての分割にわたってとる．この定義は F が複素数値のとき意味をなす．次の定義は F が実数値であることが必要である．最初の定義の精神に従って，F の $[a, x]$ 上の**正の変動**とは，

$$P_F(a, x) = \sup \sum_{(+)} [F(t_j) - F(t_{j-1})]$$

である．ここに，和は $F(t_j) \geq F(t_{j-1})$ をみたすすべての j にわたってとり，上限は $[a, x]$ のすべての分割にわたってとる．最後に，F の $[a, x]$ 上の**負の変動**とは，

$$N_F(a, x) = \sup \sum_{(-)} -[F(t_j) - F(t_{j-1})]$$

である．ここに，和は $F(t_j) \leq F(t_{j-1})$ をみたすすべての j にわたってとり，上限は $[a, x]$ のすべての分割にわたってとる．

補題 3.2 F は実数値で $[a, b]$ 上有界変動とする．このとき，すべての $a \leq x \leq b$ に対して，

$$F(x) - F(a) = P_F(a, x) - N_F(a, x),$$
$$T_F(a, x) = P_F(a, x) + N_F(a, x)$$

が成立する．

証明 $\varepsilon > 0$ に対して，$[a, x]$ の分割 $a = t_0 < \cdots < t_N = x$ が存在して，

$$\left| P_F - \sum_{(+)} [F(t_j) - F(t_{j-1})] \right| < \varepsilon, \qquad \left| N_F - \sum_{(-)} -[F(t_j) - F(t_{j-1})] \right| < \varepsilon$$

が成立する (これを見るためには，定義を用いて，P_F と N_F に対する類似の評価を導き，分割が異なるかもしれないので共通の細分を考えれば十分である).

$$F(x) - F(a) = \sum_{(+)} [F(t_j) - F(t_{j-1})] - \sum_{(-)} -[F(t_j) - F(t_{j-1})]$$

にも注意すると，$|F(x) - F(a) - [P_F - N_F]| < 2\varepsilon$ となることがわかるので，1 番目の等式が証明される．

2 番目の等式について，$[a, x]$ の任意の分割 $a = t_0 < \cdots < t_N = x$ に対して，

$$\sum_{j=1}^{N} |F(t_j) - F(t_{j-1})| = \sum_{(+)} [F(t_j) - F(t_{j-1})] + \sum_{(-)} -[F(t_j) - F(t_{j-1})]$$

であることにも注意すると，$T_F \leq P_F + N_F$ である．また，上の式は

$$\sum_{(+)}[F(t_j)-F(t_{j-1})] + \sum_{(-)}-[F(t_j)-F(t_{j-1})] \leq T_F$$

であることも導く. P_F と N_F の定義における分割の共通の細分を用いて, 不等式 $P_F + N_F \leq T_F$ の導出を議論することができるので, 補題が証明される. ∎

定理 3.3 $[a, b]$ 上の実数値関数 F が有界変動であるのは, F が二つの有界増加関数の差であるとき, かつそのときに限る.

証明 $F = F_1 - F_2$ で, 各 F_j が有界で増加ならば, F が有界変動であることは明らかである.

逆に, F は有界変動であるとする. このとき, $F_1(x) = P_F(a, x) + F(a)$, $F_2(x) = N_F(a, x)$ とおく. F_1 と F_2 の両方とも増加で有界変動であり, 補題により $F(x) = F_1(x) - F_2(x)$ となる. ∎

結果として, 複素数値有界変動関数は四つの増加関数の (複素) 線形結合になることを見よ.

連続関数 $z(t) = x(t) + iy(t)$ によりパラメータ付けられた曲線 γ に戻って, それに付随する弧長関数についての解説をしたい. 曲線が求長可能ならば, $L(A, B)$ は t が $A \leq t \leq B$, $a \leq A \leq B \leq b$ のときの像として現れる γ の弧の長さと定義する. $F(t) = z(t)$ とすると $L(A, B) = T_F(A, B)$ であることに注意せよ. $A \leq C \leq B$ ならば

(8) $$L(A, C) + L(C, B) = L(A, B)$$

となることを見る.

$L(A, B)$ は B (そして A) の連続関数であることも見る. それは増加関数であるから, B についての左連続性を証明するには, 各 B と各 $\varepsilon > 0$ に対して, $L(A, B_1) \geq L(A, B) - \varepsilon$ となる $B_1 < B$ を見つけられることをみれば十分である. このことは, まず, 分割 $A = t_0 < t_1 < \cdots < t_N = B$ で, 対応する多辺形の輪郭の長さが $\geq L(A, B) - \varepsilon/2$ をみたすものを見つけることにより達成される. 関数 $z(t)$ の連続性により, $t_{N-1} < B_1 < B$ となる B_1 を見つけることができて, $|z(B) - z(B_1)| < \varepsilon/2$ とすることができる. ここで, 細分 $t_0 < t_1 < \cdots < t_{N-1} < B_1 < B$ に対しても, 多辺形の輪郭の長さは $\geq L(A, B) - \varepsilon/2$ である. よって, 分割 $t_0 < t_1 < \cdots < t_{N-1} = B_1$ に対する長

さは $\geq L(A, B) - \varepsilon$ であり，したがって $L(A, B_1) \geq L(A, B) - \varepsilon$ である．

B における右連続性を証明するには，$\varepsilon > 0$ とし，任意の $C > B$ をとって，分割 $B = t_0 < t_1 < \cdots < t_N = C$ を $L(B, C) - \varepsilon/2 < \sum_{j=0}^{N-1} |z(t_{j+1}) - z(t_j)|$ となるようにとる．必要ならばこの分割の細分をとることにより，z の連続性から $|z(t_1) - z(t_0)| < \varepsilon/2$ としてよい．$B_1 = z(t_1)$ と書くことにすると，

$$L(B, C) - \varepsilon/2 < \varepsilon/2 + L(B_1, C)$$

である．$L(B, B_1) + L(B_1, C) = L(B, C)$ であるから，$L(B, B_1) < \varepsilon$ であり，したがって $L(A, B_1) - L(A, B) < \varepsilon$ である．

我々が観察したことは，改めて以下のように述べることができる．有界変動関数は連続であり，その全変動もそうである．

次の結果は，微分の理論の核心部分に位置している．

定理 3.4 F が $[a, b]$ 上で有界変動ならば，F はほとんどいたるところ微分可能である．

別の言い方をすると，商

$$\lim_{h \to 0} \frac{F(x+h) - F(x)}{h}$$

がほとんどすべての $x \in [a, b]$ で存在するということである．既出の結果により，F が増加の場合を考察すれば十分である．実際，最初に F が連続であることも仮定する．これにより議論がより簡単になる．一般の場合については，後にまわす (3.3 節を見よ)．この場合，有界変動関数の起こり得る不連続性の性質を調べて，「跳躍関数」の場合に帰着させることが教育的であろう．

被覆の議論を行うのと同じ効果をもつ F. リースの見事で技巧的な補題から始める．

補題 3.5 G は実数値で $\mathbb{R}$ 上で連続とする．E はある $h = h_x > 0$ に対して

$$G(x+h) > G(x)$$

となる点 x の集合とする．E が空でなければ，それは開集合でなくてはならず，したがって，可算個の互いに交わらない開区間の和 $E = \bigcup (a_k, b_k)$ と書くことができる．(a_k, b_k) がこの和集合における有限区間ならば，

$$G(b_k) - G(a_k) = 0$$

となる.

証明 G は連続であるから, E は空でなければ開であり, したがって可算個の互いに交わらない開区間の和として書くことができるのは明らかである (第 1 章の定理 1.3). (a_k, b_k) がこの分解における有限区間ならば, $a_k \notin E$ であり, したがって, $G(b_k) > G(a_k)$ となることはない. ここで, $G(b_k) < G(a_k)$ と仮定する. 連続性により, $a_k < c < b_k$ が存在して,

$$G(c) = \frac{G(a_k) + G(b_k)}{2}$$

となる. 実際, c を区間 (a_k, b_k) の中の最も右寄りに選ぶことができる. $c \in E$ であるから, $d > c$ が存在して $G(d) > G(c)$ となる. $b_k \notin E$ であるから, すべての $x \geq b_k$ に対して $G(x) \leq G(b_k)$ でなくてはならず, したがって $d < b_k$ である. $G(d) > G(c)$ であるから, (連続性により) $c' > d$ であり, $c' < b_k$ かつ $G(c') = G(c)$ をみたすものが存在するが, これは, c が (a_k, b_k) の中で最も右寄りに選ばれたという事実に矛盾する. これは, $G(a_k) = G(b_k)$ でなくてはならないことを示しており, 補題が証明される. ∎

注意 この結果は次の理由により「朝日の補題」という名前で呼ばれることがある. 光線が x-軸に平行な東 (右) から昇る朝日を考えると, $x \in E$ のときの G のグラフ上の点 $(x, G(x))$ は, まさに日陰にある点であり, これらの点は図 5 で肉太になっている.

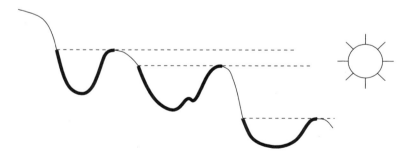

図 5 朝日の補題.

補題 3.5 の証明を少し変更すると次を与える.

系 3.6 G は実数値で閉区間 $[a,b]$ 上で連続とする. E は,ある $h>0$ に対して $G(x+h)>G(x)$ となる (a,b) の点 x の集合とすると,E は空または開である.後者の場合,それは可算個の互いに交わらない区間 (a_k,b_k) の和であり,$a=a_k$ のときを除いて $G(a_k)=G(b_k)$ である.この例外の場合のみ $G(a_k) \leq G(b_k)$ となる.

定理の証明のために,
$$\triangle_h(F)(x) = \frac{F(x+h)-F(x)}{h}$$
という量を定義する.また,
$$D^+(F)(x) = \limsup_{\substack{h \to 0 \\ h>0}} \triangle_h(F)(x),$$
$$D_+(F)(x) = \liminf_{\substack{h \to 0 \\ h>0}} \triangle_h(F)(x),$$
$$D^-(F)(x) = \limsup_{\substack{h \to 0 \\ h<0}} \triangle_h(F)(x),$$
$$D_-(F)(x) = \liminf_{\substack{h \to 0 \\ h<0}} \triangle_h(F)(x)$$

によって定義される四つの**ディニ数**を考える.$D_+ \leq D^+$,$D_- \leq D^-$ であることは明らかである.定理を証明するには,

(i) $D^+(F)(x) < \infty$ が a.e. x に対して成り立つ.

(ii) $D^+(F)(x) \leq D_-(F)(x)$ が a.e. x に対して成り立つ.

を示せば十分である.実際,これらの結果が成立するならば,(ii) を $F(x)$ ではなく $-F(-x)$ に適用すると,a.e. x に対して $D^-(F)(x) \leq D_+(F)(x)$ を得る.したがって,
$$D^+ \leq D_- \leq D^- \leq D_+ \leq D^+ < \infty$$
が a.e. x に対して成立する.よって,四つすべてのディニ数はほとんどいたるところ有限で等しく,それゆえに,$F'(x)$ がほとんどすべての点 x で存在する.

F は $[a,b]$ 上で増加かつ有界かつ連続であると仮定していることを思い出そう.固定された $\gamma > 0$ に対して,

$$E_\gamma = \{x : D^+(F)(x) > \gamma\}$$

とおく．まず初めに，E_γ は可測であることを主張する (この簡単な事実の証明は練習 14 で概説される)．次に，系 3.6 を関数 $G(x) = F(x) - \gamma x$ に適用して，$E_\gamma \subset \bigcup_k (a_k, b_k)$ が得られることに注意する．ここに $F(b_k) - F(a_k) \geq \gamma(b_k - a_k)$ である．その結果，

$$m(E_\gamma) \leq \sum_k m((a_k, b_k))$$
$$\leq \frac{1}{\gamma} \sum_k (F(b_k) - F(a_k))$$
$$= \frac{1}{\gamma}(F(b) - F(a))$$

となる．したがって，γ が無限大にいたるとき $m(E_\gamma) \to 0$ となる．すべての γ に対して $\{D^+(F)(x) = \infty\} \subset E_\gamma$ であるから，これは，$D^+(F)(x) < \infty$ がほとんどいたるところ成立することを証明している．

$R > r$ となる実数 r と R を固定し，

$$E = \{x \in [a, b] : D^+(F)(x) > R,\ r > D_-(F)(x)\}$$

とおく．R と r は $R > r$ となる有理数を動くものとして十分であるから，$m(E) = 0$ を証明すれば，ほとんどいたるところ $D^+(F)(x) \leq D_-(F)(x)$ を示したことになる．

$m(E) = 0$ を証明するために，$m(E) > 0$ を仮定して矛盾にたどり着こう．$R/r > 1$ であるから，開集合 $\mathcal{O}$ を見つけて，$E \subset \mathcal{O} \subset (a, b)$, $m(\mathcal{O}) < m(E) \cdot R/r$ とすることができる．

いま $\mathcal{O}$ は互いに交わらない開区間 I_n により $\bigcup I_n$ と書くことができる．n を固定し，系 3.6 を関数 $G(x) = -F(-x) + rx$ に区間 $-I_n$ 上で適用する．再び原点で折り返すと，開集合 $\bigcup_k (a_k, b_k)$ は I_n に含まれる．ここに，区間 (a_k, b_k) は互いに交わらず

$$F(b_k) - F(a_k) \leq r(b_k - a_k)$$

をみたす．しかし，このとき各区間 (a_k, b_k) 上で系 3.6 を $G(x) = F(x) - Rx$ に適用する．このようにして，すべての j に対して $(a_{k,j}, b_{k,j}) \subset (a_k, b_k)$ をみたし，

$$F(b_{k,j}) - F(a_{k,j}) \geq R(b_{k,j} - a_{k,j})$$

をみたす互いに交わらない開区間 $(a_{k,j}, b_{k,j})$ の和で，開集合 $\mathcal{O}_n = \bigcup_{k,j}(a_{k,j}, b_{k,j})$ を得る．このとき，F は増加であるという事実を用いて，

$$m(\mathcal{O}_n) = \sum_{k,j}(b_{k,j} - a_{k,j}) \leq \frac{1}{R}\sum_{k,j}(F(b_{k,j}) - F(a_{k,j}))$$

$$\leq \frac{1}{R}\sum_k(F(b_k) - F(a_k)) \leq \frac{r}{R}\sum_k(b_k - a_k)$$

$$\leq \frac{r}{R}m(I_n)$$

となることがわかる．各 $x \in E$ に対して $D^+(F)(x) > R$ かつ $r > D_-(F)(x)$ であるから $\mathcal{O}_n \supset E \cap I_n$ であり，もちろん $I_n \supset \mathcal{O}_n$ である．ここで n について和をとる．その結果

$$m(E) = \sum_n m(E \cap I_n) \leq \sum_n m(\mathcal{O}_n) \leq \frac{r}{R}\sum m(I_n) = \frac{r}{R}m(\mathcal{O}) < m(E)$$

となる．狭義の不等式は矛盾を与えるので，少なくとも F が連続のとき定理 3.4 が証明される．

F が単調関数のとき，(6) の考察にたどり着くことがどのくらい遠いのかを見よう．

系 3.7 F が増加かつ連続ならば，F' はほとんどいたるところ存在する．さらに，F' は可測で非負であり

$$\int_a^b F'(x)dx \leq F(b) - F(a)$$

である．特に，F が $\mathbb{R}$ 上で有界ならば，F' は $\mathbb{R}$ 上で可積分である．

証明 $n \geq 1$ に対して，商

$$G_n(x) = \frac{F(x + 1/n) - F(x)}{1/n}$$

を考える．前の定理により，a.e. x に対して $G_n(x) \to F'(x)$ となることを得るが，これは特に F' が可測で非負であることを示している．

さて，F を $\mathbb{R}$ 全体の連続関数に拡張する．ファトゥーの補題 (第 2 章の補題 1.7) により，

$$\int_a^b F'(x)dx \le \liminf_{n\to\infty} \int_a^b G_n(x)dx$$

となることがわかる．証明を完結するためには，

$$\begin{aligned}\int_a^b G_n(x)dx &= \frac{1}{1/n}\int_a^b F(x+1/n)dx - \frac{1}{1/n}\int_a^b F(x)dx \\ &= \frac{1}{1/n}\int_{a+1/n}^{b+1/n} F(x)dx - \frac{1}{1/n}\int_a^b F(x)dx \\ &= \frac{1}{1/n}\int_b^{b+1/n} F(x)dx - \frac{1}{1/n}\int_a^{a+1/n} F(x)dx\end{aligned}$$

に注意すれば十分である．F は連続であるから，n が無限大へいくとき，第1項と第2項はそれぞれ $F(b)$ と $F(a)$ に収束し，それにより系の証明が完了する．∎

次の重要な例によって示されるように，すべての連続増加関数を許すならば，系の不等式よりも先には進むことができない．

カントール–ルベーグ関数

連続関数 $F:[0,1]\to[0,1]$ で，増加で，$F(0)=0$ かつ $F(1)=1$ となるが，ほとんどいたるところ $F'(x)=0$ となるものは，以下のように簡単に構成される．したがって，F は有界変動であるが，

$$\int_a^b F'(x)dx \ne F(b) - F(a)$$

となる．

第1章の最後に述べた標準的な 3 進カントール集合 $\mathcal{C} \subset [0,1]$ を考え，

$$\mathcal{C} = \bigcap_{k=0}^{\infty} C_k$$

となることを思い出そう．ここに，各 C_k は，2^k 個の互いに交わらない閉区間の和である．たとえば，$C_1 = [0,1/3] \cup [2/3,1]$ である．$F_1(x)$ を $[0,1]$ 上の連続増加関数で，$F_1(0)=0$, $1/3 \le x \le 2/3$ のとき $F_1(x)=1/2$, $F_1(1)=1$, F_1 は C_1 上で 1 次関数とする．同様に，$F_2(x)$ は連続かつ増加で

$$F_2(x) = \begin{cases} 0 & x = 0 \text{ のとき}, \\ 1/4 & 1/9 \leq x \leq 2/9 \text{ のとき}, \\ 1/2 & 1/3 \leq x \leq 2/3 \text{ のとき}, \\ 3/4 & 7/9 \leq x \leq 8/9 \text{ のとき}, \\ 1 & x = 1 \text{ のとき} \end{cases}$$

であり，C_2 上で 1 次関数とする．図 6 を見よ．

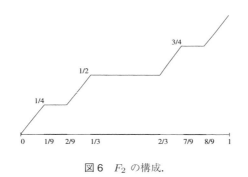

図 6　F_2 の構成．

この手続きは，連続増加関数列 $\{F_n\}_{n=1}^{\infty}$ で，明らかに

$$|F_{n+1}(x) - F_n(x)| \leq 2^{-n-1}$$

となるものを与える．よって，$\{F_n\}_{n=1}^{\infty}$ は**カントール–ルベーグ関数** (図 7)[6]と呼ばれる連続な極限関数 F に一様収束する．構成の仕方により，F は増加で，$F(0) = 0, F(1) = 1$ であり，カントール集合の補集合の各区間上で定数である．$m(\mathcal{C}) = 0$ であるから，ほとんどいたるところ $F'(x) = 0$ であり，これは求めていたものである．

本節での考察は，この最後の例とともに，有界変動の仮定は微分係数がほとんどいたるところ存在することを保証するが，公式

$$\int_a^b F'(x)dx = F(b) - F(a)$$

の正当性は保証しないことを示している．次節では，関数に対する条件を与えて，上の等式を確立するという問題を完全に決着する．

---

[6]　読者は，この関数が実際に第 1 章の練習 2 で与えたものに一致することを確かめることができる．

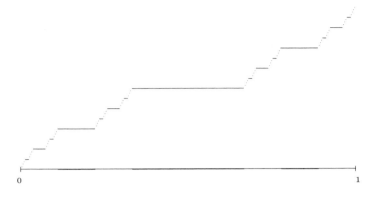

図 7 カントール–ルベーグ関数.

3.2 絶対連続関数

$[a, b]$ 上の関数 F が**絶対連続**であるとは,任意の $\varepsilon > 0$ に対して,ある $\delta > 0$ が存在して,区間 (a_k, b_k), $k = 1, \cdots, N$ が互いに交わらず

$$\sum_{k=1}^{N}(b_k - a_k) < \delta \quad \text{ならば}, \quad \sum_{k=1}^{N}|F(b_k) - F(a_k)| < \varepsilon$$

が成り立つことである.一般的な注意をいくつか列挙する.

- 定義から,絶対連続関数は連続であり,実際には一様連続であることは明らかである.

- F が有界区間上で絶対連続ならば,同じ区間上で有界変動でもある.さらに,容易に見られるように,その全変動は連続 (実際には絶対連続) である.その結果,3.1 節で与えたそのような関数 F の二つの単調関数への分解は,これらの関数の各々が連続であることを示す.

- $F(x) = \int_a^x f(y)\,dy$ で f が可積分ならば,F は絶対連続である.これは,第 2 章の命題 1.12 の (ii) から直ちに従う.

実際,最後の注意は,絶対連続性が $\int_a^b F'(x)dx = F(b) - F(a)$ を証明したいときに F に課す必要条件であることを示している.

定理 3.8 F が $[a, b]$ で絶対連続ならば,$F'(x)$ はほとんどいたるところ存在する.さらに,$F'(x) = 0$ が a.e. x で成立するならば,F は定数である.

絶対連続関数は二つの連続単調関数の差であるから，すでに見たように，a.e. x に対する $F'(x)$ の存在は，すでに証明したことから従う．$F'(x) = 0$ a.e. が F は定数であるのを導くことの証明は，補題 1.2 の被覆の議論のより精密化したものが必要である．しばらく一般の d 次元に戻って，これを記述する．

球 B の集まり $\mathcal{B}$ が集合 E の**ヴィタリ被覆**であるとは，すべての $x \in E$ と任意の $\eta > 0$ に対して，ある球 $B \in \mathcal{B}$ が存在して，$x \in B$ かつ $m(B) < \eta$ であることをいう．したがって，すべての点はいくらでも小さい測度の球によって覆われる．

補題 3.9 E は有限な測度をもつ集合で，$\mathcal{B}$ は E のヴィタリ被覆とする．任意の $\delta > 0$ に対して，$\mathcal{B}$ の有限個の互いに交わらない球 $B_1, \cdots, B_N$ を見つけることができて，

$$\sum_{i=1}^{N} m(B_i) \geq m(E) - \delta$$

とすることができる．

証明 集合 E を取りこぼしを少なくする目的で，初歩的な補題 1.2 を繰り返し用いる．δ を十分小さく，たとえば $\delta < m(E)$ となるようにとり，ここで引用している補題を用いて，$\mathcal{B}$ の互いに交わらない球 $B_1, B_2, \cdots, B_{N_1}$ の族で，$\sum_{i=1}^{N_1} m(B_i) \geq \gamma \delta$ となるものを見つけることができる (記号を簡単のために $\gamma = 3^{-d}$ と書いた)．実際，まず E の適当なコンパクト部分集合 E' に対して $m(E') \geq \delta$ となる．E' のコンパクト性により，$\mathcal{B}$ の有限個の球によってそれを覆うことができる．したがって，前述の補題により，これらの球の互いに交わらない部分族 $B_1, B_2, \cdots, B_{N_1}$ を選んで $\sum_{i=1}^{N_1} m(B_i) \geq \gamma m(E') \geq \gamma \delta$ とすることができる．

最初の球の列 $B_1, \cdots, B_{N_1}$ に対して，二つの可能性を考察する．$\sum_{i=1}^{N_1} m(B_i) \geq m(E) - \delta$ であり $N = N_1$ ですむ場合，あるいは，逆に $\sum_{i=1}^{N_1} m(B_i) < m(E) - \delta$ となる場合である．2 番目の場合，$E_2 = E - \bigcup_{i=1}^{N_1} \overline{B_i}$ とすると $m(E_2) > \delta$ となる ($m(\overline{B_i}) = m(B_i)$ であることを思い出そう)．このとき，前の議論をくりかえす．E_2 のコンパクト部分集合 E_2' で $m(E_2') \geq \delta$ となるものを選ぶ．$\bigcup_{i=1}^{N_1} \overline{B_i}$ と

交わらない $\mathcal{B}$ の球は, E_2 を覆い, 実際 E_2 の, したがって E_2' のヴィタリ被覆を与えることに注意する. これにより, 有限個の互いに交わらないこれらの球 $B_i, N_1 < i \leq N_2$ の族を選んで, $\sum_{N_1 < i \leq N_2} m(B_i) \geq \gamma\delta$ とすることができる. したがって, $\sum_{i=1}^{N_2} m(B_i) \geq 2\gamma\delta$ であり, 球 $B_i, 1 \leq i \leq N_2$ は互いに交わらない.

再び, 二者択一 $\sum_{i=1}^{N_2} m(B_i) \geq m(E) - \delta$ か否かを考える. 最初の場合 $N_2 = N$ ですむが, 2番目の場合は前と同じ手続きを行う. この方法を続けて k 番目の段階まで到達して, それ以前に止まらなければ, 互いに交わらない球の族でそれらの測度の和が $\geq k\gamma\delta$ となるものを選ぶ. いずれの場合も, 我々の方法は, $k \geq (m(E) - \delta)/\gamma$ ならば, この場合 $\sum_{i=1}^{N_k} m(B_i) \geq m(E) - \delta$ であるから, k 番目の段階までに求める目標に到達する. ∎

次は単純な帰結である.

系 3.10 球の選び方を
$$m(E - \bigcup_{i=1}^{N} B_i) < 2\delta$$
となるようにすることができる.

実際, $\mathcal{O}$ は開集合で $\mathcal{O} \supset E$ かつ $m(\mathcal{O} - E) < \delta$ をみたすものとする. E についてのヴィタリの被覆定理を扱っているので, 上の選び方に現れるすべての球は $\mathcal{O}$ に含まれる球に制限することができる. このようにすると, $(E - \bigcup_{i=1}^{N} B_i) \cup \bigcup_{i=1}^{N} B_i \subset \mathcal{O}$ であり, 左辺の集合和は互いに交わらない集合の和である. したがって,
$$m(E - \bigcup_{i=1}^{N} B_i) \leq m(\mathcal{O}) - m(\bigcup_{i=1}^{N} B_i) \leq m(E) + \delta - (m(E) - \delta) = 2\delta$$
となる.

ここで, 実数直線の場合に戻る. 定理の証明を完了するには, 定理の仮定のもとで $F(b) = F(a)$ となることを示せば十分である. なぜならば, それが証明されると, 区間 $[a, b]$ を任意の部分区間で置き換えることができるからである. さて, E は $x \in (a, b)$ で $F'(x)$ が存在して 0 であるものの集合とする. 仮定により

$m(E) = b - a$ である.次に,しばらく $\varepsilon > 0$ を固定する.各 $x \in E$ に対して
$$\lim_{h \to 0} \left| \frac{F(x+h) - F(x)}{h} \right| = 0$$
であるから,各 $\eta > 0$ に対して x を含む開区間 $I = (a_x, b_x) \subset [a, b]$ で
$$|F(b_x) - F(a_x)| \leq \varepsilon(b_x - a_x), \qquad b_x - a_x < \eta$$
となるものが得られる.

これらの区間の集まりは E のヴィタリ被覆をなし,したがって,補題により $\delta > 0$ に対して有限個の $I_i, 1 \leq i \leq N, I_i = (a_i, b_i)$ を選んで,
$$(9) \qquad \sum_{i=1}^{N} m(I_i) \geq m(E) - \delta = (b - a) - \delta$$
とすることができる.しかし,$|F(b_i) - F(a_i)| \leq \varepsilon(b_i - a_i)$ であり,区間 I_i は互いに交わらず,$[a, b]$ の中にあるので,これらの不等式を足し合わせると
$$\sum_{i=1}^{N} |F(b_i) - F(a_i)| \leq \varepsilon(b - a)$$
となる.次に $\bigcup_{j=1}^{N} I_j$ の $[a, b]$ における補集合を考えよう.それは有限個の閉区間からなり $\bigcup_{k=1}^{M} [\alpha_k, \beta_k]$, (9) により全長 $\leq \delta$ である.したがって,F の絶対連続性により (δ が ε によって適当に選ばれれば) $\sum_{k=1}^{M} |F(\beta_k) - F(\alpha_k)| \leq \varepsilon$ となる.まとめると,
$$|F(b) - F(a)| \leq \sum_{i=1}^{N} |F(b_i) - F(a_i)| + \sum_{k=1}^{M} |F(\beta_k) - F(\alpha_k)| \leq \varepsilon(b-a) + \varepsilon$$
となる.ε は正であるが任意であるから,$F(b) - F(a) = 0$ という結論を得るが,我々が着手していたのはこれを示すことであった.

我々のすべての努力の結果は次の定理に含まれる.特に,微分と積分の相互の関係を確立するという第二の問題を解決する.

定理 3.11 F は $[a, b]$ で絶対連続であるとする.このとき,F' がほとんどいたるところで存在し可積分である.さらに,
$$F(x) - F(a) = \int_a^x F'(y)\, dy$$

がすべての $a \leq x \leq b$ で成立する．$x = b$ を選ぶと，$F(b) - F(a) = \int_a^b F'(y)\,dy$ を得る．

逆に，f が $[a, b]$ で可積分ならば，絶対連続関数 F が存在して，ほとんどいたるところ $F'(x) = f(x)$ が成立する．実際，$F(x) = \int_a^x f(y)\,dy$ とすることができる．

証明 我々は実数値絶対連続関数は二つの連続増加関数の差になることを知っているので，系3.7により F' は $[a, b]$ で可積分である．ここで $G(x) = \int_a^x F'(y)\,dy$ とする．このとき，G は絶対連続であり，したがって，差 $G(x) - F(x)$ もそうである．ルベーグの微分定理 (定理1.4) により，$G'(x) = F'(x)$ が a.e. x で成立し，したがって，差 $F - G$ はほとんどいたるところ微分係数が 0 である．前定理により，$F - G$ は定数であると結論され，$x = a$ でこの表示式の値を求めると望みの結果を得る．

逆はすでに行った観察からの帰結である．すなわち，$\int_a^x f(y)\,dy$ は絶対連続であること，および，ルベーグの微分定理であり，これは $F'(x) = f(x)$ がほとんどいたるところ成立することを示す． ∎

3.3 跳躍関数の微分可能性

これから，連続であるとは仮定されていない単調関数について検討する．結果として，既出の定理3.4の証明で設けられた連続性の仮定を除くことができる．

前と同様に，F は増加かつ有界であるとしてよい．特に，これらの二つの条件が極限
$$F(x^-) = \lim_{\substack{y \to x \\ y < x}} F(y), \qquad F(x^+) = \lim_{\substack{y \to x \\ y > x}} F(y)$$
の存在を保証する．このとき，$F(x^-) \leq F(x) \leq F(x^+)$ であることはもちろんである．$F(x^-) = F(x^+)$ ならば F は x で連続であり，そうでなければ跳躍不連続をもつという．幸いなことに，これらの不連続点は可算個しかないので扱いやすい．

補題 3.12 $[a, b]$ 上の有界増加関数 F は高々可算個の不連続点をもつ．

証明 F が x で不連続ならば，有理数 r_x を選んで $F(x^-) < r_x < F(x^+)$ とす

ることができる．F が $x < z$ をみたす x と z で不連続ならば，$F(x^+) \leq F(z^-)$ でなくてはならず，したがって $r_x < r_z$ である．その結果，各有理数は高々一つの F の不連続点に対応するから，F は高々可算個の不連続点しかもたない． ∎

さて，$\{x_n\}_{n=1}^\infty$ は F の不連続点とし，α_n は F の x_n における跳躍，すなわち，$\alpha_n = F(x_n^+) - F(x_n^-)$ とする．このとき，
$$F(x_n^+) = F(x_n^-) + \alpha_n$$
であり，
$$F(x_n) = F(x_n^-) + \theta_n \alpha_n$$
が $0 \leq \theta_n \leq 1$ をみたすある θ_n に対して成立する．もし，
$$j_n(x) = \begin{cases} 0 & x < x_n \text{ のとき}, \\ \theta_n & x = x_n \text{ のとき}, \\ 1 & x > x_n \text{ のとき} \end{cases}$$
とおくならば，F に付随する**跳躍関数**を
$$J_F(x) = \sum_{n=1}^\infty \alpha_n j_n(x)$$
によって定義する．簡単のため，また，混乱の可能性がない場合に，J_F の代わりに J と書くことにする．

まず，F が有界ならば
$$\sum_{n=1}^\infty \alpha_n \leq F(b) - F(a) < \infty$$
でなくてはならず，したがって J を定義する級数は一様絶対収束することであることを見よう．

補題 3.13 F は $[a,b]$ で増加かつ有界とすると，次が成立する：

（i） $J(x)$ はちょうど $\{x_n\}$ の各点で不連続であり，x_n における跳躍は F のそれに等しい．

（ii） 差 $F(x) - J(x)$ は増加かつ連続である．

証明 すべての n に対して $x \neq x_n$ ならば，各 j_n は x で連続であり，級数は一様収束するので J は x で連続でなくてはならない．ある N に対して $x = x_N$

ならば,
$$J(x) = \sum_{n=1}^{N} \alpha_n j_n(x) + \sum_{n=N+1}^{\infty} \alpha_n j_n(x)$$
と書く. 上と同じ議論により, 右辺の無限級数は x で連続である. 有限和が x_N において大きさ α_N の跳躍不連続をもつことは明らかである.

（ii）については,（i）は直ちに $F-J$ が連続であることを示していることに注意する. 最後に, $y > x$ ならば
$$J(y) - J(x) \leq \sum_{x < x_n \leq y} \alpha_n \leq F(y) - F(x)$$
である. ここに, 最後の不等式は F が増加であることから従う. したがって,
$$F(x) - J(x) \leq F(y) - J(y)$$
であり, 望まれるように $F-J$ は増加である. ∎

$F(x) = [F(x) - J(x)] + J(x)$ と書くことができるから, 最後の仕事は J がほとんどいたるところ微分可能であることを証明することである.

定理 3.14 J が上で考察した跳躍関数ならば, ほとんどいたるところ $J'(x)$ が存在して 0 になっている.

証明 任意の $\varepsilon > 0$ に対して,
(10) $$\limsup_{h \to 0} \frac{J(x+h) - J(x)}{h} > \varepsilon$$
となる点 x のなす集合 E は可測集合であることに注意しよう（この小事実の証明は以下の練習 14 にて概略が述べられる）. $\delta = m(E)$ とする. $\delta = 0$ であることを示すことが必要である. J の定義に現れた級数 $\sum \alpha_n$ は収束するので, 後で選ぶ任意の η に対して $\sum_{n>N} \alpha_n < \eta$ となるような大きい N を見つけることができることを, ここで注意しておこう. このとき,
$$J_0(x) = \sum_{n>N} \alpha_n j_n(x)$$
と書くと, N の選び方により,
(11) $$J_0(b) - J_0(a) < \eta$$
となる. しかし, $J - J_0$ は $\alpha_n j_n(x)$ という項の有限和であり, したがって,(10)が成

立する点の集合は, J を J_0 で置き換えても高々有限個の点 $\{x_1, x_2, \cdots, x_N\}$ だけ E と異なる．よって, $m(K) \geq \delta/2$ となるコンパクト集合 K を見つけて, 各 $x \in K$ に対して $\limsup_{h \to 0} \dfrac{J_0(x+h) - J_0(x)}{h} > \varepsilon$ となるようにすることができる．ゆえに, $x \in K$ に対して x を含む区間 (a_x, b_x) が存在し, $J_0(b_x) - J_0(a_x) > \varepsilon(b_x - a_x)$ となる．最初に K を覆う有限個の区間を選ぶことができる．次に補題 1.2 を適用して, 互いに交わらず $\sum_{j=1}^{n} m(I_j) \geq m(K)/3$ となるような区間 $I_1, I_2, \cdots, I_n$ を選ぶ．もちろん, 区間 $I_j = (a_j, b_j)$ は
$$J_0(b_j) - J_0(a_j) > \varepsilon(b_j - a_j)$$
をみたす．ここで,
$$J_0(b) - J_0(a) \geq \sum_{j=1}^{N}(J_0(b_j) - J_0(a_j)) > \varepsilon \sum (b_j - a_j) \geq \frac{\varepsilon}{3}m(K) \geq \frac{\varepsilon}{6}\delta$$
である．したがって, (11) により, $\varepsilon\delta/6 < \eta$ であり, η を自由に選ぶことができるから $\delta = 0$ が従い, 定理が証明される． ∎

4. 求長可能な曲線と等周不等式

ここで, 求長可能な曲線のさらに進んだ研究に移り, まず $(x(t), y(t))$ でパラメータ付けられた曲線の長さ L に対する公式
$$(12) \qquad L = \int_a^b (x'(t)^2 + y'(t)^2)^{1/2} dt$$
の正当性を取り上げる．

求長可能な曲線は, 仮定された $x(t)$ と $y(t)$ の連続性に加えて, これらの関数が有界変動である曲線であることはすでに見た．しかし, この文脈では公式 (12) が必ずしも成立しないことが, 簡単な例によって示される．実際, $x(t) = F(t), y(t) = F(t)$ とし, F はカントール–ルベーグ関数で $0 \leq t \leq 1$ とする．このとき, このパラメータ付けられた曲線は $(0, 0)$ から $(1, 1)$ への線分を描き, 弧長は $\sqrt{2}$ であるが, $x'(t) = y'(t) = 0$ が a.e. t に対して成立する．

長さ L を表す積分公式は, 実際, パラメータ付ける座標関数が絶対連続であることを付け加えて仮定すると成立する．

定理 4.1 $(x(t), y(t))$ は $a \leq t \leq b$ に対して定義された曲線であるとする．$x(t)$ と $y(t)$ の両方が絶対連続ならば，曲線は求長可能であり，L をその長さとすると

$$L = \int_a^b (x'(t)^2 + y'(t)^2)^{1/2} dt$$

となる．

$F(t) = x(t) + iy(t)$ が絶対連続ならば，それは自動的に有界変動であり，したがって曲線は求長可能である．等式 (12) は以下の命題からの直接的帰結であり，絶対連続関数に対する系 3.7 をより精密化したものと見ることができる．

命題 4.2 F は $[a, b]$ 上で複素数値かつ絶対連続であるとする．このとき，

$$T_F(a, b) = \int_a^b |F'(t)| dt$$

となる．

実際，定理 3.11 により，$[a, b]$ の任意の分割 $a = t_0 < t_1 < \cdots < t_N = b$ に対して，

$$\sum_{j=1}^N |F(t_j) - F(t_{j-1})| = \sum_{j=1}^N \left| \int_{t_{j-1}}^{t_j} F'(t)\, dt \right|$$
$$\leq \sum_{j=1}^N \int_{t_{j-1}}^{t_j} |F'(t)|\, dt$$
$$= \int_a^b |F'(t)|\, dt$$

となる．これは

(13) $$T_F(a, b) \leq \int_a^b |F'(t)|\, dt$$

を証明する．逆の不等式を証明するために $\varepsilon > 0$ を固定し，第 2 章の定理 2.4 を用いて $[a, b]$ 上の階段関数 g で $F' = g + h$，$\int_a^b |h(t)|\, dt < \varepsilon$ となるものを見つける．$G(x) = \int_a^x g(t)\, dt$，$H(x) = \int_a^x h(t)\, dt$ とおく．このとき，$F = G + H$ であり，容易に

$$T_F(a, b) \geq T_G(a, b) - T_H(a, b)$$

となることがわかる. しかし (13) $T_H(a, b) < \varepsilon$ により
$$T_F(a, b) \geq T_G(a, b) - \varepsilon$$
であることがわかる. ここで, 区間 $[a, b]$ を $a = t_0 < \cdots < t_N = b$ と分割して, 階段関数 g が各区間 (t_{j-1}, t_j), $j = 1, 2, \cdots, N$ で定数になるようにする. このとき,

$$\begin{aligned}
T_G(a, b) &\geq \sum_{j=1}^{N} |G(t_j) - G(t_{j-1})| \\
&= \sum_{j=1}^{N} \left| \int_{t_{j-1}}^{t_j} g(t)\, dt \right| \\
&= \sum_{j=1}^{N} \int_{t_{j-1}}^{t_j} |g(t)|\, dt \\
&= \int_a^b |g(t)|\, dt
\end{aligned}$$

となる. $\int_a^b |g(t)|\, dt \geq \int_a^b |F'(t)|\, dt - \varepsilon$ であるから, その結果

$$T_F(a, b) \geq \int_a^b |F'(t)|\, dt - 2\varepsilon$$

が導かれる. $\varepsilon \to 0$ とすると, 主張が確立され, そして定理も確立される.

さて, 任意の (写像 $t \longmapsto z(t)$ の像と見られる) 曲線は, 実際, 多くの異なるパラメータ付けにより実現することができる. しかし, 求長可能な曲線はそれに付随した唯一の自然なパラメータ付け, 弧長パラメータ付けをもつ. 実際, $L(A, B)$ を (3.1 節で考察した) 弧長関数とし, $[a, b]$ の変数 t に対して $s = s(t) = L(a, t)$ とおく. このとき, 弧長 $s(t)$ は, 連続増加関数であり, $[a, b]$ を $[0, L]$ へ写す写像である. ここに, L は曲線の弧長である. 曲線の**弧長パラメータ付け**は, $s = s(t)$ に対して $\tilde{z}(s) = z(t)$ として, 組 $\tilde{z}(s) = \tilde{x}(s) + i\tilde{y}(s)$ によって今与えられる. このようにして, 関数 $\tilde{z}(s)$ は $[0, L]$ 上で定義されて意味をなす. なぜならば, $s(t_1) = s(t_2)$ かつ $t_1 < t_2$ ならば, 実際 $z(t)$ は区間 $[t_1, t_2]$ 上で変化せず, したがって $z(t_1) = z(t_2)$ となるからである. さらに, $|\tilde{z}(s_1) - \tilde{z}(s_2)| \leq |s_1 - s_2|$ がすべての組 $s_1, s_2 \in [0, L]$ に対して成立する. なぜならば, 不等式の左辺は曲線上の 2 点の距離であるが, 一方, 右辺は 2 点を結ぶ曲線の部分の長さである

からである．また，$\widetilde{z}(s)$ は s が 0 から L まで変化するとき，t が a から b まで変化するときに $z(t)$ が描くのと同じ点を (同じ順番で) 描く．

定理 4.3 $(x(t), y(t)), a \leq t \leq b$ は求長可能な曲線で長さを L とする．上で述べた弧長パラメータ付け $\widetilde{z}(s) = (\widetilde{x}(s), \widetilde{y}(s))$ について考える．このとき，$\widetilde{x}$ と $\widetilde{y}$ は絶対連続で，ほとんどすべての $s \in [0, L]$ に対して $|\widetilde{z}'(s)| = 1$ であり，
$$L = \int_0^L (\widetilde{x}'(s)^2 + \widetilde{y}'(s)^2)^{1/2} ds$$
である．

証明 すでに注意したように $|\widetilde{z}(s_1) - \widetilde{z}(s_2)| \leq |s_1 - s_2|$ であり，これより直ちに $\widetilde{z}(s)$ が絶対連続であることが従い，よって，ほとんどいたるところ微分可能であることがわかる．さらに，この不等式はほとんどすべての s に対して $|\widetilde{z}'(s)| \leq 1$ であることも示している．$\widetilde{z}$ の全変動は定義により L であり，前定理によって $L = \int_0^L |\widetilde{z}'(s)| ds$ でなくてはならない．最後に，この等式は，ほとんどいたるところ $|\widetilde{z}'(s)| = 1$ であるときに限り可能であることに注意する．∎

4.1* 曲線のミンコフスキー容量

以下に与える等周不等式の証明は本質的にミンコフスキー容量の概念による．この容量の考え方はそれ自身に興味が湧くが，ここでは我々にとって実際的な重要性をもつ．これは，曲線の求長可能性が有限なミンコフスキー容量をもつことと同値であり，その量が曲線の長さに等しいからである．

これらの議論について，いくつかの定義を述べることから始める．$z(t) = (x(t), y(t)), a \leq t \leq b$ によってパラメータ付けられた曲線が**単純**であるとは，写像

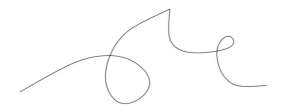

図 8 準単純曲線．

$t \longmapsto z(t)$ が $t \in [a, b]$ に対して単射であることをいう．それが**単純閉曲線**であるとは，写像 $t \longmapsto z(t)$ が $t \in [a, b)$ に対して単射であり，$z(a) = z(b)$ となることをいう．より一般に，曲線が**準単純**であるとは，$[a, b]$ の有限個の点の補集合に属する t に対して写像が単射であることをいう．

t が $[a, b]$ を動くときの曲線 $z(t)$ の描く点集合を Γ によって示すと便利である．すなわち，$\Gamma = \{z(t) : a \leq t \leq b\}$ である．任意のコンパクト集合 $K \subset \mathbb{R}^2$ (以下では $K = \Gamma$ にとる) に対して，K からの距離が (真に) δ より小さい点からなる開集合を K^δ で表す．すなわち

$$K^\delta = \{x \in \mathbb{R}^2 : d(x, K) < \delta\}.$$

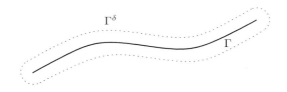

図9　曲線 Γ と集合 Γ^δ.

このとき，集合 K が**ミンコフスキー容量**[7]をもつとは，極限

$$\lim_{\delta \to 0} \frac{m(K^\delta)}{2\delta}$$

が存在することをいう．この極限が存在するとき，これを $\mathcal{M}(K)$ により表す．

定理 4.4 $\Gamma = \{z(t) : a \leq t \leq b\}$ は準単純曲線とする．Γ のミンコフスキー容量が存在するのは，Γ が求長可能であるとき，そのときに限る．この場合で L が曲線の長さであるとき，$\mathcal{M}(\Gamma) = L$ である．

定理を証明するために，任意のコンパクト集合 K に対して，

$$\mathcal{M}^*(K) = \limsup_{\delta \to 0} \frac{m(K^\delta)}{2\delta}, \qquad \mathcal{M}_*(K) = \liminf_{\delta \to 0} \frac{m(K^\delta)}{2\delta}$$

をも考える (両者とも拡張された正数をとる)．もちろん $\mathcal{M}_*(K) \leq \mathcal{M}^*(K)$ である．ミンコフスキー容量が存在するということは，$\mathcal{M}^*(K) < \infty$ かつ $\mathcal{M}_*(K) = \mathcal{M}^*(K)$ であるというのと同値である．このとき，それらの共通の値が $\mathcal{M}(K)$ で

---

7) これは1次元ミンコフスキー容量である．これの変形は以下の練習28と第7章にもある．

ある.

今述べたばかりの定理は, $\mathcal{M}_*(K)$ と $\mathcal{M}^*(K)$ に関する二つの命題からの帰結である.

命題 4.5 $\Gamma = \{z(t) : a \leq t \leq b\}$ は準単純曲線とする. $\mathcal{M}_*(\Gamma) < \infty$ ならば曲線は求長可能であり, L をその長さとすると,

$$L \leq \mathcal{M}_*(\Gamma)$$

が成立する.

証明は次の簡単な考察による.

補題 4.6 $\Gamma = \{z(t) : a \leq t \leq b\}$ は任意の曲線で, $\Delta = |z(b) - z(a)|$ はその両端の距離ならば, $m(\Gamma^\delta) \geq 2\delta\Delta$ が成立する.

証明 距離関数とルベーグ測度は平行移動と回転に関して不変である (第 1 章の第 3 節と第 2 章の問題 4 を見よ) から, これらの移動の適当な組み合わせにより状況を変換してよい. したがって, 曲線の両端は x–軸におかれたと仮定してよい. これにより, $z(a) = (A, 0), z(b) = (B, 0), A < B, \Delta = B - A$ と仮定してよい ($A = B$ の場合, 結論は自動的に確かめられる).

関数 $x(t)$ の連続性により, $[A, B]$ の各 x に対して, $[a, b]$ のある値 $\bar{t}$ が存在して, $x = x(\bar{t})$ となる. $\overline{Q} = (x(\bar{t}), y(\bar{t})) \in \Gamma$ であるから, 集合 Γ^δ は, x の上に横たわる $\overline{Q}$ を中心とする y–軸に平行な長さ 2δ の線分を含む (図 10 を見よ). 別の言い方をすると, 断面 $(\Gamma^\delta)_x$ は区間 $(y(\bar{t}) - \delta, y(\bar{t}) + \delta)$ を含み, したがって $m_1((\Gamma^\delta)_x) \geq 2\delta$ である (ここに, m_1 は 1 次元ルベーグ測度である). しかし, フ

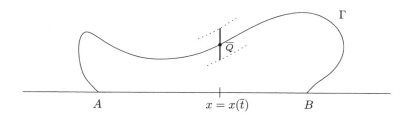

図 10 補題 4.6 の状況.

ビニの定理により，
$$m(\Gamma^\delta) = \int_\mathbb{R} m_1((\Gamma^\delta)_x)dx \geq \int_A^B m_1((\Gamma^\delta)_x)dx \geq 2\delta(B-A) = 2\delta\Delta$$
であり，補題が証明される. ∎

さて，命題の証明に移ろう．まず，曲線は単純であると仮定する．P は区間 $[a, b]$ の任意の分割 $a = t_0 < t_1 < \cdots < t_N = b$ とし，L_P は対応する多辺形の長さ，すなわち，
$$L_P = \sum_{j=1}^N |z(t_j) - z(t_{j-1})|$$
を表すとする．各 $\varepsilon > 0$ に対して，$t \longmapsto z(t)$ の連続性により，N 個の (t_{j-1}, t_j) の真部分閉区間 $I_j = [a_j, b_j]$ が存在して，
$$\sum_{j=1}^N |z(b_j) - z(a_j)| \geq L_P - \varepsilon$$
となることが保証される．Γ_j は $\Gamma_j = \{z(t) : t \in I_j\}$ で与えられる曲線の部分を表すとする．閉区間 $I_1, \cdots, I_N$ は互いに交わらないから，曲線の単純性により，コンパクト集合 $\Gamma_1, \Gamma_2, \cdots, \Gamma_N$ は互いに交わらないことが従う．しかし，$\Gamma \supset \bigcup_{j=1}^N \Gamma_j$ かつ $\Gamma^\delta \supset \bigcup_{j=1}^N (\Gamma_j)^\delta$ である．さらに，Γ_j が互いに交わらないことにより，十分小さい δ に対して，集合族 $(\Gamma_j)^\delta$ も互いに交わらない．したがって，そのような δ に対して，前補題を各 Γ_j に適用すると，
$$m(\Gamma^\delta) \geq \sum_{j=1}^N m((\Gamma_j)^\delta) \geq 2\delta \sum |z(b_j) - z(a_j)|$$
となる．その結果 $m(\Gamma^\delta)/(2\delta) \geq L_P - \varepsilon$ であり，極限をとると $\mathcal{M}_*(\Gamma) \geq L_P - \varepsilon$ を与える．この不等式はすべての分割 P とすべての $\varepsilon > 0$ に対して成立するから，曲線は求長可能であること，および，その長さは $\mathcal{M}_*(\Gamma)$ を超えないことがわかる．

曲線が単に準単純でしかないときの証明は，考察する分割 P が，($[a, b]$ における) 補集合において写像 $t \longmapsto z(t)$ が単射になるような (有限個の) 点を分割点として含まなくてはならないということを除いて同様である．詳細は読者に任せてもよいであろう．

2番目の命題は逆向きである.

命題4.7 $\Gamma = \{z(t) : a \leq t \leq b\}$ は求長可能な長さ L の曲線とする.このとき,
$$\mathcal{M}^*(\Gamma) \leq L$$
が成立する.

$\mathcal{M}^*(\Gamma)$ と L という量は,もちろん,用いられるパラメータ付けによらない.曲線は求長可能であるから,弧長パラメータ付けを用いるのが便利であろう.したがって,曲線を $z(s) = (x(s), y(s))$, $0 \leq s \leq L$ と書くことにして,このとき $z(s)$ は絶対連続で $|z'(s)| = 1$ が a.e. $s \in [0, L]$ で成立することを思い出そう.

最初に任意の $0 < \varepsilon < 1$ を固定して,可測集合 $E_\varepsilon \subset \mathbb{R}$ と正数 r_ε で,$m(E_\varepsilon) < \varepsilon$, かつ,すべての $s \in [0, L] - E_\varepsilon$ に対して

(14) $$\sup_{0 < |h| < r_\varepsilon} \left| \frac{z(s+h) - z(s)}{h} - z'(s) \right| < \varepsilon$$

が成立するものを見つける.実際,各整数 n に対して
$$F_n(s) = \sup_{0 < |h| < 1/n} \left| \frac{z(s+h) - z(s)}{h} - z'(s) \right|$$

とおく(ここに,$z(s)$ は $s < 0$ のとき $z(s) = z(0)$, $s > L$ のとき $z(s) = z(L)$ として $[0, L]$ の外に拡張する).$z(s)$ は連続だから,$F_n(s)$ の定義における h の上限は可算個の可測関数の上限により置き換えることができて,したがって F_n は可測である.しかし,a.e. $s \in [0, L]$ に対して,$F_n(s) \to 0$ が $n \to \infty$ のとき成立する.よって,エゴロフの定理により,収束は $m(E_\varepsilon) < \varepsilon$ となるある E_ε の外で一様であり,十分大きな n に対して $r_\varepsilon = 1/n$ とおくだけで (14) が証明される.すべての $s \notin E_\varepsilon$ に対して $z'(s)$ が存在し $|z'(s)| = 1$ としてよいので,以下ではそのように仮定しておくと便利であろう.

さて,任意の $0 < \rho < r_\varepsilon$ (かつ $\rho < 1$) に対して,区間 $[0, L]$ を (最後の区間の長さが $\leq \rho$ かもしれないことを除き) 各々の長さが ρ の連続した閉区間に分割する.このとき,合計 $N \leq L/\rho + 1$ 個のこのような区間が生ずる.これらの区間を $I_1, I_2, \cdots, I_N$ と呼ぶことにして,二つの部類に分ける.1番目の部類は,「良」とよばれる区間 I_j で,$I_j \not\subset E_\varepsilon$ という性質をもつものである.2番目の部類は,「悪」とよばれるもので,$I_j \subset E_\varepsilon$ という性質をもつ.その結果,$\bigcup_{I_j \text{ 悪}} I_j \subset E_\varepsilon$

であり，したがって，その和集合の測度は $< \varepsilon$ である．

もちろん $[0, L] = \bigcup_{j=1}^{N} I_j$ であり，$\{z(s) : s \in I_j\}$ で与えられる Γ の断片を Γ_j と表すと，その結果 $\Gamma^\delta = \bigcup_{j=1}^{N} (\Gamma_j)^\delta$ かつ $m(\Gamma^\delta) \leq \sum_{j=1}^{N} m((\Gamma_j)^\delta)$ である．

まず，I_j が良区間のとき，$m((\Gamma_j)^\delta)$ の寄与を考察する．そのような区間 $I_j = [a_j, b_j]$ に対して，E_ε に属さない $s_0 \in I_j$ が存在し，したがって (14) が $s = s_0$ で成立することを思い出そう．ここで，$z(s_0) = 0$ かつ $z'(s_0) = 1$ となる (ように適当な平行移動と回転を行った後でそのように仮定してよい) 座標系を導入する．そのように変換された曲線の断片に対して $z(s)$ および Γ_j という記号をそのまま用いる．

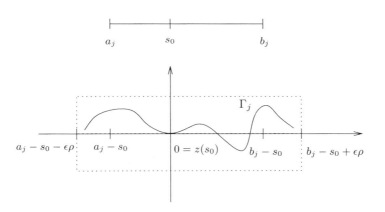

図11 良区間 I_j に対する $m((\Gamma_j)^\delta)$ の評価．

h が区間 $[a_j - s_0, b_j - s_0]$ 上を動くとき，$s_0 + h$ は $I_j = [a_j, b_j]$ 上を動くことに注意する．したがって，Γ_j は長方形

$$[a_j - s_0 - \varepsilon\rho, b_j - s_0 + \varepsilon\rho] \times [-\varepsilon\rho, \varepsilon\rho]$$

に含まれる．なぜならば，構成の仕方から $|h| \leq \rho < r_\varepsilon$ であり，(14) により $|z(s_0 + h) - h| < \varepsilon|h|$ である．図11 を見よ．したがって，$(\Gamma_j)^\delta$ は長方形

$$[a_j - s_0 - \varepsilon\rho - \delta, b_j - s_0 + \varepsilon\rho + \delta] \times [-\varepsilon\rho - \delta, \varepsilon\rho + \delta]$$

に含まれて，その測度は $\leq (\rho + 2\varepsilon\rho + 2\delta)(2\varepsilon\rho + 2\delta)$ である．したがって，$\varepsilon \leq 1$ であることにより，

(15) $$m((\Gamma_j)^\delta) \leq 2\delta\rho + O(\varepsilon\delta\rho + \delta^2 + \varepsilon\rho^2)$$

となるが，O に現れる上界は $\varepsilon, \delta, \rho$ に依存しない．これは，良区間に対して我々が望む評価である．

残りの区間へ移るために，すべての s と s' に対して $|z(s) - z(s')| \leq |s - s'|$ であるという事実を用いる．これにより，すべての場合において Γ_j は半径 ρ の球 (円板) に含まれ，したがって $(\Gamma_j)^\delta$ は半径 $\rho + \delta$ の球に含まれる．よって，粗い評価

(16) $$m((\Gamma_j)^\delta) \leq O(\delta^2 + \rho^2)$$

を得る．ここで，良区間にわたって (15) (高々 $L/\rho + 1$ 個ある) の和をとり，悪区間にわたって (16) の和をとる．後者の和集合は E_ε に含まれて測度が $< \varepsilon$ であるから，後者は高々 $\varepsilon/\rho + 1$ 個である．まとめると，

$$m(\Gamma^\delta) \leq 2\delta L + 2\delta\rho + O(\varepsilon\delta + \delta^2/\rho + \varepsilon\rho) + O((\varepsilon/\rho + 1)(\delta^2 + \rho^2))$$

となり，不等式

$$\frac{m(\Gamma^\delta)}{2\delta} \leq L + O\left(\rho + \varepsilon + \frac{\delta}{\rho} + \frac{\varepsilon\rho}{\delta} + \frac{\varepsilon\delta}{\rho} + \delta + \frac{\rho^2}{\delta}\right)$$

$$\leq L + O\left(\rho + \varepsilon + \frac{\delta}{\rho} + \frac{\varepsilon\rho}{\delta} + \frac{\rho^2}{\delta}\right)$$

へ簡略化される．ここに，最後の行で $\varepsilon < 1$ かつ $\rho < 1$ の事実を用いた．これを利用して $\delta \to 0$ のときの望みの評価を導くために，大雑把には (小区間の長さ) ρ を δ の大きさと同じに選ぶことが必要である．有効な選択は $\rho = \delta/\varepsilon^{1/2}$ である．この選択を固定して，δ を $0 < \delta < \varepsilon^{1/2} r_\varepsilon$ に制限すると，(14) が要求する $\rho < r_\varepsilon$ が自動的に従う．上の不等式に $\rho = \delta/\varepsilon^{1/2}$ を代入すると，

$$\frac{m(\Gamma^\delta)}{2\delta} \leq L + O\left(\frac{\delta}{\varepsilon^{1/2}} + \varepsilon + \varepsilon^{1/2} + \frac{\delta}{\varepsilon}\right)$$

を与え，したがって

$$\limsup_{\delta \to 0} \frac{m(\Gamma^\delta)}{2\delta} \leq L + O(\varepsilon + \varepsilon^{1/2})$$

となる．ここで，$\varepsilon \to 0$ とすることにより，所要の結論 $\mathcal{M}^*(\Gamma) \leq L$ を導くことができて，命題さらには定理の証明が完了する．

4.2*　等周不等式

　平面的状況での等周不等式とは，実質的には，与えられた長さをもつすべての曲線のうち，最大面積を囲むのは円であるということである．この定理の簡単な形式はすでに第 I 巻に登場した．そこで与えられた証明は簡単で優雅であるという長所があるものの，いくつかの欠点もある．それらの中での記述における「面積」は技術的工夫により間接的に定義され，比較的滑らかな曲線のみ考察したので結論の適用範囲が限られた．ここでは，これらの欠点を修正して，この結果を一般化された形で扱いたい．

　Ω は $\mathbb{R}^2$ の有界開集合で，その境界 $\overline{\Omega} - \Omega$ は長さ $\ell(\Gamma)$ の求長可能曲線 Γ であるとする．Γ が単純閉曲線であることは要求しない．このとき，等周定理は以下を主張する．

定理 4.8　$4\pi m(\Omega) \leq \ell(\Gamma)^2$．

証明　各 $\delta > 0$ に対して，外集合
$$\Omega_+(\delta) = \{x \in \mathbb{R}^2 : d(x, \overline{\Omega}) < \delta\}$$
と，内集合
$$\Omega_-(\delta) = \{x \in \mathbb{R}^2 : d(x, \Omega^c) \geq \delta\}$$
を考える．このとき $\Omega_-(\delta) \subset \Omega \subset \Omega_+(\delta)$ である．

　$\Gamma^\delta = \{x : d(x, \Gamma) < \delta\}$ に対して
$$\Omega_+(\delta) = \Omega_-(\delta) \cup \Gamma^\delta \tag{17}$$
であり，この和は互いに交わらない集合の和であることに注意する．さらに，$D(\delta)$ が半径 δ で原点中心の球 (円板) $D(\delta) = \{x \in \mathbb{R}^2 : |x| < \delta\}$ ならば，このとき，
$$\begin{cases} \Omega_+(\delta) \supset \Omega + D(\delta), \\ \Omega \supset \Omega_-(\delta) + D(\delta) \end{cases} \tag{18}$$
であることは明らかである．

　ここで，ブルン–ミンコフスキーの不等式 (第 1 章の定理 5.1) を最初の包含関係に適用すると
$$m(\Omega_+(\delta)) \geq (m(\Omega)^{1/2} + m(D(\delta))^{1/2})^2$$
を導く．$m(D(\delta)) = \pi\delta^2$ であり (この標準的公式は前章の練習 14 で示されてい

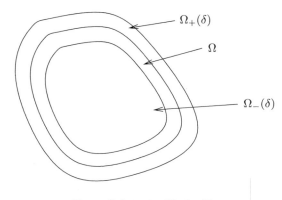

図 12　集合 $\Omega, \Omega_-(\delta), \Omega_+(\delta)$.

る)，A と B が正ならば $(A+B)^2 \geq A^2 + 2AB$ であるから，
$$m(\Omega_+(\delta)) \geq m(\Omega) + 2\pi^{1/2}\delta m(\Omega)^{1/2}$$
となることがわかる．同様に，(18) の第二の包含関係を用いると $m(\Omega) \geq m(\Omega_-(\delta)) + 2\pi^{1/2}\delta m(\Omega_-(\delta))^{1/2}$ であり，
$$-m(\Omega_-(\delta)) \geq -m(\Omega) + 2\pi^{1/2}\delta m(\Omega_-(\delta))^{1/2}$$
となる．ここで，(17) により，
$$m(\Gamma^\delta) = m(\Omega_+(\delta)) - m(\Omega_-(\delta))$$
であり，上の二つの不等式から，
$$m(\Gamma^\delta) \geq 2\pi^{1/2}\delta(m(\Omega)^{1/2} + m(\Omega_-(\delta))^{1/2})$$
を得る．ここで両辺を 2δ で割り，$\delta \to 0$ のときの $\limsup$ をとる．$\delta \to 0$ のとき $\Omega_-(\delta) \nearrow \Omega$ であるから，これは
$$\mathcal{M}^*(\Gamma) \geq \pi^{1/2}(2m(\Omega)^{1/2})$$
を与える．しかし，命題 4.7 により $\ell(\Gamma) \geq \mathcal{M}^*(\Gamma)$ であり，したがって
$$\ell(\Gamma) \geq 2\pi^{1/2}m(\Omega)^{1/2}$$
となって，定理が証明される．　　　　　　　　　　　　　　　　■

注意　境界は (求長可能) 曲線であるという仮定がなくても類似の結果が成立する．実際，証明は，境界が Γ である任意の有界開集合 Ω に対して

$$4\pi m(\Omega) \leq \mathcal{M}^*(\Gamma)^2$$

となることを示している．

5. 練習

1. φ は $\mathbb{R}^d$ 上の可積分関数で $\int_{\mathbb{R}^d} \varphi(x)dx = 1$ をみたすとする．$K_\delta(x) = \delta^{-d}\varphi(x/\delta)$，$\delta > 0$ とおく．

(a) $\{K_\delta\}_{\delta>0}$ は良い核の族であることを証明せよ．

(b) 加えて，φ は有界で台が有界集合に含まれると仮定する．$\{K_\delta\}_{\delta>0}$ は近似単位元であることを確かめよ．

(c) 定理 2.3 (L^1-ノルムでの収束) は良い核に対しても成立することを示せ．

2. $\{K_\delta\}$ は積分核の族で

(ⅰ) $|K_\delta(x)| \leq A\delta^{-d}$ がすべての $\delta > 0$ で成立する．

(ⅱ) $|K_\delta(x)| \leq A\delta/|x|^{d+1}$ がすべての $\delta > 0$ で成立する．

(ⅲ) $\int_{-\infty}^{\infty} K_\delta(x)dx = 0$ がすべての $\delta > 0$ で成立する．

をみたすと仮定する．このとき，K_δ は近似単位元の条件 (ⅰ) と (ⅱ) をみたすが，K_δ の平均値は 1 ではなく 0 である．f が $\mathbb{R}^d$ で可積分ならば，$\delta \to 0$ のとき

$$(f * K_\delta)(x) \to 0$$

が a.e. x で成立することを示せ．

3. 0 は集合 $E \subset \mathbb{R}$ の (ルベーグ) 密度の点であるとする．以下の各条件に対して，点 $x_n \in E$ の無限列で $x_n \neq 0$ かつ $n \to \infty$ に対して $x_n \to 0$ となるものが存在することを示せ．

(a) 列はすべての n に対して $-x_n \in E$ となることもみたす．

(b) 加えて，すべての n に対して $2x_n$ は E に属する．

4. f は $\mathbb{R}^d$ 上で可積分で恒等的に 0 でないならば，

$$f^*(x) \geq \frac{c}{|x|^d}$$

が，ある $c > 0$ とすべての $|x| \geq 1$ に対して成り立つことを証明せよ．f^* は $\mathbb{R}^d$ 上で可積分でないことを完結せよ．このとき，$\int |f| = 1$ ならば，すべての $\alpha > 0$ に対する弱型評価

$$m(\{x : f^*(x) > \alpha\}) \leq c/\alpha$$

は次の意味で可能な限りの最良である. f の台が単位球に含まれて $\int |f| = 1$ ならば,

$$m(\{x : f^*(x) > \alpha\}) \geq c'/\alpha$$

が, ある $c' > 0$ と十分小さいすべての $\alpha > 0$ に対して成立する.

[ヒント: 最初の部分については $\int_B |f| > 0$ がある球 B に対して成立するという事実を用いよ.]

5. $\mathbb{R}$ 上の

$$f(x) = \begin{cases} \dfrac{1}{|x|(\log 1/|x|)^2} & |x| \leq 1/2 \text{ のとき}, \\ 0 & \text{その他} \end{cases}$$

によって定義される関数について考察する.

(a) f は可積分であることを確かめよ.

(b) 不等式

$$f^*(x) \geq \frac{c}{|x|(\log 1/|x|)}$$

を, ある $c > 0$ とすべての $|x| \leq 1/2$ に対して確立し, 最大関数 f^* が局所可積分でないと結論せよ.

6. 1次元では, 最大関数に対する基本不等式 (1) の等式版がある. 「片側」最大関数を

$$f_+^*(x) = \sup_{h>0} \frac{1}{h} \int_x^{x+h} |f(y)|\, dy$$

と定義する. $E_\alpha^+ = \{x \in \mathbb{R} : f_+^*(x) > \alpha\}$ とすると,

$$m(E_\alpha^+) = \frac{1}{\alpha} \int_{E_\alpha^+} |f(y)|\, dy$$

となることを示せ.

[ヒント: 補題3.5を $F(x) = \int_0^x |f(y)|\, dy - \alpha x$ に適用せよ. このとき E_α^+ は $\int_{a_k}^{b_k} |f(y)|\, dy = \alpha(b_k - a_k)$ をみたす互いに交わらない区間 (a_k, b_k) の和になる.]

7. $[0, 1]$ の可測集合 E が, ある $\alpha > 0$ と $[0, 1]$ 内のすべての区間 I に対して $m(E \cap I) \geq \alpha m(I)$ をみたすならば, E の測度は 1 であることを系1.5を用いて証明せよ. 第1章の練習 28 も見よ.

8. A は $\mathbb{R}$ のルベーグ可測集合で $m(A) > 0$ であるとする. $\bigcup_{n=1}^{\infty}(A + s_n)$ の $\mathbb{R}$ にお

ける補集合が測度 0 となるような数列 $\{s_n\}_{n=1}^\infty$ は存在するか？
[ヒント：すべての $\varepsilon > 0$ に対して，長さ ℓ_ε の区間 I_ε で $m(A \cap I_\varepsilon) \geq (1-\varepsilon)m(I_\varepsilon)$ となるものを見つけよ．$t_k = k\ell_\varepsilon$ として $\bigcup_{k=-\infty}^\infty (A + t_k)$ を考察せよ．このとき，ε を動かす．]

9. F は $\mathbb{R}$ の閉集合とし，$\delta(x)$ は x から F への距離，すなわち，
$$\delta(x) = d(x, F) = \inf\{|x-y| : y \in F\}$$
とする．明らかに $x \in F$ ならば $\delta(x+y) \leq |y|$ である．より精密な評価
$$\delta(x+y) = o(|y|) \quad \text{a.e. } x \in F,$$
すなわち，$\delta(x+y)/|y| \to 0$ a.e. $x \in F$ となることを証明せよ．
[ヒント：x を F の密度の点とせよ．]

10. $\mathbb{R}$ 上の増加関数で不連続点の集合がちょうど $\mathbb{Q}$ に一致するものを構成せよ．

11. $a, b > 0$ のとき，
$$f(x) = \begin{cases} x^a \sin(x^{-b}) & 0 < x \leq 1, \\ 0 & x = 0 \end{cases}$$
とする．f が $[0,1]$ で有界変動であるのは，$a > b$ のとき，そのときに限ることを証明せよ．さらに，$a = b$ とすることにより，(各 $0 < \alpha < 1$ に対して) 次数 α のリプシッツ条件
$$|f(x) - f(y)| \leq A|x-y|^\alpha$$
をみたすが有界変動でない関数を構成せよ．
[ヒント：$h > 0$ ならば，差 $|f(x+h) - f(x)|$ は平均値定理により $C(x+h)^a$ または $C'h/x$ によって評価することができる．このとき，二つの場合 $x^{a+1} \geq h$ または $x^{a+1} < h$ を考える．α と a はどのような関係にあるか？]

12. $F(x) = x^2 \sin(1/x^2), x \neq 0, F(0) = 0$ という関数を考えよう．すべての x に対して $F'(x)$ が存在すること，および，F' は $[-1, 1]$ で可積分でないことを示せ．

13. カントール–ルベーグ関数は絶対連続でないことをその定義から直接証明せよ．

14. 以下の可測性の問題は関数の微分可能性の議論に現れる．

(a) F は $[a, b]$ 上で連続であると仮定する．

$$D^+(F)(x) = \limsup_{\substack{h \to 0 \\ h > 0}} \frac{F(x+h) - F(x)}{h}$$

は可測であることを示せ.

(b) $J(x) = \sum_{n=1}^{\infty} \alpha_n j_n(x)$ は 3.3 節の跳躍関数とする.

$$\limsup_{h \to 0} \frac{J(x+h) - J(x)}{h}$$

は可測であることを示せ.

[ヒント：(a) については，F の連続性により $\limsup$ をとる際に可算個の h に制限してよい. (b) については，$k > m$ とし $F_{k,m}^N = \sup_{1/k \le |h| \le 1/m} \left| \frac{J_N(x+h) - J_N(x)}{h} \right|$ とする. ここに，$J_N(x) = \sum_{n=1}^{N} \alpha_n j_n(x)$ である. 各 $F_{k,m}^N$ は可測であることに注意せよ. このとき，順に $N \to \infty, k \to \infty$ とし，最後に $m \to \infty$ とする.]

15. F は有界変動で連続であることを仮定する. F_1 と F_2 の両方とも単調かつ連続として，$F = F_1 - F_2$ となることを証明せよ.

16. F が $[a,b]$ で有界変動ならば次を示せ：

(a) $\int_a^b |F'(x)|dx \le T_F(a,b)$.

(b) $\int_a^b |F'(x)|dx = T_F(a,b)$ となるのは，F が絶対連続のとき，そのときに限る.

(b) の結果として，z でパラメータ付けられた求長可能曲線の長さに対する公式 $L = \int_a^b |z'(t)|dt$ が成立するのは，z が絶対連続のとき，そのときに限る.

17. $\{K_\varepsilon\}_{\varepsilon > 0}$ は近似単位元の族ならば，

$$\sup_{\varepsilon > 0} |(f * K_\varepsilon)(x)| \le cf^*(x)$$

が，ある定数 $c > 0$ とすべての可積分な f に対して成立することを示せ.

18. 第 1 章の練習 2 と本章の 3.1 節で与えたカントール–ルベーグ関数の定義は一致することを確かめよ.

19. $f : \mathbb{R} \to \mathbb{R}$ が絶対連続ならば次を示せ：

(a) f は測度 0 集合を測度 0 集合に写す.

(b) f は可測集合を可測集合に写す.

20. この練習は $[a,b]$ で絶対連続で増加な関数 F を扱う．$A = F(a)$ および $B = F(b)$ とする．

(a) そのような F で，さらに狭義増加であるが，正の測度をもつ集合上で $F'(x) = 0$ となるものが存在する．

(b) (a) の F は，$m(E) = 0$ となる可測集合 $E \subset [A,B]$ が存在して $F^{-1}(E)$ が可測でないように選ぶことができる．

(c) しかし，任意の増加な絶対連続関数 F と $[A,B]$ の可測な部分集合 E に対して，集合 $F^{-1}(E) \cap \{F'(x) > 0\}$ は可測であることを証明せよ．

[ヒント：(a) については，$F(x) = \int_a^x \chi_K(y)\,dy$ とする．ここに，K は正の測度をもつカントール集合のような集合 C の補集合である．(b) については，$F(C)$ が測度 0 集合であることに注意せよ．最後に (c) については，まず $m(\mathcal{O}) = \int_{F^{-1}(\mathcal{O})} F'(x)dx$ が任意の開集合 $\mathcal{O}$ に対して成り立つことを証明せよ．]

21. F は $[a,b]$ で絶対連続かつ増加とし，$F(a) = A$ および $F(b) = B$ とする．f は $[A,B]$ 上の任意の可測関数とする．

(a) $f(F(x))F'(x)$ は $[a,b]$ で可測であることを示せ．練習 20 (b) により $f(F(x))$ は必ずしも可測ではないことに注意せよ．

(b) 変数変換の公式を証明せよ：f が $[A,B]$ で可積分ならば，$f(F(x))F'(x)$ もそうであり，
$$\int_A^B f(y)\,dy = \int_a^b f(F(x))F'(x)dx$$
が成立する．

[ヒント：既出の練習 20 (c) で用いられた等式 $m(\mathcal{O}) = \int_{F^{-1}(\mathcal{O})} F'(x)dx$ から出発せよ．]

22. F と G は $[a,b]$ で絶対連続であるとする．それらの積 FG も絶対連続であることを示せ．これから次の結論が従う．

(a) F と G が $[a,b]$ で絶対連続ならば，
$$\int_a^b F'(x)G(x)dx = -\int_a^b F(x)G'(x)dx + [F(x)G(x)]_a^b.$$

(b) F は $[-\pi,\pi]$ で絶対連続で $F(\pi) = F(-\pi)$ であるとする．
$$a_n = \frac{1}{2\pi}\int_{-\pi}^{\pi} F(x)e^{-inx}dx,$$
$F(x) \sim \sum a_n e^{inx}$ ならば，
$$F'(x) \sim \sum ina_n e^{inx}$$

となることを示せ．

(c)　$F(-\pi) \neq F(\pi)$ ならばどうなるか？　[ヒント：$F(x) = x$ を考察せよ．]

23.　F は $[a, b]$ で連続であるとする．次を示せ．

(a)　すべての $x \in [a, b]$ に対して $(D^+F)(x) \geq 0$ とする．このとき，F は $[a, b]$ で増加する．

(b)　すべての $x \in (a, b)$ に対して $F'(x)$ が存在し，$|F'(x)| \leq M$ ならば，$|F(x) - F(y)| \leq M|x - y|$ であり F は絶対連続である．

[ヒント：(a) については，$F(b) - F(a) \geq 0$ を示せば十分である．そうでないとせよ．このとき，十分小さい $\varepsilon > 0$ に対して $G_\varepsilon(x) = F(x) - F(a) + \varepsilon(x - a)$ とおくと，$G_\varepsilon(a) = 0$ かつ $G_\varepsilon(b) < 0$ となる．ここで，$x_0 \in [a, b)$ を $G_\varepsilon(x_0) \geq 0$ となる x_0 の最大値とする．$(D^+G_\varepsilon)(x_0) > 0$ となる．]

24.　F は $[a, b]$ 上の増加関数であるとする．

(a)　F は
$$F = F_A + F_C + F_J$$
と書くことができることを証明せよ．ここに，F_A, F_C, F_J の各関数は増加で次をみたす．

　（ⅰ）　F_A は絶対連続である．

　（ⅱ）　F_C は連続であるが，$F_C'(x) = 0$ a.e. x である．

　（ⅲ）　F_J は跳躍関数である．

(b)　さらに，各関数 F_A, F_C, F_J は定数の差を除き，一意的に定まることを示せ．

上は F の**ルベーグ分解**である．任意の有界変動な F に対して対応する分解が存在する．

25.　次は微分定理 1.4, 3.4, 3.11 における測度 0 の一般の例外集合を許容する必要性を示している．E を $\mathbb{R}^d$ の任意の測度 0 集合とする．次を示せ．

(a)　$\mathbb{R}^d$ における非負可積分関数 f が存在して
$$\liminf_{\substack{m(B) \to 0 \\ x \in B}} \frac{1}{m(B)} \int_B f(y) \, dy = \infty$$
が各 $x \in E$ に対して成立する．

(b)　$d = 1$ のとき，次のように言い換えてもよい．増加な絶対連続関数 F が存在して
$$D_+(F)(x) = D_-(F)(x) = \infty$$
が各 $x \in E$ に対して成立する．

[ヒント：$m(\mathcal{O}_n) < 2^{-n}$ となる開集合 $\mathcal{O}_n \supset E$ をとって，$f(x) = \sum_{n=1}^{\infty} \chi_{\mathcal{O}_n}(x)$ とせよ．]

26. 第1章第2節で与えたような任意の集合 E の外測度 $m_*(E)$ を定義する別の方法は，E の直方体からなる被覆を球からなる被覆に置き換えることである．すなわち，$m_*^{\mathcal{B}}(E)$ を $\inf \sum_{j=1}^{\infty} m(B_j)$ によって定義する．ここに，下限は開球による被覆 $E \subset \bigcup_{j=1}^{\infty} B_j$ の全体にわたってとる．このとき，$m_*(E) = m_*^{\mathcal{B}}(E)$ となる（この結果はルベーグ測度が回転不変であることの別証明を与えることを見よ）．

$m_*(E) \leq m_*^{\mathcal{B}}(E)$ であることは明らかである．次を示すことにより逆向きの不等式を証明せよ．任意の $\varepsilon > 0$ に対して，球の族 $\{B_j\}$ が存在して，$E \subset \bigcup_j B_j$ かつ $\sum_j m(B_j) \leq m_*(E) + \varepsilon$ となる．予め与えられた任意の δ に対して，球を直径 $< \delta$ となるように選ぶことができることにも注意せよ．

[ヒント：最初に E は可測であると仮定し，開集合 $\mathcal{O}$ を $\mathcal{O} \supset E$ かつ $m(\mathcal{O} - E) < \varepsilon'$ となるようにとる．次に，系 3.10 を用いて，球 $B_1, \cdots, B_N$ を $\sum_{j=1}^{N} m(B_j) \leq m(E) + 2\varepsilon'$ かつ $m(E - \bigcup_{j=1}^{N} B_j) < 3\varepsilon'$ となるようにとる．最後に，$E - \bigcup_{j=1}^{N} B_j$ を測度の総和が $\leq 4\varepsilon'$ となるような直方体の和で覆う．一般の E に対しては，E が直方体の場合に上の結果を応用することから始める．]

27. 求長可能曲線は曲線上のほとんどすべての点で接線をもつ．この命題を正確に述べよ．

28. $\mathbb{R}^d$ 内の曲線とは，区間 $[a,b]$ から $\mathbb{R}^d$ への連続写像 $t \longmapsto z(t)$ のことである．

(a) 定理 3.1, 4.1, 4.3 で与えられる曲線の求長可能性の条件とその弧長に相当する命題を述べ証明せよ．

(b) $\mathbb{R}^d$ のコンパクト集合の (1次元) ミンコフスキー容量 $\mathcal{M}(K)$ を (もし存在すれば) 極限

$$\frac{m(K^\delta)}{m_{d-1}(B(\delta))}, \qquad \delta \to 0$$

として定義せよ．ここに，$m_{d-1}(B(\delta))$ は $B(\delta) = \{x \in \mathbb{R}^{d-1} : |x| < \delta\}$ によって定義される球の ($\mathbb{R}^{d-1}$ における) 測度である．命題 4.5, 4.7 に相当する $\mathbb{R}^d$ 内の曲線に対する命題を述べ証明せよ．

29. $\Gamma = \{z(t) : a \leq t \leq b\}$ を曲線とし，次数 $\alpha, 1/2 \leq \alpha \leq 1$ のリプシッツ条件をみたすことを仮定する．すなわち，

$$|z(t) - z(t')| \leq A|t - t'|^{\alpha}$$

がすべての $t, t' \in [a, b]$ で成立するとする. $0 < \delta \leq 1$ に対して $m(\Gamma^\delta) = O(\delta^{2-1/\alpha})$ となることを示せ.

30. 有界関数 F が $\mathbb{R}$ 上で有界変動であるとは, F が任意の有界部分区間 $[a, b]$ で有界変動で $\sup_{a,b} T_F(a, b) < \infty$ となることである.

そのような F は次の二つの性質をみたすことを証明せよ.

(a) $\int_{\mathbb{R}} |F(x+h) - F(x)| dx \leq A|h|$ が, ある定数 A とすべての $h \in \mathbb{R}$ に対して成立する.

(b) $|\int_{\mathbb{R}} F(x) \varphi'(x) dx| \leq A$ が成立する. ここに, φ は有界な台をもつ C^1 級関数で $\sup_{x \in \mathbb{R}} |\varphi(x)| \leq 1$ をみたすもの全体を動く.

この逆, および, $\mathbb{R}^d$ における類似については以下の問題 6* を見よ.

[ヒント: (a) については, 単調かつ有界な F_j により $F = F_1 - F_2$ と書き表せ. (b) については, (a) から推論せよ.]

31. F は 3.1 節で述べたカントール–ルベーグ関数とする. F のグラフとなっている曲線, すなわち, $x(t) = t, y(t) = F(t), 0 \leq t \leq 1$ によって与えられる曲線を考えよう. 区間 $0 \leq t \leq \overline{x}$ 部分の曲線の長さ $L(\overline{x})$ は $L(\overline{x}) = \overline{x} + F(\overline{x})$ で与えられることを証明せよ. したがって, 曲線の全長は 2 である.

32. $f : \mathbb{R} \to \mathbb{R}$ とする. f がリプシッツ条件

$$|f(x) - f(y)| \leq M|x - y|$$

を, ある M とすべての $x, y \in \mathbb{R}$ でみたすのは, 次の二つの性質をみたすとき, そのときに限る.

(i) f は絶対連続である.

(ii) $|f'(x)| \leq M$ a.e. x である.

6. 問題

1. ヴィタリの被覆補題の次の変形を証明せよ. E はヴィタリの意味で球の族 $\mathcal{B}$ に覆われ $0 < m_*(E) < \infty$ ならば, すべての $\eta > 0$ に対して $\mathcal{B}$ の球の互いに交わらない集まり $\{B_j\}_{j=1}^{\infty}$ が存在して

$$m_*\left(E \setminus \bigcup_{j=1}^{\infty} B_j\right) = 0, \qquad \sum_{j=1}^{\infty} |B_j| \leq (1+\eta) m_*(E).$$

2. 次の簡単な 1 次元の被覆補題は数多くの異なる状況で使うことができる.

$I_1, I_2, \cdots, I_N$ は $\mathbb{R}$ の与えられた有限個の開区間の族とする. このとき, 二つの有限個の部分族 $I_1', I_2', \cdots, I_K'$ と $I_1'', I_2'', \cdots, I_L''$ が存在して, 各部分族は互いに交わらない区間からなり,

$$\bigcup_{j=1}^{N} I_j = \bigcup_{k=1}^{K} I_k' \cup \bigcup_{\ell=1}^{L} I_\ell''$$

となる. 補題 1.2 とは対照的に, 全体の和は, 覆われていて, 単に一部分であるということではない.

[ヒント: I_1' を左の端点が最も左になる区間を選ぶ. I_1' に含まれる区間を捨てる. 残りの区間が I_1' と交わらなければ, 再び最も左にある区間を選んで I_2' とする. そうでなければ, I_1' と交わり最も右に届く区間を選んで I_1'' とする. この手続きをくり返す.]

3.* 高次元では問題 2 の類似はない. しかし, 全体の被覆はベシコヴィッチの被覆補題により与えられる. この補題の一つの形は, (次元 d にのみ依存する) 整数 N が存在して次の性質をもつ. E は $\mathbb{R}^d$ の任意の有界集合で, 各 $x \in E$ に対して中心を x とする $B \in \mathcal{B}$ が存在するという (強い) 意味で球の族 $\mathcal{B}$ に覆われているとする. このとき, もとの族 $\mathcal{B}$ の N 個の部分族 $\mathcal{B}_1, \mathcal{B}_2, \cdots, \mathcal{B}_N$ が存在して, 各 $\mathcal{B}_j$ は互いに交わらない球の集まりであり, さらに

$$E \subset \bigcup_{B \in \mathcal{B}'} B, \qquad \mathcal{B}' = \mathcal{B}_1 \cup \mathcal{B}_2 \cup \cdots \cup \mathcal{B}_N$$

となる.

4. 区間 (a, b) 上で定義された実数値関数 φ が凸であるとは, そのグラフの上にある領域 $\{(x, y) \in \mathbb{R}^2 : y > \varphi(x), a < x < b\}$ が第 1 章第 5* 節で定義したように凸であることである. 同等であるが, φ が凸であるとは,

$$\varphi(\theta x_1 + (1-\theta)x_2) \leq \theta \varphi(x_1) + (1-\theta)\varphi(x_2)$$

が, すべての $x_1, x_2 \in (a, b)$ と $0 < \theta < 1$ で成り立つことである. 結果として, 傾きについての次の不等式が得られることも見ることができる. $x < y, h > 0, x + h < y$ ならば,

$$\frac{\varphi(x+h) - \varphi(x)}{h} \leq \frac{\varphi(y) - \varphi(x)}{y - x} \leq \frac{\varphi(y) - \varphi(y-h)}{h}.$$

このとき，次を証明することができる．

(a) φ は (a, b) で連続である．

(b) φ は，(a, b) の任意の閉じた真部分区間 $[a', b']$ で次数 1 のリプシッツ条件をみたす．

(c) 高々可算無限個の点以外で φ' が存在して，$\varphi' = D^+\varphi$ は増加関数であり，
$$\varphi(y) - \varphi(x) = \int_x^y \varphi'(t)dt$$
が成立する．

(d) 逆に，ψ は (a, b) 上の任意の増加関数ならば，$(c \in (a, b)$ に対して) $\varphi(x) = \int_c^x \psi(t)dt$ は (a, b) 上の凸関数である．

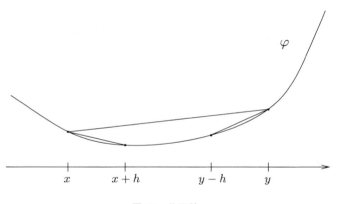

図 13 凸関数．

5. F は $[a, b]$ 上で連続で，$F'(x)$ がすべての $x \in (a, b)$ に対して存在し，F' は可積分であると仮定する．このとき，F は絶対連続であり，
$$F(b) - F(a) = \int_a^b F'(x)dx.$$
［ヒント：$F'(x) \geq 0$ a.e. x と仮定する．$F(b) \geq F(a)$ を導きたい．E を $F'(x) < 0$ となる x のなす測度 0 の集合とする．練習 25 により，絶対連続な増加関数 Φ で $D^+\Phi(x) = \infty, x \in E$ となるものが存在する．各 $\delta > 0$ に対して $F + \delta\Phi$ を考察し，練習 23 の (a) の結果を適用せよ．］

6.* 以下の練習 30 に対する逆は有界変動関数を特徴づける．

F は $\mathbb{R}$ 上の有界可測関数であるとする．F が練習の (a) または (b) の条件をみたす

ならば，F を測度 0 集合上で修正して $\mathbb{R}$ 上の有界変動関数にすることができる．

さらに，$\mathbb{R}^d$ 上では次の主張が得られる．F は $\mathbb{R}^d$ 上の有界可測関数であるとする．このとき，F についての次の二つの条件は同値である．

(a′) $\displaystyle\int_{\mathbb{R}^d}|F(x+h)-F(x)|dx \leq A|h|$ が，すべての $h \in \mathbb{R}^d$ に対して成立する．

(b′) $\displaystyle\left|\int_{\mathbb{R}^d} F(x)\frac{\partial\varphi}{\partial x_j}dx\right| \leq A,\ j=1,\cdots,d$ が，有界な台をもち $\displaystyle\sup_{x\in\mathbb{R}^d}|\varphi(x)| \leq 1$ を
みたすすべての $\varphi \in C^1$ に対して成立する．

(a′) または (b′) のどちらかをみたす関数の族は，有界変動関数の族の $\mathbb{R}^d$ への拡張である．

7. 関数
$$f_1(x) = \sum_{n=0}^\infty 2^{-n} e^{2\pi i 2^n x}$$
を考える．

(a)　f_1 は各 $0 < \alpha < 1$ に対して $|f_1(x) - f_1(y)| \leq A_\alpha |x-y|^\alpha$ をみたすことを証明せよ．

(b)*　しかし，f_1 はいたるところで微分不可能で，したがって有界変動でない．

8.* $\mathbb{R}^2$ の矩形で原点を含み座標軸に平行な辺をもつものの全体の集合を $\mathcal{R}$ と表すことにする．この族に関連した最大作用素，すなわち，
$$f_\mathcal{R}^*(x) = \sup_{R\in\mathcal{R}} \frac{1}{m(R)} \int_R |f(x-y)|\,dy$$
を考えよう．

(a)　このとき，$f \longmapsto f_\mathcal{R}^*$ は弱型不等式
$$m(\{x : f_\mathcal{R}^*(x) > \alpha\}) \leq \frac{A}{\alpha}\|f\|_{L^1}$$
を，すべての $\alpha > 0$，すべての可積分な f，適当な $A > 0$ に対してみたすとは限らない．

(b)　これを用いると，$f \in L^1(\mathbb{R})$ が存在して，$R \in \mathcal{R}$ に対して
$$\limsup_{\text{diam}(R)\to 0} \frac{1}{m(R)} \int_R f(x-y)\,dy = \infty$$
がほとんどすべての x で成立することを示すことができる．

［ヒント：(a) の部分については，B を単位球とし，関数 $\varphi(x) = \chi_B(x)/m(B)$ を考える．$\delta > 0$ に対して $\varphi_\delta(x) = \delta^{-2}\varphi(x/\delta)$ とする．このとき，
$$(\varphi_\delta)_\mathcal{R}^*(x) \to \frac{1}{|x_1|\,|x_2|}, \qquad \delta \to 0$$

が $x_1 x_2 \neq 0$ をみたすすべての (x_1, x_2) で成立する.もし弱型不等式が成立するならば,
$$m(\{|x| \leq 1 : |x_1 x_2|^{-1} > \alpha\}) \leq \frac{A}{\alpha}$$
が得られることになる.左辺は α が無限大に近づくとき $(\log \alpha)/\alpha$ 程度の無限小だから,これは矛盾である.]

第4章 ヒルベルト空間：序説

> 積分方程式の理論は，ほんの 10 年前に誕生したばかりだが，その応用の重要さと同様に，それ本来の興味深さにもあまねく注目を集めてきた．その成果のいくつかはすでに古典的になっていて，疑いなく 2, 3 年のうちに，すべての解析の講義がそれに一章を捧げるようになるだろう．
>
> ——M. プランシュレル, 1912

　ヒルベルト空間が重要であることを説明する二つの根拠がある．一つは，それが，ユークリッド空間の自然な無限次元化として登場し，そういうものとして，完備という重要な特色に補われながら，直交性という馴染み深い性質をもっていることである．もう一つは，概念的な枠組みとして，同時に，解析の基礎的な理論をより抽象的な設定で定式化する言語として，ヒルベルト空間の理論が役に立つことである．

　われわれにとっては，ルベーグ空間 $L^2(\mathbb{R}^d)$ という例によって，積分論との直接的な結びつきが生じる．関連した例 $L^2([-\pi, \pi])$ は，ヒルベルト空間とフーリエ級数を結びつけるものである．また，後者のヒルベルト空間は，単位円板上の有界正則関数の境界での挙動を解析するのに，エレガントな方法で用いられる．

　馴染み深い有限次元の場合と同様，ヒルベルト空間論の基本的な見解は，その線形変換の研究にある．この章では序説的な性格が与えられているので，数種の作用素——ユニタリー写像，射影，線形汎関数，コンパクト作用素——についての簡潔な議論に絞ることにする．

1. ヒルベルト空間 L^2

ヒルベルト空間の最も大事な例は, $\mathbb{R}^d$ 上の **2乗可積分関数**の集合である. それは, $L^2(\mathbb{R}^d)$ と表され,

$$\int_{\mathbb{R}^d} |f(x)|^2 dx < \infty$$

をみたす複素数値可測関数 f 全体からなる. そこで生じる f の $L^2(\mathbb{R}^d)$–ノルムは,

$$\|f\|_{L^2(\mathbb{R}^d)} = \left(\int_{\mathbb{R}^d} |f(x)|^2 dx\right)^{1/2}$$

と定義される. 第2章の第2節では, 可積分関数の空間 $L^1(\mathbb{R}^d)$ やそのノルムの定義を述べたが, 読者は, それらと上の定義を比べてほしい. 決定的な違いは, L^2 が内積をもつのに対し, L^1 はそうでないということである. これらの空間の間の相互の包含関係は, 練習5で取り上げる.

空間 $L^2(\mathbb{R}^d)$ では次の内積が自然に備わっている.

$$(f, g) = \int_{\mathbb{R}^d} f(x)\overline{g(x)}\, dx, \qquad f, g \in L^2(\mathbb{R}^d),$$

これは上の L^2–ノルムと直に関連する. なぜなら

$$(f, f)^{1/2} = \|f\|_{L^2(\mathbb{R}^d)}$$

が成り立つからである. 可積分関数の場合と同じように, 条件 $\|f\|_{L^2(\mathbb{R}^d)} = 0$ は, ほとんどいたるところ $f(x) = 0$ であることだけしか導かない. そこで, 理論上は, ほとんどいたるところ等しい関数どうしを同一視し, $L^2(\mathbb{R}^d)$ をこの同一視による同値類の空間と定義する. しかし, 実用の場面では, $L^2(\mathbb{R}^d)$ の元を, 関数の同値類ではなく関数と考えた方が, しばしば便利である.

内積 (f, g) の定義が意味をもつには, f と g が $L^2(\mathbb{R}^d)$ に属すとき, $f\bar{g}$ が $\mathbb{R}^d$ 上で可積分であることを知る必要がある. このことや2乗可積分関数の空間の他の基本的性質を, 次の命題にまとめておく.

この後この章では, 断りがない限り, L^2–ノルムを (添え字 $L^2(\mathbb{R}^d)$ を省いて) $\|\cdot\|$ と表現する.

命題 1.1 空間 $L^2(\mathbb{R}^d)$ は次の性質をもつ:

(ⅰ) $L^2(\mathbb{R}^d)$ はベクトル空間である.

(ii) $f, g \in L^2(\mathbb{R}^d)$ のとき，$f(x)\overline{g(x)}$ は可積分で，コーシー–シュヴァルツの不等式 $|(f, g)| \leq \|f\| \|g\|$ が成り立つ．

 (iii) $g \in L^2(\mathbb{R}^d)$ を固定したとき，写像 $f \longmapsto (f, g)$ は f に関して線形で，$(f, g) = \overline{(g, f)}$ が成り立つ．

 (iv) 三角不等式 $\|f + g\| \leq \|f\| + \|g\|$ が成り立つ．

証明 $f, g \in L^2(\mathbb{R}^d)$ のとき，$|f(x) + g(x)| \leq 2\max(|f(x)|, |g(x)|)$ だから，
$$|f(x) + g(x)|^2 \leq 4\left(|f(x)|^2 + |g(x)|^2\right).$$
よって，
$$\int |f + g|^2 \leq 4\int |f|^2 + 4\int |g|^2 < \infty$$
となり，$f + g \in L^2(\mathbb{R}^d)$．また，$\lambda \in \mathbb{C}$ のとき明らかに $\lambda f \in L^2(\mathbb{R}^d)$ である．(i) が示せた．

f と g が $L^2(\mathbb{R}^d)$ に属すとき，$f\overline{g}$ が可積分であることを導くには，次の不等式を思い起こせばよい：$A, B \geq 0$ に対し $2AB \leq A^2 + B^2$．これから，
$$\int |f\overline{g}| \leq \frac{1}{2}\left[\|f\|^2 + \|g\|^2\right] \tag{1}$$
である．コーシー–シュヴァルツの不等式を示そう．はじめにわかることは，$\|f\| = 0$ または $\|g\| = 0$ の場合，ほとんどいたるところ $fg = 0$ だから，$(f, g) = 0$ となり，不等式は明らかである．次に $\|f\| = \|g\| = 1$ と仮定しても，求める不等式 $|(f, g)| \leq 1$ は得られる．このことは，$|(f, g)| \leq \int |f\overline{g}|$ という事実と不等式 (1) から出る．最後に，$\|f\|$ と $\|g\|$ の両方が 0 でない場合，f と g を次のように正規化する．
$$\widetilde{f} = f/\|f\|, \qquad \widetilde{g} = g/\|g\|.$$
すると $\|\widetilde{f}\| = \|\widetilde{g}\| = 1$ である．このとき，先に見たことから
$$|(\widetilde{f}, \widetilde{g})| \leq 1$$
がわかる．この両辺に $\|f\| \|g\|$ をかければ，コーシー–シュヴァルツの不等式が得られる．

(iii) は積分の線形性から従う．

最後に，三角不等式の証明には，コーシー–シュヴァルツの不等式を使って，

$$\|f+g\|^2 = (f+g,\, f+g)$$
$$= \|f\|^2 + (f,\, g) + (g,\, f) + \|g\|^2$$
$$\leq \|f\|^2 + 2|(f,\, g)| + \|g\|^2$$
$$\leq \|f\|^2 + 2\|f\|\|g\| + \|g\|^2$$
$$= (\|f\| + \|g\|)^2$$

とし，平方根をとれば証明は終わる． ∎

空間 $L^2(\mathbb{R}^d)$ の極限の概念に注意を移そう．L^2 のノルムは次のように距離 d を誘導する：$f,\, g \in L^2(\mathbb{R}^d)$ のとき，

$$d(f,\, g) = \|f - g\|_{L^2(\mathbb{R}^d)}.$$

列 $\{f_n\} \subset L^2(\mathbb{R}^d)$ がコーシー列というのは，$n,\, m \to \infty$ のとき $d(f_n,\, f_m) \to 0$ となることである．また，この列が $f \in L^2(\mathbb{R}^d)$ に収束するとは，$n \to \infty$ のとき $d(f_n,\, f) \to 0$ となることである．

定理 1.2 空間 $L^2(\mathbb{R}^d)$ はその距離に関して完備である．

換言すれば，$L^2(\mathbb{R}^d)$ の任意のコーシー列が $L^2(\mathbb{R}^d)$ のある関数に収束するということである．この定理は，リーマン可積分関数での状況と強烈な対照をなし，ルベーグ積分論の有用性を鮮明に語るものである．このことやフーリエ級数との関連については後の第 3 節で詳細を述べる．

証明 ここに与える論法は，L^1 が完備であることの第 2 章での証明にかなり従っている．$\{f_n\}_{n=1}^{\infty}$ を L^2 のコーシー列とする．そして，次の性質をもつ $\{f_n\}$ の部分列 $\{f_{n_k}\}_{k=1}^{\infty}$ を考えよう：

$$\|f_{n_{k+1}} - f_{n_k}\| \leq 2^{-k}, \qquad k \geq 1.$$

いま，

$$f(x) = f_{n_1}(x) + \sum_{k=1}^{\infty}(f_{n_{k+1}}(x) - f_{n_k}(x)),$$

$$g(x) = |f_{n_1}(x)| + \sum_{k=1}^{\infty}|f_{n_{k+1}}(x) - f_{n_k}(x)|$$

とおき，部分和

$$S_K(f)(x) = f_{n_1}(x) + \sum_{k=1}^{K}(f_{n_{k+1}}(x) - f_{n_k}(x)),$$

$$S_K(g)(x) = |f_{n_1}(x)| + \sum_{k=1}^{K}|f_{n_{k+1}}(x) - f_{n_k}(x)|$$

を考える．このとき，三角不等式から

$$\|S_K(g)\| \leq \|f_{n_1}\| + \sum_{k=1}^{K}\|f_{n_{k+1}} - f_{n_k}\|$$

$$\leq \|f_{n_1}\| + \sum_{k=1}^{K} 2^{-k}$$

となる．K を ∞ にもっていき，単調収束定理を適用すると，$\int |g|^2 < \infty$ がわかる．また $|f| \leq g$ だから，$f \in L^2(\mathbb{R}^d)$ でなければならない．

特に，f を定義している級数はほとんどいたるところで収束する．また，この級数の第 $(K-1)$ 部分和は (階差数列を用いた作り方から) f_{n_K} に一致するから，

$$f_{n_k}(x) \to f(x) \quad \text{a.e. } x$$

がわかる．同じく $L^2(\mathbb{R}^d)$ において $f_{n_k} \to f$ であることを示すには，単に，すべての K に対して $|f - S_K(f)|^2 \leq (2g)^2$ であることに注意し，有界収束定理を適用する．そうすれば，$k \to \infty$ のとき $\|f_{n_k} - f\| \to 0$ となることを得る．

最後に証明を締めくくるのは，$\{f_n\}$ がコーシー列なのを思い起こすことである．ε が与えられたとき，N が存在して，すべての $n, m > N$ に対し $\|f_n - f_m\| < \varepsilon/2$ となる．もし n_k を $n_k > N$ かつ $\|f_{n_k} - f\| < \varepsilon/2$ となるように選べば，三角不等式から，$n > N$ のとき

$$\|f_n - f\| \leq \|f_n - f_{n_k}\| + \|f_{n_k} - f\| < \varepsilon$$

となる．これで定理の証明は完成した．■

$L^2(\mathbb{R}^d)$ の有用なさらなる性質は，次の定理に含まれている．

定理 1.3 空間 $L^2(\mathbb{R}^d)$ は**可分**である．すなわち，$L^2(\mathbb{R}^d)$ の可算個の元からなる集合 $\{f_k\}$ があって，それらの線形結合が $L^2(\mathbb{R}^d)$ で稠密になる．

証明 r を実部と虚部が有理数の複素数とし，R を有理数の座標をもつ長方

形[1]として，$r\chi_R(x)$ という形の関数の族を考えよう．この種の関数の有限線形結合が $L^2(\mathbb{R}^d)$ で稠密になることを示す．

$f \in L^2(\mathbb{R}^d), \varepsilon > 0$ とする．各 $n \geq 1$ に対して，

$$g_n(x) = \begin{cases} f(x) & |x| \leq n \text{ かつ } |f(x)| \leq n, \\ 0 & \text{それ以外} \end{cases}$$

と定義される関数 g_n を考えよう．このとき，$|f - g_n|^2 \leq 4|f|^2$ かつ，ほとんどいたるところ $g_n(x) \to f(x)$[2]である．有界収束定理は，$n \to \infty$ のとき $\|f - g_n\|^2_{L^2(\mathbb{R}^d)} \to 0$ となることを導く．よって，ある N に対し

$$\|f - g_N\|_{L^2(\mathbb{R}^d)} < \varepsilon/2$$

となる．$g = g_N$ とおこう．g が有界集合を台にもつ有界関数であることに注意すると，$g \in L^1(\mathbb{R}^d)$ がわかる．そこで，$|\varphi| \leq N$ と $\int |g - \varphi| < \varepsilon^2/16N$ をみたす階段関数を見つける (第 2 章の定理 2.4)．φ の標準形に現れる複素係数と長方形を，それぞれ，実部と虚部が有理数の複素数，有理数の座標をもつ長方形にうまく置き換えれば，$|\psi| \leq N$ と $\int |g - \psi| < \varepsilon^2/8N$ をみたす関数 ψ が見出せる．最後に，

$$\int |g - \psi|^2 \leq 2N \int |g - \psi| < \varepsilon^2/4$$

に注意する．結果 $\|g - \psi\| < \varepsilon/2$ だから，$\|f - \psi\| < \varepsilon$. 証明は完結した． ∎

例 $L^2(\mathbb{R}^d)$ は，ヒルベルト空間の特徴的な性質をすべてもっていて，この概念の抽象型定義の動機づけになっている．

2. ヒルベルト空間

集合 $\mathcal{H}$ は，次の条件をみたすとき，ヒルベルト空間という．

(i) $\mathcal{H}$ は $\mathbb{C}$ 上の (または $\mathbb{R}$ 上の) ベクトル空間である[3]．

---

1) 訳注：有理数 $a_1, \cdots, a_d, b_1, \cdots, b_d$ を用いて，$R = [a_1, b_1] \times \cdots \times [a_d, b_d]$ と表される長方形 R のこと．

2) 定義より $f \in L^2(\mathbb{R}^d)$ だから，$|f|^2$ は可積分で，それゆえ a.e. x で $f(x)$ は有限値である．

3) この段階では両方の場合を考えている．つまり，スカラー体は $\mathbb{C}$ と $\mathbb{R}$ のどちらでもよい．

(ii)　$\mathcal{H}$ には次のような内積 $(\cdot, \cdot)$ が備わっている．
- 任意に固定した $g \in \mathcal{H}$ に対し，写像 $f \longmapsto (f, g)$ は $\mathcal{H}$ 上で線形である．
- $(f, g) = \overline{(g, f)}$．
- すべての $f \in \mathcal{H}$ に対して $(f, f) \geq 0$．

$\|f\| = (f, f)^{1/2}$ と書く．

(iii)　$\|f\| = 0$ と $f = 0$ は同値である．

(iv)　コーシー–シュヴァルツの不等式と三角不等式が成り立つ．すなわち，任意の $f, g \in \mathcal{H}$ に対して，

$$|(f, g)| \leq \|f\| \|g\|, \qquad \|f + g\| \leq \|f\| + \|g\|.$$

(v)　$\mathcal{H}$ は，距離 $d(f, g) = \|f - g\|$ に関して完備である．

(vi)　$\mathcal{H}$ は可分である．

ヒルベルト空間の定義について二つコメントしておこう．第一に，(iv) のコーシー–シュヴァルツの不等式と三角不等式は，実のところ仮定 (ⅰ) と (ⅱ) の簡単な帰結である (練習1)．第二に，$\mathcal{H}$ が可分であるという条件をおいたのは，われわれが出会うほとんどの応用場面でそうなっているからである．これは，非可分な例におもしろいものがないといっているのではない．そのような例は問題2で述べられる．

また，ヒルベルト空間の話では，$\lim_{n \to \infty} \|f_n - f\| = 0$ 同じく $d(f_n, f) \to 0$ を表すのに，しばしば $\lim_{n \to \infty} f_n = f$ あるいは $f_n \to f$ と書くことを注意しておこう．

ヒルベルト空間の例をいくつかあげよう．

例1　E が $\mathbb{R}^d$ の可測部分集合で $m(E) > 0$ のとき，$L^2(E)$ は，E に台がある2乗可積分関数の空間を表す．すなわち

$$L^2(E) = \left\{ f : E\text{ 上に台がある} \quad \text{かつ} \quad \int_E |f(x)|^2\, dx < \infty \right\}$$

である．このとき，$L^2(E)$ での内積とノルムは，

$$(f, g) = \int_E f(x) \overline{g(x)}\, dx, \qquad \|f\| = \left(\int_E |f(x)|^2\, dx \right)^{1/2}$$

である．ここでも再度，$L^2(E)$ の二つの元は，測度0の集合上でだけ異なるとき，

しかし，フーリエ解析の研究のように，多くの応用場面では主に $\mathbb{C}$ 上のヒルベルト空間を扱う．

同じであると考える．このことは，$\|f\| = 0$ のとき $f = 0$ となることを保証する．また，性質 (i)〜(vi) は，前節で証明した $L^2(\mathbb{R}^d)$ の性質から出る．

例2 簡明な例は有限次元複素ユークリッド空間である．実際，集合
$$\mathbb{C}^N = \{(a_1, \cdots, a_N) : a_k \in \mathbb{C}\}$$
は，次の内積を備えたときヒルベルト空間になる：
$$\sum_{k=1}^N a_k \overline{b_k}.$$
ここで，$a = (a_1, \cdots, a_N)$ と $b = (b_1, \cdots, b_N)$ は $\mathbb{C}^N$ の元である．それから，ノルムは，
$$\|a\| = \left(\sum_{k=1}^N |a_k|^2\right)^{1/2}$$
である．同様にして，実ヒルベルト空間 $\mathbb{R}^N$ も定義できるだろう．

例3 上の例の無限次元版が空間 $\ell^2(\mathbb{Z})$ である．定義は，
$$\ell^2(\mathbb{Z}) = \left\{(\cdots, a_{-2}, a_{-1}, a_0, a_1, a_2, \cdots) : a_i \in \mathbb{C}, \sum_{n=-\infty}^{\infty} |a_n|^2 < \infty\right\}$$
である．このような無限列を a, b によって表すと，その内積とノルムは，
$$(a, b) = \sum_{k=-\infty}^{\infty} a_k \overline{b_k}, \qquad \|a\| = \left(\sum_{k=-\infty}^{\infty} |a_k|^2\right)^{1/2}$$
となる．$\ell^2(\mathbb{Z})$ がヒルベルト空間になることの証明は，練習4にまわそう．

この例はとても明解であるが，任意の無限次元 (可分) ヒルベルト空間が見ようによって $\ell^2(\mathbb{Z})$ と同じであることが，後にわかるだろう．

また，この空間を少し変形したものに $\ell^2(\mathbb{N})$ がある．ここでは，一方向だけの数列をとり，
$$\ell^2(\mathbb{N}) = \left\{(a_1, a_2, \cdots) : a_i \in \mathbb{C}, \sum_{n=1}^{\infty} |a_n|^2 < \infty\right\}$$
とする．このとき，内積とノルムは，和を $n = 1$ から ∞ までとることで同様に定義される．

ヒルベルト空間特有の性質は直交性の概念である．この見地は，幾何的かつ解析的な内容の濃い結果を導くとともに，他のノルム空間からヒルベルト空間を選

り分ける．この性質のいくつかを，これから述べよう．

2.1 直交性

内積 $(\cdot, \cdot)$ をもつヒルベルト空間 $\mathcal{H}$ の 2 元 f, g が，**直交している**，あるいは**直角**であるとは，
$$(f, g) = 0$$
であることで，このことを $f \perp g$ と書く．まず簡単に考察したいのは，この抽象的なヒルベルト空間の設定でも，ふつうのピタゴラスの定理が成り立つということである．

命題 2.1 $f \perp g$ のとき，$\|f + g\|^2 = \|f\|^2 + \|g\|^2$．

証明 $(f, g) = 0$ のとき $(g, f) = 0$ となることに気づけば十分である．実際，このことから，
$$\|f + g\|^2 = (f + g, f + g) = \|f\|^2 + (f, g) + (g, f) + \|g\|^2$$
$$= \|f\|^2 + \|g\|^2.$$
∎

ヒルベルト空間 $\mathcal{H}$ の有限または可算無限な部分集合 $\{e_1, e_2, \cdots\}$ が**正規直交**であるとは，
$$(e_k, e_\ell) = \begin{cases} 1 & k = \ell, \\ 0 & k \neq \ell \end{cases}$$
が成り立つことである．言い換えると，各 e_k はノルム 1 で，$\ell \neq k$ のとき e_ℓ と直交している．

命題 2.2 $\{e_k\}_{k=1}^{\infty}$ が正規直交で，$f = \sum a_k e_k \in \mathcal{H}$ (有限和) のとき，
$$\|f\|^2 = \sum |a_k|^2.$$

証明は，ピタゴラスの定理の簡単な応用である．

$\mathcal{H}$ の正規直交な部分集合 $\{e_1, e_2, \cdots\} = \{e_k\}_{k=1}^{\infty}$ が与えられたとき，自然な問題は，その部分集合が $\mathcal{H}$ 全体を生成するか，すなわち，$\{e_1, e_2, \cdots\}$ の元の有限線形結合の全体が $\mathcal{H}$ で稠密かどうか，それを確かめることである．このようなことが起きたとき，$\{e_k\}_{k=1}^{\infty}$ は $\mathcal{H}$ の**正規直交基底**であると呼ばれる．もし，正

規直交基底が存在していたら，われわれは，任意の $f \in \mathcal{H}$ が，ある定数 $a_k \in \mathbb{C}$ に対し

$$f = \sum_{k=1}^{\infty} a_k e_k$$

という形をとることを期待する．なぜなら，この両辺において e_j との内積を作り，$\{e_k\}$ が正規直交であることを適用すると，(形式的に)

$$(f, e_j) = a_j$$

となるからである．この案件はフーリエ級数に動機づけられている．実際，$\mathcal{H}$ が，内積 $(f, g) = \dfrac{1}{2\pi} \int_{-\pi}^{\pi} f(x)\overline{g(x)}\,dx$ をもつ空間 $L^2([-\pi, \pi])$ で，正規直交集合 $\{e_k\}_{k=1}^{\infty}$ が単に指数関数列 $\{e^{inx}\}_{n=-\infty}^{\infty}$ の並び替えだと考えることで，下の定理をうまく理解することができる．

フーリエ級数で用いられた表現に合わせて，すべての j に対し $a_j = (f, e_j)$ とし，$f \sim \sum_{k=1}^{\infty} a_k e_k$ と書くことにする．

次の定理では，$\{e_k\}$ が $\mathcal{H}$ の正規直交基底であることの同値条件が四つ与えられる．

定理 2.3 正規直交集合 $\{e_k\}_{k=1}^{\infty}$ に関する次の性質は，互いに同値である．

(i) $\{e_k\}$ の元の有限線形結合全体は，$\mathcal{H}$ で稠密である．

(ii) $f \in \mathcal{H}$，かつ，すべての j に対して $(f, e_j) = 0$ ならば，$f = 0$ である．

(iii) $f \in \mathcal{H}$ に対し，$a_k = (f, e_k)$ とし，$S_N(f) = \sum_{k=1}^{N} a_k e_k$ とおくと，ノルムに関して $S_N(f) \to f\,(N \to \infty)$．

(iv) $a_k = (f, e_k)$ とおくと，$\|f\|^2 = \sum_{k=1}^{\infty} |a_k|^2$．

証明 各性質がその下の性質を導くこと，そして，最後の性質が最初の性質を導くことを証明しよう．

はじめに (i) を仮定する．すべての j で $(f, e_j) = 0$ となる $f \in \mathcal{H}$ が与えられたとき，$f = 0$ となることを証明したい．仮定から，$\{e_k\}$ の元の有限線形結合である $\mathcal{H}$ の元の列 $\{g_n\}$ で，$n \to \infty$ のとき $\|f - g_n\|$ が 0 に収束するものが存在する．すべての j で $(f, e_j) = 0$ だから，すべての n で $(f, g_n) = 0$ でなければならない．ゆえに，コーシー–シュヴァルツの不等式を使うと，すべての n に

対し
$$\|f\|^2 = (f, f) = (f, f - g_n) \le \|f\| \|f - g_n\|$$
となる. $n \to \infty$ とすれば $\|f\|^2 = 0$ が示せ, それゆえ $f = 0$ である. こうして (ⅰ) ならば (ⅱ) である.

次に, (ⅱ) が成り立つとする. $f \in \mathcal{H}$ に対し,
$$S_N(f) = \sum_{k=1}^{N} a_k e_k, \qquad a_k = (f, e_k)$$
と定め, まずは $S_N(f)$ がある元 $g \in \mathcal{H}$ に収束することを示そう. 実際, a_k の定義から, $(f - S_N(f)) \perp S_N(f)$ となることに気づこう. すると, ピタゴラスの定理と命題 2.2 から,

(2) $\qquad \|f\|^2 = \|f - S_N(f)\|^2 + \|S_N(f)\|^2 = \|f - S_N(f)\|^2 + \sum_{k=1}^{N} |a_k|^2$

となる. ゆえに $\|f\|^2 \ge \sum_{k=1}^{N} |a_k|^2$. ここで N を ∞ にもっていくと, **ベッセルの不等式**
$$\sum_{k=1}^{\infty} |a_k|^2 \le \|f\|^2$$
が得られる. これは, 級数 $\sum_{k=1}^{\infty} |a_k|^2$ が収束することをいっている. よって,
$$\|S_N(f) - S_M(f)\|^2 = \sum_{k=M+1}^{N} |a_k|^2, \qquad N > M$$
から, $\{S_N(f)\}_{N=1}^{\infty}$ は $\mathcal{H}$ のコーシー列をなす. $\mathcal{H}$ は完備だから, $N \to \infty$ のとき $S_N(f) \to g$ となる $g \in \mathcal{H}$ が存在する.

j を固定すると, 十分大きな任意の N に対して, $(f - S_N(f), e_j) = a_j - a_j = 0$ となることに注意しよう. $S_N(f)$ は g に収束するから, 各 j に対し
$$(f - g, e_j) = 0$$
と結論できる. よって, 仮定 (ⅱ) から $f = g$ となり, $f = \sum_{k=1}^{\infty} a_k e_k$ が証明できた.

次は, (ⅲ) が成り立つとしよう. (2) から, $N \to \infty$ のときの極限として,
$$\|f\|^2 = \sum_{k=1}^{\infty} |a_k|^2$$

がすぐに得られるだろう.

最後に,(iv) が成り立てば,再び (2) から,$\|f - S_N(f)\|$ が 0 に収束することがわかる. 各 $S_N(f)$ は,$\{e_k\}$ の元の有限線形結合だから,一巡して(i)がいえた. これで定理が証明できた. ∎

とりわけ証明をよく見ると,次のことが示せている:ベッセルの不等式はどんな正規直交集合 $\{e_k\}$ に対しても成り立つ. それとは対照的に,**パーセヴァルの等式**と呼ばれる等式

$$\|f\|^2 = \sum_{k=1}^{\infty} |a_k|^2 \quad \text{ただし,} \quad a_k = (f, e_k)$$

は,$\{e_k\}_{k=1}^{\infty}$ が正規直交基底であるとき,しかもそのときに限り成り立つ.

今度は,基底の存在に注意を向けよう.

定理 2.4 どんなヒルベルト空間にも,正規直交基底が存在する.

この事実を証明する第一歩は,(定義により) ヒルベルト空間 $\mathcal{H}$ が可分なのを思い出すことである. これにより,$\mathcal{H}$ の元の可算集合 $\mathcal{F} = \{h_k\}$ で,$\mathcal{F}$ の元の有限線形結合全体が $\mathcal{H}$ で稠密になるものを選ぶことができる.

はじめに,有限次元ベクトル空間の場合に用いられてきた定義を思い出そう. 有限個の元 $g_1, \cdots, g_N$ が **1 次独立**であるというのは,

$$\text{複素数 } a_i \text{ に対して} \quad a_1 g_1 + \cdots + a_N g_N = 0$$

であるとき,つねに $a_1 = a_2 = \cdots = a_N = 0$ となることである. 言い換えると,どの元 g_j も他の元の線形結合にならないということである. 特に,どの g_j も 0 になりえないことを注意しておこう. また,可算個の元の集合が **1 次独立**であるとは,この集合のどんな有限部分集合も 1 次独立になることである.

次は,順次,元 h_k がそれまでの元 $h_1, h_2, \cdots, h_{k-1}$ に 1 次従属な[4]とき,それを除いていく. すると,残った元の集まり $h_1 = f_1, f_2, \cdots, f_k, \cdots$ は 1 次独立な元からなり,それらの有限線形結合の全体は,$h_1, h_2, \cdots, h_k, \cdots$ の有限線形結合全体と同じになる. それゆえ,この線形結合全体も $\mathcal{H}$ で稠密である.

これで,定理の証明は,**グラム–シュミット法**というよく知られた構成法の適

---

4) 訳注:1 次独立でない.

用で達成できることになった．有限個の元の集合 $\{f_1,\cdots,f_k\}$ が与えられたとき，この集合の**生成空間**とは，元 $\{f_1,\cdots,f_k\}$ の有限線形結合で表される元全体の集合のことである．そして，$\{f_1,\cdots,f_k\}$ の生成空間を $\mathrm{Span}(\{f_1,\cdots,f_k\})$ で表す．

では，正規直交な元の列 $e_1,e_2,\cdots$ で，$n\geq 1$ に対し $\mathrm{Span}(\{e_1,\cdots,e_n\})=\mathrm{Span}(\{f_1,\cdots,f_n\})$ となるものを作ろう．帰納的に行う．

1次独立という仮定から $f_1\neq 0$ なので，$e_1=f_1/\|f_1\|$ ととることができる．次に，ある k に対して，正規直交な元 $e_1,\cdots,e_k$ で，$\mathrm{Span}(\{e_1,\cdots,e_k\})=\mathrm{Span}(\{f_1,\cdots,f_k\})$ となるものが見つかったと仮定する．そのとき，試みに e'_{k+1} が $f_{k+1}+\sum_{j=1}^{k}a_je_j$ であるとしてみよう．$(e'_{k+1},e_j)=0$ であるためには，$a_j=-(f_{k+1},e_j)$ であることが必要であり，逆に，$1\leq j\leq k$ に対して a_j をこのように選ぶと，e'_{k+1} は $e_1,\cdots,e_k$ に直交する．さらに，1次独立という仮定から，$e'_{k+1}\neq 0$ であることがわかる．ゆえに「正規化」だけが必要で，$e_{k+1}=e'_{k+1}/\|e'_{k+1}\|$ ととることで，帰納法の階段が完成する．これをもって，$\mathcal{H}$ の正規直交基底が見つかった．

これまでは，1次独立な元 $f_1,f_2,\cdots$ の個数は，無限であるとはっきりと仮定してきた．1次独立な元が N 個 $f_1,\cdots,f_N$ だけしかない場合は，同様にして作った $e_1,\cdots,e_N$ が $\mathcal{H}$ の正規直交基底を与える．これら二つの場合は次の定義で区別される．$\mathcal{H}$ がヒルベルト空間で，有限個の元からなる正規直交基底をもつとき，$\mathcal{H}$ は**有限次元**であるという．そうでないとき，$\mathcal{H}$ は**無限次元**であるという．

2.2 ユニタリー写像

二つのヒルベルト空間の間でそれらの構造を保存する対応が，ユニタリー変換である．もっと正確に述べよう．二つのヒルベルト空間 $\mathcal{H}$ と $\mathcal{H}'$ が与えられ，それぞれの内積が $(\cdot,\cdot)_{\mathcal{H}}$ と $(\cdot,\cdot)_{\mathcal{H}'}$ で，対応するノルムが $\|\cdot\|_{\mathcal{H}}$ と $\|\cdot\|_{\mathcal{H}'}$ であるとする．これらの空間の間の写像 $U:\mathcal{H}\to\mathcal{H}'$ は，次の条件をみたすとき，**ユニタリー**と呼ばれる．

(ⅰ) U は線形である．すなわち $U(\alpha f+\beta g)=\alpha U(f)+\beta U(g)$．

(ⅱ) U は全単射である．

(ⅲ) すべての $f\in\mathcal{H}$ に対し，$\|Uf\|_{\mathcal{H}'}=\|f\|_{\mathcal{H}}$．

簡単な考察結果を列挙しよう．まず，U は全単射だから，逆変換 $U^{-1}: \mathcal{H}' \to \mathcal{H}$ が必ずあり，それもユニタリーである．また，上の条件 (iii) から，U がユニタリーのとき，

$$(Uf, Ug)_{\mathcal{H}'} = (f, g)_{\mathcal{H}}, \qquad f, g \in \mathcal{H}$$

となる．これを見るには「分極」すれば十分である．それは，内積 $(\cdot, \cdot)$ とノルム $\|\cdot\|$ をもった ($\mathbb{C}$ 上の) 任意のベクトル空間において，F と G がその空間の元であるとき，つねに

$$(F, G) = \frac{1}{4}\left[\|F+G\|^2 - \|F-G\|^2 + i\left(\left\|\frac{F}{i}+G\right\|^2 - \left\|\frac{F}{i}-G\right\|^2\right)\right]$$

が成り立つことである．

上のことが動機になって，二つのヒルベルト空間 $\mathcal{H}$ と $\mathcal{H}'$ は，ユニタリー写像 $U: \mathcal{H} \to \mathcal{H}'$ が存在するときに，**ユニタリー同値**，あるいは**ユニタリー同型**であるという．明らかに，ヒルベルト空間の間のユニタリー同型は同値関係である．

前に，無限次元ヒルベルト空間はすべて同じで，見ようによってはある意味 $\ell^2(\mathbb{Z})$ であるということを述べたが，上の定義をしたいま，そのことに正確な意味づけができるようになった．

系 2.5 任意の二つの無限次元ヒルベルト空間は，ユニタリー同値である．

証明 $\mathcal{H}, \mathcal{H}'$ がともに無限次元ヒルベルト空間であるとき，それぞれにおいて正規直交基底

$$\{e_1, e_2, \cdots\} \subset \mathcal{H}, \qquad \{e_1', e_2', \cdots\} \subset \mathcal{H}'$$

を選ぶことができる．そこで，次のような写像を考えよう：$f = \sum_{k=1}^{\infty} a_k e_k$ のとき，

$$U(f) = g, \qquad \sum_{k=1}^{\infty} a_k e_k'.$$

明らかに，写像 U は線形かつ可逆である．さらに，パーセヴァルの等式から，

$$\|Uf\|_{\mathcal{H}'}^2 = \|g\|_{\mathcal{H}'}^2 = \sum_{k=1}^{\infty} |a_k|^2 = \|f\|_{\mathcal{H}}^2$$

でなければならない．これで系が証明できた． ∎

結果として，すべての無限次元ヒルベルト空間は，$\ell^2(\mathbb{Z})$ とユニタリー同値で，さらに番号のつけ替えにより $\ell^2(\mathbb{N})$ ともユニタリー同値である．同様の理由で次

のこともわかる．

系 2.6 二つの有限次元ヒルベルト空間がユニタリー同値であるためには，それらが同次元であることが必要十分である．

こうして，$\mathbb{C}$ 上 (または $\mathbb{R}$ 上) のすべての有限次元ヒルベルト空間は，ある d に対し，$\mathbb{C}^d$ (または $\mathbb{R}^d$) と同値である．

2.3 前ヒルベルト空間

ヒルベルト空間は自然に導入されたが，ときには，代わりに**前ヒルベルト空間**からはじめることもある．それは，ヒルベルト空間の定義の性質で (v) 以外のものすべてをみたす空間 $\mathcal{H}_0$ のことである．言い換えると，$\mathcal{H}_0$ には完備であることを仮定しない．フーリエ級数の勉強のはじめの方では，リーマン可積分関数の空間 $\mathcal{H}_0 = \mathcal{R}$ においてふつうの内積を考え，初めて空間の例が登場した：このことは後で振り返る．また，次の章では，偏微分方程式の解の勉強において別の例が現れる．

幸いなことに，すべての前ヒルベルト空間は完備にすることができる．

命題 2.7 内積 $(\cdot, \cdot)_0$ をもつ前ヒルベルト空間 $\mathcal{H}_0$ が与えられたとする．そのとき，次のような内積 $(\cdot, \cdot)$ をもつヒルベルト空間 $\mathcal{H}$ を見つけることができる：

(i) $\mathcal{H}_0 \subset \mathcal{H}$.

(ii) $f, g \in \mathcal{H}_0$ のとき，$(f, g)_0 = (f, g)$.

(iii) $\mathcal{H}_0$ は $\mathcal{H}$ で稠密である．

上の命題の $\mathcal{H}$ のような性質をもつヒルベルト空間を，$\mathcal{H}_0$ の**完備化**という．ここでは，$\mathcal{H}$ を構成するあらすじを書くだけにする．というのは，有理数のコーシー列を使って有理数の完備化として実数を得る際の，カントールのよく知られた方法が，そっくり今回のことを導くからである．

実際，$f_n \in \mathcal{H}_0, 1 \leq n < \infty$ として，コーシー列 $\{f_n\}$ 全体の集合を考えよう．この集合に次のようにして同値関係を定義する：$\{f_n\}$ と $\{f'_n\}$ が同値であるというのは，$n \to \infty$ のとき $f_n - f'_n$ が 0 に収束することである．このときの同値類の集合を $\mathcal{H}$ とする．すると，$\mathcal{H}$ が内積をもつベクトル空間の構造を受け継ぐことが，簡単に確かめられる．ここで，内積 (f, g) は $\lim\limits_{n \to \infty} (f_n, g_n)$ で定義される．

ただし，$\{f_n\}, \{g_n\}$ は，それぞれ $\mathcal{H}$ の元 f, g を表す $\mathcal{H}_0$ のコーシー列である．次に，$f \in \mathcal{H}_0$ のとき，$\mathcal{H}$ の元として f を表すのに，すべての n に対して $f_n = f$ である列 $\{f_n\}$ をとる．すると $\mathcal{H}_0 \subset \mathcal{H}$ である．また，$\mathcal{H}$ が完備であることを見るために，$\{f^k\}_{k=1}^{\infty}$ を $\mathcal{H}$ のコーシー列とし，各 f^k を $\{f_n^k\}_{n=1}^{\infty}, f_n^k \in \mathcal{H}_0$ で表す．$f_n = f_n^n$ として点列 $\{f_n\}$ を定め，これによって表されるものを $f \in \mathcal{H}$ と定め，$f = \lim_{k \to \infty} f_k$ in $\mathcal{H}$ であることを見る．

また，$\mathcal{H}_0$ の完備化 $\mathcal{H}$ が，同型であることを同じと見なしたとき，ただ一つしかないことがわかる (練習14を参照)．

3. フーリエ級数とファトゥーの定理

われわれは，ヒルベルト空間とフーリエ級数の初歩的事実との間にある興味深い関係をすでに見てきた．ここでは，この考え方をおしすすめ，それを複素解析とも結びつけたい．

フーリエ級数を考えるとき，$[-\pi, \pi]$ 上の可積分関数全体という広いクラスに目を向けて事を始めるのが自然である．実際，区間 $[-\pi, \pi]$ は測度有限なので，コーシー–シュヴァルツの不等式より，$L^2([-\pi, \pi]) \subset L^1([-\pi, \pi])$ となることに注意しよう．そこで，$f \in L^1([-\pi, \pi])$ と $n \in \mathbb{Z}$ に対して，f の第 n **フーリエ係数**を

$$a_n = \frac{1}{2\pi} \int_{-\pi}^{\pi} f(x) e^{-inx} dx$$

と定める．それから，f の**フーリエ級数**を，形式的に $\sum_{n=-\infty}^{\infty} a_n e^{inx}$ とし，

$$f(x) \sim \sum_{n=-\infty}^{\infty} a_n e^{inx}$$

と書く．この表記は，右辺の級数が左辺の関数のフーリエ級数であることを意味する．これまでに展開してきた理論は，第I巻で得られた以前の結果の自然な一般化を与えてくれる．

定理 3.1 f は $[-\pi, \pi]$ 上で可積分とする．

(i) すべての n に対し $a_n = 0$ のとき，a.e. x で $f(x) = 0$ である．

(ii) $r < 1, r \to 1$ のとき,a.e. x に対して,$\sum_{n=-\infty}^{\infty} a_n r^{|n|} e^{inx}$ は $f(x)$ に収束する.

第二の内容は,フーリエ級数が,ほとんどいたるところで f に「アーベル総和可能」であるということである.$|a_n| \leq \dfrac{1}{2\pi} \int_{-\pi}^{\pi} |f(x)| dx$ だから,$0 \leq r < 1$ である各 r に対して,級数 $\sum a_n r^{|n|} e^{inx}$ が絶対かつ一様に収束することに注意しておこう.

証明 第一の主張は第二の主張の直接の帰結である.後者を証明するために,ポアソン核に関する等式
$$\sum_{n=-\infty}^{\infty} r^{|n|} e^{iny} = P_r(y) = \frac{1-r^2}{1-2r\cos y + r^2}$$
を思い出そう (第 I 巻第 2 章参照).$f \in L^1([-\pi, \pi])$ が与えられたところから始めたので,それを,周期 2π をもつ $\mathbb{R}$ 上の周期関数に拡張する[5].このとき,すべての x に対して,

(3) $$\sum_{n=-\infty}^{\infty} a_n r^{|n|} e^{inx} = \frac{1}{2\pi} \int_{-\pi}^{\pi} f(x-y) P_r(y) dy$$

となることをいいたい.実際,有界収束定理から,右辺は
$$\sum r^{|n|} \frac{1}{2\pi} \int_{-\pi}^{\pi} f(x-y) e^{iny} dy$$
に等しい.さらに,すべての x, n に対して,
$$\int_{-\pi}^{\pi} f(x-y) e^{iny} dy = \int_{-\pi+x}^{\pi+x} f(y) e^{in(x-y)} dy$$
$$= e^{inx} \int_{-\pi}^{\pi} f(y) e^{-iny} dy = e^{inx} 2\pi a_n.$$

ここで,1 番目の等式は,平行移動の不変性 (第 2 章の第 3 節を参照) から出る.2 番目の等式は次のことによる:F が周期 2π の周期関数で,I が長さ 2π の区間のとき,$\int_{-\pi}^{\pi} F(y) dy = \int_I F(y) dy$ となる (第 2 章の練習 3).これらの考察から,等式 (3) が確立する.今度は,近似単位元についての事実 (第 3 章の定理 2.1 と例

---

[5] 次のことに注意しよう:一般性を損なうことなく $f(\pi) = f(-\pi)$ と仮定してよい.それにより,曖昧さなく周期関数への拡張ができる.

4) を持ち出すと，f のルベーグ集合のすべての点で，それゆえ，ほとんどいたるところで，(3) の左辺が $f(x)$ に収束することが結論できる (正確を期そう．この定理の仮定では，f が $\mathbb{R}$ 全体で可積分であることが要求される．そこで，周期関数 f を $[-2\pi, 2\pi]$ の外では 0 に等しくなるよう設定し直せば，上のことが達成できる．それに，この直した f でも，$x \in [-\pi, \pi]$ のときには，(3) が相変わらず成り立つ)．∎

より制約された L^2 の設定に戻ろう．そして，定理 2.3 の本質的な内容を，フーリエ級数の言葉で表現しよう．$f \in L^2([-\pi, \pi])$ に対しても，前と同様 $a_n = \dfrac{1}{2\pi} \displaystyle\int_{-\pi}^{\pi} f(x) e^{-inx} dx$ と書く．

定理 3.2 $f \in L^2([-\pi, \pi])$ とする．そのとき，

(i) 次のパーセヴァルの関係式が成り立つ：
$$\sum_{n=-\infty}^{\infty} |a_n|^2 = \frac{1}{2\pi} \int_{-\pi}^{\pi} |f(x)|^2 dx.$$

(ii) 写像 $f \longmapsto \{a_n\}$ は，$L^2([-\pi, \pi])$ と $\ell^2(\mathbb{Z})$ の間のユニタリーな対応になる．

(iii) f のフーリエ級数は，L^2-ノルムで f に収束する．すなわち，$S_N(f) = \displaystyle\sum_{|n| \leq N} a_n e^{inx}$ のとき，
$$\frac{1}{2\pi} \int_{-\pi}^{\pi} |f(x) - S_N(f)(x)|^2 dx \to 0, \qquad N \to \infty.$$

前節の結果にあてはめるため，$\mathcal{H} = L^2([-\pi, \pi])$ とし，それが内積 $(f, g) = \dfrac{1}{2\pi} \displaystyle\int_{-\pi}^{\pi} f(x) \overline{g(x)} dx$ をもつとする．そして，指数関数 $\{e^{inx}\}_{n=-\infty}^{\infty}$ において，$n = 0$ のとき $k = 1$，$n > 0$ のとき $k = 2n$，$n < 0$ のとき $k = 2|n| + 1$ としたときの正規直交集合 $\{e_k\}_{k=1}^{\infty}$ を採用する．

前節の結果によると，定理 2.3 の条件 (ii) が成立しているから，他の条件も成立する．よって，パーセヴァルの関係式が成り立ち，(iv) から，$N \to \infty$ のとき $\|f - S_N(f)\|^2 = \displaystyle\sum_{|n| > N} |a_n|^2 \to 0$ となることがわかる．同じように，与えられた $\{a_n\} \in \ell^2(\mathbb{Z})$ に対し，$N, M \to \infty$ のとき $\|S_N(f) - S_M(f)\|^2 \to 0$ となる．よって，L^2 の完備性の保証のもと，$\|f - S_N(f)\| \to 0$ となる $f \in L^2$ が存在す

る．そして，f のフーリエ級数が $\{a_n\}$ であることも，直接確かめられる．こうして，写像 $f \longmapsto \{a_n\}$ が全射で，それゆえユニタリーであることが導き出せた．このことは，L^2 の設定では成り立つが，リーマン可積分関数についての以前の議論では成り立たない重要な事実である．実際，$[-\pi, \pi]$ 上のリーマン可積分関数の空間 $\mathcal{R}$ は，このノルムで完備ではない．それは実際に連続関数を含むが，$\mathcal{R}$ それ自体有界関数の集まりに限定されている．

3.1 ファトゥーの定理

ファトゥーの定理は複素解析の著しい結果である．その証明では，ヒルベルト空間とフーリエ級数，および微分法の深い考え方からの要素が組み合わさっていて，その主張に現れる概念に関することは何も使わない．ファトゥーの定理が答えているもとの問題は，次のように簡単におくことができる．

$F(z)$ は単位円板 $\mathbb{D} = \{z \in \mathbb{C} : |z| < 1\}$ 上で正則であるとする．$F(z)$ が，単位円周上の境界値 $F(e^{i\theta})$ に適当な意味で収束することを保証する F に関する条件は何か？

一般に，単位円板上の正則関数は，境界の近くでまったくでたらめにふるまえる．しかし，簡単な有界条件を課すと，強い結果を得るのに十分なのがわかる．

F が単位円板 $\mathbb{D}$ 上で定義された関数のとき，極限

$$\lim_{\substack{r \to 1 \\ r < 1}} F(re^{i\theta})$$

が存在すれば，F は単位円周の点 $-\pi \leq \theta \leq \pi$ で**半径に沿った極限をもつ**という．

定理 3.3 単位円板上の有界正則関数 $F(re^{i\theta})$ は，ほとんどすべての θ で半径に沿った極限をもつ．

証明 $F(z)$ が $\mathbb{D}$ においてベキ級数 $\sum_{n=0}^{\infty} a_n z^n$ に展開でき，それが $r < 1$, $z = re^{i\theta}$ において，絶対かつ一様に収束することは知っている．実際，このとき，$r < 1$ に対して，級数 $\sum_{n=0}^{\infty} a_n r^n e^{in\theta}$ は，関数 $F(re^{i\theta})$ のフーリエ級数になっている．すなわち，$n \geq 0$ のとき，

$$a_n r^n = \frac{1}{2\pi} \int_{-\pi}^{\pi} F(re^{i\theta}) e^{-in\theta} d\theta$$

で，$n < 0$ のとき，この積分は 0 である (第 II 巻第 3 章の第 7 節参照)．

すべての $z \in \mathbb{D}$ で $|F(z)| \leq M$ となる定数 M をとる.パーセヴァルの等式から,
$$\sum_{n=0}^{\infty} |a_n|^2 r^{2n} = \frac{1}{2\pi} \int_{-\pi}^{\pi} |F(re^{i\theta})|^2 d\theta, \qquad 0 \leq r < 1$$
である.$r \to 1$ とすると,$\sum |a_n|^2$ が収束すること (和が $\leq M^2$) がわかる.いま,フーリエ級数が,$n \geq 0$ のとき a_n で,$n < 0$ のとき 0 になるような L^2 関数を $F(e^{i\theta})$ とする.すると,定理 3.1 の主張 (ii) によって,
$$\sum_{n=0}^{\infty} a_n r^n e^{in\theta} \to F(e^{i\theta}), \quad \text{a.e. } \theta$$
となり,定理の証明が完結した. ∎

上に与えた論法をよく見ると,もっと広い関数のクラスにおいても,同じ結論が成り立つのがわかる.これに関連して,**ハーディ空間** $H^2(\mathbb{D})$ を定義しよう.その空間は,単位円板 $\mathbb{D}$ 上の正則関数 F で
$$\sup_{0 \leq r < 1} \frac{1}{2\pi} \int_{-\pi}^{\pi} |F(re^{i\theta})|^2 d\theta < \infty$$
をみたすもの全体からなる.また,このクラスの関数 F の「ノルム」$\|F\|_{H^2(\mathbb{D})}$ は,上の値の平方根と定義する.

F が有界なら $F \in H^2(\mathbb{D})$ であること,さらに,任意の $F \in H^2(\mathbb{D})$ に対しても,有界な場合に与えたのと同じ議論によって,ほとんどいたるところで,半径に沿った極限が存在するという結論が成り立つ[6].最後に注意であるが,$F \in H^2(\mathbb{D})$ であることと,$F(z) = \sum_{n=0}^{\infty} a_n z^n$ かつ $\sum_{n=0}^{\infty} |a_n|^2 < \infty$ であることは同値である.さらに,$\sum_{n=0}^{\infty} |a_n|^2 = \|F\|_{H^2(\mathbb{D})}^2$ が成立する.特に,これがいわんとしていることは,$H^2(\mathbb{D})$ が,実のところ $\ell^2(\mathbb{Z})$ の「部分空間」$\ell^2(\mathbb{Z}^+)$ として見なされるヒルベルト空間だということである.ここで,$\ell^2(\mathbb{Z}^+)$ は,$n < 0$ のとき $a_n = 0$ である $\{a_n\} \in \ell^2(\mathbb{Z})$ 全体からなる空間である.

部分空間やそれに付随した直交射影についての一般的な考察は,次の節で取り上げる.

---

[6] より一般的な主張が問題 5* で与えられる.

4. 閉部分空間と直交射影

$\mathcal{H}$ の**線形部分空間** (または簡単に**部分空間**) $\mathcal{S}$ とは, $\mathcal{H}$ の部分集合で, $f, g \in \mathcal{S}$ かつ α, β がスカラーのときに必ず $\alpha f + \beta g \in \mathcal{S}$ となるもののことである. この条件を言い換えると, $\mathcal{S}$ がまたベクトル空間になるということである. $\mathbb{R}^3$ での例としては, 原点を通る直線と原点を通る平面が, それぞれ 1 次元と 2 次元の部分空間になる.

部分空間 $\mathcal{S}$ が**閉**であるとは, $\{f_n\} \subset \mathcal{S}$ がある $f \in \mathcal{H}$ に収束しているとき, つねに f も $\mathcal{S}$ に属することである. 有限次元ヒルベルト空間の場合, 部分空間はすべて閉である. しかしながら, 無限次元ヒルベルト空間では, 一般にそのことは成り立たない. たとえば, $L^2([-\pi, \pi])$ の中のリーマン可積分関数の部分空間は, すでに指摘したように, 閉でない. そればかりか, ある基底を固定して, その基底の元の有限線形結合であるベクトル全体をとることで得られる部分空間も閉でない. 次のことに気づくのは有益である:$\mathcal{H}$ の閉部分空間 $\mathcal{S}$ はすべて, $\mathcal{H}$ から受け継いだ $\mathcal{S}$ 上の内積に関して, それ自身でヒルベルト空間になる ($\mathcal{S}$ の可分性については練習 11 を見よ).

次に, 閉部分空間がユークリッド幾何の重要な特性をもつことを示そう.

補題 4.1 $\mathcal{S}$ は $\mathcal{H}$ の閉部分空間で, $f \in \mathcal{H}$ とする. そのとき,

(i) 次の意味で f に最も近い元 $g_0 \in \mathcal{S}$ が (ただ一つ) 存在する:

$$\|f - g_0\| = \inf_{g \in \mathcal{S}} \|f - g\|.$$

(ii) 元 $f - g_0$ は $\mathcal{S}$ に直交する. すなわち

すべての $g \in \mathcal{S}$ に対して, $(f - g_0, g) = 0.$

補題の状況は図 1 のように視覚化できる.

証明 $f \in \mathcal{S}$ の場合は, $f = g_0$ ととればよく, 証明することは何も残されていない. そうでない場合は, $d = \inf_{g \in \mathcal{S}} \|f - g\|$ とおく. $f \notin \mathcal{S}$ かつ $\mathcal{S}$ が閉であることから, $d > 0$ でなければならないことに注意する. そこで,

$$\|f - g_n\| \to d, \qquad n \to \infty$$

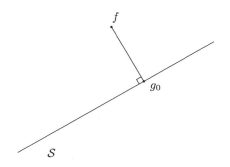

図1 f に最も近い $\mathcal{S}$ の元.

をみたす $\mathcal{S}$ の列 $\{g_n\}_{n=1}^{\infty}$ を考えよう.$\{g_n\}$ がコーシー列で,極限が求める元 g_0 であるという主張を示そう.実際,$\{g_n\}$ の部分列が収束することをいえば十分であり,有限次元の場合は,閉球がコンパクトだから,このことは即座にわかる.しかし,第6節で知るように,このコンパクト性は一般には成り立たない.そのため,この時点では,より込み入った議論が必要になる.

上の主張を証明するために,次に述べる**中線定理**を使う:ヒルベルト空間 $\mathcal{H}$ において,

(4) $$\|A+B\|^2 + \|A-B\|^2 = 2\left[\|A\|^2 + \|B\|^2\right], \qquad A, B \in \mathcal{H}.$$

この等式は,各ノルムを内積を用いて書くことで簡単に確かめられるので,その確認は読者に任せよう.この中線定理で $A = f - g_n$ と $B = f - g_m$ おくと,

$$\|2f - (g_n + g_m)\|^2 + \|g_m - g_n\|^2 = 2\left[\|f - g_n\|^2 + \|f - g_m\|^2\right]$$

となる.ここで $\mathcal{S}$ は部分空間だから,元 $\frac{1}{2}(g_n + g_m)$ は $\mathcal{S}$ に属し,それゆえ

$$\|2f - (g_n + g_m)\| = 2\left\|f - \frac{1}{2}(g_n + g_m)\right\| \geq 2d$$

である.よって

$$\|g_m - g_n\|^2 = 2\left[\|f - g_n\|^2 + \|f - g_m\|^2\right] - \|2f - (g_n + g_m)\|^2$$
$$\leq 2\left[\|f - g_n\|^2 + \|f - g_m\|^2\right] - 4d^2.$$

g_n のとり方から,$n, m \to \infty$ のとき $\|f - g_n\| \to d, \|f - g_m\| \to d$ となることを知っているので,上の不等式は $\{g_n\}$ がコーシー列であることをいっている.$\mathcal{H}$ は完備で $\mathcal{S}$ は閉だから,列 $\{g_n\}$ は $\mathcal{S}$ の中に極限 g_0 をもつはずである.こ

のとき，それは $d = \|f - g_0\|$ をみたす．

$g \in \mathcal{S}$ のとき $g \perp (f - g_0)$ となることを証明しよう．任意の ε (正でも負でもよい) に対して，$g_0 - \varepsilon g$ で定義される g_0 の摂動を考えよう．この元は $\mathcal{S}$ に属すから，

$$\|f - (g_0 - \varepsilon g)\|^2 \geq \|f - g_0\|^2.$$

$\|f - (g_0 - \varepsilon g)\|^2 = \|f - g_0\|^2 + \varepsilon^2 \|g\|^2 + 2\varepsilon \operatorname{Re}(f - g_0, g)$ だから，

(5) $$2\varepsilon \operatorname{Re}(f - g_0, g) + \varepsilon^2 \|g\|^2 \geq 0$$

となる．もし $\operatorname{Re}(f - g_0, g) < 0$ ならば，正で小さい ε をとると (5) に矛盾する．$\operatorname{Re}(f - g_0, g) > 0$ であっても，負で絶対値の小さい ε をとると矛盾が出る．よって $\operatorname{Re}(f - g_0, g) = 0$ である．次は，摂動 $g_0 - i\varepsilon g$ を考えることにより，同様の論法が $\operatorname{Im}(f - g_0, g) = 0$ を導く．よって，$(f - g_0, g) = 0$．

最後に，g_0 の一意性は，直交性についての上の考察からわかる．$\widetilde{g}_0$ が f との距離を最小にする $\mathcal{S}$ のもう一つの点とする．直前の議論で $g = g_0 - \widetilde{g}_0$ ととることにより，$(f - g_0) \perp (g_0 - \widetilde{g}_0)$ となることがわかる．よって，ピタゴラスの定理は

$$\|f - \widetilde{g}_0\|^2 = \|f - g_0\|^2 + \|g_0 - \widetilde{g}_0\|^2$$

を導く．仮定から $\|f - \widetilde{g}_0\|^2 = \|f - g_0\|^2$ なので，示すべき結果 $\|g_0 - \widetilde{g}_0\| = 0$ が出た．∎

補題にしたがって，いまから，直交性の考えのもう一つの表現である有用な概念を紹介しよう．$\mathcal{S}$ がヒルベルト空間 $\mathcal{H}$ の部分空間のとき，$\mathcal{S}$ の**直交補空間**を

$$\mathcal{S}^\perp = \{f \in \mathcal{H} : \text{すべての } g \in \mathcal{S} \text{ に対して，}(f, g) = 0\}$$

と定義する．明らかに $\mathcal{S}^\perp$ も $\mathcal{H}$ の部分空間で，さらに $\mathcal{S} \cap \mathcal{S}^\perp = \{0\}$ である．これを見るために，$f \in \mathcal{S} \cap \mathcal{S}^\perp$ のとき，f が自分自身に直交しなければならないことに気づこう．こうして $0 = (f, f) = \|f\|^2$ となり，それゆえ $f = 0$ である．さらに，$\mathcal{S}^\perp$ はそれ自身，閉部分空間である．実際，$f_n \to f$ ならば，コーシー–シュヴァルツの不等式により，すべての g に対して $(f_n, g) \to (f, g)$．よって，すべての n と $g \in \mathcal{S}$ に対して $(f_n, g) = 0$ ならば，同じ g すべてに対して $(f, g) = 0$ となる．

命題 4.2 $\mathcal{S}$ がヒルベルト空間 $\mathcal{H}$ の閉部分空間のとき，

$$\mathcal{H} = \mathcal{S} \oplus \mathcal{S}^\perp.$$

命題の式は，すべての $f \in \mathcal{H}$ が，$g \in \mathcal{S}$ と $h \in \mathcal{S}^\perp$ を用いて，$f = g + h$ と一通りに書けるという意味である．このとき，$\mathcal{H}$ は $\mathcal{S}$ と $\mathcal{S}^\perp$ の**直和**であるという．これは，$\mathcal{H}$ のすべての元 f が二つの元の和で表せ，一方が $\mathcal{S}$ に，他方が $\mathcal{S}^\perp$ に属していて，しかも $\mathcal{S} \cap \mathcal{S}^\perp$ が 0 だけを含むことと同値である．

命題の証明は，f に最も近い $\mathcal{S}$ の元を与える上の補題による．実際，任意の $f \in \mathcal{H}$ に対して，補題で述べられた元 g_0 をとり，

$$f = g_0 + (f - g_0)$$

と書く．とり方から $g_0 \in \mathcal{S}$ で，補題は $f - g_0 \in \mathcal{S}^\perp$ といっている．このことは，f が $\mathcal{S}$ の元と $\mathcal{S}^\perp$ の元の和であることを示している．この分解が一意であることを示すために，

$$f = g + h = \widetilde{g} + \widetilde{h}, \qquad g, \widetilde{g} \in \mathcal{S}, \quad h, \widetilde{h} \in \mathcal{S}^\perp$$

と仮定しよう．このとき，$g - \widetilde{g} = \widetilde{h} - h$ でなければならない．この左辺は $\mathcal{S}$ に属し，右辺は $\mathcal{S}^\perp$ に属すから，$\mathcal{S} \cap \mathcal{S}^\perp = \{0\}$ という事実は $g - \widetilde{g} = 0$ と $\widetilde{h} - h = 0$ を導く．よって $g = \widetilde{g}$ かつ $h = \widetilde{h}$ であり，一意性が確かめられた．

分解 $\mathcal{H} = \mathcal{S} \oplus \mathcal{S}^\perp$ のおかげで，次の式で定義される $\mathcal{S}$ の上への自然な射影が得られる：

$$P_\mathcal{S}(f) = g, \qquad f = g + h, \qquad g \in \mathcal{S}, \quad h \in \mathcal{S}^\perp.$$

写像 $P_\mathcal{S}$ は $\mathcal{S}$ の上への**直交射影**と呼ばれ，次の簡単な性質をみたす．

(i) $f \longmapsto P_\mathcal{S}(f)$ は線形である．
(ii) $f \in \mathcal{S}$ のとき $P_\mathcal{S}(f) = f$.
(iii) $f \in \mathcal{S}^\perp$ のとき $P_\mathcal{S}(f) = 0$.
(iv) すべての $f \in \mathcal{H}$ に対して $\|P_\mathcal{S}(f)\| \leq \|f\|$.

性質 (i) は，$f_1, f_2 \in \mathcal{H}$ かつ α, β がスカラーのとき，つねに $P_\mathcal{S}(\alpha f_1 + \beta f_2) = \alpha P_\mathcal{S}(f_1) + \beta P_\mathcal{S}(f_2)$ となることを意味する．

次のことに注意するのは有益だろう．$\{e_k\}$ を $\mathcal{H}$ の正規直交ベクトルからなる (有限または無限) 集合とする．このとき，$\{e_k\}$ によって生成された部分空間の閉

包への直交射影 P は，$P(f) = \sum_k (f, e_k)e_k$ で与えられる．無限集合の場合，この和は $\mathcal{H}$ のノルムで収束する．

このことを，フーリエ解析で登場した二つの例で説明しよう．

例1 $L^2(-\pi, \pi])$ において，$f(\theta) \sim \sum_{n=-\infty}^{\infty} a_n e^{in\theta}$ のとき，フーリエ級数の部分和が

$$S_N(f)(\theta) = \sum_{n=-N}^{N} a_n e^{in\theta}$$

であることを思い出そう．よって，部分和作用素 S_N は，$\{e_{-N}, \cdots, e_N\}$ によって生成される閉部分空間の上への射影を構成する．

和 S_N は，畳み込みとして

$$S_N(f)(\theta) = \frac{1}{2\pi} \int_{-\pi}^{\pi} D_N(\theta - \varphi) f(\varphi) \, d\varphi$$

と表すことができる．ここで $D_N(\theta) = \sin((N+1/2)\theta)/\sin(\theta/2)$ は**ディリクレ核**である．

例2 いま一度 $L^2([-\pi, \pi])$ を考えよう．そして

$$F(\theta) \sim \sum_{n=0}^{\infty} a_n e^{in\theta}$$

であるような $F \in L^2([-\pi, \pi])$ 全体からなる部分空間を $\mathcal{S}$ で表す．換言すると $\mathcal{S}$ は，フーリエ係数 a_n が $n < 0$ のときに消えるような2乗可積分関数の空間である．ファトゥーの定理の証明からわかるように，$\mathcal{S}$ は，ハーディ空間 $H^2(\mathbb{D})$——$\mathbb{D}$ は単位円板——と同一視でき，それゆえ $\ell^2(\mathbb{Z}^+)$ とユニタリー同型な閉部分空間である．したがって，P が $L^2([-\pi, \pi])$ から $\mathcal{S}$ への直交射影を表すとすると，この同一視で $H^2(\mathbb{D})$ に対応する元はまた，$P(f)(z)$ すなわち

$$P(f)(z) = \sum_{n=0}^{\infty} a_n z^n$$

と書くことができる．$f \in L^2([-\pi, \pi])$ が与えられたとき，次の式によって f の**コーシー積分**を定義する：

$$C(f)(z) = \frac{1}{2\pi i} \int_\gamma \frac{f(\zeta)}{\zeta - z} \, d\zeta.$$

ただし γ は単位円周で，z は単位円板にある．このとき，等式

$$P(f)(z) = C(f)(z), \qquad z \in \mathbb{D}$$

が成り立つ．実際，$f \in L^2$ だから，コーシー–シュヴァルツの不等式から $f \in L^1([-\pi,\pi])$ が出る．よって，次の計算において和と積分の交換が可能になる（$|z| < 1$ を思い出せ）：

$$\begin{aligned}
P(f)(z) &= \sum_{n=0}^{\infty} a_n z^n = \sum_{n=0}^{\infty} \left(\frac{1}{2\pi} \int_{-\pi}^{\pi} f(e^{i\theta}) e^{-in\theta} d\theta \right) z^n \\
&= \frac{1}{2\pi} \int_{-\pi}^{\pi} f(e^{i\theta}) \sum_{n=0}^{\infty} (e^{-i\theta} z)^n d\theta \\
&= \frac{1}{2\pi} \int_{-\pi}^{\pi} \frac{f(e^{i\theta})}{1 - e^{-i\theta} z} d\theta \\
&= \frac{1}{2\pi i} \int_{-\pi}^{\pi} \frac{f(e^{i\theta})}{e^{i\theta} - z} i e^{i\theta} d\theta \\
&= C(f)(z).
\end{aligned}$$

5. 線形変換

ヒルベルト空間における解析の焦点は，主にその線形変換の研究にある．われわれはすでに，このような変換の二つのクラス——ユニタリー写像と直交射影——に出会っている．この章である程度詳しく扱っておきたい重要なクラスがあと二つある．それは「線形汎関数」と「コンパクト作用素」——特に対称なもの——である．

$\mathcal{H}_1, \mathcal{H}_2$ を二つのヒルベルト空間とする．写像 $T : \mathcal{H}_1 \to \mathcal{H}_2$ が**線形変換**（**線形作用素**あるいは**作用素**ともいう）であるとは，すべての $f, g \in \mathcal{H}_1$ とスカラー a, b に対して，

$$T(af + bg) = aT(f) + bT(g)$$

となることである．明らかに線形作用素は $T(0) = 0$ をみたす．

線形作用素 $T : \mathcal{H}_1 \to \mathcal{H}_2$ が**有界**であるというは，$M > 0$ が存在して，

(6) $$\|T(f)\|_{\mathcal{H}_2} \leq M \|f\|_{\mathcal{H}_1}$$

となることである．T の**ノルム**は，$\|T\|_{\mathcal{H}_1 \to \mathcal{H}_2}$ または単に $\|T\|$ と表されるのだ

が，次のように定義される：

$$\|T\| = \inf M.$$

ここで，下限は (6) が成り立つような M すべてにわたってとる．明らかな例として，**恒等作用素** $I：I(f) = f$ があげられる．これはもちろんユニタリー作用素かつ射影で $\|I\| = 1$ である．

以下では通常，混乱が起きない限り，ヒルベルト空間の元のノルムにつける添え字を省略する．

補題 5.1 $\|T\| = \sup\{|(Tf, g)| : \|f\| \leq 1, \|g\| \leq 1\}$ である．もちろん $f \in \mathcal{H}_1, g \in \mathcal{H}_2$ である．

証明 $\|T\| \leq M$ ならば，コーシー–シュヴァルツの不等式から，

$$\|f\| \leq 1, \ \|g\| \leq 1 \quad \text{のとき} \quad |(Tf, g)| \leq M$$

である．よって $\sup\{|(Tf, g)| : \|f\| \leq 1, \|g\| \leq 1\} \leq \|T\|$．

反対に $\sup\{|(Tf, g)| : \|f\| \leq 1, \|g\| \leq 1\} \leq M$ なら，すべての f に対して $\|Tf\| \leq M\|f\|$ となることを示そう．f または Tf が 0 の場合，証明すべきことは何もない．そうでない場合，$f' = f/\|f\|$ と $g' = Tf/\|Tf\|$ はノルム 1 だから，仮定より

$$|(Tf', g')| \leq M$$

である．ここで $|(Tf', g')| = \|Tf\|/\|f\|$ だから，$\|Tf\| \leq M\|f\|$ が導けた．こうして補題が証明できた．∎

線形変換 T が**連続**であるとは，$f_n \to f$ のときいつも $T(f_n) \to T(f)$ となることである．明らかに線形性から次のことが出る：T が $\mathcal{H}_1$ 全体で連続であることと，原点で連続であることは同値である．実は，有界であることと連続であることも同値である．

命題 5.2 線形作用素 $T : \mathcal{H}_1 \to \mathcal{H}_2$ が有界であることと，連続であることは同値である．

証明 T が有界ならば，$\|T(f) - T(f_n)\|_{\mathcal{H}_2} \leq M\|f - f_n\|_{\mathcal{H}_1}$ だから，T は連続である．反対に T は連続なのに，有界でないと仮定する．このとき，各 n に対して，$\|T(f_n)\| \geq n\|f_n\|$ となる $f_n \neq 0$ が存在する．元 $g_n = f_n/(n\|f_n\|)$ のノ

ルムは $1/n$ だから,$g_n \to 0$. T は 0 で連続だから $T(g_n) \to 0$ でなければならないが,これは $\|T(g_n)\| \geq 1$ であることに矛盾する.これで命題が証明できた.■

この章の残りの部分では,線形作用素はすべて有界,それゆえ連続であると仮定する.有限次元ヒルベルト空間の間の任意の線形作用素が必然的に連続になることを思い出すのは,意味のあることである.

5.1 線形汎関数とリースの表現定理

線形汎関数 ℓ とは,ヒルベルト空間 $\mathcal{H}$ から,それがもともともっているスカラー体への線形変換のことである.ここで,スカラー体は複素数としてよく,

$$\ell : \mathcal{H} \to \mathbb{C}$$

である.もちろん,$\mathbb{C}$ は,絶対値というふつうのノルムを備えたヒルベルト空間と見ている.

線形汎関数の素朴な例は $\mathcal{H}$ の内積によって与えられる.実際,固定した $g \in \mathcal{H}$ に対して,写像

$$\ell(f) = (f, g)$$

は線形で,コーシー–シュヴァルツの不等式より有界でもある.なぜなら

$$|(f, g)| \leq M\|f\|, \qquad M = \|g\|$$

だからである.さらに $\ell(g) = M\|g\|$ だから,$\|\ell\| = \|g\|$ が成り立つ.注目すべきことは,この例がすべてを尽くしている.すなわち,ヒルベルト空間上のすべての 連続 線形汎関数が内積によって与えられるということである.いわゆるリースの表現定理である.

定理 5.3 ℓ を,ヒルベルト空間 $\mathcal{H}$ 上の連続線形汎関数とする.このとき,

$$\ell(f) = (f, g), \qquad f \in \mathcal{H}$$

をみたす $g \in \mathcal{H}$ がただ一つ存在する.さらに $\|\ell\| = \|g\|$.

証明 次式で定められた $\mathcal{H}$ の部分空間を考えよう:

$$\mathcal{S} = \{f \in \mathcal{H} : \ell(f) = 0\}.$$

ℓ は連続だから,ℓ の **零空間** と呼ばれる部分空間 $\mathcal{S}$ は閉である.$\mathcal{S} = \mathcal{H}$ の場合,$\ell = 0$ だから $g = 0$ とすればよい.そうでない場合,$\mathcal{S}^\perp$ は自明でなく,$\|h\| = 1$

となる $h \in \mathcal{S}^\perp$ を選ぶことができる．こうして選んだ h を使い，$g = \overline{\ell(h)}h$ とおくことで g を定める．このとき $u = \ell(f)h - \ell(h)f$ とおくと，$u \in \mathcal{S}$ であり，それゆえ $(u, h) = 0$．ゆえに
$$0 = (\ell(f)h - \ell(h)f, h) = \ell(f)(h, h) - (f, \overline{\ell(h)}h).$$
$(h, h) = 1$ だから，求める形 $\ell(f) = (f, g)$ が見出せた． ∎

この段階で，後で用いる次の注意を記しておく．$\mathcal{H}_0$ を前ヒルベルト空間とし，その完備化を $\mathcal{H}$ とする．ℓ_0 が $\mathcal{H}_0$ 上の線形汎関数で，有界，つまり，すべての $f \in \mathcal{H}_0$ で $|\ell_0(f)| \leq M\|f\|$ と仮定する．このとき，ℓ_0 は $\mathcal{H}$ 上の有界線形汎関数 ℓ に拡張され，すべての $f \in \mathcal{H}$ で $|\ell(f)| \leq M\|f\|$ となる．また，この拡張は一意である．これを見るには，次のことに気づくだけでいい：ベクトル $\{f_n\}$ が $\mathcal{H}_0$ に属していて，$\mathcal{H}$ において，$n \to \infty$ のとき $f_n \to f$ となっていれば，つねに $\{\ell_0(f_n)\}$ はコーシー列になる．こうして，$\ell(f)$ は $\lim_{n \to \infty} \ell_0(f_n)$ として定義できる．このとき，ℓ に求められる性質を確認するのはすぐにできるだろう（この結果は，次章の拡張補題 1.3 の特別な場合である）．

5.2 共役

リースの表現定理の第一の応用は，線形変換の「共役」の存在を決定することである．

命題 5.4 $T: \mathcal{H} \to \mathcal{H}$ を有界線形変換とする．次のような $\mathcal{H}$ 上の有界線形変換 T^* がただ一つ存在する．

（ⅰ）　$(Tf, g) = (f, T^*g)$.
（ⅱ）　$\|T\| = \|T^*\|$.
（ⅲ）　$(T^*)^* = T$.

上の条件をみたす線形作用素 $T^*: \mathcal{H} \to \mathcal{H}$ は T の**共役**と呼ばれる．

上の（ⅰ）をみたす作用素の存在を証明するために，任意に固定した $g \in \mathcal{H}$ に対し，
$$\ell(f) = (Tf, g)$$
で定義された線形汎関数 $\ell = \ell_g$ が有界であることを見よう．実際，T は有界だから，$\|Tf\| \leq M\|f\|$ となるので，コーシー–シュヴァルツの不等式により

$$|\ell(f)| \leq \|Tf\| \|g\| \leq B\|f\|$$

となる．ここで $B = M\|g\|$．その結果，リースの表現定理は，

$$\ell(f) = (f, h)$$

となる $h \in \mathcal{H}, h = h_g$ がただ一つ存在することを保証する．このとき $T^*g = h$ と定義すると，対応 $T^* : g \longmapsto h$ は線形で（i）をみたすことがわかる．

等式 $\|T\| = \|T^*\|$ は，（i）と補題 5.1 から直ちに出る：

$$\begin{aligned}\|T\| &= \sup\{|(Tf, g)| : \|f\| \leq 1, \|g\| \leq 1\} \\ &= \sup\{|(f, T^*g)| : \|f\| \leq 1, \|g\| \leq 1\} \\ &= \|T^*\|.\end{aligned}$$

(iii) を証明するためには，任意の f, g に対して $(Tf, g) = (f, T^*g)$ であることと，任意の f, g に対して $(T^*f, g) = (f, Tg)$ であることが同値なのに気づけばよい．このことは，f と g の役割を交代し，複素共役をとることによってわかる．

ここで，さらなる若干の注意をしておこう．

(a) $T = T^*$（このとき T は**対称**であるという）という特別な場合，

(7) $$\|T\| = \sup\{|(Tf, f)| : \|f\| = 1\}$$

が成り立つ．これは，すべての線形作用素に対して成り立つ補題 5.1 と比較すべきものである．さて，(7) を確立するために，$M = \sup\{|(Tf, f)| : \|f\| = 1\}$ とおく．補題 5.1 より $M \leq \|T\|$ は明らかである．逆に，f と g が $\mathcal{H}$ に属すとき，次の「分極化」等式が成り立つ：

$$\begin{aligned}(Tf, g) = \frac{1}{4}\bigl[&(T(f+g), f+g) - (T(f-g), f-g) \\ &+ i(T(f+ig), f+ig) - i(T(f-ig), f-ig)\bigr].\end{aligned}$$

これは簡単に確かめられる．一方，任意の $h \in \mathcal{H}$ に対して，値 (Th, h) は実数になる．なぜなら，$T = T^*$ より $(Th, h) = (h, T^*h) = (h, Th) = \overline{(Th, h)}$ となるからである．結果として，

$$\mathrm{Re}\,(Tf, g) = \frac{1}{4}\bigl[(T(f+g), f+g) - (T(f-g), f-g)\bigr]$$

となる．さて $|(Th, h)| \leq M\|h\|^2$ だから $|\mathrm{Re}\,(Tf, g)| \leq \dfrac{M}{4}[\|f+g\|^2 + \|f-g\|^2]$ であるが，中線定理 (4) にあてはめると，

$$|\operatorname{Re}(Tf, g)| \le \frac{M}{2}[\|f\|^2 + \|g\|^2]$$

が出る．よって，$\|f\| \le 1$ かつ $\|g\| \le 1$ なら $|\operatorname{Re}(Tf, g)| \le M$ である．一般には，最後の不等式において g を $e^{i\theta}g$ に置き換えれば，$\|f\| \le 1, \|g\| \le 1$ のときにつねに $|(Tf, g)| \le M$ となることが見出せる．再度，補題 5.1 にもちこむことで，$\|T\| \le M$ という結果が得られる．

(b) T, S が $\mathcal{H}$ からそれ自身への有界線形変換のとき，$(TS)(f) = T(S(f))$ によって定義されるそれらの積 TS も有界線形変換であることに気づこう．さらに，$(TS)^* = S^*T^*$ が自動的にいえる．実際，$(TSf, g) = (Sf, T^*g) = (f, S^*T^*g)$．

(c) ヒルベルト空間上の線形変換と，それに対応する双線形形式との間の自然な関連についても，紹介してよいだろう．まず T を $\mathcal{H}$ 上の有界作用素とする．それに対応する双線形形式 B を

(8) $$B(f, g) = (Tf, g)$$

によって定義しよう．B は f に関して線形で，g に関しては共役線形であることに気づく．また，コーシー–シュヴァルツの不等式より，$M = \|T\|$ とすると $|B(f, g)| \le M\|f\|\|g\|$ である．反対に，B が f に関して線形，g に関して共役線形で，$|B(f, g)| \le M\|f\|\|g\|$ をみたせば，それに対して線形変換 T がただ一つ存在し，(8) と $M = \|T\|$ が成り立つ．このことは命題 5.4 の論法によって証明できる．詳細は読者に任せよう．

5.3 例

ヒルベルト空間についての基本的なことがらを紹介してきたいま，本筋を離れて，前出の理論展開のいくつかに関する背景を手短かに述べたい．動機になったかなり興味のある問題は，微分作用素 L の「固有関数展開」の研究での問題であった．特別な場合のスツルム–リューヴィル作用素の問題は，$\mathbb{R}$ の区間 $[a, b]$ において，次式で定義された L に関して生じた：

$$L = \frac{d^2}{dx^2} - q(x).$$

ただし，q は与えられた実数値関数である．そのときの問題は，「任意の」関数を固有関数を用いて展開するというものである．ここで，固有関数 φ とは，ある $\mu \in \mathbb{R}$ に対して $L(\varphi) = \mu\varphi$ をみたす関数のことである．これの古典的な例はフーリエ級数の問題で，そこでは，区間 $[-\pi, \pi]$ 上で $L = d^2/dx^2$ であり，各

指数関数 e^{inx} が固有値 $\mu = -n^2$ に対する L の固有関数になっている.

「整った」場合に正確さを求めると,L に関する問題は,$L^2([a,b])$ 上で
$$T(f)(x) = \int_a^b K(x,y)f(y)dy$$
で定義され,適当な f に対して
$$LT(f) = f$$
という性質をもった「積分作用素」T を考えることにより,解決される.この T の研究を扱いやすくする鍵になる特性は,それがもつある種のコンパクト性なのがわかる.いまは,こういったいくつかの考え方の定義や詳説は素通りし,ヒルベルト空間上の作用素のクラスについての二つの関連した解説から始めることにする.

無限対角行列

$\{\varphi_k\}_{k=1}^\infty$ を $\mathcal{H}$ の正規直交基底とする.そのとき,線形変換 $T : \mathcal{H} \to \mathcal{H}$ が基底 $\{\varphi_k\}$ に関して**対角化される**というのは,すべての k に対して
$$T(\varphi_k) = \lambda_k \varphi_k, \qquad \lambda_k \in \mathbb{C}$$
となることである.一般に,<u>0 でない</u>元 φ は,$T\varphi = \lambda\varphi$ のとき,**固有値** λ に対する T の**固有ベクトル**と呼ばれる.したがって,上の φ_k は T の固有ベクトルであり,数 λ_k は対応する固有値である.

さて,
$$f \sim \sum_{k=1}^\infty a_k \varphi_k \quad \text{ならば} \quad Tf \sim \sum_{k=1}^\infty a_k \lambda_k \varphi_k$$
である.この列 $\{\lambda_k\}$ は,T に対する**乗因子列**と呼ばれる.

このとき,次の事実を簡単に確かめることができる:

- $\|T\| = \sup_k |\lambda_k|$.
- T^* は列 $\{\overline{\lambda_k}\}$ に対応する:よって,$T = T^*$ であることと,λ_k が実数であることは同値である.
- T がユニタリーであることと,すべての k で $|\lambda_k| = 1$ になることは同値である.
- T が直交射影であることと,すべての k で $\lambda_k = 0$ または 1 になることは

同値である．

特例として $\mathcal{H} = L^2([-\pi, \pi])$ の場合を考えよう．すべての $f \in L^2([-\pi, \pi])$ を，周期性をもたせて，すべての $x \in \mathbb{R}$ で $f(x+2\pi) = f(x)$ となるように $\mathbb{R}$ 上に拡張しておく．$k \in \mathbb{Z}$ に対し $\varphi_k(x) = e^{ikx}$ とする．固定した $h \in \mathbb{R}$ に対し，
$$U_h(f)(x) = f(x+h)$$
で定義された作用素 U_h はユニタリーで，$\lambda_k = e^{ikh}$ である．ゆえに
$$f \sim \sum_{k=-\infty}^{\infty} a_k e^{ikx} \quad \text{ならば} \quad U_h(f) \sim \sum_{k=-\infty}^{\infty} a_k \lambda_k e^{ikx}.$$

積分作用素，特にヒルベルト–シュミット作用素

$\mathcal{H} = L^2(\mathbb{R}^d)$ とする．作用素 $T: \mathcal{H} \to \mathcal{H}$ が式
$$T(f)(x) = \int_{\mathbb{R}^d} K(x, y) f(y) dy, \qquad f \in L^2(\mathbb{R}^d)$$
によって定義されるとき，作用素 T は**積分作用素**であるといい，K をそれに付随する**核**という．

実際，このような作用素に関して可逆性の問題があった．もっと正確にいうと，これは，与えられた g に対し，方程式 $f - Tf = g$ が解けるかどうかという問題であり，ヒルベルト空間の研究を創始させた．このような方程式は「積分方程式」と呼ばれた．

一般に，有界線形変換を (絶対収束する) 積分作用素として表現するのは不可能である．しかしながら，これが可能なばかりか，他にも価値のある性質をたくさんもった興味深いクラスがある．それは，$L^2(\mathbb{R}^d \times \mathbb{R}^d)$ に属す核 K をもった作用素，**ヒルベルト–シュミット作用素**である．

命題 5.5 T を，核 K をもつヒルベルト–シュミット作用素とする．

(i) $f \in L^2(\mathbb{R}^d)$ のとき，ほとんどすべての x に対して，関数 $y \longmapsto K(x, y) f(y)$ は可積分である．

(ii) $L^2(\mathbb{R}^d)$ からそれ自身への作用素 T は有界で，
$$\|T\| \le \|K\|_{L^2(\mathbb{R}^d \times \mathbb{R}^d)}$$
である．ただし，$\|K\|_{L^2(\mathbb{R}^d \times \mathbb{R}^d)}$ は $\mathbb{R}^d \times \mathbb{R}^d = \mathbb{R}^{2d}$ 上の K の L^2–ノルムである．

(iii) 共役 T^* は核 $\overline{K(y, x)}$ をもつ．

証明 フビニの定理より，ほとんどすべての x に対し，関数 $y \longmapsto |K(x,y)|^2$ が可積分なのがわかっている．あと，コーシー–シュヴァルツの不等式を用いれば，（ⅰ）は直接に出る．

（ⅱ）については，再びコーシー–シュヴァルツの不等式を使って，次のようにする：

$$\left|\int K(x,y)f(y)dy\right| \leq \int |K(x,y)||f(y)|dy$$
$$\leq \left(\int |K(x,y)|^2 dy\right)^{1/2} \left(\int |f(y)|^2 dy\right)^{1/2}.$$

続いて，これを 2 乗し，x で積分すれば，

$$\|Tf\|_{L^2(\mathbb{R}^d)}^2 \leq \int \left(\int |K(x,y)|^2 dy \int |f(y)|^2 dy\right) dx$$
$$= \|K\|_{L^2(\mathbb{R}^d \times \mathbb{R}^d)}^2 \|f\|_{L^2(\mathbb{R}^d)}^2.$$

最後に，(Tf, g) を二重積分を用いて書き下し，フビニの定理によって許された積分順序の交換を行えば，（ⅲ）が導かれる． ∎

E が $\mathbb{R}^d$ の可測集合のとき，ヒルベルト空間 $L^2(E)$ に対しても，同様にヒルベルト–シュミット作用素が定義できる．この場合にも命題 5.5 が成り立つように類似命題を定式化し，証明することは，読者に残しておく．

ヒルベルト–シュミット作用素は，重要な性質をもう一つもっている：それはコンパクト性である．いまから，この特色についてより詳しく論じる．

6. コンパクト作用素

ヒルベルト空間 $\mathcal{H}$ においては，点列コンパクトの見地をとろう：集合 $X \subset \mathcal{H}$ が**コンパクト**であるとは，X の任意の列 $\{f_n\}$ に対して，X のある元にノルムで収束するような部分列 $\{f_{n_k}\}$ が存在することである．

$\mathcal{H}$ をヒルベルト空間とし，B を $\mathcal{H}$ の閉単位球とする；

$$B = \{f \in \mathcal{H} : \|f\| \leq 1\}.$$

初等実解析でよく知られた事実によると，有限次元ユークリッド空間では，有界閉集合はコンパクトになる．しかしながら，このことは無限次元の場合に持ち込めない．真実は，この場合，単位球は有界閉集合だがコンパクトでないというこ

とである．これを見るのに，e_n が正規直交であるとして，列 $\{f_n\} = \{e_n\}$ を考えよう．ピタゴラスの定理より，$n \neq m$ のとき $\|e_n - e_m\|^2 = 2$ だから，$\{e_n\}$ のどんな部分列も収束しえない．

無限次元の場合，線形作用素 $T : \mathcal{H} \to \mathcal{H}$ が**コンパクト**であるとは，

$$T(B) = \{g \in \mathcal{H} : g = T(f),\ f \in B\}$$

の閉包がコンパクト集合になることである．別の言い方をすると，作用素 T がコンパクトとは，$\{f_n\}$ が $\mathcal{H}$ の有界列のとき，Tf_{n_k} が収束するような部分列 $\{f_{n_k}\}$ がつねに存在することである．

これまでの叙述から，線形変換が一般にコンパクトでないことに気づいてほしい (たとえば恒等作用素をとれ！)．しかしながら，T が**有限階**ならば，つまりその値域が有限次元ならば，それは自動的にコンパクトになる．コンパクト作用素を扱っていると，(有限次元) 線形代数学における通常の定理に酷似した定理が出てくるのに気づく．コンパクト作用素についての当面の解析的性質は，以下の命題で与えられる．

命題 6.1 T を $\mathcal{H}$ 上の有界線形作用素とする．

(i) S が $\mathcal{H}$ 上でコンパクトならば，ST も TS もコンパクトである．

(ii) $\{T_n\}$ がコンパクト線形作用素の列で，$n \to \infty$ のとき $\|T_n - T\| \to 0$ ならば，T もコンパクトである．

(iii) 逆に T がコンパクトなら，有限階作用素の列 $\{T_n\}$ で $\|T_n - T\| \to 0$ となるものが存在する．

(iv) T がコンパクトであることと，T^* がコンパクトであることは同値である．

証明 (i) はすぐにわかるだろう．(ii) については対角線論法を用いる．$\{f_k\}$ を $\mathcal{H}$ の有界列とする．T_1 はコンパクトだから，$T_1(f_{1,k})$ が収束するように $\{f_k\}$ の部分列 $\{f_{1,k}\}_{k=1}^{\infty}$ が抜き出せる．また，$T_2(f_{2,k})$ が収束するように $\{f_{1,k}\}$ から部分列 $\{f_{2,k}\}_{k=1}^{\infty}$ が見出せる．このようなことを続けていく．そうして $g_k = f_{k,k}$ とおくと，$\{T(g_k)\}$ がコーシー列になるという主張が示せるのである．実際，

$$\|T(g_k) - T(g_\ell)\|$$
$$\leq \|T(g_k) - T_m(g_k)\| + \|T_m(g_k) - T_m(g_\ell)\| + \|T_m(g_\ell) - T(g_\ell)\|.$$

$\|T - T_m\| \to 0$ で $\{g_k\}$ は有界だから，k と ℓ に依存しないある大きな m に対

して，右辺の第1項と第3項はともに $< \varepsilon/3$ とできる．この m を固定すれば，構成法から，すべての大きな k, ℓ に対し $\|T_m(g_k) - T_m(g_\ell)\| \leq \varepsilon/3$ となることがわかる．これで主張が証明できた．ゆえに $\{T(g_k)\}$ は $\mathcal{H}$ において収束する．

(iii) を証明するために，$\{e_k\}_{k=1}^\infty$ を $\mathcal{H}$ の基底とし，$k > n$ のときの e_k で生成される部分空間の上への直交射影を Q_n で表す．すると，明らかに $g \sim \sum_{k=1}^\infty a_k e_k$ のとき $Q_n(g) \sim \sum_{k>n} a_k e_k$ となる．また，任意の $g \in \mathcal{H}$ に対して，$\|Q_n g\|^2$ は，$n \to \infty$ のとき 0 に収束する減少列になる．$n \to \infty$ のとき $\|Q_n T\| \to 0$ となることを示そう．そうでないとすると，$\|Q_n T\| \geq c$ となる $c > 0$ がある．よって，各 n に対して，$\|f_n\| = 1$ かつ $\|Q_n T f_n\| \geq c$ となる f_n が見出せる．そこで T のコンパクト性により，うまく部分列 $\{f_{n_k}\}$ をとれば，ある g に対し $T f_{n_k} \to g$ となる．ところが $Q_{n_k}(g) = Q_{n_k} T f_{n_k} - Q_{n_k}(T f_{n_k} - g)$ だから，大きな k に対しては $\|Q_{n_k}(g)\| \geq c/2$ という結果を得る．この矛盾は $\|Q_n T\| \to 0$ であることを示す．よって，$e_1, \cdots, e_n$ によって生成された有限次元の部分空間の上への補射影を P_n と表すと，つまり $I = P_n + Q_n$ とすると，$\|Q_n T\| \to 0$ は $\|P_n T - T\| \to 0$ をもたらす．各 $P_n T$ は有限階だから，主張 (iii) が確立した．

最後に T がコンパクトなとき，$\|P_n T - T\| \to 0$ という事実は $\|T^* P_n - T^*\| \to 0$ を導く．明らかに $T^* P_n$ は再び有限階である．あとは第二の命題に訴えるだけで，最後の命題が証明できる．■

ここで，コンパクト作用素について，さらに二つの所見を述べておこう．

- T は固有ベクトルのある基底 $\{\varphi_k\}$ に関して対角化されているとし，対応する固有値を $\{\lambda_k\}$ とする．このとき，T がコンパクトであることと，$|\lambda_k| \to 0$ となることは同値である．練習 25 を参照せよ．

- ヒルベルト–シュミット作用素はすべてコンパクトである．

第2項目を証明するために，ヒルベルト–シュミット作用素が $L^2(\mathbb{R}^d)$ 上で

$$T(f)(x) = \int_{\mathbb{R}^d} K(x, y) f(y) dy, \qquad K \in L^2(\mathbb{R}^d \times \mathbb{R}^d)$$

と与えられていることを思い出そう．$\{\varphi_k\}_{k=1}^\infty$ が $L^2(\mathbb{R}^d)$ の正規直交基底を表すとき，$\{\varphi_k(x) \varphi_\ell(y)\}_{k,\ell \geq 1}$ は $L^2(\mathbb{R}^d \times \mathbb{R}^d)$ の正規直交基底になる；この単純な事実の証明は練習 7 で概説されている．結果として

$$K(x,y) \sim \sum_{k,\ell=1}^{\infty} a_{k\ell}\varphi_k(x)\varphi_\ell(y), \qquad \sum_{k,\ell} |a_{k\ell}|^2 < \infty$$

となる．作用素を次のように定義する：

$$T_n f(x) = \int_{\mathbb{R}^d} K_n(x,y)f(y)dy, \qquad K_n(x,y) = \sum_{k,\ell=1}^{n} a_{k\ell}\varphi_k(x)\varphi_\ell(y).$$

このとき，各 T_n は，有限次元の値域をもつのでコンパクトである．さらに

$$\|K - K_n\|_{L^2(\mathbb{R}^d \times \mathbb{R}^d)}^2 = \sum_{k \geq n \text{ or } \ell \geq n} |a_{k\ell}|^2 \to 0, \qquad n \to \infty.$$

命題 5.5 より $\|T - T_n\| \leq \|K - K_n\|_{L^2(\mathbb{R}^d \times \mathbb{R}^d)}$ だから，命題 6.1 の力を借りて，T がコンパクトになることの証明が完成できる．

コンパクト作用素にかかわる努力の賜物は，線形代数学において馴染み深い対称行列の対角化定理の無限次元版が得られることである．同様の用語を使って，有界線形作用素 T は，$T^* = T$ のとき**対称**であるという (このような作用素は「自己共役」あるいは「エルミート」とも呼ばれる)．

定理 6.2（スペクトル分解定理） T をヒルベルト空間 $\mathcal{H}$ 上のコンパクト対称作用素とする．このとき，T の固有ベクトルからなる $\mathcal{H}$ の (正規直交) 基底 $\{\varphi_k\}_{k=1}^{\infty}$ が存在する．さらに

$$T\varphi_k = \lambda_k \varphi_k$$

ならば，$\lambda_k \in \mathbb{R}$ であり，$k \to \infty$ のとき $\lambda_k \to 0$.

反対に，上の形の作用素はすべてコンパクトかつ対称である．集合 $\{\lambda_k\}$ は T の**スペクトル**と呼ばれる．

補題 6.3 T をヒルベルト空間 $\mathcal{H}$ 上の有界な対称線形作用素とする．

（ⅰ） λ が T の固有値ならば，λ は実数である．

（ⅱ） f_1 と f_2 が二つの異なる固有値に対する固有ベクトルならば，f_1 と f_2 は直交する．

証明 （ⅰ）を証明するために，まず $T(f) = \lambda f$ となる 0 でない固有ベクトル f を選ぶ．T は対称 (つまり $T = T^*$) だから，

$$\lambda(f,f) = (Tf,f) = (f,Tf) = (f,\lambda f) = \overline{\lambda}(f,f)$$

がわかる．最後の等式では，内積が第 2 変数に関して共役線形であることを使った．$f \neq 0$ だから，$\lambda = \overline{\lambda}$ でなければならず，それゆえ $\lambda \in \mathbb{R}$.

(ii) のために，f_1, f_2 はそれぞれ固有値 λ_1, λ_2 に属しているとする．上のことから λ_1, λ_2 はともに実数だから，次のことがわかる：

$$\begin{aligned}\lambda_1(f_1, f_2) &= (\lambda_1 f_1, f_2) \\ &= (Tf_1, f_2) \\ &= (f_1, Tf_2) \\ &= (f_1, \lambda_2 f_2) \\ &= \lambda_2(f_1, f_2).\end{aligned}$$

仮定より $\lambda_1 \neq \lambda_2$ だから，$(f_1, f_2) = 0$ でなければならない．これが示すべきことであった． ∎

次の補題のために，$T - \lambda I$ の零空間の 0 でない任意の元が，固有値 λ に属する固有ベクトルであることを注意しておこう．

補題 6.4 T はコンパクトで，$\lambda \neq 0$ とする．このとき，$T - \lambda I$ の零空間の次元は有限である．さらに，T の固有値は高々可算な集合 $\lambda_1, \cdots, \lambda_k, \cdots$ を作り，$k \to \infty$ のとき $\lambda_k \to 0$ とできる．具体的には，任意の $\mu > 0$ に対し，$|\lambda_k| > \mu$ である固有値 λ_k に属す固有ベクトルで生成された線形空間は，有限次元である．

証明 $T - \lambda I$ の零空間，つまり λ に対する T の固有空間を V_λ で表そう．V_λ が有限次元でなければ，V_λ の中に可算無限個の正規直交ベクトル $\{\varphi_k\}$ が存在する．T はコンパクトだから，$T(\varphi_{n_k})$ が収束するような部分列 $\{\varphi_{n_k}\}$ が存在する．$T(\varphi_{n_k}) = \lambda \varphi_{n_k}$ かつ $\lambda \neq 0$ だから，φ_{n_k} は収束することになるが，$k \neq k'$ のとき $\|\varphi_{n_k} - \varphi_{n_{k'}}\|^2 = 2$ だから，これは矛盾である．

補題の残りは次のことを示せば出る：任意の $\mu > 0$ に対して，絶対値が μ より大きい固有値は有限個しかない．再び背理法を用いよう．絶対値が μ より大きい異なる固有値が無限個あると仮定する．そして，$\{\varphi_k\}$ を対応する固有ベクトルの列とする．固有値は異なるから，前補題より $\{\varphi_k\}$ が直交していることを知る．それらを正規化することで，この固有ベクトルの集合 $\{\varphi_k\}$ は正規直交であると仮定してよい．また T はコンパクトだから，$T(\varphi_{n_k})$ が収束するような部分列が見出せる．このとき

$$T(\varphi_{n_k}) = \lambda_{n_k}\varphi_{n_k}$$

だから，$|\lambda_{n_k}| > \mu$ という事実は矛盾を導く．なぜなら $\{\varphi_k\}$ が正規直交であることより，$\|\lambda_{n_k}\varphi_{n_k} - \lambda_{n_j}\varphi_{n_j}\|^2 = \lambda_{n_k}^2 + \lambda_{n_j}^2 \geq 2\mu^2$ となるからである．∎

補題 6.5 $T \neq 0$ はコンパクトかつ対称であるとする．このとき，$\|T\|$ か $-\|T\|$ のどちらかは T の固有値である．

証明 以前の考察 (7) から，

$$\|T\| = \sup\{(Tf, f) : \|f\| = 1\} \quad \text{または} \quad -\|T\| = \inf\{(Tf, f) : \|f\| = 1\}$$

のどちらかである．前者の場合，つまり

$$\lambda = \|T\| = \sup\{(Tf, f) : \|f\| = 1\}$$

を仮定し，λ が T の固有値であることを証明する (後者の場合の証明も同様である)．

$\|f_n\| = 1$ かつ $(Tf_n, f_n) \to \lambda$ となる列 $\{f_n\} \subset \mathcal{H}$ を選ぶ．T はコンパクトだから，(必要なら $\{f_n\}$ の部分列をとって) $\{Tf_n\}$ はある極限 $g \in \mathcal{H}$ に収束すると仮定してよい．この g が固有値 λ に対する T の固有ベクトルになることを示そう．これを示すために，まず $Tf_n - \lambda f_n \to 0$ を見る．実際，

$$\begin{aligned}\|Tf_n - \lambda f_n\|^2 &= \|Tf_n\|^2 - 2\lambda(Tf_n, f_n) + \lambda^2\|f_n\|^2 \\ &\leq \|T\|^2\|f_n\|^2 - 2\lambda(Tf_n, f_n) + \lambda^2\|f_n\|^2 \\ &\leq 2\lambda^2 - 2\lambda(Tf_n, f_n) \to 0.\end{aligned}$$

$Tf_n \to g$ であったから，$\lambda f_n \to g$ でなければならず，T は連続だから $\lambda Tf_n \to Tg$ となる．これで $\lambda g = Tg$ が示せた．最後に，$g \neq 0$ をいわなければならない．もしそうでないとすると，$\|T_n f_n\| \to 0$ だから，$(Tf_n, f_n) \to 0$ であり，$\lambda = \|T\| = 0$ となって矛盾である．∎

これで，スペクトル分解定理を証明するのに必要な道具がそろった．T の固有ベクトル全部によって生成された線形空間の閉包を $\mathcal{S}$ で表す．補題 6.5 より，空間 $\mathcal{S}$ は自明でない[7]．目標は $\mathcal{S} = \mathcal{H}$ を証明することである．もしそうでないとすると，

---

[7] 訳注：$\{0\}$ でないこと．原著 non-empty の訳．

(9) $$\mathcal{S} \oplus \mathcal{S}^\perp = \mathcal{H}$$

から, $\mathcal{S}^\perp$ は自明でない. ここでひとたび, $\mathcal{S}^\perp$ が T の固有ベクトルを含むことが示されれば, 矛盾に到達する. まず, T が分解 (9) を妨害しないことに注意しよう. 他の言葉では, 一つに $f \in \mathcal{S}$ ならば $Tf \in \mathcal{S}$ であるということだが, これは定義から出る. もう一つは, $g \in \mathcal{S}^\perp$ ならば $Tg \in \mathcal{S}^\perp$ ということ：これが成り立つのは, T が対称で, $\mathcal{S}$ をそれ自身にうつすことより,

$$(Tg, f) = (g, Tf) = 0, \qquad g \in \mathcal{S}^\perp, \quad f \in \mathcal{S}$$

となるからである.

いま, T を部分空間 $\mathcal{S}^\perp$ に制限することで定義される作用素 T_1 を考えよう. 閉部分空間 $\mathcal{S}^\perp$ は $\mathcal{H}$ からヒルベルト空間の構造を受け継いでいる. また, T_1 がこのヒルベルト空間上でコンパクトかつ対称になることはすぐにわかるだろう. さらに $\mathcal{S}^\perp$ が自明でないとすると, 同じ補題は, T_1 が $\mathcal{S}^\perp$ 内に 0 でない固有ベクトルをもつことをいっている. この固有ベクトルは, 明らかに T の固有ベクトルでもあり, よって矛盾が得られた. これにて, スペクトル分解定理の証明が完結した.

定理 6.2 についてのコメントをいくつか列挙しておこう. 定理の主張の中で, 二つの仮定 (T のコンパクト性と対称性) のどちらかを落とすと, T は固有ベクトルをもたなくなる可能性がある (練習 32, 33 参照). しかし, T が対称な一般の有界線形変換であるとき, それに対して成り立つようなスペクトル分解定理の妥当な拡張がある. その定式化や証明には, 第 6 章になってやっと出てくるさらなる考え方が必要である.

7. 練習

1. ヒルベルト空間の定義 (第 2 節) における性質 (i), (ii) が, 性質 (iii) を導くことを示せ. ここで性質 (iii) とは, コーシー–シュヴァルツの不等式 $|(f, g)| \leq \|f\| \cdot \|g\|$ と三角不等式 $\|f + g\| \leq \|f\| + \|g\|$ である.
[ヒント：前者の不等式については, $(f + \lambda g, f + \lambda g)$ を λ に関する正の 2 次関数と考えよ. 後者については, $\|f + g\|^2$ を $(f + g, f + g)$ と書け.]

2. コーシー–シュヴァルツの不等式において等号が成立する場合は, 次のようにな

る．もし $|(f,g)| = \|f\|\|g\|$ かつ $g \neq 0$ ならば，あるスカラー c に対して $f = cg$ である．
[ヒント：$\|f\| = \|g\| = 1$ かつ $(f,g) = 1$ と仮定せよ．このとき，$f - g$ と g は直交し，$f = f - g + g$ である．こうして $\|f\|^2 = \|f - g\|^2 + \|g\|^2$．]

3. ヒルベルト空間 $\mathcal{H}$ の任意の 2 元に対して $\|f + g\|^2 = \|f\|^2 + \|g\|^2 + 2\operatorname{Re}(f,g)$ となることに注意せよ．結果として，等式 $\|f + g\|^2 + \|f - g\|^2 = 2(\|f\|^2 + \|g\|^2)$ を確かめよ．

4. 定義により，$\ell^2(\mathbb{Z})$ が完備かつ可分であることを証明せよ．

5. $L^2(\mathbb{R}^d)$ と $L^1(\mathbb{R}^d)$ の間の次の関係を確立せよ：

(a) 包含関係 $L^2(\mathbb{R}^d) \subset L^1(\mathbb{R}^d)$ も包含関係 $L^1(\mathbb{R}^d) \subset L^2(\mathbb{R}^d)$ も成り立たない．

(b) しかしながら，f が測度有限な集合 E 上に台をもち，$f \in L^2(\mathbb{R}^d)$ の場合，$f\chi_E$ にコーシー–シュヴァルツの不等式をあてはめると，$f \in L^1(\mathbb{R}^d)$ かつ
$$\|f\|_{L^1(\mathbb{R}^d)} \leq m(E)^{1/2} \|f\|_{L^2(\mathbb{R}^d)}$$
となる．このことに注意せよ．

(c) f が有界 ($|f(x)| \leq M$) で，$f \in L^1(\mathbb{R}^d)$ のとき，$f \in L^2(\mathbb{R}^d)$ かつ
$$\|f\|_{L^2(\mathbb{R}^d)} \leq M^{1/2} \|f\|_{L^1(\mathbb{R}^d)}^{1/2}$$
である．

[ヒント：(a) については，$|x| > 1$ または $|x| \leq 1$ のときに $f(x) = |x|^{-\alpha}$ を考えよ．]

6. 次の集合が $L^2(\mathbb{R}^d)$ の稠密な部分空間であることを証明せよ．

(a) 単関数全体．

(b) コンパクトな台をもつ連続関数全体．

7. $\{\varphi_k\}_{k=1}^\infty$ を $L^2(\mathbb{R}^d)$ の正規直交基底とする．$\varphi_{k,j}(x,y) = \varphi_k(x)\varphi_j(y)$ とおくとき，集合 $\{\varphi_{k,j}\}_{1 \leq k,j < \infty}$ が $L^2(\mathbb{R}^d \times \mathbb{R}^d)$ の正規直交基底になることを証明せよ．
[ヒント：はじめに，フビニの定理から $\{\varphi_{k,j}\}$ が正規直交であることを確かめよ．次に，各 j に対し $F_j(x) = \int_{\mathbb{R}^d} F(x,y)\overline{\varphi_j(y)}\, dy$ を考えよ．各 j に対して $(F, \varphi_{k,j}) = 0$ と仮定すると，$\int F_j(x)\overline{\varphi_k(x)}\, dx = 0$ である．]

8. $\eta(t)$ を $[a,b]$ 上の真に正の連続関数とし固定する．$[a,b]$ 上の可測関数 f で，
$$\int_a^b |f(t)|^2 \eta(t)\, dt < \infty$$

をみたすもの全体の空間を $\mathcal{H}_\eta = L^2([a,b], \eta)$ で表す．さらに $\mathcal{H}_\eta$ の内積を
$$(f,g)_\eta = \int_a^b f(t)\overline{g(t)}\eta(t)\,dt$$
と定める．

(a) $\mathcal{H}_\eta$ がヒルベルト空間であることと，写像 $U: f \longmapsto \eta^{1/2}f$ が $\mathcal{H}_\eta$ と通常の空間 $L^2([a,b])$ との間のユニタリー対応を与えることを示せ．

(b) このことを，η が必ずしも連続でない場合に一般化せよ．

9. $\mathcal{H}_1 = L^2([-\pi, \pi])$ とする．これは，単位円周上の関数 $F(e^{i\theta})$ からなるヒルベルト空間で，内積は $(F,G) = \dfrac{1}{2\pi}\displaystyle\int_{-\pi}^\pi F(e^{i\theta})\overline{G(e^{i\theta})}\,d\theta$ である．また $\mathcal{H}_2$ を空間 $L^2(\mathbb{R})$ とする．$\mathbb{R}$ から単位円周への写像
$$x \longmapsto \frac{i-x}{i+x}$$
を使って，次のことを示せ：

(a) 次で定めた対応 $U: F \to f$ は，$\mathcal{H}_1$ から $\mathcal{H}_2$ へのユニタリー写像である：
$$f(x) = \frac{1}{\pi^{1/2}(i+x)} F\left(\frac{i-x}{i+x}\right).$$

(b) 結果として，
$$\left\{\frac{1}{\pi^{1/2}}\left(\frac{i-x}{i+x}\right)^n \frac{1}{i+x}\right\}_{n=-\infty}^{\infty}$$
は $L^2(\mathbb{R})$ の正規直交基底である．

10. ヒルベルト空間 $\mathcal{H}$ の部分空間を $\mathcal{S}$ で表そう．$(\mathcal{S}^\perp)^\perp$ が $\mathcal{S}$ を含む $\mathcal{H}$ の最小の閉部分空間であることを証明せよ．

11. ヒルベルト空間 $\mathcal{H}$ の閉部分空間 $\mathcal{S}$ に対応する直交射影を P とする．つまり
$$P(f) = f,\ f \in \mathcal{S} \quad \text{かつ} \quad P(f) = 0,\ f \in \mathcal{S}^\perp$$
とする．

(a) $P^2 = P$ と $P^* = P$ を示せ．

(b) 反対に，P が $P^2 = P$ と $P^* = P$ をみたす有界作用素のとき，P が $\mathcal{H}$ のある閉部分空間の上への直交射影になることを証明せよ．

(c) P を用いて次のことを証明せよ：$\mathcal{S}$ が可分なヒルベルト空間の閉部分空間のとき，$\mathcal{S}$ も可分なヒルベルト空間である．

12. E を $\mathbb{R}^d$ の可測部分集合とする．また，a.e. $x \notin E$ で 0 になる関数からなる

$L^2(\mathbb{R}^d)$ の部分空間を $\mathcal{S}$ とする．χ_E を E の特性関数とするとき，$\mathcal{S}$ に関する直交射影 P が，$P(f) = \chi_E \cdot f$ によって与えられることを示せ．

13. P_1 と P_2 を，それぞれ S_1 と S_2 の上への直交射影とする．このとき，$P_1 P_2$ が直交射影になるための必要十分条件は，P_1 と P_2 が可換であること，つまり $P_1 P_2 = P_2 P_1$ となることである．この場合，$P_1 P_2$ は $S_1 \cap S_2$ の上への射影である．

14. $\mathcal{H}$ と $\mathcal{H}'$ を，前ヒルベルト空間 $\mathcal{H}_0$ の二つの完備化とする．$\mathcal{H}$ から $\mathcal{H}'$ へのユニタリー写像で，$\mathcal{H}_0$ 上で恒等になるものが存在することを示せ．
[ヒント：$f \in \mathcal{H}$ のとき，$\mathcal{H}$ において f に収束する $\mathcal{H}_0$ 内のコーシー列 $\{f_n\}$ をとれ．この列は，$\mathcal{H}'$ においてもある元 f' に収束する．写像 $f \longmapsto f'$ が求めるユニタリー写像を与える．]

15. T を $\mathcal{H}_1$ から $\mathcal{H}_2$ への線形変換とする．$\mathcal{H}_1$ が有限次元だと仮定すると，T は自動的に有界になる (もし $\mathcal{H}_1$ が有限次元だと仮定していなければ，このことは成り立つとは限らない．後の問題 1 参照)．

16. $F_0(z) = 1/(1-z)^i$ とおく．

(a) 単位円板内で $|F_0(z)| \leq e^{\pi/2}$ となることと，極限 $\lim_{r \to 1} F_0(r)$ が存在しないことを確かめよ．
[ヒント：$|F_0(r)| = 1$ であることと，$r \to 1$ のとき $\operatorname{Re} F_0(r)$ が ± 1 の間を無限回振動することに注意せよ．]

(b) $\{\alpha_n\}_{n=1}^{\infty}$ を有理数全部を列挙したものとし，
$$F(z) = \sum_{j=1}^{\infty} \delta^j F_0(z e^{-i\alpha_j})$$
とおく．ただし δ は十分小さくとっておく．$\theta = \alpha_j$ のとき，極限 $\lim_{r \to 1} F(re^{i\theta})$ が存在しないこと，それゆえ，F は単位円周の稠密な集合の点で半径に沿った極限をもたないことを証明せよ．

17. ファトゥーの定理は，より大きな領域内で点が境界点に近づくことを許容することで，次のように一般化できる．

各 $0 < s < 1$ と単位円周の各点 z に対し，$\Gamma_s(z)$ を，z と閉円板 $D_s(0)$ を含む最小の閉凸集合と定義し，その領域を考えよう．換言すると，$\Gamma_s(z)$ は，点 z と $D_s(0)$ の点を結んだすべての線分からなる．領域 $\Gamma_s(z)$ は，点 z の近くでは三角形のように見える．図 2 を見よ．

単位開円板で定義された関数 F が，単位円周の点 z で**非接極限**をもつというのは，任意の $0 < s < 1$ に対して，極限
$$\lim_{\substack{w \to z \\ w \in \Gamma_s(z)}} F(w)$$
が存在することである．

F が単位開円板上で正則かつ有界なとき，F が単位円周のほとんどすべての点で，非接極限をもつことを証明せよ．
［ヒント：関数 f のポアソン積分が，f のルベーグ集合のすべての点で非接極限をもつことを示せ．］

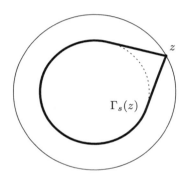

図 2 領域 $\Gamma_s(z)$．

18. $\mathcal{H}$ でヒルベルト空間を，$\mathcal{L}(\mathcal{H})$ で $\mathcal{H}$ 上の有界線形作用素全体からなるベクトル空間を表す．与えられた $T \in \mathcal{L}(\mathcal{H})$ に対し，作用素ノルムを
$$\|T\| = \inf\{B : \text{すべての } v \in \mathcal{H} \text{ に対し } \|Tv\| \leq B\|v\|\}$$
と定義する．

(a)　$T_1, T_2 \in \mathcal{L}(\mathcal{H})$ のとき $\|T_1 + T_2\| \leq \|T_1\| + \|T_2\|$ となることを示せ．

(b)　次の式が $\mathcal{L}(\mathcal{H})$ 上の距離を定めることを証明せよ：
$$d(T_1, T_2) = \|T_1 - T_2\|.$$

(c)　$\mathcal{L}(\mathcal{H})$ が距離 d に関して完備なことを示せ．

19.　T がヒルベルト空間上の有界線形作用素のとき，次の式を証明せよ：
$$\|TT^*\| = \|T^*T\| = \|T\|^2 = \|T^*\|^2.$$

20. $\mathcal{H}$ を無限次元ヒルベルト空間とする．すべての n で $\|f_n\|=1$ となる $\mathcal{H}$ の列 $\{f_n\}$ で，$\{f_n\}$ のどんな部分列も $\mathcal{H}$ で収束しないような例は，すでに見た．しかしながら，すべての n で $\|f_n\|=1$ となる $\mathcal{H}$ の任意の列 $\{f_n\}$ に対して，$f\in\mathcal{H}$ と部分列 $\{f_{n_k}\}$ が存在し，すべての $g\in\mathcal{H}$ で，
$$\lim_{k\to\infty}(f_{n_k},g)=(f,g)$$
となる．このことを示せ．上の $\{f_{n_k}\}$ は f に**弱収束**するという．
[ヒント：g を $\mathcal{H}$ の基底全部にわたって動かし，対角線論法を用いよ．選んだ基底に関する級数展開を用いて f が定義できる．]

21. (ヒルベルト空間 $\mathcal{H}$ においては) 有界作用素の列 $\{T_n\}$ が有界作用素 T に収束するという意味がいくつかある．一つは，ノルムでの収束，すなわち $n\to\infty$ のとき $\|T_n-T\|\to 0$ となることである．次は，それより弱い収束で，たまたま**強収束**と呼ばれているもので，すべてのベクトル $f\in\mathcal{H}$ に対して，$n\to\infty$ のとき $T_nf\to Tf$ となることが要求される．最後は，すべてのベクトルの対 $f,g\in\mathcal{H}$ に対して $(T_nf,g)\to(Tf,g)$ となることを要求する**弱収束**である (練習 20 も見よ)．

(a)　弱収束から強収束が導けないことと，強収束からノルムでの収束が導けないことを，例によって示せ．

(b)　任意の有界作用素 T に対して，有限階の有界作用素の列 $\{T_n\}$ が存在し，$n\to\infty$ のとき，強収束の意味で $T_n\to T$ となることを示せ．

22. 作用素 T が**等長作用素**であるとは，すべての $f\in\mathcal{H}$ に対して $\|Tf\|=\|f\|$ となることである．

(a)　T が等長作用素なら，すべての $f,g\in\mathcal{H}$ に対して $(Tf,Tg)=(f,g)$ となることを示せ．結果として，$T^*T=I$ となることを証明せよ．

(b)　T が等長作用素で全射のとき，T はユニタリーで $TT^*=I$ が成り立つ．

(c)　ユニタリーでない等長作用素の例をあげよ．

(d)　T^*T がユニタリーのとき，T が等長作用素になることを示せ．

[ヒント：$(Tf,Tf)=(f,f)$ という式で，f を $f\pm g$ や $f\pm ig$ に置き換えた場合を用いよ．]

23. $\{T_k\}$ を，ヒルベルト空間 $\mathcal{H}$ 上の有界作用素の列とし，すべての k で $\|T_k\|\leq 1$ とする．また，
$$T_kT_j^*=T_k^*T_j=0,\qquad k\neq j$$

と仮定する．$S_N = \sum_{k=-N}^{N} T_k$ とおく．

任意の $f \in \mathcal{H}$ に対し，$N \to \infty$ のとき $S_N(f)$ が収束することを示せ．また，その極限を $T(f)$ で表すと，$\|T\| \leq 1$ となることを証明せよ．

後の問題 8* では一般化が与えられる．

[ヒント：はじめは，有限個の T_k だけが 0 でない場合を考えよ．また，T_k の値域が互いに直交していることに注意せよ．]

24. $\{e_k\}_{k=1}^{\infty}$ で，ヒルベルト空間 $\mathcal{H}$ の正規直交集合を表す．$\{c_k\}_{k=1}^{\infty}$ が $\sum c_k^2 < \infty$ をみたす正の実数の列のとき，集合
$$A = \left\{ \sum_{k=1}^{\infty} a_k e_k : |a_k| \leq c_k \right\}$$
は $\mathcal{H}$ においてコンパクトである．

25. T は，基底 $\{\varphi_k\}$ に関して対角化できる有界作用素で，$T\varphi_k = \lambda_k \varphi_k$ とする．このとき，T がコンパクトであることと，$\lambda_k \to 0$ となることは同値である．

[ヒント：P_n を，$\varphi_1, \varphi_2, \cdots, \varphi_n$ で生成された部分空間の上への直交射影とすると，$\lambda_k \to 0$ のとき，$\|P_n T - T\| \to 0$ となることに注意せよ．]

26. w は $\mathbb{R}^d$ 上の可測関数で，$0 < w(x) < \infty$ a.e. x とする．また，K は $\mathbb{R}^{2d}$ 上の可測関数で，次の条件をみたすとする：

（i） ほとんどすべての $x \in \mathbb{R}^d$ に対して，$\int_{\mathbb{R}^d} |K(x,y)| w(y)\, dy \leq A w(x)$，かつ

（ii） ほとんどすべての $y \in \mathbb{R}^d$ に対して，$\int_{\mathbb{R}^d} |K(x,y)| w(x)\, dx \leq A w(y)$．

積分作用素
$$Tf(x) = \int_{\mathbb{R}^d} K(x,y) f(y)\, dy, \qquad x \in \mathbb{R}^d$$
が $L^2(\mathbb{R}^d)$ 上で有界で，$\|T\| \leq A$ となることを証明せよ．

特別な場合として，すべての x に対して $\int |K(x,y)|\, dy \leq A$，かつ，すべての y に対して $\int |K(x,y)|\, dx \leq A$ ならば，$\|T\| \leq A$ となることに注意せよ．

[ヒント：$f \in L^2(\mathbb{R}^d)$ のとき
$$\int |K(x,y)| |f(y)|\, dy \leq A^{1/2} w(x)^{1/2} \left[\int |K(x,y)| |f(y)|^2 w(y)^{-1}\, dy \right]^{1/2}$$
となる．]

27. 作用素
$$Tf(x) = \frac{1}{\pi}\int_0^\infty \frac{f(y)}{x+y}\,dy$$
が $L^2(0,\infty)$ 上で有界で，ノルムが $\|T\| \leq 1$ となるこを証明せよ．
[ヒント：適当な w に対して練習 26 を用いよ．]

28. B を $\mathbb{R}^d$ の単位球とし，$\mathcal{H} = L^2(B)$ とおく．$K(x,y)$ は，$B \times B$ 上の可測関数で，ある $\alpha > 0$ が存在して，すべての $x, y \in B$ に対し $|K(x,y)| \leq A|x-y|^{-d+\alpha}$ をみたすとする．
$$Tf(x) = \int_B K(x,y)f(y)\,dy$$
と定義せよ．

(a) T が $\mathcal{H}$ 上の有界作用素であることを証明せよ．

(b) T がコンパクトであることを証明せよ．

(c) T がヒルベルト–シュミット作用素であるための必要十分条件が $\alpha > d/2$ であることに気づけ．

[ヒント：(b) については，次のような裁断した核 K_n に対応する作用素 T_n を考えよ：$|x-y| \geq 1/n$ のとき $K_n(x,y) = K(x,y)$ で，そうでないときは 0．各 T_n がコンパクトで，$n \to \infty$ のとき $\|T_n - T\| \to 0$ となることを示せ．]

29. T をヒルベルト空間 $\mathcal{H}$ 上のコンパクト作用素とし，$\lambda \neq 0$ とする．

(a) $\lambda I - T$ の値域
$$\{g \in \mathcal{H} : g = (\lambda I - T)f,\ f \in \mathcal{H}\}$$
が閉であることを示せ．

[ヒント：$g_j = (\lambda I - T)f_j$, $g_j \to g$ とする．また，λ に対する T の固有空間，つまり $\lambda I - T$ の核を V_λ で表す．$f_j \in V_\lambda^\perp$ と仮定してよいのはなぜか？ この仮定の下で $\{f_j\}$ が有界列であることを証明せよ．]

(b) $\lambda = 0$ のとき，このことが成り立たないことを，例をあげて示せ．

(c) $\lambda I - T$ の値域が $\mathcal{H}$ 全体になるための必要十分条件は，$\overline{\lambda}I - T^*$ の零空間が自明になることである．

30. $\mathcal{H} = L^2([-\pi, \pi])$ とし，$[-\pi, \pi]$ を単位円周と同一視する．複素数の有界列 $\{\lambda_n\}_{n=-\infty}^\infty$ を固定し，作用素 Tf を次のように定める：
$$f(x) \sim \sum_{n=-\infty}^\infty a_n e^{inx} \quad \text{のとき} \quad Tf(x) \sim \sum_{n=-\infty}^\infty \lambda_n a_n e^{inx}.$$

このような作用素は**フーリエ乗算作用素**と呼ばれ，$\{\lambda_n\}$ はその**乗因子列**という．

(a) T が $\mathcal{H}$ 上の有界作用素で，$\|T\| = \sup_n |\lambda_n|$ であることを示せ．

(b) T が平行移動と可換であることを確かめよ．すなわち，各 $h \in \mathbb{R}$ に対し $\tau_h(x) = f(x-h)$ と定めると

$$T \circ \tau_h = \tau_h \circ T$$

となることを確かめよ．

(c) 反対に，$\mathcal{H}$ 上の有界作用素 T が平行移動と可換ならば，T はフーリエ乗算作用素になることを証明せよ．[ヒント：$T(e^{inx})$ を考えよ．]

31. のこぎり歯関数 K の場合を考えよう．それは，$[-\pi, \pi)$ 上で

$$K(x) = i(\mathrm{sgn}\,(x)\pi - x)^{8)}$$

で定義され，周期 2π をもつように $\mathbb{R}$ 上に拡張したものである．$f \in L^1([-\pi, \pi])$ を周期 2π をもつように $\mathbb{R}$ 上に拡張し，

$$Tf(x) = \frac{1}{2\pi} \int_{-\pi}^{\pi} K(x-y) f(y)\, dy$$
$$= \frac{1}{2\pi} \int_{-\pi}^{\pi} K(y) f(x-y)\, dy$$

と定める．

(a) $F(x) = Tf(x)$ が絶対連続であること，および，$\int_{-\pi}^{\pi} f(y)\, dy = 0$ のとき，$F'(x) = if(x)$ a.e. x となることを示せ．

(b) 写像 $f \longmapsto Tf$ が $L^2([-\pi, \pi])$ 上でコンパクトかつ対称であることを示せ．

(c) $\varphi(x) \in L^2([-\pi, \pi])$ が T の固有関数であるための必要十分条件は，ある整数 $n \neq 0$ に対して $1/n$ が固有値で，$\varphi(x)$ が e^{inx} と (定数倍を無視して) 一致するか，0 が固有値で $\varphi(x) = 1$ となるかのどちらかである．

(d) 結果として，$\{e^{inx}\}_{n \in \mathbb{Z}}$ が $L^2([-\pi, \pi])$ の正規直交基底になることを示せ．

注意として，第 I 巻第 2 章の練習 8 では，K のフーリエ級数が次のようになることを示した：

$$K(x) \sim \sum_{n \neq 0} \frac{e^{inx}}{n}.$$

---

8) 記号 $\mathrm{sgn}(x)$ は符号関数を表す：x の正，負に合わせてそれは値 $1, -1$ をとり，$x = 0$ のときは 0 である．

32. 次の式で定義される作用素 $T : L^2([0,1]) \to L^2([0,1])$ を考えよう：
$$T(f)(t) = tf(t).$$

(a) T が有界線形作用素で，$T = T^*$ となること，そして T がコンパクトでないことを証明せよ．

(b) さらに T が固有ベクトルをもたないことを示せ．

33. $\mathcal{H}$ はヒルベルト空間で，基底 $\{\varphi_k\}_{k=1}^\infty$ をもつとする．
$$T(\varphi_k) = \frac{1}{k}\varphi_{k+1}$$
で定義される作用素 T が，コンパクトなのに，固有ベクトルをもたないことを確かめよ．

34. K を実数値で対称なヒルベルト–シュミット核とする．このとき，前に見たように，K を核とする作用素 T はコンパクトかつ対称である．$\{\varphi_k(x)\}$ を T を対角化する (固有値 λ_k に関する) 固有ベクトルとする．このとき，

(a) $\sum_k |\lambda_k|^2 < \infty$.

(b) $K(x,y) \sim \sum \lambda_k \varphi_k(x)\varphi_k(y)$ は，基底 $\{\varphi_k(x)\varphi_k(y)\}$ に関する K の展開である．

(c) T を対称なコンパクト作用素とする．T がヒルベルト–シュミット型であるための必要十分条件は，T の固有値を重複度を込めて並べた $\{\lambda_n\}$ に対し $\sum_n |\lambda_n|^2 < \infty$ となることである．

35. $\mathcal{H}$ をヒルベルト空間とする．スペクトル分解定理の次の二つの変種を証明せよ．

(a) T_1 と T_2 は，$\mathcal{H}$ 上の対称でコンパクトな線形作用素で，可換 (つまり $T_1 T_2 = T_2 T_1$) とする．このとき，それらは同時に対角化できることを示せ．言い換えると，T_1 と T_2 の両方の固有ベクトルからなる $\mathcal{H}$ の正規直交基底が存在する．

(b) $\mathcal{H}$ 上の線形作用素 T が**正規**とは，$TT^* = T^*T$ となることである．T が正規かつコンパクトなら，T が対角化できることを証明せよ．

[ヒント：対称かつコンパクトで，可換な T_1, T_2 を用いて，$T = T_1 + iT_2$ と書け．]

(c) U がユニタリーで，コンパクトな T を用いて $U = \lambda I - T$ となっているとき，U は対角化できる．

8. 問題

1. $\mathcal{H}$ を無限次元ヒルベルト空間とする．$\mathcal{H}$ 上で定義された有界でない (それゆえ連続でない) 線形汎関数 ℓ が存在する．

[ヒント：選択公理 (またはそれと同値な命題の一つ) を用いて, $\mathcal{H}$ の**代数的な基底** $\{e_\alpha\}$ を作ろう；それは, $\mathcal{H}$ の任意の元が $\{e_\alpha\}$ の有限線形結合で一意的に表されるという性質をもったものである. 可算個の集合 $\{e_n\}_{n=1}^\infty$ を選び, すべての $n \in \mathbb{N}$ に対して $\ell(e_n) = n\|e_n\|$ という条件をみたすように ℓ を定めよ.]

2.* 次にあげるのが, 可分でないヒルベルト空間の例である. λ が実数全体を動くとし, $\mathbb{R}$ 上の指数関数の集合 $\{e^{i\lambda x}\}$ を考える. これらの指数関数の有限線形結合の空間を $\mathcal{H}_0$ で表す. $f, g \in \mathcal{H}_0$ に対して, その内積を

$$(f, g) = \lim_{T \to \infty} \frac{1}{2T} \int_{-T}^T f(x)\overline{g(x)}\, dx$$

と定める.

(a) この極限が存在することと, $f(x) = \sum_{k=1}^N a_{\lambda_k} e^{i\lambda_k x}$, $g(x) = \sum_{k=1}^N b_{\lambda_k} e^{i\lambda_k x}$ のときに

$$(f, g) = \sum_{k=1}^N a_{\lambda_k} \overline{b_{\lambda_k}}$$

となることを示せ.

(b) この内積に関して $\mathcal{H}_0$ は前ヒルベルト空間になる. $f \in \mathcal{H}_0$ のとき, $\|f\|$ がノルム $(f, f)^{1/2}$ を表すとすると, $\|f\| \leq \sup_x |f(x)|$ となることに注意しよう. $\mathcal{H}$ を $\mathcal{H}_0$ の完備化空間とする. $\lambda \neq \lambda'$ のとき, $e^{i\lambda x}$ と $e^{i\lambda' x}$ は正規直交であるから, $\mathcal{H}$ は可分ではない.

$\mathbb{R}$ 上で定義された連続関数 F は, $\mathcal{H}_0$ の元の ($\mathbb{R}$ 上の) 一様極限になっているとき, **概周期**であると呼ばれる. このような関数は, 完備化空間 $\mathcal{H}$ の (ある) 元とみなせる：つまり, 概周期関数全体の集合を AP で表すと, $\mathcal{H}_0 \subset AP \subset \mathcal{H}$ である.

(c) F を連続関数とする. 任意の $\varepsilon > 0$ に対して, 長さ $L = L_\varepsilon$ が存在し, 長さ L の任意の区間 $I \subset \mathbb{R}$ が

$$\sup_x |F(x + \tau) - F(x)| < \varepsilon$$

をみたす「概周期」τ をもつとする. このとき F は AP に属す.

(d) 同値な特徴づけは次のとおりである：F が AP に属すための必要十分条件は, F の平行移動の任意の列 $F(x + h_n)$ が一様に収束する部分列を含むことである.

3. 次のことはファトゥーの定理の直接の一般化である：$u(re^{i\theta})$ が単位円板で調和かつ有界なとき, a.e. θ で $\lim_{r \to 1} u(re^{i\theta})$ が存在する.

[ヒント：$a_n(r) = \dfrac{1}{2\pi}\displaystyle\int_0^{2\pi} u(re^{i\theta})e^{-in\theta}\,d\theta$ とおく．このとき，$a_n''(r) + \dfrac{1}{r}a_n'(r) - \dfrac{n^2}{r^2}a_n(r) = 0$ だから，$n \neq 0$ のとき $a_n(r) = A_n r^n + B_n r^{-n}$ である．結果として $u(re^{i\theta}) = \displaystyle\sum_{n=-\infty}^{\infty} a_n r^{|n|} e^{in\theta}$ である[9]．これにより，定理 3.3 の証明と同様に話をすすめることができる．]

4.* この問題では，ほとんどいたるところで半径に沿った極限が存在しないような関数の例を与える．

(a) 関数 $\displaystyle\sum_{n=0}^{\infty} z^{2^n}$ は，境界である単位円周のほとんどすべての点で，半径に沿った極限をもたない．

(b) より一般に，$F(x) = \displaystyle\sum_{n=0}^{\infty} a_n z^{2^n}$ とおく．もし $\sum |a_n|^2 = \infty$ ならば，関数 F は，ほとんどすべての境界点で，半径に沿った極限をもたない．しかし $\sum |a_n|^2 < \infty$ なら，$F \in H^2(\mathbb{D})$ である．このとき，F がほとんどいたるところで，半径に沿った極限をもつことが，定理 3.3 の証明からわかる．

5.* F は単位円板で正則で，
$$\sup_{0 \leq r < 1} \frac{1}{2\pi} \int_{-\pi}^{\pi} \log^+ |F(re^{i\theta})|\,d\theta < \infty$$
とする．ここで，$u \geq 1$ のとき $\log^+ u = \log u$ で，$u < 1$ のとき $\log^+ u = 0$ である．

このとき，ほとんどすべての θ に対して，$\displaystyle\lim_{r \to 1} F(re^{i\theta})$ が存在する．

次のとき上の条件はみたされる：ある $p > 0$ に対して，
$$\sup_{0 \leq r < 1} \frac{1}{2\pi} \int_{-\pi}^{\pi} |F(re^{i\theta})|^p\,d\theta < \infty.$$
(なぜなら，$u \geq 0$ のとき $e^{pu} \geq pu$)

後者の条件をみたす関数は，**ハーディ空間** $H^p(\mathbb{D})$ に属すといわれる．

6.* T がコンパクトで，$\lambda \neq 0$ のとき，次のことを示せ．

(a) $\lambda I - T$ が単射であることと，$\overline{\lambda} I - T^*$ が単射であることは同値である．

(b) $\lambda I - T$ が単射であることと，$\lambda I - T$ が全射であることは同値である．

この結果は，**フレドホルムの択一定理**と呼ばれ，しばしば練習 29 の結果と組み合わされる．

---

[9] 第 I 巻第 2 章の第 5 節も参照してほしい．

7. $L^2(\mathbb{R}^d)$ 上の恒等作用素が，(絶対) 収束する積分作用素として与えられないことを示せ．正確にいおう．$K(x,y)$ が $\mathbb{R}^d \times \mathbb{R}^d$ 上の可測関数で，任意の $f \in L^2(\mathbb{R}^d)$ に対して，積分 $T(f)(x) = \int_{\mathbb{R}^d} K(x,y)f(y)\,dy$ が，ほとんどすべての x で収束するという性質をもつとする．このとき，ある f に対して $T(f) \neq f$ となる．

[ヒント：そうでないとすると，$\mathbb{R}^d$ の交わらない任意の二つの球 B_1, B_2 に対し，a.e. $(x,y) \in B_1 \times B_2$ で $K(x,y) = 0$ となることを証明せよ．]

8.* $\{T_k\}$ を，ヒルベルト空間 $\mathcal{H}$ 上の有界作用素の列とする．正定数 $\{a_n\}$ が性質 $\sum_{-\infty}^{\infty} a_n = A < \infty$ をもつとし，

$$\|T_k T_j^*\| \leq a_{k-j} \quad \text{かつ} \quad \|T_k^* T_j\| \leq a_{k-j}^*$$

と仮定する．また，$S_N = \sum_{-N}^{N} T_k$ とおく．すると，任意の $f \in \mathcal{H}$ に対して，$N \to \infty$ のとき $S_N(f)$ は収束する．さらに，$T = \lim_{N \to \infty} S_N$ は $\|T\| \leq A$ をみたす．

9. 通常のスツルム–リューヴィル作用素のクラスについての話は，次のようである．他の特例は，後の問題で与えられる．

$[a,b]$ を有界区間とする．$[a,b]$ 上で 2 回連続微分可能な関数 f (このことを $f \in C^2([a,b])$ と書く) に対して，L を

$$L(f)(x) = \frac{d^2 f}{dx^2} - q(x)f(x)$$

と定義する．ここで，関数 q は $[a,b]$ 上で実数値かつ連続であるが，簡単のため q は非負と仮定する．$\varphi \in C^2([a,b])$ は，境界条件 $\varphi(a) = \varphi(b) = 0$ をみたすという仮定の下で，固有値 μ に関する L の**固有関数**であるとは，$L(\varphi) = \mu\varphi$ となることである．このとき次のことが示せる：

(a) 固有値 μ は真に負である．また，各固有値に対する固有空間は 1 次元である．

(b) 異なる固有値に対する固有ベクトルは，$L^2([a,b])$ において直交する．

(c) $K(x,y)$ を，次のようにして定義される「グリーン核」とする．$\varphi_-(x)$ を，$L(\varphi_-) = 0$ の解で，$\varphi_-(a) = 0, \varphi_-'(a) \neq 0$ をみたすものとする．同様に $\varphi_+(x)$ を，$L(\varphi_+) = 0$ の解で，$\varphi_+(b) = 0, \varphi_+'(b) \neq 0$ をみたすものとする．これらの解の「ロンスキアン」を $w = \varphi_+'(x)\varphi_-(x) - \varphi_-'(x)\varphi_+(x)$ とする．w が 0 でない定数であることに注意せよ．

$$K(x,y) = \begin{cases} \dfrac{\varphi_-(x)\varphi_+(y)}{w} & a \leq x \leq y \leq b, \\ \dfrac{\varphi_+(x)\varphi_-(y)}{w} & a \leq y \leq x \leq b \end{cases}$$

とおく．このとき，
$$T(f)(x) = \int_a^b K(x,y)f(y)\,dy$$
で定義される作用素 T は，ヒルベルト–シュミット作用素，それゆえコンパクトである．また，それは対称でもある．さらに，f が $[a,b]$ 上で連続ならば，Tf は関数族 $C^2([a,b])$ に属し，
$$L(Tf) = f$$
である．

(d) 結果として，(固有値 λ に対する) T の固有ベクトルは，(固有値 $\mu = 1/\lambda$ に対する) L の固有ベクトルである．ゆえに，定理 6.2 は，L の固有ベクトルを正規化して得られる正規直交集合が，正規直交基底になることを示す．

10.[*] $C^2([-1,1])$ 上で，L を
$$L(f)(x) = (1-x^2)\frac{d^2f}{dx^2} - 2x\frac{df}{dx}$$
と定義する．φ_n が，
$$\varphi_n(x) = \left(\frac{d}{dx}\right)^n (1-x^2)^n, \qquad n = 0, 1, 2, \cdots$$
で与えられる第 n ルジャンドル多項式のとき，$L\varphi_n = -n(n+1)\varphi_n$ となる．

正規化したときの φ_n は，$L^2([-1,1])$ の正規直交基底をなす (第 I 巻第 3 章の問題 2 を見よ．そこでは φ_n を L_n と表した)．

11.[*] エルミート関数 $h_k(x)$ は，母関数
$$\sum_{k=0}^{\infty} h_k(x)\frac{t^k}{k!} = e^{-(x^2/2 - 2tx + t^2)}$$
によって定義される．

(a) これは，$k \geq 0$ として，「生成」方程式 $\left(x - \dfrac{d}{dx}\right)h_k(x) = h_{k+1}(x)$ と「消滅」方程式 $\left(x + \dfrac{d}{dx}\right)h_k(x) = h_{k-1}(x)$ をみたす．ただし $h_{-1}(x) = 0$ である．$h_0(x) = e^{-x^2/2}$，$h_1(x) = 2xe^{-x^2/2}$ であり，一般に k 次の多項式 P_k を用いて $h_k(x) = P_k(x)e^{-x^2/2}$ と表せることに注意せよ．

(b) (a) を用いると，h_k が作用素 $L = -d^2/dx^2 + x^2$ の固有関数で，$\lambda_k = 2k+1$ かつ $L(h_k) = \lambda_k h_k$ となることがわかる．これらの関数が互いに直交していることも見てとれる．
$$\int_{\mathbb{R}} [h_k(x)]^2 dx = \pi^{1/2} 2^k k! = c_k$$

だから，$H_k = c_k^{-1/2} h_k$ とおいてこれらを正規化すると，正規直交列 $\{H_k\}$ が得られる．この列は $L^2(\mathbb{R}^d)$ において基底になる．というのは，任意の k で $\int_\mathbb{R} f H_k dx = 0$ ならば，すべての $t \in \mathbb{C}$ に対して $\int_{-\infty}^{\infty} f(x) e^{-\frac{x^2}{2} + 2tx} dx = 0$ となるからである．

(c) $K(x,y) = \sum_{k=0}^{\infty} \dfrac{H_k(x) H_k(y)}{\lambda_k}$ とおき，$F(x) = T(f)(x) = \int_\mathbb{R} K(x,y) f(y)\,dy$ とする．このとき，T は対称なヒルベルト–シュミット作用素である．また，$f \sim \sum_{k=0}^{\infty} a_k H_k$ のとき $F \sim \sum_{k=0}^{\infty} \dfrac{a_k}{\lambda_k} H_k$ である．

(a) と (b) をもとにして次のことが示せる：$f \in L^2(\mathbb{R})$ のとき，$F \in L^2(\mathbb{R})$ であるばかりか $x^2 F(x) \in L^2(\mathbb{R})$ である．さらに，F を測度 0 の集合上で修正すれば，それは連続微分可能になり，F' は絶対連続で，$F'' \in L^2(\mathbb{R})$ である．最後に，作用素 T は次の意味で L の逆作用素になる：
$$LT(f) = LF = -F'' + x^2 F = f, \qquad f \in L^2(\mathbb{R}).$$

(第 I 巻第 5 章の問題 7* も参照してほしい．)

第5章　ヒルベルト空間：いくつかの例

> 数学者と物理学者の違いは何だろうか？　それはこのようなことである：数学者にとってはすべてのヒルベルト空間が同じなのに対して，物理学者にとってはそれは個々の事象の相異なる実現であるということである．
>
> ——1960 年頃に E.ウィグナーが言ったとされる．

　ヒルベルト空間は解析学における数多くのさまざまな場面で登場する．すべての (無限次元) ヒルベルト空間は同じものであることは自明であるにもかかわらず，実際には，さまざまな異なる各々の実例や個々の応用により，数学においては非常に興味深いものになっている．いくつかの例を通じてこのことを説明しよう．

　まず初めに，プランシュレルの公式とその帰結であるフーリエ変換のユニタリー性を考える．これらの事実の複素解析との関連性は，ハーディ空間 H^2 に属する半空間上の正則関数の研究によって強調される．ハーディ空間自体はヒルベルト空間の別の興味深い実例である．ここで考察することは，単位円板に対するファトゥーの定理へ至ったアイデアに類似しているが，より複雑な特徴をもっている．

　次に，複素解析とフーリエ解析の組み合わせが，定数係数線形偏微分方程式の解の存在をいかにして保証してくれるかを見る．証明は基本的な L^2 評価によるが，これをいったん確立すれば簡単なヒルベルト空間の方法を適用することができる．

　最後の例はディリクレの原理と調和関数に対する境界値問題への応用である．ここではディリクレ積分によって与えられるヒルベルト空間が登場し，解が適当な直交射影の作用素を援用して表現される．

1. L^2 上のフーリエ変換

$\mathbb{R}^d$ 上の関数 f のフーリエ変換は

$$(1) \qquad \widehat{f}(\xi) = \int_{\mathbb{R}^d} f(x) e^{-2\pi i x \cdot \xi} dx$$

によって与えられ，その逆変換は

$$(2) \qquad f(x) = \int_{\mathbb{R}^d} \widehat{f}(\xi) e^{2\pi i x \cdot \xi} d\xi$$

によって与えられる．

これらの公式はすでにいくつかの異なる状況で登場した．まず最初に (第 I 巻において) 関数をシュヴァルツ・クラス $\mathcal{S}(\mathbb{R}^d)$ に制限した初等的な設定で，フーリエ変換の性質を考察した．関数族 $\mathcal{S}$ は滑らか (無限回微分可能) で，任意の多重指数 α と β に対して $x^\alpha \left(\dfrac{\partial}{\partial x}\right)^\beta f$ が $\mathbb{R}^d$ で有界である関数の全体である[1]．この関数族上では，フーリエ変換は全単射で，反転の公式 (2) が成立し，さらにプランシュレルの等式

$$(3) \qquad \int_{\mathbb{R}^d} |\widehat{f}(\xi)|^2 d\xi = \int_{\mathbb{R}^d} |f(x)|^2 dx$$

が成り立つことをすでに見た．

さて，より一般の (特に不連続な) 関数に目を向けることにして，$\widehat{f}(\xi)$ を定義する積分が (絶対) 収束する最大の関数族は，関数空間 $L^1(\mathbb{R}^d)$ であることに注意しよう．これに対して，第 2 章では関連する反転の公式が成り立つことを見た．

本節では，$\mathcal{S}$ で成立している f と $\widehat{f}$ の対称性を，この特殊な場合を超える，より一般の状況で再構築したい．ここでは，ヒルベルト空間 $L^2(\mathbb{R}^d)$ が特別な役割を果たす．

$L^2(\mathbb{R}^d)$ 上のフーリエ変換を，$\mathcal{S}$ 上での定義の拡張として定義しよう．そのために，しばらくの間，記号を導入して，$\mathcal{S}$ 上のフーリエ変換とその $L^2(\mathbb{R}^d)$ への拡張をそれぞれ $\mathcal{F}_0$ および $\mathcal{F}$ と表す．

---

[1] $x^\alpha = x_1^{\alpha_1} x_2^{\alpha_2} \cdots x_d^{\alpha_d}$, $\left(\dfrac{\partial}{\partial x}\right)^\beta = \left(\dfrac{\partial}{\partial x_1}\right)^{\beta_1} \cdots \left(\dfrac{\partial}{\partial x_d}\right)^{\beta_d}$ であることを思い出そう．ここに，$\alpha = (\alpha_1, \cdots, \alpha_d), \beta = (\beta_1, \cdots, \beta_d)$ で，α_j, β_j は非負整数である．α の次数を $\alpha_1 + \cdots + \alpha_d$ によって定義し，$|\alpha|$ と表す．

証明する主定理を述べる．

定理 1.1 $\mathcal{S}(\mathbb{R}^d)$ で定義されたフーリエ変換 $\mathcal{F}_0$ は，$L^2(\mathbb{R}^d)$ から自身へのユニタリー作用素 $\mathcal{F}$ へ (一意的に) 拡張される．特に，
$$\|\mathcal{F}(f)\|_{L^2(\mathbb{R}^d)} = \|f\|_{L^2(\mathbb{R}^d)}$$
がすべての $f \in L^2(\mathbb{R}^d)$ に対して成り立つ．

作用素 $\mathcal{F}$ への拡張は極限操作によってなされる．$\{f_n\}$ がシュヴァルツ空間の列であり，$L^2(\mathbb{R}^d)$ で f に収束するならば，$\{\mathcal{F}_0(f_n)\}$ は $L^2(\mathbb{R}^d)$ のある元に収束して，f のフーリエ変換を定義する．この方法を実行するために，すべての L^2 関数はシュヴァルツ空間の元により近似できることを見なくてはならない．

補題 1.2 関数空間 $\mathcal{S}(\mathbb{R}^d)$ は $L^2(\mathbb{R}^d)$ で稠密である．別の言い方をすれば，任意の $f \in L^2(\mathbb{R}^d)$ に対して，列 $\{f_n\} \subset \mathcal{S}(\mathbb{R}^d)$ が存在して，
$$\|f_n - f\|_{L^2(\mathbb{R}^d)} \to 0, \qquad n \to \infty$$
が成り立つ．

補題を証明するために，$f \in L^2(\mathbb{R}^d)$ と $\varepsilon > 0$ を固定する．各 $M > 0$ に対して，
$$g_M(x) = \begin{cases} f(x) & |x| \leq M, \ |f(x)| \leq M \text{ の場合,} \\ 0 & \text{その他} \end{cases}$$
とおく．$|f(x) - g_M(x)| \leq 2|f(x)|$ であるから，$|f(x) - g_M(x)|^2 \leq 4|f(x)|^2$ であり，ほとんどすべての x に対して $M \to \infty$ のとき $g_M(x) \to f(x)$ であるから，優収束定理により，ある $M > 0$ に対して
$$\|f - g_M\|_{L^2(\mathbb{R}^d)} < \varepsilon$$
である．$g = g_M$ と書くことにする．この関数は有界かつ台が有界である．ここで，g をシュヴァルツ空間の関数で近似すれば十分であることを見よう．このために，g を近似単位元との畳み込みによって「平滑化」する正則化と呼ばれる方法を用いる．$\mathbb{R}^d$ 上の関数 $\varphi(x)$ で次の性質をもつものを考えよう：

(a) $\varphi(x)$ は滑らか (無限回微分可能) である．
(b) $\varphi(x)$ の台は単位球に含まれる．
(c) $\varphi \geq 0$．

(d) $\int_{\mathbb{R}^d} \varphi(x) dx = 1.$

たとえば，(d) をみたすように定数 c を選んで

$$\varphi(x) = \begin{cases} ce^{-\frac{1}{1-|x|^2}} & |x| < 1 \text{ のとき}, \\ 0 & |x| \geq 1 \text{ のとき} \end{cases}$$

という関数をとることができる．

次に，

$$K_\delta(x) = \delta^{-d} \varphi(x/\delta)$$

によって定義される近似単位元を考えよう．$g * K_\delta$ は $\mathcal{S}(\mathbb{R}^d)$ に属すること，実際，この畳み込みの台が (たとえば $\delta \leq 1$ と仮定すると) δ について一様に固定された有界集合に含まれることを見ることが重要である．実際，第 2 章の等式 (6) により，

$$(g * K_\delta)(x) = \int g(y) K_\delta(x - y) dy = \int g(x - y) K_\delta(y) dy$$

と書くことができる．g の台は有界であり，K_δ は半径 δ の球の外では消えているので，$g * K_\delta$ の台は δ に無関係なある固定された有界集合に含まれる．また，関数 g は有界であるように構成されているので，

$$|(g * K_\delta)(x)| \leq \int |g(x - y)| K_\delta(y) dy$$

$$\leq \sup_{z \in \mathbb{R}^d} |g(z)| \int K_\delta(y) dy = \sup_{z \in \mathbb{R}^d} |g(z)|$$

であり，$g * K_\delta$ も δ に関して一様有界である．さらに，上の $g * K_\delta$ を表す最初の積分を用いると，積分記号下での微分を行うことができるので，$g * K_\delta$ は滑らかで，かつ，すべての導関数の台は固定された有界集合に含まれることがわかる．

$g * K_\delta$ が $L^2(\mathbb{R}^d)$ において g に収束することを示すことができれば，補題の証明が完了する．ここで，第 3 章の定理 2.1 により，ほとんどすべての x に対して，δ が 0 に近づくとき，$|(g * K_\delta)(x) - g(x)|^2$ は 0 に収束する．有界収束定理 (第 2 章の定理 1.4) を適用すると，

$$\|(g * K_\delta) - g\|_{L^2(\mathbb{R}^d)}^2 \to 0, \qquad \delta \to 0$$

が示される．特に，適当な δ に対して，$\|(g * K_\delta) - g\|_{L^2(\mathbb{R}^d)} < \varepsilon$ であるから，$\|f - (g * K_\delta)\|_{L^2(\mathbb{R}^d)} < 2\varepsilon$ となるので，ε を 0 に近づけていくことにより，望み

の列 $\{f_n\}$ が得られる.

前述の補題の証明により次の主張が成り立つことを見ておくと，後で用いるのに便利である：f が $L^1(\mathbb{R}^d)$ と $L^2(\mathbb{R}^d)$ の両方に属するならば，$f_n \in \mathcal{S}(\mathbb{R}^d)$ となる列 $\{f_n\}$ が存在して，f に L^1-ノルム，および，L^2-ノルムで収束する.

本書における $L^2(\mathbb{R}^d)$ 上のフーリエ変換の定義は，前述の $\mathcal{S}$ の稠密性と一般の「拡張原理」を結びつける.

補題 1.3 $\mathcal{H}_1$ と $\mathcal{H}_2$ は，それぞれ $\|\cdot\|_1$ と $\|\cdot\|_2$ をノルムとするヒルベルト空間とする．$\mathcal{S}$ は $\mathcal{H}_1$ の稠密な部分空間であること，さらに，$T_0 : \mathcal{S} \to \mathcal{H}_2$ は $f \in \mathcal{S}$ に対して $\|T_0(f)\|_2 \leq c\|f\|_1$ をみたす線形作用素であることを仮定する．このとき，T_0 は，すべての $f \in \mathcal{H}_1$ に対して $\|T(f)\|_2 \leq c\|f\|_1$ をみたす線形作用素 $T : \mathcal{H}_1 \to \mathcal{H}_2$ に (一意的に) 拡張される．

証明 与えられた $f \in \mathcal{H}_1$ に対して，$\{f_n\}$ を f に収束する $\mathcal{S}$ の列として，
$$T(f) = \lim_{n \to \infty} T_0(f_n)$$
と定義したい．ここで，極限は $\mathcal{H}_2$ でとる．T が定義されることを見るには，極限が存在すること，および，f の近似に用いられる列 $\{f_n\}$ の取り方に依存しないことを確かめなくてはならない．実際，1番目の点については，$\{T_0(f_n)\}$ が $\mathcal{H}_2$ のコーシー列であることに注意しよう．なぜならば，$\{f_n\}$ はその取り方により $\mathcal{H}_1$ のコーシー列であるから，T_0 がみたす不等式により
$$\|T_0(f_n) - T_0(f_m)\|_2 \leq c\|f_n - f_m\|_1 \to 0, \qquad n, m \to \infty$$
となるので，$\{T_0(f_n)\}$ は $\mathcal{H}_2$ のコーシー列であり，ゆえに収束列である．

次に，極限が近似列に依存しないことを確かめるために，$\{g_n\}$ を $\mathcal{H}_1$ で f に収束する別の $\mathcal{S}$ の列とする．このとき，
$$\|T_0(f_n) - T_0(g_n)\|_2 \leq c\|f_n - g_n\|_1$$
であり，$\|f_n - g_n\|_1 \leq \|f_n - f\|_1 + \|f - g_n\|_1$ であるから，$\{T_0(g_n)\}$ は $\mathcal{H}_2$ である極限に収束し，$\{T_0(f_n)\}$ の極限に一致するという結論にいたる．

最後に，$f_n \to f$ かつ $T_0(f_n) \to T(f)$ ならば，$\|f_n\|_1 \to \|f\|_1$ かつ $\|T_0(f_n)\|_2 \to \|T(f)\|_2$ となるので，$n \to \infty$ の極限では，$\|T(f)\|_2 \leq c\|f\|_1$ が，すべての $f \in \mathcal{H}_1$ で成り立つことを思い出そう． ∎

本節のフーリエ変換の場合,この補題を $\mathcal{H}_1$, $\mathcal{H}_2$ を (L^2-ノルムを備えた) $L^2(\mathbb{R}^d)$, $\mathcal{S} = \mathcal{S}(\mathbb{R}^d)$, T_0 をシュヴァルツ空間で定義されたフーリエ変換 $\mathcal{F}_0$ として適用する.補題 1.3 により,$L^2(\mathbb{R}^d)$ 上のフーリエ変換は,$\mathcal{F}_0$ の一意的 (で有界) な L^2 への拡張として定義される.したがって,$f \in L^2(\mathbb{R}^d)$ で,$\{f_n\}$ が f に収束する (すなわち $n \to \infty$ のとき $\|f - f_n\|_{L^2(\mathbb{R}^d)} \to 0$ となる) $\mathcal{S}(\mathbb{R}^d)$ の任意の列ならば,f のフーリエ変換を

$$(4) \qquad \mathcal{F}(f) = \lim_{n \to \infty} \mathcal{F}_0(f_n)$$

によって定義する.ここで,極限は L^2 の意味でとる.補題の証明での議論により,特別な場合である $\mathcal{F}$ も引き続き (3) をみたすこと,すなわち,$f \in L^2(\mathbb{R}^d)$ に対して

$$\|\mathcal{F}(f)\|_{L^2(\mathbb{R}^d)} = \|f\|_{L^2(\mathbb{R}^d)}, \qquad f \in L^2(\mathbb{R}^d)$$

が示されることは明らかである.

$\mathcal{F}$ が可逆 (で,したがって $\mathcal{F}$ はユニタリー作用素) であることも,$\mathcal{S}(\mathbb{R}^d)$ 上でその性質が成立することの帰結である.シュヴァルツ空間上で $\mathcal{F}_0^{-1}$ は,公式 (2),すなわち,

$$\mathcal{F}_0^{-1}(g)(x) = \int_{\mathbb{R}^d} g(\xi) e^{2\pi i x \cdot \xi} d\xi$$

によって与えられ,再び等式 $\|\mathcal{F}_0^{-1}(g)\|_{L^2} = \|g\|_{L^2}$ をみたす.よって,上での議論と同様にして,極限によって $\mathcal{F}_0^{-1}$ を $L^2(\mathbb{R}^d)$ へ拡張することができる[2].次に,与えられた $f \in L^2(\mathbb{R}^d)$ に対して,シュヴァルツ空間の列 $\{f_n\}$ で $\|f - f_n\|_{L^2} \to 0$ となるものをとる.

$$f_n = \mathcal{F}_0^{-1} \mathcal{F}_0(f_n) = \mathcal{F}_0 \mathcal{F}_0^{-1}(f_n)$$

であり,n を無限大にする極限をとると,

$$f = \mathcal{F}^{-1} \mathcal{F}(f) = \mathcal{F} \mathcal{F}^{-1}(f)$$

となるので,$\mathcal{F}$ は可逆である.これで定理 1.1 の証明が完了する.

いくつかの注意を順番に述べる.

(ⅰ) f は $L^1(\mathbb{R}^d)$ と $L^2(\mathbb{R}^d)$ の両方に属すると仮定する.二つのフーリエ変換の定義は同じであろうか? すなわち,$\mathcal{F}(f)$ を定理 1.1 において極限操作で定義

---

2) 訳注:これを $\mathcal{F}^{-1}$ とする.

されるもの，$\widehat{f}$ を収束する積分 (1) によって定義されるものとしたとき，$\mathcal{F}(f) = \widehat{f}$ となるであろうか？ これが実際に成立することを証明するために，$f_n \to f$ が L^1-ノルムと L^2-ノルムの両方で成り立つように，f は $\mathcal{S}$ の列 $\{f_n\}$ によって近似することができることを思い出そう．$\mathcal{F}_0(f_n) = \widehat{f_n}$ であるから，極限をとると望みの結論が得られる．実際，$\mathcal{F}_0(f_n)$ は $\mathcal{F}(f)$ に L^2-ノルムで収束するので，ある部分列がほとんどいたるところで収束する．第 2 章の系 2.3 の L^1 に対する類似の主張を見よ．さらに，

$$\sup_{\xi \in \mathbb{R}^d} |\widehat{f_n}(\xi) - \widehat{f}(\xi)| \leq \|f_n - f\|_{L^1(\mathbb{R}^d)}$$

であるから，$\widehat{f_n}$ は $\widehat{f}$ にいたるところ収束するので，主張が成立する．

(ii) 定理は L^2 上のフーリエ変換のかなり抽象的な定義を与えている．今述べたことにより，フーリエ変換のより具体的な定義を次のように与えることもできる．$f \in L^2(\mathbb{R}^d)$ に対して

$$\widehat{f}(\xi) = \lim_{R \to \infty} \int_{|x| \leq R} f(x) e^{-2\pi i x \cdot \xi} dx$$

とする．ここで極限は L^2-ノルムでとる．χ_R を球 $\{x \in \mathbb{R}^d : |x| \leq R\}$ の特性関数とすると，各 R に対して $f\chi_R$ は L^1 と L^2 の両方に属し，$f\chi_R \to f$ が L^2-ノルムで成り立つことに注意せよ．

(iii) 以上で議論したフーリエ変換のさまざまな定義の同一性により，フーリエ変換を表す好みの記号として $\widehat{f}$ を使ってよい．以下ではこの慣習を用いる．

2. 上半平面のハーディ空間

フーリエ変換の L^2 理論を上半平面上の正則関数へ応用しよう．これにより，ハーディ空間と前章で考察したファトゥーの定理の，関連した類似に目を向けることになる[3]．これに付随して，「フーリエ変換の台が半直線 $(0, \infty)$ に含まれる関数 $f \in L^2(\mathbb{R})$ はどのようなものか？」という疑問に対する答えが与えられる．

$\mathbb{R}^2_+ = \{z = x + iy : x \in \mathbb{R}, y > 0\}$ を上半平面とする．**ハーディ空間** $H^2(\mathbb{R}^2_+)$ は，

---

[3] さらなる動機づけやいくつかの初等的な背景となる題材は第 II 巻第 4 章の定理 3.5 に見出されるであろう．

$$\sup_{y>0}\int_{\mathbb{R}}|F(x+iy)|^2 dx < \infty \tag{5}$$

をみたす $\mathbb{R}_+^2$ 上の正則関数 F の全体と定義する．対応するノルム $\|F\|_{H^2(\mathbb{R}_+^2)}$ を，(5) の平方根によって定義する．

まず，$H^2(\mathbb{R}_+^2)$ に属する関数 F の (典型的な) 例を述べよう．$L^2(0,\infty)$ に属する関数 $\widehat{F}_0$ から始めて，

$$F(x+iy) = \int_0^\infty \widehat{F}_0(\xi)e^{2\pi i\xi z}d\xi, \qquad z = x+iy, \quad y > 0 \tag{6}$$

とおく (特殊な記号 $\widehat{F}_0$ を選ぶ理由は以下でより明らかになるであろう)．任意の $\delta > 0$ に対して，$y \geq \delta$ のとき，積分 (6) は絶対かつ一様収束する．実際，$|\widehat{F}_0(\xi)e^{2\pi i\xi z}| = |\widehat{F}_0(\xi)|e^{-2\pi\xi y}$ であるから，コーシー–シュヴァルツの不等式により

$$\int_0^\infty |\widehat{F}_0(\xi)e^{2\pi i\xi z}|d\xi \leq \left(\int_0^\infty |\widehat{F}_0(\xi)|^2 d\xi\right)^{1/2}\left(\int_0^\infty e^{-4\pi\xi\delta}d\xi\right)^{1/2}$$

となるので，収束についての主張が成り立つ．一様収束性により，$F(z)$ が上半平面で正則であることが従う．さらに，プランシュレルの定理により，

$$\int_{\mathbb{R}}|F(x+iy)|^2 dx = \int_0^\infty |\widehat{F}_0(\xi)|^2 e^{-4\pi\xi y}d\xi \leq \|\widehat{F}_0\|_{L^2(0,\infty)}^2$$

であるから，実際，単調収束定理により

$$\sup_{y>0}\int_{\mathbb{R}}|F(x+iy)|^2 dx = \|\widehat{F}_0\|_{L^2(0,\infty)}^2$$

が成り立つ．特に，F は $H^2(\mathbb{R}_+^2)$ に属する．次に証明する主結果は上の逆，すなわち，関数空間 $H^2(\mathbb{R}_+^2)$ のすべての元は，実際に (6) の形で与えられること，である．

定理 2.1 $H^2(\mathbb{R}_+^2)$ の元 F は，ある $\widehat{F}_0 \in L^2(0,\infty)$ によって，ちょうど (6) で与えられる関数である．さらに，次が成り立つ：

$$\|F\|_{H^2(\mathbb{R}_+^2)} = \|\widehat{F}_0\|_{L^2(0,\infty)}.$$

これは，(6) により，$H^2(\mathbb{R}_+^2)$ が $L^2(0,\infty)$ に同型なヒルベルト空間であることをも示している．

定理の証明で重要な点は次の事実である．任意の固定された真に正の数 y に対して，L^2 関数 $F(x+iy), x \in \mathbb{R}$ のフーリエ変換を $\widehat{F}_y(\xi)$ とする．このとき，任

意に選んだ y の組 y_1 と y_2 に対して,

(7) $$\widehat{F}_{y_1}(\xi)e^{2\pi y_1 \xi} = \widehat{F}_{y_2}(\xi)e^{2\pi y_2 \xi} \quad \text{a.e. } \xi$$

が得られる.この主張は次の有用な技術的観察によって確かめられる.

補題 2.2 F が $H^2(\mathbb{R}_+^2)$ に属するならば,任意の真な半平面 $\{z = x+iy : y \geq \delta\}$, $\delta > 0$ で有界である.

これを証明するのに,正則関数の平均値の性質を利用する.この性質は,二つの相異なる流儀で述べられる.一つは,円上の平均値を用いて述べると,

(8) $$F(\zeta) = \frac{1}{2\pi}\int_0^{2\pi} F(\zeta + re^{i\theta})d\theta, \qquad 0 < r \leq \delta$$

である (ζ が上半平面にあって $\text{Im}(\zeta) > \delta$ をみたすとき,ζ を中心とする半径 r の円板は $\mathbb{R}_+^2$ に含まれることに注意せよ).あるいは,r について積分して,平均値の性質を円板について述べると,

(9) $$F(\zeta) = \frac{1}{\pi\delta^2}\int_{|z|<\delta} F(\zeta + z)dx\,dy, \qquad z = x+iy$$

である.

これらの主張は実際には $\mathbb{R}^2$ 上の調和関数に対して成立する (正則関数については第 II 巻第 3 章の系 7.2 を,調和関数の場合については第 I 巻第 5 章の補題 2.8 を見よ).本章の後半で実際に (9) の $\mathbb{R}^d$ への拡張を証明する.

(9) を用いると,コーシー–シュヴァルツの不等式により

$$|F(\zeta)|^2 \leq \frac{1}{\pi\delta^2}\int_{|z|<\delta} |F(\zeta+z)|^2 dx dy$$

であることを見る.$\eta > \delta$ のもとに $z = x+iy$, $\zeta = \xi + i\eta$ と書くと,ζ を中心とする半径 δ の円板 $B_\delta(\zeta)$ は,帯状領域 $\{z+\zeta : z = x+iy, -\delta < y < \delta\}$ に含まれ,さらに,この帯状領域は上半平面 $\mathbb{R}_+^2$ に含まれる.図 1 を見よ.

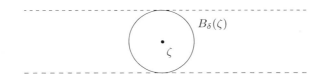

図 1 帯状領域に含まれる円板.

これは次の上からの評価を与える：
$$\int_{|z|<\delta}|F(\zeta+z)|^2 dxdy \le \int_{|y|<\delta}\int_{\mathbb{R}}|F(\zeta+x+iy)|^2 dxdy$$
$$\le 2\delta \sup_{-\delta<y<\delta}\int_{\mathbb{R}}|F(x+i(\eta+y))|^2 dx.$$

$\eta > \delta$ であるから，最後の項は実際に
$$2\delta \sup_{y>0}\int_{\mathbb{R}}|F(x+iy)|^2 dx = 2\delta \|F\|^2_{H^2(\mathbb{R}^2_+)}$$
によって上から押さえられる．以上を併せると，半平面 $\mathrm{Im}(\zeta) > \delta$ において $|F(\zeta)|^2 \le \dfrac{2}{\pi\delta}\|F\|^2_{H^2}$ であり，補題が証明される．

ここで，等式 (7) の証明に戻る．$H^2(\mathbb{R}^2_+)$ に属する F から出発して，
$$F^\varepsilon(z) = F(z)\frac{1}{(1-i\varepsilon z)^2}, \qquad \varepsilon > 0$$
によって定義される関数 F^ε で置き換えることにより，扱いやすくする．$\mathrm{Im}(z) > 0$ のとき，$|F^\varepsilon(z)| \le |F(z)|$ が成り立つこと，また，そのような各 z に対して，$\varepsilon \to 0$ のとき，$F^\varepsilon(z) \to F(z)$ であることを見よ．これにより，各 $y > 0$ に対して，$F^\varepsilon(x+iy) \to F(x+iy)$ が L^2-ノルムで成り立つことが示される．さらに，補題は，各 F^ε は，ある $\delta > 0$ に対して，減衰評価
$$F^\varepsilon(z) = O\left(\frac{1}{1+x^2}\right), \qquad \mathrm{Im}(z) > \delta$$
をみたすことを保証する．まず，F を F^ε で置き換えると，(7) が成り立つ．これは，関数
$$G(z) = F^\varepsilon(z)e^{-2\pi i z\xi}$$
の線積分への応用の帰結である．実際，$-R+iy_1, R+iy_1, R+iy_2, -R+iy_2$ を頂点とする長方形上で $G(z)$ を積分して，$R \to \infty$ とする．この長方形の中では $G(z) = O(1/(1+x^2))$ であることを考慮すると，
$$\int_{L_1} G(z)dz = \int_{L^2} G(z)dz$$
であることがわかる．ここに，L_j は直線 $\{x+iy_j : x \in \mathbb{R}\}$, $j=1,2$ である．
$$\int_{L_j} G(z)dz = \int_{\mathbb{R}} F^\varepsilon(x+iy_j)e^{-2\pi i(x+iy_j)\xi}\,dx$$
であるから，これは

$$\widehat{F}^\varepsilon_{y_1}(\xi)e^{2\pi y_1\xi} = \widehat{F}^\varepsilon_{y_2}(\xi)e^{2\pi y_2\xi}$$

を意味する．$\varepsilon \to 0$ のとき，$F^\varepsilon(x+iy_j) \to F(x+iy_j)$ が L^2–ノルムで成り立つから，(7) が導かれる．

上で証明した等式は，$\widehat{F}_y(\xi)e^{2\pi y\xi}$ が $y>0$ をみたす y によらないこと，したがって，ある関数 $\widehat{F}_0(\xi)$ が存在して，$\widehat{F}_y(\xi)e^{2\pi\xi y} = \widehat{F}_0(\xi)$ が成り立つこと，その結果として，すべての $y>0$ に対して

$$\widehat{F}_y(\xi) = \widehat{F}_0(\xi)e^{-2\pi\xi y}$$

が得られることを述べている．よって，プランシュレルの等式により

$$\int_\mathbb{R} |F(x+iy)|^2 dx = \int_\mathbb{R} |\widehat{F}_0(\xi)|^2 e^{-4\pi\xi y} d\xi$$

であるから，

$$\sup_{y>0} \int_\mathbb{R} |\widehat{F}_0(\xi)|^2 e^{-4\pi\xi y} d\xi = \|F\|^2_{H^2(\mathbb{R}^2_+)} < \infty$$

が示される．最後に，この等式は，ほとんどすべての $\xi \in (-\infty, 0)$ で $\widehat{F}_0(\xi) = 0$ を導く．これが正しくないと仮定すると，適当な正の数 a, b, c をとって，$(-\infty, -b)$ に含まれるある集合 E の点 ξ に対して $|\widehat{F}_0(\xi)| \geq a$ であって，$m(E) \geq c$ となるようにできる．これにより，$\int |\widehat{F}_0(\xi)|^2 e^{-4\pi\xi y} d\xi \geq a^2 c e^{4\pi by}$ であり，$y \to \infty$ とすると無限に大きくなる．よって矛盾であり，ほとんどすべての $\xi \in (-\infty, 0)$ で $\widehat{F}_0(\xi)$ は消えていることが示される．

以上をまとめると，ある $\widehat{F}_0 \in L^2(0, \infty)$ が存在して，各 $y>0$ ごとに，関数 $\widehat{F}_y(\xi)$ は $\widehat{F}_0(\xi)e^{-2\pi\xi y}$ に等しい．よって，フーリエ反転公式が，H^2 の任意の元に対する表現 (6) を与え，定理の証明が完了する．

本節で扱う二つ目の結果は前章のファトゥーの定理の上半平面における類似として見ることができよう．

定理 2.3 F は $H^2(\mathbb{R}^2_+)$ に属すると仮定する．このとき，$\lim_{y\to 0} F(x+iy) = F_0(x)$ が次の二つの意味で存在する：

（ｉ） $L^2(\mathbb{R})$–ノルムでの極限として．

（ⅱ） ほとんどすべての x に対する極限として．

よって，F は上の二つの意味のいずれかの意味で境界値 (F_0 と表す) をもつ．

関数 F_0 は F の**境界値関数**と呼ばれることがある．(i) は既知のことから直ちに証明される．実際，F_0 が L^2 関数で，そのフーリエ変換が $\widehat{F_0}$ ならば，

$$\|F(x+iy) - F_0(x)\|_{L^2(\mathbb{R})}^2 = \int_0^\infty |\widehat{F_0}(\xi)|^2 |e^{-2\pi\xi y} - 1|^2 dy$$

であり，優収束定理により，$y \to 0$ のとき 0 に近づく．

ほとんどいたるところでの収束を証明するために，**ポアソン積分表現**

(10) $$\int_{\mathbb{R}} \widehat{f}(\xi) e^{-2\pi|\xi|y} e^{2\pi i x \xi} d\xi = \int_{\mathbb{R}} f(x-t) \mathcal{P}_y(t) dt$$

を示す[4]．ここに，

$$\mathcal{P}_y(x) = \frac{1}{\pi} \frac{y}{y^2 + x^2}$$

はポアソン核である．この等式は，すべての $(x,y) \in \mathbb{R}_+^2$，任意の $L^2(\mathbb{R})$ の元 f に対して成り立つ．これを見るために，次の初等的な積分公式

(11) $$\int_0^\infty e^{2\pi i \xi z} d\xi = \frac{i}{2\pi z}, \qquad \mathrm{Im}(z) > 0$$

と

(12) $$\int_{\mathbb{R}} e^{-2\pi|\xi|y} e^{2\pi i \xi x} d\xi = \frac{1}{\pi} \frac{y}{y^2 + x^2}, \qquad y > 0$$

に注意するところから始めよう．一つ目は，

$$\int_0^N e^{2\pi i \xi z} d\xi = \frac{1}{2\pi i z}[e^{2\pi i N z} - 1]$$

であることから，$N \to \infty$ とすると直ちに得られる．二つ目の公式は，積分を

$$\int_0^\infty e^{-2\pi \xi y} e^{2\pi i \xi x} d\xi + \int_0^\infty e^{-2\pi \xi y} e^{-2\pi i \xi x} d\xi$$

と書き直すと，(11) により，

$$\frac{i}{2\pi}\left[\frac{1}{x+iy} + \frac{1}{-x+iy}\right] = \frac{1}{\pi} \frac{y}{y^2 + x^2}$$

となって証明される．

次に，f が（たとえば）空間 $\mathcal{S}$ に属するとき，(10) が成り立つことを示そう．実際，固定された $(x,y) \in \mathbb{R}_+^2$ に対して，$\mathbb{R}^2 = \{(t,\xi)\}$ 上で関数 $\Phi(t,\xi) = f(t) e^{-2\pi i \xi t} e^{-2\pi|\xi|y} e^{2\pi i \xi x}$ を考察する．$|\Phi(t,\xi)| = |f(t)| e^{-2\pi|\xi|y}$ であるから，(f が急減少であることにより) Φ は $\mathbb{R}^2$ 上で可積分である．フビニの定理により，

---

[4] これは第 4 章で与えた円上の場合の等式 (3) の $\mathbb{R}$ における類似物である．

$$\int_{\mathbb{R}} \left(\int_{\mathbb{R}} \Phi(t,\xi) d\xi \right) dt = \int_{\mathbb{R}} \left(\int_{\mathbb{R}} \Phi(t,\xi) dt \right) d\xi$$

となる.明らかに右辺は $\int_{\mathbb{R}} \widehat{f}(\xi) e^{-2\pi|\xi|y} e^{2\pi ix\xi} d\xi$ になるが,一方,前述の (12) により,左辺は $\int_{\mathbb{R}} f(t)\mathcal{P}_y(x-t)dt$ になる.しかし,第2章の関係式 (6) を用いると,

$$\int_{\mathbb{R}} f(t)\mathcal{P}_y(x-t)dt = \int_{\mathbb{R}} f(x-t)\mathcal{P}_y(t)dt$$

となる.ゆえに,ポアソン積分表現 (10) は,すべての $f \in \mathcal{S}$ に対して成り立つ.一般の $f \in L^2(\mathbb{R})$ に対しては,L^2-ノルムで $f_n \to f$ (となり,同様に $\widehat{f_n} \to \widehat{f}$) となる $\mathcal{S}$ の元からなる列 $\{f_n\}$ を考える.極限移行により,f に対する公式は,各 f_n の対応する公式から従う.実際,コーシー–シュヴァルツの不等式により,

$$\left| \int_{\mathbb{R}} \left[\widehat{f}(\xi) - \widehat{f_n}(\xi) \right] e^{-2\pi|\xi|y} e^{2\pi ix\xi} d\xi \right| \le \|\widehat{f} - \widehat{f_n}\|_{L^2} \left(\int_{\mathbb{R}} e^{-4\pi|\xi|y} d\xi \right)^{1/2},$$

および,

$$\left| \int_{\mathbb{R}} \left[f(x-t) - f_n(x-t) \right] \mathcal{P}_y(t) dt \right| \le \|f - f_n\|_{L^2} \left(\int_{\mathbb{R}} |\mathcal{P}_y(t)|^2 dt \right)^{1/2}$$

を得るが,固定された各 $(x,y) \in \mathbb{R}^2_+$ に対して,関数 $e^{-2\pi|\xi|y}$, $\xi \in \mathbb{R}$ と $\mathcal{P}_y(t)$, $t \in \mathbb{R}$ は $L^2(\mathbb{R})$ に属するので,右辺はともに 0 に収束する.

ポアソン積分表現 (10) を示したので,我々の与えられた関数 $F \in H^2(\mathbb{R}^2_+)$ の議論に戻る.我々は ($\xi < 0$ のときには消える) L^2 関数 $\widehat{F_0}(\xi)$ が存在して,(6) が成り立つことを知っている.フーリエ変換が $\widehat{F_0}(\xi)$ となる $L^2(\mathbb{R})$ 関数 F_0 を用いると,(10) で $f = F_0$ とすることにより,

$$F(x+iy) = \int_{\mathbb{R}} F_0(x-t)\mathcal{P}_y(t)dt$$

となることがわかる.第3章の定理 2.1 により,族 $\{\mathcal{P}_y\}$ は近似単位元であったから,この等式により,$y \to 0$ のとき,a.e. x で,$F(x+iy) \to F_0(x)$ となるという事実が導かれる.しかし,克服すべき小さな障害が一つある.述べた定理は L^1 関数に対して適用されたのであって,L^2 の関数に対してではないということである.にもかかわらず,ここで述べた等式を近似する性質から,簡単な「局所化」の議論によりうまくいく.以下のように進める.

任意の大きい N をとって固定したとき,$|x| < N$ をみたす a.e. x に対して,$F(x+iy) \to F_0(x)$ が成り立つことを見れば十分である.このために,F_0 を

$G+H$ と分解する．ここに，$|x| < 2N$ のとき $G(x) = F_0(x)$，$|x| \geq 2N$ のとき $G(x) = 0$ であり，よって，$|x| < 2N$ のとき $H(x) = 0$ であるが，$|H(x)| \leq |F_0(x)|$ である．このとき，$G \in L^1(\mathbb{R})$ であり，

$$\int_{\mathbb{R}} F_0(x-t)\mathcal{P}_y(t)dt = \int_{\mathbb{R}} G(x-t)\mathcal{P}_y(t)dt + \int_{\mathbb{R}} H(x-t)\mathcal{P}_y(t)dt$$

であることに注意しよう．したがって，上で述べた第3章の定理により，右辺第1項の積分は，a.e. x に対して G に収束し，$|x| < N$ のとき $G(x) = F_0(x)$ である．一方，$|x| < N$ に対して，第2項の被積分関数は $|t| < N$ のとき ($|x-t| < 2N$ であるから) 消えている．よって，その積分は，

$$\left(\int_{\mathbb{R}} |H(x-t)|^2 dt\right)^{1/2} \left(\int_{|t| \geq N} |\mathcal{P}_y(t)|^2 dt\right)^{1/2}$$

によって上から評価される．ところが，$\left(\int_{\mathbb{R}} |H(x-t)|^2 dt\right)^{1/2} \leq \|F_0\|_{L^2}$ であり，一方，(容易にわかるように) $y \to 0$ のとき，$\int_{|t| \geq N} |\mathcal{P}_y(t)|^2 dt \to 0$ である．ゆえに，$|x| < N$ をみたす a.e. x に対して，$y \to 0$ のとき，$F(x+iy) \to F_0(x)$ が成り立つが，N は任意であるから，これで定理2.3の証明が終わったことになる．

以下の説明は前述の定理の主意を明確にするための補助になるであろう．

（i） S を定理2.3に現れるすべての F_0 からなる $L^2(\mathbb{R})$ の部分空間とする．このとき，それらの関数 F_0 とは，まさしく，フーリエ変換の台が半直線 $(0, \infty)$ に含まれる L^2 の関数のことであるから，S は閉部分空間であることがわかる．S は上半平面上の正則関数の境界値として現れる L^2 の関数であるといいたくなる．しかし，このような発見的な主張は，ハーディ空間の定義 (5) のような量的な制限を加えないと厳密でない．練習4を見よ．

（ii） L^2 の部分空間 S への直交射影 P を定義したとする．このとき，容易にわかるように，任意の $f \in L^2(\mathbb{R})$ に対して，$\widehat{(Pf)}(\xi) = \chi(\xi)\widehat{f}(\xi)$ である．ここに，χ は $(0, \infty)$ の特性関数である．作用素 P は**コーシー型積分**とも密接な関係がある．実際，F が (定理2.3による) 境界関数を $P(f)$ とする $H^2(\mathbb{R}_+^2)$ の (一意的な) 元ならば，

$$F(z) = \frac{1}{2\pi i} \int_{\mathbb{R}} \frac{f(t)}{t-z} dt, \qquad z \in \mathbb{R}_+^2$$

が成立する．これを示すには，任意の $f \in L^2(\mathbb{R})$ と任意の固定された $z = x+iy \in$

$\mathbb{R}^2_+$ に対して,

$$\int_0^\infty \widehat{f}(\xi)e^{2\pi i\xi z}d\xi = \frac{1}{2\pi i}\int_\mathbb{R} \frac{f(t)}{t-z}\,dt$$

が得られることを確かめれば十分である.これは,ポアソン積分表現 (10) と同様に証明されるが,ここでは,等式 (12) ではなく (11) を用いる点だけが異なる.詳細は興味ある読者にゆだねることにする.また,読者は,上半平面に対するこの形のコーシー型積分と,第 4 章の第 4 節の例 2 で与えた単位円板に対する対応物との間の,著しい類似性に気づくかもしれない.

　(iii)　第 4 章の練習 30 で議論した周期的な場合からの類推により,$\mathbb{R}$ 上の**フーリエ乗算作用素** T を,有界関数 m (**乗算表象**と呼ばれる) によって定まる $L^2(\mathbb{R})$ 上の線形作用素として定義しよう.T は,任意の $f \in L^2(\mathbb{R})$ に対して,公式 $\widehat{(Tf)}(\xi) = m(\xi)\widehat{f}(\xi)$ によって定義される.上で定義した直交射影 P はそのような作用素であり,その乗算表象は特性関数 $\chi(\xi)$ である.これと密接な関連のある別の作用素は**ヒルベルト変換** H で,$P = \dfrac{I + iH}{2}$ によって定義される.このとき,H はフーリエ乗算作用素であり,対応する乗算表象は $\dfrac{1}{i}\,\mathrm{sign}(\xi)$ である.数多くの重要な H の性質の中には,共役調和関数との繋がりが含まれる.実際,$L^2(\mathbb{R})$ の実数値関数 f に対して,f と $H(f)$ は,それぞれ,ハーディ空間の関数の境界値の実部と虚部になる.ヒルベルト変換についてのさらなる性質は,後の練習 9 と 10,および,問題 5 において見出される.

3. 定数係数偏微分方程式

　線形偏微分方程式

(13)　　　　　　　　　　$L(u) = f$

を解くことに目を向けよう.ここに,作用素 L は

$$L = \sum_{|\alpha|\leq n} a_\alpha \left(\frac{\partial}{\partial x}\right)^\alpha$$

という形式で,$a_\alpha \in \mathbb{C}$ とする.

　波動方程式,熱方程式,ラプラス方程式のような L の古典的な例の研究では,

フーリエ変換が重要な手段となることはすでに見た[5]. 一般の L に対して, 以下の簡単な観察により, この重要な役割がさらに示される. たとえば, u と f の両方とも $\mathcal{S}$ の元であるとして, この方程式を解くことを試みると, これは次の代数的な方程式

$$P(\xi)\widehat{u}(\xi) = \widehat{f}(\xi)$$

と同値になる. ここに, $P(\xi)$ は,

$$P(\xi) = \sum_{|\alpha| \leq n} a_\alpha (2\pi i\xi)^\alpha$$

と定義され, L の**特性多項式**という. これは, フーリエ変換の等式

$$\left(\widehat{\frac{\partial^\alpha f}{\partial x^\alpha}}\right)(\xi) = (2\pi i\xi)^\alpha \widehat{f}(\xi)$$

による. よって, 空間 $\mathcal{S}$ に属する解 u は, (もし存在すれば)

$$\widehat{u}(\xi) = \frac{\widehat{f}(\xi)}{P(\xi)}$$

によって一意的に決定されるであろう. より一般の設定では, 問題はそれほど簡単ではない. (13) の定義の問題だけではない. フーリエ変換は直接応用可能ではない. また, 我々が存在を証明する解は (一意的でないが), より広い意味に理解されなくてはならない.

3.1 弱解

読者はそのように推測したかもしれないが, $L(u)$ を通常の意味で定義する関数にのみ注意を払うことは十分ではなく, その代わりにより広い概念が必要で, それは「弱解」という考え方をもたらす. この概念を述べるために, まず, Ω を $\mathbb{R}^d$ の与えられた開集合とし, 空間 $C_0^\infty(\Omega)$ を考えよう. これは, 無限回微分可能関数[6]で Ω の中にコンパクトな台をもつもの[7]からなる. 次のことがわかる.

補題 3.1 空間 $C_0^\infty(\Omega)$ はノルム $\|\cdot\|_{L^2(\Omega)}$ について $L^2(\Omega)$ で稠密である.

証明は本質的に補題 1.2 の証明の繰り返しである. そこで与えられている g_M

---

[5] たとえば, 第 I 巻第 5 章と第 6 章を見よ.
[6] 無限回微分可能関数は C^∞ 関数, あるいは, **滑らかな関数**とも呼ばれる.
[7] この意味は, 第 2 章の第 1 節で定義された f の台の閉包がコンパクトで Ω に含まれることである.

の定義を変形する措置をとる．$|x| \leq M$ かつ $d(x, \Omega^c) \geq 1/M$ のとき $g_M(x) = f(x)$，そうでないとき $g_M(x) = 0$ とする．また，g_M を正則化するとき，そこでの正則化を $g_M * \varphi_\delta, \delta < 1/2M$ で置き換える．このとき，$g_M * \varphi_\delta$ の台は依然としてコンパクトで Ω^c からの距離は $1/2M$ 以上である．

次に，
$$L^* = \sum_{|\alpha| \leq n} (-1)^{|\alpha|} \overline{a_\alpha} \left(\frac{\partial}{\partial x}\right)^\alpha$$
によって定義される L の**共役作用素**を考えよう．作用素 L^* が L の共役と呼ばれるのは，前節の 5.2 節で与えた有界線形変換の共役の定義との類似により，$\varphi, \psi \in C_0^\infty(\Omega)$ ならば，つねに

(14) $$(L\varphi, \psi) = (\varphi, L^*\psi)$$

が成り立つことによる．ここに，$(\cdot, \cdot)$ は $L^2(\Omega)$ の内積で ($L^2(\mathbb{R}^d)$ の通常の内積の制限で) ある．等式 (14) は部分積分の繰り返しにより証明される．実際，まず $L = \partial/\partial x_j$ という特殊な場合を考えると，$L^* = -\partial/\partial x_j$ である．フビニの定理により，変数 x_j について最初に積分すると，(14) はお馴染みの 1 次元の公式

$$\int_{-\infty}^\infty \left(\frac{d\varphi}{dx}\right) \overline{\psi} dx = -\int_{-\infty}^\infty \varphi \left(\frac{d\overline{\psi}}{dx}\right) dx$$

に帰着するが，積分して現れる境界の項は，仮定されている ψ (あるいは φ) の台の性質により，消えてしまう．いったん $L = \partial/\partial x_j, 1 \leq j \leq n$ に対して示されると，(14) は繰り返しにより $L = (\partial/\partial x)^\alpha$ に対して従い，よって線形性により一般の L についても成り立つ．

ここで，少し脱線して，$C_0^\infty(\Omega)$ の他に，後で役に立ついくつかの他の Ω 上の微分可能関数の空間を考えよう．空間 $C^n(\Omega)$ は n 階までの連続な偏導関数をもつ Ω 上のすべての関数からなる．また，空間 $C^n(\overline{\Omega})$ は $C^n(\mathbb{R}^d)$ に属する $\mathbb{R}^d$ 上の関数に拡張される $\overline{\Omega}$ 上の関数からなる．よって，明らかに，各正整数 n に対して，次の包含関係

$$C_0^\infty(\Omega) \subset C^n(\overline{\Omega}) \subset C^n(\Omega)$$

が成り立つ．

微分作用素 L に戻る．u はコンパクトな台をもつことは仮定せず，ただ $u \in C^n(\Omega)$ であることのみを仮定し，一方 $\psi \in C_0^\infty(\Omega)$ はそのまま仮定すると，公式

$$(Lu, \psi) = (u, L^*\psi)$$

が，(まったく同じ証明で) そのまま成立することを見ておくのは有益である．

特に，通常の意味で (「強い」意味でということもある) $L(u) = f$ ならば，Lu に現れる偏導関数を定義するために，$u \in C^n(\Omega)$ であるという仮定を必要とするが，このとき，同様にして，すべての $\psi \in C_0^\infty(\Omega)$ に対して，

(15) $$(f, \psi) = (u, L^*\psi)$$

が成り立つ．これは，次の重要な定義に繋がる．$f \in L^2(\Omega)$ とするとき，$u \in L^2(\Omega)$ が方程式 $Lu = f$ の**弱解**であるとは，(15) が成り立つことである．もちろん，通常の解はつねに弱解である．

通常の解ではない弱解の重要な例は，1 次元波動方程式の研究のような初歩的な状況においてすでに現れる．ここに $L(u) = (\partial^2 u/\partial x^2) - (\partial^2 u/\partial t^2)$ とし，方程式を考える空間を $\mathbb{R}^2 = \{(x_1, x_2) : x_1 = x, \ x_2 = t\}$ とする．たとえば，「摘み上げられた弦」[8] の場合を考えてみよう．このとき，我々は境界条件 $u(x, 0) = f(x), (\partial u/\partial t)(x, 0) = 0, 0 \leq x \leq \pi$ に従う $L(u) = 0$ の解を見ていることになる．ここに，f のグラフは区分的に 1 次関数で，図 2 で例示される．

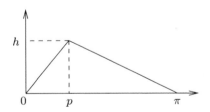

図 2 摘み上げられた弦の初期位置．

f を奇関数にすることにより $[-\pi, \pi]$ へ拡張し，さらに (周期 2π で) 周期的に $\mathbb{R}$ 全体へ拡張すると，解はダランベールの公式

$$u(x, t) = \frac{f(x+t) + f(x-t)}{2}$$

によって与えられる．この場合，u は 2 回連続微分可能ではなく，したがって，通常の解ではない．それにもかかわらず，弱解である．これを見るために，f を

---

8) 第 I 巻第 1 章を見よ．

C^∞ 級の関数列 f_n で近似して，$\mathbb{R}$ のすべてのコンパクト部分集合上で一様に $f_n \to f$ となるようにする[9]．$u_n(x, t)$ を $[f_n(x+t) + f_n(x-t)]/2$ と定義すると，$L(u_n) = 0$ であって，それゆえに，すべての $\psi \in C^\infty(\mathbb{R}^2)$ に対して $(u_n, L^*\psi) = 0$ であることを直接確かめることができる．よって，一様収束により，求めるべき $(u, L^*\psi) = 0$ が導かれる．

弱解の性質を説明する別の例は，$\mathbb{R}$ 上の作用素 $L = d/dx$ に対して現れる．$\Omega = (0, 1)$ とすると，u と f が $L^2(\Omega)$ に属するとき，$Lu = f$ が弱い意味で成り立つのは，$[0, 1]$ 上の絶対連続関数 F が存在して，$F(x) = u(x)$ と $F'(x) = f(x)$ がほとんどすべての点で成り立つとき，そのときに限られる．これに関する詳しいことは，練習 14 を見よ．

3.2 主定理と重要な評価式

ここで，定数係数偏微分方程式の解の存在を保証する一般的な定理へと目を向けよう．

定理 3.2 Ω を $\mathbb{R}^d$ の有界な開部分集合とする．与えられた定数係数線形偏微分作用素 L に対して，$L^2(\Omega)$ 上の有界線形作用素 K が存在して，$f \in L^2(\Omega)$ ならば

$$L(Kf) = f$$

が弱い意味で成り立つ．別の言い方をすると，$u = K(f)$ は $L(u) = f$ の弱解である．

問題の核心は，次に述べる不等式にあるが，その (フーリエ変換を用いる) 証明は次節に回す．

補題 3.3 ある定数 c が存在して，$\psi \in C_0^\infty(\Omega)$ ならば

$$\|\psi\|_{L^2(\Omega)} \le c\|L^*\psi\|_{L^2(\Omega)}$$

が成り立つ．

この補題の有用性は次の理由による．L は有限次元の線形変換とすると，L の

---

[9] たとえば，$f_n = f * \varphi_{1/n}$ としてよい．ここに，$\{\varphi_\varepsilon\}$ は補題 1.2 の証明におけるのと同様の近似単位元である．

可解性 (全射であるということ) は，もちろん，その共役 L^* が単射であるということと同値である．補題は，事実上，無限次元の設定でのこの推論に対する解析的な代用物を提供している．

まず，補題の不等式が正しいことを仮定して定理を証明する．

内積とノルム

$$\langle \varphi, \psi \rangle = (L^*\varphi, L^*\psi), \qquad \|\psi\|_0 = \|L^*\psi\|_{L^2(\Omega)}$$

を備えた前ヒルベルト空間 $\mathcal{H}_0 = C_0^\infty(\Omega)$ を考えよう．第4章の2.3節の結果に従って，$\mathcal{H}_0$ の完備化を $\mathcal{H}$ と表すことにする．補題3.3により，$\|\cdot\|_0$–ノルムに関するコーシー列は，$L^2(\Omega)$–ノルムに関するコーシー列でもある．また，もともとは $\mathcal{H}_0$ から $L^2(\Omega)$ への有界作用素として定義されている L^* は，(補題1.3により) $\mathcal{H}$ から $L^2(\Omega)$ への有界作用素 L^* に拡張される．固定された $f \in L^2(\Omega)$ に対して，線形写像 $\ell_0 : C_0^\infty(\Omega) \to \mathbb{C}$ を

$$\ell_0(\psi) = (\psi, f), \qquad \psi \in C_0^\infty(\Omega)$$

によって定義する．コーシー–シュヴァルツの不等式を補題3.3と併せて用いると，

$$|\ell_0(\psi)| = |(\psi, f)| \leq \|\psi\|_{L^2(\Omega)} \|f\|_{L^2(\Omega)}$$
$$\leq c\|L^*\psi\|_{L^2(\Omega)} \|f\|_{L^2(\Omega)}$$
$$\leq c'\|\psi\|_0,$$

$c' = c\|f\|_{L^2(\Omega)}$ となる．ゆえに，ℓ_0 は前ヒルベルト空間 $\mathcal{H}_0$ 上で有界である．よって，$\mathcal{H}$ 上の有界線形汎関数 ℓ に拡張され (第4章の5.1節を見よ)，上の不等式から $\|\ell\| \leq c\|f\|_{L^2(\Omega)}$ が示される．リースの表現定理 (第4章の定理5.3) をヒルベルト空間 $\mathcal{H}$ 上で ℓ に適用すると，ある $U \in \mathcal{H}$ が存在して，

$$\ell(\psi) = \langle \psi, U \rangle = (L^*\psi, L^*U)$$

がすべての $\psi \in C_0^\infty(\Omega)$ に対して成り立つ．ここに，$\langle \cdot, \cdot \rangle$ は，最初に定義した $\mathcal{H}_0$ の内積の $\mathcal{H}$ への拡張であり，L^* もまた，もともと $\mathcal{H}_0$ 上で与えられた L^* の拡張を表す．

$u = L^*U$ とおくと，$u \in L^2(\Omega)$ であり，すべての $\psi \in C_0^\infty(\Omega)$ に対して，

$$\ell(\psi) = (\psi, f) = (L^*\psi, u)$$

となることがわかる．ゆえに，すべての $\psi \in C_0^\infty(\Omega)$ に対して，

$$(f, \psi) = (u, L^*\psi)$$

であり，定義から，u は Ω における $Lu = f$ の弱解である．$Kf = u$ とおく．f が与えられると，前述の手続きから Kf は一意に定まる．$\|U\|_0 = \|\ell\| \leq c\|f\|_{L^2(\Omega)}$ であるから，

$$\|Kf\|_{L^2(\Omega)} = \|u\|_{L^2(\Omega)} = \|L^*U\|_{L^2(\Omega)} = \|U\|_0 \leq c\|f\|_{L^2(\Omega)}$$

であることがわかるので，これより，$K : L^2(\Omega) \to L^2(\Omega)$ は有界である．

主要評価式の証明

定理の証明を完結するためには，補題 3.3 の評価式，すなわち，$\psi \in C_0^\infty(\Omega)$ ならば

$$\|\psi\|_{L^2(\Omega)} \leq c\|L^*\psi\|_{L^2(\Omega)}$$

が成り立つことを証明しなくてはならない．

以下に述べる証明は，f が $\mathbb{R}$ でコンパクトな台をもつならば，もともと $\xi \in \mathbb{R}$ に対して定義された $\widehat{f}(\xi)$ は，$\zeta = \xi + i\eta \in \mathbb{C}$ の整関数に拡張される，という重要な事実に拠っている．この観察により，問題は正則関数と多項式についての不等式に帰着される．

補題 3.4 $P(z) = z^m + \cdots + a_1 z + a_0$ は m 次多項式で，最高次の係数は 1 とする．F が $\mathbb{C}$ 上の正則関数ならば，

$$|F(0)|^2 \leq \frac{1}{2\pi} \int_0^{2\pi} |P(e^{i\theta}) F(e^{i\theta})|^2 d\theta$$

が成り立つ．

証明 この補題は，$P = 1$ という特別な場合

(16) $$|F(0)|^2 \leq \frac{1}{2\pi} \int_0^{2\pi} |F(e^{i\theta})|^2 d\theta$$

からの帰結である．この主張は，第 2 節の平均値の等式 (8) を $\zeta = 0, r = 1$ として適用し，コーシー–シュヴァルツの不等式を用いると示される．これを念頭に，まず P を因数分解する：

$$P(z) = \prod_{|\alpha| \geq 1}(z - \alpha) \prod_{|\beta| < 1}(z - \beta) = P_1(z) P_2(z).$$

ここに，各々の積は，有限個の積であり，それぞれ P の根の絶対値が 1 以上，1

未満の場合にわたってとるものとする.

$|P_1(0)| = \prod_{|\alpha| \geq 1} |\alpha| \geq 1$ に注意しよう.

P_2 に対して,
$$(z - \beta) = -(1 - \overline{\beta}z)\psi_\beta(z)$$
と書くと,$\psi_\beta(z) = \dfrac{\beta - z}{1 - \overline{\beta}z}$ は「ブラシュケ因子」で,一見して明らかなように,閉単位円板を含んでいる領域で正則であり,$|\psi_\beta(e^{i\theta})| = 1$ という性質をもつ.第 II 巻第 8 章を見よ.$\widetilde{P}_2 = \prod_{|\beta| < 1}(1 - \overline{\beta}z)$,$\widetilde{P} = P_1\widetilde{P}_2$ と書くことにする.このとき,$|\widetilde{P}(0)| \geq 1$ であり,すべての θ で $|\widetilde{P}(e^{i\theta})| = |P(e^{i\theta})|$ が成り立つ.ここで,F を $\widetilde{P}F$ に置き換えて (16) を適用すると,
$$|F(0)|^2 \leq |\widetilde{P}(0)F(0)|^2 \leq \frac{1}{2\pi}\int_0^{2\pi}|\widetilde{P}(e^{i\theta})F(e^{i\theta})|^2 d\theta$$
$$= \frac{1}{2\pi}\int_0^{2\pi}|P(e^{i\theta})F(e^{i\theta})|^2 d\theta$$
となることがわかるので,望みの結論が得られる.

今度は,1 次元という特殊な場合,すなわち,$\Omega \subset \mathbb{R}$ の場合に,すべての $\psi \in C_0^\infty(\Omega)$ に対して,不等式 $\|\psi\| \leq c\|L^*\psi\|$ が成り立つことを証明しよう.

f は L^2 関数で,台は区間 $[-M, M]$ に含まれるとする.このとき,$\xi \in \mathbb{R}$ ならば,
$$\widehat{f}(\xi) = \int_{-M}^M f(x)e^{-2\pi i x\xi}dx$$
となる.実際,上の積分は ξ を $\zeta = \xi + i\eta \in \mathbb{C}$ に置き換えても収束し,$\widehat{f}$ を複素平面全体で ζ の正則関数に拡張することができる.プランシュレルの公式を (η を固定して) 用いると,
$$\int_{-\infty}^\infty |\widehat{f}(\xi + i\eta)|^2 d\xi \leq e^{4\pi M|\eta|}\int_{-\infty}^\infty |f(x)|^2 dx$$
となる.この観察を次の文脈で用いる.(L に適当な定数をかけると)
$$L^* = \sum_{0 \leq k \leq n}(-1)^k\overline{a_k}\left(\frac{d}{dx}\right)^k$$
としてよい.ここに,$a_n = (2\pi i)^{-n}$ である.$Q(\xi) = \sum_{0 \leq k \leq n}(-1)^k\overline{a_k}(2\pi i\xi)^k$ をその特性多項式とすると,$\psi \in C_0^\infty(\mathbb{R})$ ならば常に,

$$\widehat{L^*\psi}(\xi) = Q(\xi)\widehat{\psi}(\xi)$$

である．M を $\Omega \subset [-M, M]$ となるように大きく選ぶと，先の観察により，

(17) $$\int_{-\infty}^{\infty} |Q(\xi + i\eta)\widehat{\psi}(\xi + i\eta)|^2 d\xi \leq e^{4\pi M|\eta|} \int_{-\infty}^{\infty} |L^*\psi(x)|^2 dx$$

となる．$\eta = \sin\theta$ となるように η をとり，$\cos\theta$ だけ平行移動すると，

$$\int_{-\infty}^{\infty} |Q(\xi + \cos\theta + i\sin\theta)\widehat{\psi}(\xi + \cos\theta + i\sin\theta)|^2 d\xi$$
$$\leq e^{4\pi M} \int_{-\infty}^{\infty} |L^*\psi(x)|^2 dx$$

となる．補題 3.4 を，$F(z) = \widehat{\psi}(\xi + z)$ とし，$P(z)$ を $Q(\xi + z)$ に置き換えて適用すると，

$$|\widehat{\psi}(\xi)|^2 \leq \frac{1}{2\pi} \int_0^{2\pi} |Q(\xi + \cos\theta + i\sin\theta)\widehat{\psi}(\xi + \cos\theta + i\sin\theta)|^2 d\theta$$

となる．ここで，$\mathbb{R}$ 上で ξ について積分し，右辺で ξ と θ の積分の順序を交換する．また，平行移動に関する不変性により，変数 ξ に関する積分を変数 $\xi + \cos\theta$ についての積分に置き換える．(17) を用いると，結局，

$$\|\widehat{\psi}\|^2_{L^2(\mathbb{R})} \leq \frac{1}{2\pi} \int_0^{2\pi} \int_{\mathbb{R}} |Q(\xi + i\sin\theta)\widehat{\psi}(\xi + i\sin\theta)|^2 d\xi d\theta$$
$$\leq e^{4\pi M} \int_{\mathbb{R}} |L^*\psi(x)|^2 dx$$

が得られるので，プランシュレルの等式により，1 次元の場合の主要補題が証明される．

高次元の場合は上の議論の変形による．$Q = \sum_{|\alpha| \leq n} (-1)^{|\alpha|} \overline{a_\alpha} (2\pi i \xi)^\alpha$ を L^* の特性多項式とする．このとき，新しい直交軸を選び (その座標系を $(\xi_1, \cdots, \xi_d)$ と表し)，$\xi = (\xi_1, \xi')$，$\xi' = (\xi_2, \cdots, \xi_d)$ とすると，適当な定数をかけて，

(18) $$Q(\xi) = (2\pi i)^{-n} \xi_1^n + \sum_{j=0}^{n-1} \xi_1^j q_j(\xi')$$

となるようにする．ここに，$q_j(\xi')$ は ξ' の (次数 $\leq n - j$) の多項式である．

このように選ぶことが可能であることを見るために，$Q = Q_n + Q'$ と書いて，Q_n は n 次斉次で Q' の次数 $< n$ とする．このとき，$Q_n \neq 0$ としてよいので，(適当な定数をかけると) ある単位ベクトル γ が存在して，$Q_n(\gamma) = (2\pi i)^{-n}$ となる．よって，$\xi = \gamma r$，$r \in \mathbb{R}$ ならば，$Q_n(\xi) = (2\pi i)^{-n} r^n$ である．そこで，ξ_1-軸

を γ 方向に, $\xi_2, \cdots, \xi_d$-軸を互いに直交するようにとることができるから, (18) の形になることがわかる.

前の議論と同様に進めると, 各 $(\xi_1, \xi') \in \mathbb{R}^d$ に対して,

$$|\widehat{\psi}(\xi_1, \xi')|^2 \le \frac{1}{2\pi} \int_0^{2\pi} |Q(\xi_1 + e^{i\theta}, \xi')\widehat{\psi}(\xi_1 + e^{i\theta}, \xi')|^2 d\theta$$

が導かれる. ここで積分すると[10]

$$\|\widehat{\psi}\|_{L^2(\mathbb{R}^d)}^2 \le \frac{1}{2\pi} \int_0^{2\pi} \int_{\mathbb{R}^d} |Q(\xi_1 + i\sin\theta, \xi')\widehat{\psi}(\xi_1 + i\sin\theta, \xi')|^2 d\xi d\theta$$

が得られる. (有界な) 集合 Ω の x_1-軸への射影が $[-M, M]$ に含まれているとすると, 前の議論と同様に, 上の式の右辺は $e^{4\pi M} \int_{\mathbb{R}^d} |L^*\psi(x)|^2 dx$ によって上から評価されることがわかる. よって, 補題 3.3 の証明が完了し, したがって, 定理の証明が完結する. ∎

4*. ディリクレの原理

ディリクレの原理は, ラプラス方程式の境界値問題の研究において現れたものである. これは, 2 次元の場合でいえば, 境界に温度分布が与えられた平板の定常状態の温度を調べるという古典的問題のことである. この問題は, **ディリクレ問題**とよばれる次の問から生じたものである: Ω を $\mathbb{R}^2$ の有界開集合, f をその境界 $\partial\Omega$ 上の連続関数としたとき,

(19)
$$\begin{cases} \triangle u = 0 & \text{in } \Omega, \\ u = f & \text{on } \partial\Omega \end{cases}$$

をみたす関数 $u(x_1, x_2)$ を見つけたい. したがって, Ω で C^2 級 (2 階連続微分可能) で, ラプラシアン[11]が 0 になり, Ω の閉包で連続で, $u|_{\partial\Omega} = f$ をみたす関数を決定しなくてはならない.

Ω か f のどちらかが特殊な対称性条件をみたせば, この問題の解を厳密に書き表すことが可能なことがある. たとえば, Ω が単位円板ならば,

---

[10] ルベーグ測度の回転不変性 (第 2 章の問題 4 および第 3 章の練習 26) により, ξ についての積分は新しい座標系についても同様に実行することができることに注意しよう.

[11] $\mathbb{R}^d$ 上の関数 u のラプラシアンは, $\triangle u = \sum_{k=1}^d \partial^2 u/\partial x_k^2$ と定義される.

$$u(re^{i\theta}) = \frac{1}{2\pi}\int_{-\pi}^{\pi} f(\varphi) P_r(\theta - \varphi) d\varphi$$

となる．ここに，P_r は (円板に対する) ポアソン核である．また，我々は (第 I 巻と第 II 巻で) いくつかの非有界領域に対するディリクレ問題の解の公式を導出した．たとえば，Ω が上半平面のとき，解は

$$u(x, y) = \int_{\mathbb{R}} \mathcal{P}_y(x - t) f(t) dt$$

となる．ここに，$\mathcal{P}_y(x)$ は上半平面に対する類似のポアソン核である．Ω が帯領域のとき，ある程度似通った畳み込みの公式が導かれる．また，ある種の領域 Ω に対するディリクレ問題は，共形写像[12]によって厳密に解くことができる．

しかし，一般には，解の公式は存在せず，別の方法を見つけなくてはならない．最初に用いられたアイデアは，数学や物理学において幅広く役に立つ方法に立脚していた．それは，系の定常状態を見つけるために，適当な「エネルギー」あるいは「作用」を最小にしようというものである．今の場合には，エネルギーの役割は，**ディリクレ積分**によって果たされるが，これは適当な関数 U に対して

$$\mathcal{D}(U) = \int_{\Omega} |\nabla U|^2 = \int_{\Omega} \left|\frac{\partial U}{\partial x_1}\right|^2 + \left|\frac{\partial U}{\partial x_2}\right|^2 dx_1 dx_2$$

によって定義される (第 3 章および第 I 巻第 6 章の弦の振動における「ポテンシャル・エネルギー」の形式との類似性に注意せよ)．実際，この手法はリーマンが提唱した有名な彼の写像定理の証明の基礎となっている．この初期の歴史について，R. クーラントは次のように述べている：

> リーマンの天性の才能が世に出現する何年か前に，C. F. ガウスと W. トンプソンは，x, y-平面内の領域 G における調和関数の微分方程式 $\triangle u = u_{xx} + u_{yy} = 0$ の境界値問題は，領域 G 上の積分 $\mathcal{D}(\phi)$ を，競争相手になることを許容された関数 ϕ は所定の境界条件をみたすという条件のもとで，最小化するという問題に帰着されることをすでに見ていた．$\mathcal{D}(\phi)$ の正値性により，後者の問題に対する解の存在は明らかだと考えられて，それゆえに前者に対する解の存在が確信されていた．ディリクレの講義の受講生として，リーマンはこの説得力のある議論に魅了された．その後すぐに「ディリクレの原理」の名の下に，これを，より変化に富んだ目を見張るようなやり方で，

---

[12] 共形写像とディリクレ問題の密接な関係は第 II 巻第 8 章の第 1 節の最後の部分で議論されている．

彼の新しい幾何学的関数論のまさにその基礎として用いた.

ディリクレの原理の応用は，次の簡単な観察で正当化されたと考えられていた：

命題 4.1 関数 $u \in C^2(\overline{\Omega})$ が存在して, $U|_{\partial\Omega} = f$ をみたす $U \in C^2(\overline{\Omega})$ のなかで $\mathcal{D}(U)$ を最小にすると仮定する．このとき, u は Ω で調和である.

証明 $C^2(\overline{\Omega})$ の関数 F と G に対して, 内積を次のように定義する：

$$\langle F, G \rangle = \int_\Omega \left(\frac{\partial F}{\partial x_1} \overline{\frac{\partial G}{\partial x_1}} + \frac{\partial F}{\partial x_2} \overline{\frac{\partial G}{\partial x_2}} \right) dx_1 dx_2.$$

このとき, $\mathcal{D}(u) = \langle u, u \rangle$ となることに注意しよう. v は $v|_{\partial\Omega} = 0$ をみたす $C^2(\overline{\Omega})$ の任意の関数ならば, すべての ε に対して

$$\mathcal{D}(u + \varepsilon v) \geq \mathcal{D}(u)$$

である．なぜならば, $u + \varepsilon v$ と u は同じ境界値をもち, u はディリクレ積分を最小にするからである．一方,

$$\mathcal{D}(u + \varepsilon v) = \mathcal{D}(u) + \varepsilon^2 \mathcal{D}(v) + \varepsilon \langle u, v \rangle + \varepsilon \langle v, u \rangle$$

が成り立つことに注意しよう．したがって,

$$\varepsilon^2 \mathcal{D}(v) + \varepsilon \langle u, v \rangle + \varepsilon \langle v, u \rangle \geq 0$$

であり, ε は正にも負にもとれるから, この不等式は $\operatorname{Re}\langle u, v \rangle = 0$ の場合にのみ起こり得る．同様に, 摂動 $u + i\varepsilon v$ を考えると, $\operatorname{Im}\langle u, v \rangle = 0$ がわかるので, その結果 $\langle u, v \rangle = 0$ となることがわかる．部分積分により,

$$0 = \langle u, v \rangle = -\int_\Omega (\triangle u) \overline{v}$$

が, $v|_{\partial\Omega} = 0$ をみたすすべての $v \in C^2(\overline{\Omega})$ に対して成り立つ．これにより, Ω において $\triangle u = 0$ が従うが, もちろん u は境界上で f に一致する． ∎

にもかかわらず, ディリクレの原理に対するいくつかの深刻な問題点が, その後に持ち上がった．最初の問題点は, ワイエルシュトラスによるものであったが, 彼はディリクレ積分を最小にする関数の存在が不明であり (実際に証明されていなかった), 命題 4.1 で述べられている競争の勝者は単に存在しない可能性があることを指摘した．彼は, より簡単な 1 次元の問題を用いた類推によって論じた．それは, $\varphi(-1) = -1$ と $\varphi(1) = 1$ をみたす $[-1, 1]$ 上のすべての C^1 級関数のなかで, 積分

$$D(\varphi) = \int_{-1}^{1} |x\varphi'(x)|^2 dx$$

を最小にする問題である．この積分によって達成される最小値は 0 である．これを確かめるには，ψ を $\mathbb{R}$ 上の滑らかな非減少関数で，$x \geq 1$ のとき $\psi(x) = 1$，$x \leq -1$ のとき $\psi(x) = -1$ をみたすものとする．各 $0 < \varepsilon < 1$ に対して，関数

$$\varphi_\varepsilon(x) = \begin{cases} 1 & \varepsilon \leq x \text{ のとき}, \\ \psi(x/\varepsilon) & -\varepsilon < x < \varepsilon \text{ のとき}, \\ -1 & x \leq -\varepsilon \text{ のとき} \end{cases}$$

を考える．このとき，φ_ε は求められる制約条件をみたしていて，M を ψ の導関数の上界とすると，

$$\begin{aligned} D(\varphi_\varepsilon) &= \int_{-\varepsilon}^{\varepsilon} |x|^2 |\varepsilon^{-1} \psi'(x/\varepsilon)|^2 dx \\ &\leq \int_{-\varepsilon}^{\varepsilon} |\psi'(x/\varepsilon)|^2 dx \\ &\leq 2\varepsilon M^2 \end{aligned}$$

となることがわかる．ε を 0 に近づけた極限では，積分 $D(\varphi)$ の最小値が 0 であることがわかる．$D(\varphi) = 0$ ならば $\varphi'(x) = 0$ であり，したがって φ は定数となるので，この最小値は，境界条件をみたす C^1 級関数によって達成することはできない．

さらなる障害がアダマールによって提起された．彼は，境界値問題の解 u に対してさえ $\mathcal{D}(u)$ が無限大になることがあり，したがって，事実上は，競争に参加資格のある選手が単にいないということがある！，ということを注意した．

この点を例証するために，円板上に話題を変えて，$\alpha > 0$ に対して，関数

$$f(\theta) = f_\alpha(\theta) = \sum_{n=0}^{\infty} 2^{-n\alpha} e^{i 2^n \theta}$$

を考えよう．この関数は第 I 巻第 4 章で初めて登場したが，そこでは，$\alpha \leq 1$ ならば f_α は連続だが，いたるところ微分可能でないことが示された．境界値を f_α とする単位円板上のディリクレ問題の解は，ポアソン積分

$$u(r, \theta) = \sum_{n=0}^{\infty} r^{2^n} 2^{-n\alpha} e^{i 2^n \theta}$$

によって与えられる．しかしながら，極座標を用いると，

$$\left|\frac{\partial u}{\partial x_1}\right|^2 + \left|\frac{\partial u}{\partial x_2}\right|^2 = \left|\frac{\partial u}{\partial r}\right|^2 + \frac{1}{r^2}\left|\frac{\partial u}{\partial \theta}\right|^2$$

となる．したがって，

$$\iint_{D_\rho} \left(\left|\frac{\partial u}{\partial x_1}\right|^2 + \left|\frac{\partial u}{\partial x_2}\right|^2\right) dx_1 dx_2 = \int_0^\rho \int_0^{2\pi} \left(\left|\frac{\partial u}{\partial r}\right|^2 + \frac{1}{r^2}\left|\frac{\partial u}{\partial \theta}\right|^2\right) d\theta\, r dr$$

となる．ここに，D_ρ は，原点を中心とする半径 $0 < \rho < 1$ の円板である．

$$\frac{\partial u}{\partial r} \sim \sum 2^n 2^{-n\alpha} r^{2^n-1} e^{i2^n \theta}, \qquad \frac{\partial u}{\partial \theta} \sim \sum r^{2^n} 2^{-n\alpha} i 2^n e^{i 2^n \theta}$$

であるから，パーセヴァルの等式により，

$$\iint_{D_\rho} \left(\left|\frac{\partial u}{\partial x_1}\right|^2 + \left|\frac{\partial u}{\partial x_2}\right|^2\right) dx_1 dx_2 \approx \int_0^\rho \sum_{n=0}^\infty 2^{2n+1} 2^{-2n\alpha} r^{2^{n+1}-1} dr$$

$$= \sum_{n=0}^\infty \rho^{2^{n+1}} 2^n 2^{-2n\alpha}$$

となるが，これは $\alpha \leq 1/2$ ならば $\rho \to 1$ のとき発散する．

練習 20 の結果を頼りに，この障害をより正確に定式化することができる．

これらの著しい困難にもかかわらず，ディリクレの原理は適切に応用されれば，実際に正しいことを証明することができる．重要となる知見は，前述の命題の証明に現れる競争する関数の空間は，それ自体が，そこで与えられた内積 $\langle \cdot, \cdot \rangle$ をもつ前ヒルベルト空間であるということである．求めたい解はこの前ヒルベルト空間の完備化に属するので，その解析には L^2 理論が必要になる．ディリクレの原理が最初に定式化されて用いられた当時では，これらのアイデアを利用することができなかったことは明らかである．

以下では，付け加わった諸概念をいかに利用することができるのかを述べる．より一般の d 次元の設定で解説を始めるが，これらの手法を 2 次元の問題 (19) に適用して結末をつける．重要な予備事項として，調和関数のいくつかの基本的性質の研究から始めよう．

4.1 調和関数

この小節を通じて，Ω は $\mathbb{R}^d$ の開集合を表すことにする．関数 u が Ω で **調和** であるとは，2 回連続微分可能[13]で，

---

[13] 別の表現をすると，3.1 節の記号で，u は $C^2(\Omega)$ に属するということである．

$$\triangle u = \sum_{j=1}^{d} \frac{\partial^2 u}{\partial x_j^2} = 0$$

の解であることである.調和関数は,いくつかの同値な性質によって特徴づけられることを見よう[14].第3節で用いられた用語に合わせると,u が Ω で**弱調和**であるとは,すべての $\psi \in C_0^\infty(\Omega)$ に対して,

(20) $$(u, \triangle \psi) = 0$$

となることである.(20) の左辺は,Ω のすべてのコンパクト集合上で可積分である任意の u に対して定義される.したがって,特に,弱調和関数はほとんどすべての点でのみ定義されていればよい.しかしながら,調和関数が弱調和であることは明らかである.

もう一つの概念として,正則関数に対する第2節の等式 (9) を一般化する**平均値の性質**とよばれるものがある.Ω で定義された連続関数 u がこの性質を満足するとは,閉包 $\overline{B}$ が Ω に含まれるような x_0 を中心とする各々の球 B に対して,

(21) $$u(x_0) = \frac{1}{m(B)} \int_B u(x) dx$$

が成り立つことである.

次の二つの定理は,調和関数の別の特徴づけを与える.それらの証明は密接に絡み合っている.

定理 4.2 u が Ω で調和ならば,u は平均値の性質 (21) をみたす.逆に,連続関数で平均値の性質をみたすものは調和である.

定理 4.3 Ω 上の任意の弱調和関数 u は,測度 0 の集合上で修正して,Ω 上で調和な関数にすることができる.

この主張は,弱調和関数 u が与えられると,調和関数 $\tilde{u}$ が存在して,$\tilde{u}(x) = u(x)$ が a.e. $x \in \Omega$ で成り立つことを述べている.$\tilde{u}$ は必ず連続になるので,これは u により一意的に決定される.

これらの定理を証明する前に,注目すべき系を導いておこう.それは**最大値原理**の変形である.

---

[14] 1次元の場合,調和関数は1次関数であり,その理論は本質的に自明である.

系 4.4 Ω を有界な開集合とし，$\partial\Omega = \overline{\Omega} - \Omega$ はその境界を表すとしよう．u は $\overline{\Omega}$ で連続で，Ω で調和であるとする．このとき，次が成り立つ：
$$\max_{x\in\overline{\Omega}}|u(x)| = \max_{x\in\partial\Omega}|u(x)|.$$

証明 $\overline{\Omega}$ と $\partial\Omega$ はコンパクトで，u は連続であるから，二つの最大値が達成されることは明らかである．$\max_{x\in\overline{\Omega}}|u(x)|$ は内点 $x_0 \in \Omega$ で達成されると仮定する．もしそうでなければ，証明すべきものがないことになる．

さて，平均値の性質により，$|u(x_0)| \le \dfrac{1}{m(B)}\displaystyle\int_B |u(x)|dx$ である．ある $x' \in B$ に対して $|u(x')| < |u(x_0)|$ が成り立つならば，同様の不等式が x' の小さい近傍で成立する．$|u(x)| \le |u(x_0)|$ は B 全体で成立するから，$\dfrac{1}{m(B)}\displaystyle\int_B |u(x)|dx < |u(x_0)|$ という結果が従うことになるが，これは矛盾である．ゆえに，各 $x \in B$ に対して，$|u(x)| = |u(x_0)|$ である．これは，$B_r \subset \Omega$ をみたす x_0 を中心とする半径 r の各々の球 B_r で正しい．r_0 をそのような r の最小上界とすると，$\overline{B_{r_0}}$ は Ω の境界とある点 $\widetilde{x}$ で交わる．すべての $x \in \overline{B_r}, r < r_0$ に対して $|u(x)| = |u(x_0)|$ であるから，連続性により $|u(\widetilde{x})| = |u(x_0)|$ が従い，系が証明される．■

二つの定理の証明に向かうことにして，まず (単位球に対する) グリーンの公式の変形で境界の項を見かけ上は含まないものを示そう[15]．u, v と η は B の閉包の近傍で 2 回連続微分可能とし，η は B のコンパクト部分集合に台をもつことにする．

補題 4.5 次の等式が成り立つ：
$$\int_B (v\triangle u - u\triangle v)\eta\, dx = \int_B \{u(\nabla v \cdot \nabla \eta) - v(\nabla u \cdot \nabla \eta)\}dx.$$
ここに，∇u は u の**勾配**，すなわち，$\nabla u = \left(\dfrac{\partial u}{\partial x_1}, \dfrac{\partial u}{\partial x_2}, \cdots, \dfrac{\partial u}{\partial x_d}\right)$ であり，
$$\nabla v \cdot \nabla \eta = \sum_{j=1}^{d} \dfrac{\partial v}{\partial x_j}\dfrac{\partial \eta}{\partial x_j}$$
である．$\nabla u \cdot \nabla \eta$ も同様に定義される．

---

[15] より通常の場合は (境界の) 球面上での積分が必要であり，この話題は次章に譲る．次章の練習 6 と 7 も見よ．

実際, (14) の証明のように部分積分すると,
$$\int_B \frac{\partial u}{\partial x_j} v\eta \, dx = -\int_B u \frac{\partial v}{\partial x_j} \eta \, dx - \int_B uv \frac{\partial \eta}{\partial x_j} \, dx$$
を得る. そこで, u を $\partial u/\partial x_j$ に置き換えて, この計算を繰り返し, j についての和をとると,
$$\int_B (\triangle u) v\eta \, dx = -\int_B (\nabla u \cdot \nabla v)\eta \, dx - \int_B (\nabla u \cdot \nabla \eta) v \, dx$$
を得る. この式から, u と v を入れ替えた対称な公式を差し引くと, 補題の主張を与える.

u が与えられた調和関数であり, v が次の三つの「試験」関数のいずれかであるとき, 補題を適用してみよう. ここに, 1 番目は $v(x) = 1$, 2 番目は $v(x) = |x|^2$, 3 番目は $d \geq 3$ ならば $v(x) = |x|^{-d+2}$, $d = 2$ ならば $v(x) = \log|x|$ である. これらの選択の妥当性は, 最初の場合は $\triangle v = 0$ であること, 2 番目の場合は $\triangle v$ が 0 でない定数であること, 3 番目の場合は v が「基本解」の定数倍で, 特に $x \neq 0$ で調和であることによる.

$v(x) = 1$ のとき, $\eta = \eta_\varepsilon^+$ とする. ここに, $|x| \leq 1 - \varepsilon$ のとき $\eta_\varepsilon^+(x) = 1$, $|x| \geq 1$ のとき $\eta_\varepsilon^+(x) = 0$ であり, $|\nabla \eta_\varepsilon^+(x)| \leq c/\varepsilon$ をみたす. これは, $1-\varepsilon \leq |x| \leq 1$ に対して, $\eta_\varepsilon^+(x) = \chi\left(\dfrac{|x|-1+\varepsilon}{\varepsilon}\right)$ とおくと達成される. ここに, χ は $[0,1]$ 上の固定された C^2 級関数で, $[0, 1/4]$ で 1 に等しく, $[3/4, 1]$ で 0 に等しい. η_ε^+ の描写を図 3 に与える.

u は調和であるから, $v = 1$ とすると, 補題 4.5 により,
$$\tag{22} \int_B \nabla u \cdot \nabla \eta_\varepsilon^+ \, dx = 0$$
となることを見る.

次に, $v(x) = |x|^2$ をとる. このとき, $\triangle v = 2d$ は明らかで, $\eta = \eta_\varepsilon^+$ とすると, 補題によって次が与えられる:
$$2d \int_B u\eta_\varepsilon^+ \, dx = \int_B |x|^2 (\nabla u \cdot \nabla \eta_\varepsilon^+) \, dx - 2\int_B u(x \cdot \nabla \eta_\varepsilon^+) \, dx.$$
しかし, $\nabla \eta_\varepsilon^+$ は球状の殻 $S_\varepsilon^+ = \{x : 1 - \varepsilon \leq |x| \leq 1\}$ の中に台をもつから,
$$\int_B |x|^2 (\nabla u \cdot \nabla \eta_\varepsilon^+) \, dx = \int_B (\nabla u \cdot \nabla \eta_\varepsilon^+) \, dx + O(\varepsilon)$$
となり, よって, (22) により,

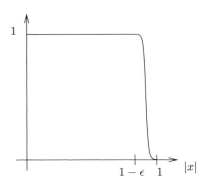

図 3 関数 η_ε^+.

(23)
$$d\int_B u\,dx = -\lim_{\varepsilon\to 0}\int_B u(x\cdot\nabla\eta_\varepsilon^+)\,dx$$

を得る.

最後に, $d \geq 3$ のとき, $v(x) = |x|^{-d+2}$ とし, $x \neq 0$ に対して $(\triangle v)(x)$ を計算すると, これはそこでは消えることを見る. 実際, $\partial|x|/\partial x_j = x_j/|x|$ であるから,

$$\frac{\partial|x|^a}{\partial x_j} = ax_j|x|^{a-2}, \qquad \frac{\partial^2|x|^a}{\partial x_j^2} = a|x|^{a-2} + a(a-2)x_j^2|x|^{a-4}$$

に注意する. j について足し合わせると, $\triangle(|x|^a) = [da + a(a-2)]|x|^{a-2}$ を得るが, これは $a = -d+2$ (または $a = 0$) ならば 0 である. 同様の議論により, $d = 2$ で $x \neq 0$ のとき $\triangle(\log|x|) = 0$ が示される.

ここで, 補題を, この v と以下で定義される $\eta = \eta_\varepsilon$ に対して適用しよう:

$$\eta_\varepsilon(x) = 1 - \chi(|x|/\varepsilon) \qquad |x| \leq \varepsilon \text{ のとき,}$$
$$\eta_\varepsilon(x) = 1 \qquad \varepsilon \leq |x| \leq 1-\varepsilon \text{ のとき,}$$
$$\eta_\varepsilon(x) = \eta_\varepsilon^+(x) = \chi\left(\frac{|x|-1+\varepsilon}{\varepsilon}\right) \qquad 1-\varepsilon \leq |x| \leq 1 \text{ のとき.}$$

η_ε の描写は以下の通りである (図 4):

$|\nabla\eta_\varepsilon|$ はつねに $O(1/\varepsilon)$ であることに注意する. 今, u と v の両方が, η_ε の台で調和であり, この場合 $\nabla\eta_\varepsilon$ の台は単位球面の近傍 (殻 S_ε^+ の中), または, 原点近傍 (球 $B_\varepsilon = \{|x| < \varepsilon\}$ の中) にのみある. したがって, 補題の等式の右辺

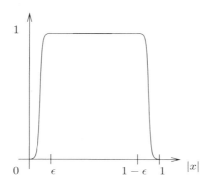

図 4 関数 η_ε.

は二つの寄与があり，一つは S_ε^+ 上，もう一つは B_ε 上である．一つ目の寄与を ($d \geq 3$ のときに) 考えると，

$$\int_{S_\varepsilon^+} u\nabla(|x|^{-d+2}) \cdot \nabla \eta_\varepsilon^+ dx - \int_{S_\varepsilon^+} |x|^{-d+2}(\nabla u \cdot \nabla \eta_\varepsilon^+)\, dx$$

となる．ここで，一つ目の積分は $(-d+2)\int_{S_\varepsilon^+} u|x|^{-d}(x \cdot \nabla \eta_\varepsilon^+)\, dx$ であり，S_ε^+ 上で $|x|^{-d} - 1 = O(\varepsilon)$ であるから，(23) により，$\varepsilon \to 0$ のとき $c\int_B u\, dx$ に収束する．ここに，c は定数 $(2-d)d$ である．二つ目の項は，(22) および，そこでの被積分関数の台が S_ε^+ に含まれているという事実により，$\varepsilon \to 0$ のとき 0 に収束する．$d = 2$ のとき，$v(x) = \log|x|$ として，同様の議論を行うと，$c = 1$ とする結果が得られる．

原点近傍，すなわち，B_ε 上の寄与を考察するために，しばらくの間 $u(0) = 0$ という仮定を追加する．このとき，調和関数によってみたされる微分可能性の仮定により，$|x| \to 0$ のとき $u(x) = O(|x|)$ を得る．さて，B_ε 上では，二つの項がある．一つは $\int_{B_\varepsilon} u\nabla(|x|^{-d+2})\nabla \eta_\varepsilon dx$ で，これは第 2 章の第 2 節 (8) により，

$$\int_{B_\varepsilon} O(\varepsilon)|x|^{-d+1} O(1/\varepsilon) dx \leq O\left(\int_{|x| \leq \varepsilon} |x|^{-d+1} dx\right) \leq O(\varepsilon)$$

によって上から評価される．この項は ε とともに 0 に収束する．

二つ目の項は $\int_{B_\varepsilon} |x|^{-d+2}(\nabla u \cdot \nabla \eta_\varepsilon)\, dx$ で，これは今引用したばかりの結果を用いると，

$$\frac{c_1}{\varepsilon}\int_{|x|\leq\varepsilon}|x|^{-d+2}dx = c_2\varepsilon$$

によって上から評価される. なお, B 全体で, ∇u は有界であること, および, $\nabla\eta_\varepsilon$ は $O(1/\varepsilon)$ であることを用いた. $\varepsilon\to 0$ とすると, この項も 0 に収束することがわかる. $d=2$ のとき, 同様の議論が成立する.

以上により, u が, 単位球 B の閉包の近傍で調和で, $u(0)=0$ ならば, $\int_B u\,dx=0$ であることが証明された. この結果を $u(x)$ を $u(x)-u(0)$ にして適用すると, $u(0)=0$ という仮定を外すことができる. したがって, 単位球の場合に, 性質 (21) が示されたことになる.

ここで, $B_r(x_0)=\{x:|x-x_0|<r\}$ を x_0 を中心とする半径 r の球とし, $U(x)=u(x_0+rx)$ を考えよう. u が $B_r(x_0)$ で調和であることを仮定すると, U が単位球で調和であることは明らかである (実際, 調和であるという性質は, 平行移動 $x\to x+x_0$ と伸張 $x\to rx$ のもとで不変であるが, これは容易に確かめられる). よって, u の台が Ω に含まれていて, $B_r(x_0)\subset\Omega$ ならば, 今証明されたばかりの結果により $U(0)=\frac{1}{m(B)}\int_B U(x)dx$ が従う. これは, 平行移動と伸張のもとでのルベーグ測度の相対不変性により,

$$u(x_0)=\frac{1}{m(B)}\int_{|x|\leq 1}u(x_0+rx)\,dx = \frac{1}{r^d m(B)}\int_{|x|\leq r}u(x_0+x)\,dx$$
$$=\frac{1}{m(B_r(x_0))}\int_{B_r(x_0)}u(x)\,dx$$

を意味する. これで, 一般の場合の (21) が確立した.

逆の性質

これを証明するには, まず最初に, 平均値の性質がそれ自身の有用な拡張を許すことを示す. このために, 単位閉球 $\{|y|\leq 1\}$ で連続で, 球対称 (すなわち, 適当な Φ に対して $\varphi(y)=\Phi(|y|)$ となる) であり, $|y|>1$ で 0 に拡張される関数 φ を固定する. さらに, $\int\varphi(y)dy=1$ を仮定する. このとき, 我々は次を主張する:

補題 4.6 u は Ω で平均値の性質 (21) をみたし, 球 $\{x:|x-x_0|<r\}$ の閉包は Ω に含まれるならば,

(24) $\quad u(x_0) = \int_{\mathbb{R}^d} u(x_0 - ry)\varphi(y)\, dy = \int_{\mathbb{R}^d} u(x_0 - y)\varphi_r(y)\, dy = (u * \varphi_r)(x_0)$

が成り立つ．ここに，$\varphi_r(y) = r^{-d}\varphi(y/r)$ である．

二つの等式の二つ目が成り立つことは，変数変換 $y \to y/r$ から直ちにわかる．一番右の等号は $u * \varphi_r$ の定義に過ぎない．

積分についての簡単な観察の結果として，(24) を証明することができる．$\psi(y)$ は球 $\{|y| \leq 1\}$ 上の別の関数で，有界であることを仮定する．各々の大きな正整数 N に対して，$B(j)$ は球 $\{|y| \leq j/N\}$ を表すとしよう．$\varphi(y) = \Phi(|y|)$ を思い起こそう．このとき，

(25) $\quad \displaystyle\int \varphi(y)\psi(y)\, dy = \lim_{N\to\infty} \sum_{j=1}^{N} \Phi\left(\frac{j}{N}\right) \int_{B(j)-B(j-1)} \psi(y)\, dy$

が成立する．これを確かめるために，(25) の左辺は次に一致することに注意しよう：

$$\sum_{j=1}^{N} \int_{B(j)-B(j-1)} \varphi(y)\psi(y)\, dy.$$

さて，$\displaystyle\sup_{1\leq j \leq N} \sup_{y \in B(j)-B(j-1)} |\varphi(y) - \Phi(j/N)| = \varepsilon_N$ とおくと，これは，φ が球対称かつ連続で $\varphi(y) = \Phi(|y|)$ であるから，$N \to \infty$ のとき 0 に収束する．よって，(25) の左辺は，$\displaystyle\sum_{j=1}^{N} \Phi(j/N) \int_{B(j)-B(j-1)} \psi(y)\, dy$ とは，高々 $\varepsilon_N \displaystyle\int_{|y|\leq 1} |\psi(y)|\, dy$ の違いしかないので，(25) が証明される．

ここで，これを，$\psi(y) = u(x_0 - ry)$ で，φ はそのままである場合に用いる．そのとき，

$$\int u(x_0 - ry)\varphi(y)\, dy = \lim_{N\to\infty} \sum_{j=1}^{N} \Phi\left(\frac{j}{N}\right) \int_{B(j)-B(j-1)} u(x_0 - ry)\, dy$$

となる．しかし，u に対する平均値の性質の仮定により，

$$\int_{B(j)-B(j-1)} u(x_0 - ry)\, dy = u(x_0)\left[m(B(j)) - m(B(j-1))\right]$$

が従う．これにより，上の右辺は

$$u(x_0) \lim_{N\to\infty} \sum_{j=1}^{N} \Phi\left(\frac{j}{N}\right) \int_{B(j)-B(j-1)} dy$$

に等しい．これは，$\psi = 1$ として (25) を再び用いて，$\int \varphi(y)dy = 1$ であることを思い起こせば，$u(x_0)$ となることがわかる．以上により，補題が証明された．

このことから，平均値の性質をもつすべての連続関数は，それ自身の正則化になっていることを見る．正確にいえば，$x \in \Omega$ で，x から Ω への距離が r より大きいとき，

$$(26) \qquad u(x) = (u * \varphi_r)(x)$$

が成立する．ここで，さらに $\varphi \in C_0^\infty\{|y| < 1\}$ であることを仮定すると，第 1 節の議論により，u は Ω 全体で滑らかであるという結論にいたる．

さて，このような関数は調和であることを立証しよう．実際，テイラーの定理により，すべての $x_0 \in \Omega$ に対して，

$$(27) \qquad u(x_0 + x) - u(x_0) = \sum_{j=1}^{d} a_j x_j + \frac{1}{2} \sum_{j,k=1}^{d} a_{jk} x_j x_k + \varepsilon(x)$$

となる．ここに，$|x| \to 0$ のとき，$\varepsilon(x) = O(|x|^3)$ である．次に，$\int_{|x| \leq r} x_j \, dx = 0$ であり，また，$k \neq j$ をみたすすべての j と k に対して $\int_{|x| \leq r} x_j x_k \, dx = 0$ である．これは，最初に x_j 変数で積分を実行すると，x_j が奇関数なので積分が消えてしまうことに注意すればよい．同様に，明らかな対称性 $\int_{|x| \leq r} x_j^2 \, dx = \int_{|x| \leq r} x_k^2 \, dx$ と相対的な伸張不変性 (第 1 章の第 3 節を見よ) により，これらは，$r^2 \int_{|x| \leq r} (x_1/r)^2 dx = \frac{r^{d+2}}{d+2} \int_{|x| \leq 1} x_1^2 \, dx = c r^{d+2}, c > 0$ に等しい．ここで，(27) の両辺を，球 $\{|x| \leq r\}$ 上で積分して，r^d で割り，平均値の性質を用いる．その結果は，

$$\frac{c}{2} r^2 \sum_{j=1}^{d} a_{jj} = \frac{cr^2}{2} (\triangle u)(x_0) = O\left(\frac{1}{r^d} \int_{|x| \leq r} |\varepsilon(x)| dx\right) = O(r^3)$$

である．$r \to 0$ とすると，$\triangle u(x_0) = 0$ を与える．x_0 は Ω の任意の点であるから，定理 4.2 の証明が終了する．

定理 4.3 といくつかの系

今度は，定理 4.3 を証明しよう．u は Ω で弱調和であると仮定しよう．各 $\varepsilon > 0$ に対して，Ω_ε は，境界から ε より大きい距離をおく Ω の点の集合と定義する：
$$\Omega_\varepsilon = \{x \in \Omega : d(x, \partial\Omega) > \varepsilon\}.$$
Ω_ε は開集合であり，Ω のどの点も，ε が十分小さいならば，Ω_ε に属する．このとき，前の定理で考察した正則化 $u * \varphi_r = u_r$ は，$r < \varepsilon$ に対して，Ω_ε 上で定義され，すでに注意したように，そこでは滑らかな関数である．次に，これが Ω_ε で弱調和であることを見る．実際，$\psi \in C_0^\infty(\Omega_\varepsilon)$ に対して，フビニの定理により，
$$(u_r, \triangle\psi) = \int_{\mathbb{R}^d} \left(\int_{\mathbb{R}^d} u(x - ry)\varphi(y)\, dy \right) (\triangle\psi)(x)\, dx$$
$$= \int_{\mathbb{R}^d} \varphi(y) \left(\int_{\mathbb{R}^d} u(x - ry)(\triangle\psi)(x)\, dx \right) dx$$
が成立する．内側の積分は，$\psi_r = \psi(x + ry)$ とおくと $(u, \triangle\psi_r)$ に等しいので，$|y| \leq 1$ をみたす y に対して消えている．よって，
$$(u * \varphi_r, \triangle\psi) = 0$$
が成立し，したがって，$u * \varphi_r$ は弱調和である．次に，この正則化は自動的に滑らかになるので，それにより調和でもある．さらに，$x \in \Omega_\varepsilon$ で，$r_1 + r_2 < \varepsilon$ ならば，

(28) $$(u * \varphi_{r_1})(x) = (u * \varphi_{r_2})(x)$$

であることを主張する．実際，前述の (26) で示したように，$(u * \varphi_{r_1}) * \varphi_{r_2} = u * \varphi_{r_1}$ である．しかし，畳み込みは可換であり（第2章の注意 (6) を見よ），したがって，$(u * \varphi_{r_1}) * \varphi_{r_2} = (u * \varphi_{r_2}) * \varphi_{r_1} = u * \varphi_{r_2}$ となるので，(28) が証明される．

ここで，r_2 を固定したまま，r_1 を 0 に近づけることができる．ほとんどすべての Ω_ε の点 x で $u * \varphi_{r_1}(x) \to u(x)$ が成立するという近似単位元の性質により，ほとんどすべての $x \in \Omega_\varepsilon$ に対して，$u(x)$ は $u_{r_2}(x)$ に等しいことがわかる．よって，u は Ω_ε 上で (u_{r_2} に等しいとして) 修正することができて，そこで調和になる．今，ε はいくらでも小さくとることができるから，定理の証明が完了する．

この定理から生ずるいくつかのさらに進んだ系を述べる．

系 4.7 すべての調和関数は無限回微分可能である．

系 4.8 $\{u_n\}$ は Ω 上の調和関数の列で, $n \to \infty$ のとき, ある関数 u に Ω のコンパクト部分集合上で一様に収束するとせよ. このとき, u も調和である.

これらの系の 1 番目は, (26) からの帰結として, すでに証明されている. 2 番目については, B が x_0 を中心とする球で, $\overline{B} \subset \Omega$ ならば, 各 u_n は平均値の性質
$$u_n(x_0) = \frac{1}{m(B)} \int_B u_n(x) dx$$
をみたすという事実を用いる. このようにして, 一様収束性から, u も, この性質をみたすことが従うので, u は調和である.

$\mathbb{R}^d$ 上の調和関数のこれらの性質は, 正則関数の類似の性質を思い起こさせることを指摘しておくべきである. しかし, $d = 2$ という特殊な場合での, これらの二つの関数のクラスの間の密接な関係を考慮すれば, これは驚くべきことではない.

4.2 境界値問題とディリクレの原理

我々が考察する d 次元のディリクレ境界値問題とは, 以下のように述べることができる. Ω を $\mathbb{R}^d$ の有界開集合とする. 境界 $\partial\Omega$ 上で定義された連続関数 f が与えられると, $\overline{\Omega}$ で連続, Ω で調和, $\partial\Omega$ 上で $u = f$ となる関数 u を見つけたい.

重要な予備的観察は, 問題の解がもし存在すれば一意的であることである. 実際, u_1 と u_2 の二つが解ならば, $u_1 - u_2$ は Ω で調和であり, 境界上では消える. したがって, 最大値原理 (系 4.4) により, $u_1 - u_2 = 0$ を得るので, $u_1 = u_2$ となる.

解の存在について, これから, 先に概略を述べたディリクレの原理の方法を遂行する.

関数族 $C^1(\overline{\Omega})$ を考え, この空間に内積
$$\langle u, v \rangle = \int_\Omega (\nabla u \cdot \overline{\nabla v}) \, dx$$
を与える. ここに,
$$\nabla u \cdot \overline{\nabla v} = \sum_{j=1}^d \frac{\partial u}{\partial x_j} \overline{\frac{\partial v}{\partial x_j}}$$
であることはもちろんである.

この内積を用いて, $\|u\|^2 = \langle u, u \rangle$ により与えられる対応するノルムを得る.

$\|u\| = 0$ とは，Ω 全体で $\nabla u = 0$ と同じであり，u が Ω の各連結成分上で定数であることを意味する．したがって，Ω の各連結成分で定数である関数を法とする要素による $C^1(\overline{\Omega})$ の同値類を考えることになる．これらの同値類全体は，上で与えた内積とノルムにより，前ヒルベルト空間をなす．この前ヒルベルト空間を $\mathcal{H}_0$ と表すことにする．

$\mathcal{H}_0$ の完備化 $\mathcal{H}$ の研究や，その境界値問題への応用には，次の補題が必要である．

補題 4.9 Ω を $\mathbb{R}^d$ の有界開集合とする．v は $C^1(\overline{\Omega})$ に属し，$\partial\Omega$ で消えると仮定する．このとき，

$$(29) \qquad \int_\Omega |v(x)|^2 dx \le c_\Omega \int_\Omega |\nabla v(x)|^2 dx$$

が成立する．

証明 この結論は，実際に，補題 3.3 で与えられた考察から導かれる．このこととは独立に，簡単な証明を与えて，後で用いる単純なアイデアを強調しておくことにする．この議論により，$d(\Omega)$ を Ω の直径とすると，$c_\Omega \le d(\Omega)^2$ という評価式が与えられることに注意すべきである．

次の観察に基づいて推論をすすめる．f は $C^1(\overline{I})$ の関数とし $I = (a, b)$ は $\mathbb{R}$ の区間とする．f が両端の一つで消えていると仮定する．このとき，

$$(30) \qquad \int_I |f(t)|^2 dt \le |I|^2 \int_I |f'(t)|^2 dt$$

が成り立つ．ここに $|I|$ は I の長さである．

実際，$f(a) = 0$ とする．このとき，$f(s) = \int_a^s f'(t)dt$ であり，コーシー–シュヴァルツの不等式により，

$$|f(s)|^2 \le |I| \int_a^s |f'(t)|^2 dt \le |I| \int_I |f'(t)|^2 dt$$

となる．これを s について I 上で積分すると (30) が得られる． ∎

(29) を証明するために，$x = (x_1, x')$，$x_1 \in \mathbb{R}$, $x' \in \mathbb{R}^{d-1}$ と書くことにして，x' を固定し $f(x_1) = v(x_1, x')$ によって定義される f に，(30) を適用する．$J(x')$ は $\mathbb{R}$ の開集合で，$\{x_1 \in \mathbb{R} \mid (x_1, x') \in \Omega\}$ によって定義される Ω の対応する断面とする．集合 $J(x')$ は開区間 I_j の互いに交わらない和集合として書き表すことができる (実際，$f(x_1)$ は各 I_j の両端で消えることに注意しよう)．各 j

について，(30) を適用すると，
$$\int_{I_j} |v(x_1, x')|^2 dx_1 \leq |I_j|^2 \int_{I_j} |\nabla v(x_1, x')|^2 dx_1$$
を得る．ここで，$|I_j| \leq d(\Omega)$ であるから，互いに交わらない区間 I_j について和をとると，
$$\int_{J(x')} |v(x_1, x')|^2 dx_1 \leq d(\Omega)^2 \int_{J(x')} |\nabla v(x_1, x')|^2 dx_1$$
となり，$x' \in \mathbb{R}^{d-1}$ について積分すると，(29) にたどり着く．

さて，S_0 は，Ω の境界で消える関数からなる $C^1(\overline{\Omega})$ の線形部分空間とする．S_0 の異なる元は (各連結成分上の定数が境界上で消えるので)，$\mathcal{H}_0$ を定義する同値関係の下でも，そのまま異なる元であり，そのため，$\mathcal{H}_0$ の線形部分空間と同一視してもよい．この部分空間の $\mathcal{H}$ における完備化を S で表し，P_S を $\mathcal{H}$ から S の上への直交射影とする．

以上の準備が片づいたので，ここで初めて，$\partial\Omega$ 上で与えられた f を境界値とする境界値問題を，f は $C^1(\overline{\Omega})$ の関数 F の $\partial\Omega$ への制限であるという仮定を追加して，解くことを試みる (この追加の仮定を除くことができることは，後で説明する)．ディリクレの原理の方法に従って，$u_n \in C^1(\overline{\Omega})$ かつ $u_n|_{\partial\Omega} = F|_{\partial\Omega}$ となる列 $\{u_n\}$ で，ディリクレ積分 $\|u_n\|^2$ が最小値に収束するものを求める．これは，$u_n = F - v_n$ とすると $v_n \in S_0$ であり，$\lim_{n \to \infty} \|u_n\|$ が，F から S_0 への距離の最小値になることを意味する．$S = \overline{S_0}$ であるから，この列は F から S への $\mathcal{H}$ における距離をも最小にする．

さて，直交射影の初歩的事実から何がわかるだろうか？ 前章の補題 4.1 の証明により，列 $\{v_n\}$ は，したがって，列 $\{u_n\}$ も，ともに $\mathcal{H}$ のノルムで収束し，前者の極限値は $P_S(F)$ である．ここで，補題 4.9 を $v_n - v_m$ に適用すると，$\{v_n\}$ と $\{u_n\}$ は $L^2(\Omega)$–ノルムに関してもコーシー列であり，したがって，L^2–ノルムでも収束する．$u = \lim_{n \to \infty} u_n$ とする．このとき，

(31) $$u = F - P_S(F)$$

である．u は弱調和であることを見よう．実際，$\psi \in C_0^\infty(\Omega)$ ならば，$\psi \in S$ であり，よって (31) により $\langle u, \psi \rangle = 0$ である．したがって，$\langle u_n, \psi \rangle \to 0$ であるが，部分積分を用いると，すでに見たように，
$$\langle u_n, \psi \rangle = \int_\Omega (\nabla u_n \cdot \overline{\nabla \psi}) \, dx = -\int_\Omega u_n \overline{\triangle \psi} \, dx = -(u_n, \triangle \psi)$$

となる．その結果，$(u, \triangle \psi) = 0$ となるので，u は弱調和であり，したがって，調和になるように測度 0 の集合上で修正することができる．

これは我々の問題の解と称するものである．しかしながら，まだ二つの問題点が解消されていない．

一つは，列 $\{u_n\}$ は各 n に対して，$\overline{\Omega}$ 上で連続，かつ，$u_n|_{\partial\Omega} = f$ をみたすが，u 自体は，$\overline{\Omega}$ 上で連続，かつ，$u|_{\partial\Omega} = f$ をみたすかどうか不明である．

2番目の問題は，上の議論では，Ω の境界上で定義される関数 f が，$C^1(\overline{\Omega})$ の関数の制限として現れるものに限定されることである．

2番目の障害は，克服すべき二つのうちのやさしい方であり，次の補題を集合 $\Gamma = \partial\Omega$ に適用することにより，解決することができる．

補題 4.10 Γ は $\mathbb{R}^d$ のコンパクト集合であり，f が Γ 上の連続関数であるとする．このとき，$\mathbb{R}^d$ 上の滑らかな関数列 $\{F_n\}$ が存在して，Γ 上で一様に $F_n \to f$ となる．

実際，上で生じた第一の問題点を処理できると仮定して，補題を用いて以下のように議論を進める．関数列 U_n で，Ω で調和であり，$\overline{\Omega}$ で連続で，$U_n|_{\partial\Omega} = F_n|_{\partial\Omega}$ となるものを見つける．ここで，$\{F_n\}$ は $\partial\Omega$ 上で (f に) 一様収束するから，最大値原理により，$\{U_n\}$ は $\overline{\Omega}$ 上で連続となり，さらに (前述の系 4.8 により) 調和である関数 u に一様収束することが従う．これで目標が達成される．

補題 4.10 の証明は，次の拡張原理に基づく．

補題 4.11 f は $\mathbb{R}^d$ のコンパクト集合 Γ で連続とする．このとき，$\mathbb{R}^d$ 上で連続な関数 G が存在して，$G|_\Gamma = f$ となる．

証明 K_0 と K_1 が互いに交わらないコンパクト集合ならば，$\mathbb{R}^2$ 上の連続関数 $0 \leq g(x) \leq 1$ が存在して，K_0 上で 0，K_1 上で 1 となることを見ることから始める．実際，$d(x, \Omega)$ を x から Ω への距離とすると，

$$g(x) = \frac{d(x, K_0)}{d(x, K_0) + d(x, K_1)}$$

は要求される性質をもつことがわかる．

さて，f は Γ 上で非負かつ 1 以下であるとして一般性を失わない．

$$K_0 = \{x \in \Gamma : 2/3 \leq f(x) \leq 1\}, \qquad K_1 = \{x \in \Gamma : 0 \leq f(x) \leq 1/3\}$$

とすると，K_0 と K_1 は互いに交わらない．前の観察により明らかなように，$\mathbb{R}^d$ 上の関数 $0 \leq G_1(x) \leq 1/3$ が存在して，K_0 で $1/3$，K_1 で 0 となるようにできる．このとき，すべての $x \in \Gamma$ に対して，

$$0 \leq f(x) - G_1(x) \leq \frac{2}{3}$$

であることがわかる．ここで，f を $f - G_1$ に置き換えて議論をくりかえす．第1段では，$0 \leq f \leq 1$ から $0 \leq f - G_1 \leq 2/3$ になった．その結果，$\mathbb{R}^d$ 上の連続関数 G_2 を見つけることができて，Γ 上で

$$0 \leq f(x) - G_1(x) - G_2(x) \leq \left(\frac{2}{3}\right)^2$$

となり，$0 \leq G_2 \leq \dfrac{1}{3}\dfrac{2}{3}$ となる．この過程をくりかえして，$\mathbb{R}^d$ 上の連続関数列 G_n を見つけることができて，Γ 上で

$$0 \leq f(x) - G_1(x) - \cdots - G_N(x) \leq \left(\frac{2}{3}\right)^N$$

となり，$\mathbb{R}^d$ 上で $0 \leq G_N \leq \dfrac{1}{3}\left(\dfrac{2}{3}\right)^{N-1}$ となる．

$$G = \sum_{n=1}^{\infty} G_n$$

とおくと，G は連続であり，Γ 上では f に等しい．∎

補題 4.10 の証明を完了するために，以下のように議論する．補題 4.11 で構成した関数 G を，

$$F_\varepsilon(x) = \varepsilon^{-d} \int_{\mathbb{R}^d} G(x-y) \varphi(y/\varepsilon)\,dy = \int_{\mathbb{R}^d} G(y) \varphi_\varepsilon(x-y)\,dy,$$

$\varphi_\varepsilon(y) = \varepsilon^{-d} \varphi(y/\varepsilon)$ と定義することによって正則化する．ここに，φ は，非負の C_0^∞ 級関数で，その台は単位球に含まれ，$\int \varphi(y)\,dy = 1$ をみたすものである．このとき，各 F_ε は C^∞ 級関数になる．しかし，

$$F_\varepsilon(x) - G(x) = \int (G(y) - G(x)) \varphi_\varepsilon(x-y)\,dy$$

となる．この積分は $|x-y| \leq \varepsilon$ に制限されているので，$x \in \Gamma$ ならば，

$$|F_\varepsilon(x) - G(x)| \leq \sup_{|x-y|\leq\varepsilon} |G(x) - G(y)| \int \varphi_\varepsilon(x-y)\,dy$$
$$\leq \sup_{|x-y|\leq\varepsilon} |G(x) - G(y)|$$

となることを見る．最後の項は，G の Γ の近傍での一様連続性により，ε とともに 0 に収束するので，$\varepsilon = 1/n$ とおけば，望みの列を得る．

2 次元の定理

ここで，提案された解が望みの境界値をとるかどうかという問題を取り上げる．ここでは，2 次元の場合に限定して議論する．高次元の状況では，生じる問題が，本書の範疇を超えそうな数多くの問題と関係するからである．対照的に，2 次元の場合，以下に述べる結果の証明はやや狡猾であるが，これまで説明してきたヒルベルト空間の方法により手の届く範囲にある．

ディリクレ問題は (高次元の場合と同様に 2 次元の場合も) 領域 Ω の性質に何か制限を設けた場合にのみ解くことができる．我々が仮定する滑らかさは，最適ではないが[16]，数多くの応用を含む十分に幅広いものであり，さらに簡潔な幾何学的形式をもつ．$\mathbb{R}^2$ 内の最初の三角形 T_0 を固定する．より正確には，T_0 は二等辺三角形で，二つの等辺の長さを ℓ，それらの共通の頂点の角度を α であると仮定する．ℓ と α の正確な値は重要ではない．これらは両方ともいくらでも小さくとることができるが，議論を通じて固定したままにしなくてはならない．そうして決められた T_0 の形を用いて，T が**特殊三角形**であるとは，それが T_0 と合同であること，すなわち，T は平行移動と回転により T_0 から生成されることと定義する．T の**頂点**とは，その二つの等辺の交わる点と定義する．

仮定される Ω の滑らかさは，**外部三角形条件**と呼ばれる以下の条件である．ℓ と α を固定し，Ω の境界上の各点 x に対して，x を頂点とし，その内部が Ω の外にあるような特殊三角形が存在する，というものである (図 5 を見よ)．

定理 4.12 Ω は $\mathbb{R}^2$ の有界開集合で，外部三角形条件をみたすものとする．f が $\partial\Omega$ 上の連続関数ならば，$\overline{\Omega}$ で連続で $u|_{\partial\Omega} = f$ をみたす u に対する境界値問題 $\triangle u = 0$ は常に一意可解である．

---

[16] 最適な条件は集合の容量という概念と関係がある．

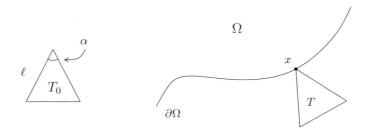

図5 三角形 T_0 と特殊三角形 T.

いくつかの説明を順に述べる.

(1) Ω が多角形で囲まれた有界領域ならば,定理の仮定をみたす.

(2) より一般に,Ω が有限個のリプシッツ曲線,あるいは,特に C^1 級曲線によって囲まれた有界領域ならば,同様に定理の条件をみたしている.

(3) 問題が可解でない簡単な例がいくつかあるが,たとえば,Ω が穴の空いた円板の場合がそうである.この例は,もちろん,外部三角形条件をみたさない.

(4) この定理における Ω に関する条件は最適ではない.問題は可解であるが,前述の滑らかさの条件はみたさない Ω の例をいくつか構成することができる.

これらの説明の詳細については,練習 19 と問題 4 を見よ.

定理の証明に移ろう.それは次の命題に基づくが,前述の補題 4.9 の精密化と見ることができる.

命題 4.13 外部三角形条件をみたす $\mathbb{R}^2$ の任意の有界開集合 Ω に対して,二つの定数 $c_1 < 1$ と $c_2 > 1$ が存在して以下が成立する.z は Ω の点で,$\partial\Omega$ からの距離が δ とする.このとき,v が $C^1(\overline{\Omega})$ に属し,$v|_{\partial\Omega} = 0$ ならば,

$$(32) \quad \int_{B_{c_1\delta}(z)} |v(x)|^2 dx \leq C\delta^2 \int_{B_{c_2\delta}(z) \cap \Omega} |\nabla v(x)|^2 dx$$

が成り立つ.定数 C は,Ω の直径,および,三角形 T を定めるパラメータ ℓ と α にのみ依存して選ぶことができる.

命題がどのようにして定理を証明するのかを見てみよう.すでに示したように,f は $C^1(\overline{\Omega})$ に属する F の $\partial\Omega$ への制限であると仮定して証明すれば十分である.最小化列 $u_n = F - v_n$ がとれて,$v_n \in C^1(\overline{\Omega})$ かつ $v_n|_{\partial\Omega} = 0$ であったこと

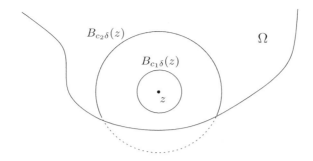

図6 命題4.13 の状況.

を思い出そう．さらに，この列は $\mathcal{H}$ および $L^2(\Omega)$ のノルムで極限 v に収束し，$u = F - v$ は Ω で調和である．このとき，(32) は各 v_n に対して成立するので，$v = F - u$ に対しても成立する．すなわち，

$$(33) \quad \int_{B_{c_1\delta}(z)} |(F-u)(x)|^2 dx \leq C\delta^2 \int_{B_{c_2\delta}(z)\cap\Omega} |\nabla(F-u)(x)|^2 dx$$

となる．定理を証明するには，Ω における u の連続性により，y が $\partial\Omega$ の任意の固定された点で，z が Ω を動く点ならば，$z \to y$ のとき $u(z) \to f(y)$ が成り立つことを示せば十分である．$\delta = \delta(z)$ は z の境界からの距離を表すものとする．このとき，$\delta(z) \leq |z - y|$ なので，$z \to y$ のとき $\delta(z) \to 0$ となる．

ここで，F と u の中心 z で半径 $c_1\delta(z)$ ($c_1 < 1$ であることを思い出そう) の円板上でとる平均値について考察しよう．これらの平均値をそれぞれ $\mathrm{Av}(F)(z)$, $\mathrm{Av}(u)(z)$ と表すことにする．このとき，コーシー–シュヴァルツの不等式により，

$$|\mathrm{Av}(F)(z) - \mathrm{Av}(u)(z)|^2 \leq \frac{1}{\pi(c_1\delta)^2} \int_{B_{c_1\delta}(z)\cap\Omega} |F - u|^2 dx$$

となるが，これは (33) により

$$C' \int_{B_{c_2\delta}(z)\cap\Omega} |\nabla(F-u)|^2 dx$$

によって上から評価される．$m(B_{c_2\delta}) \to 0$ であることにより，積分の絶対連続性は，最後の積分が δ とともに 0 に収束することを保証する．しかし，平均値定理により $\mathrm{Av}(u)(z) = u(z)$ である．一方，$F|_{\partial\Omega} = f$ かつ $z \to y$ であるから，F の $\overline{\Omega}$ での連続性により，

$$\mathrm{Av}(F)(z) = \frac{1}{m(B_{c_1\delta}(z))} \int_{B_{c_1\delta}(z)} F(x)dx \to f(y)$$

となる.すべてをまとめると,$u(z) \to f(y)$ を与えるので,命題をいったん示してしまえば,定理が証明されたことになる.

命題を証明するために,$\partial\Omega$ からの距離が δ である各点 $z \in \Omega$ と,十分小さい δ に対して,次の性質をもつ長方形 R を構成する:

(1) R の辺の長さは $2c_1\delta$ と $M\delta$ である ($c_1 \le 1/2, M \le 4$).
(2) $B_{c_1\delta}(z) \subset R$.
(3) R の長辺と平行で長さの等しい R 内の各線分は,Ω の境界と交わる.

R を得るために,y を $\partial\Omega$ の点で $\delta = |z - y|$ をみたすものとし,y で外部三角形条件を適用する.その結果,z を y と結ぶ直線は,特殊三角形の y を頂点とする一つの辺は,角度が $\beta < \pi$ とならなくてはならない (実際,$\beta \le \pi - \alpha/2$ を見るのはやさしい).ここで,適当な回転と平行移動を行うと,$y = 0$ であること,および,z を 0 と結ぶ直線の x_2-軸から出発した角度は,三角形の辺から x_2-軸への角度に等しいことを仮定してよい.この角度は $\gamma > \alpha/4$ をみたす γ にとることができる (図 7 を見よ).

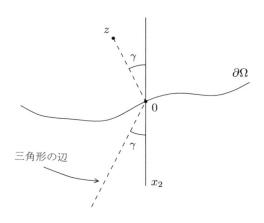

図 7 長方形 R の配置.

この図を x_2-軸を通じて反射した場合が起こる可能性もある.

この図を念頭において,図 8 に示すような長方形 R を構成する.

それは,x_2-軸に平行な長辺をもち,円板 $B_{c_1\delta}(z)$ を含み,x_2-軸に平行な R 内のすべての線分が三角形の辺 (の延長) と交わる.

z の座標は $(-\delta\sin\gamma, \delta\cos\gamma)$ であることに注意しよう.$c_1 < \sin\gamma$ を選ぶと,

$B_{c_1\delta}(z)$ は z と同じ (左) 半平面にある.

次に, 2 点 P_1 と P_2 に着目しよう. P_1 は x_1-軸上にあり, この軸と長方形の遠くの辺との交点にある. P_2 は長方形のその辺の角, すなわち, 外部三角形の辺 (の延長線) と長方形の遠い方の辺との交点にある. P_1 の座標は $(-a, 0)$ で $a = \delta c_1 + \delta \sin \gamma$ である. P_2 の座標は $\left(-a, -a\dfrac{\cos \gamma}{\sin \gamma}\right)$ である. 原点から P_2 への距離は $a/\sin \gamma$ で, これは $c_1 < \sin \gamma$ であるから $\delta + c_1\delta/\sin \gamma \leq 2\delta$ となることに注意せよ.

さて, 長方形の長辺の長さは, x_1-軸より上にある部分と下にある部分の和であることが見てとれる. 上の部分は, 円板の半径と z の高さを合わせた長さをもち, これは $c_1\delta + \delta \cos \gamma \leq 2\delta$ である. 下の部分は, $a/\tan \gamma$ に等しい長さをもち, $c_1 < \sin \gamma$ により $\delta \cos \gamma + \delta c_1 \dfrac{\cos \gamma}{\sin \gamma} \leq 2\delta$ である. したがって, 長辺の長さは 4δ 以下であることがわかる.

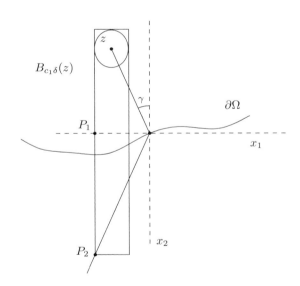

図 8 円板 $B_{c_1\delta}(z)$ とそれを含む長方形 R.

さて, 構成の仕方から, 円板 $B_{c_1\delta}(z)$ から出発する R の鉛直な各辺は, 下方に x_2-軸と平行に伸びるとき, 0 と P_2 を結ぶ直線 (これは三角形の辺の延長である) と交わる. さらに, 三角形のこの辺の長さ ℓ が原点から P_2 への距離を越える

ならば,その線分は三角形と交わる.この交わりが起こるとき,三角形は Ω の外部にあるから,$B_{c_2\delta}(z)$ から出発する線分は Ω の境界とも交わらなくてはならない.したがって,$\ell \geq 2\delta$ ならば,望みの交わりが起こり,各条件 (1), (2) と (3) が確かめられる ($\delta \leq \ell/2$ という制限はすぐに解除される).

ここで,x_2-軸に平行で,一部が $B_{c_1\delta}(z)$ に含まれ,下方に $\partial\Omega$ とぶつかるまで伸びる R 内の各線分上で積分する.この線分を $I(x_1)$ と呼ぼう.このとき,(30) を用いて,

$$\int_{I(x_1)} |v(x_1, x_2)|^2 dx_2 \leq M^2 \delta^2 \int_{I(x_1)} \left|\frac{\partial v}{\partial x_2}(x_1, x_2)\right|^2 dx_2$$

となることがわかる.さらに,x_1 で積分すると,

$$\int_{R\cap\Omega} |v(x)|^2 dx \leq M^2 \delta^2 \int_{R\cap\Omega} |\nabla v(x)|^2 dx$$

となる.しかし,$B_{c_1\delta}(z) \subset R$ であり,$c_2 \geq 2$ のとき $B_{c_2\delta}(z) \supset R$ であることに注意しよう.よって,望みの不等式 (32) は,δ が十分小さい,すなわち,$\delta \leq \ell/2$ の仮定のもとで示される.$\delta > \ell/2$ のときは,ありのままの評価式 (29) をただ用いるだけで十分であり,よって命題は証明される.したがって,定理の証明が完結する.

5. 練習

1. $f \in L^2(\mathbb{R}^d), k \in L^1(\mathbb{R}^d)$ とする.

(a) $(f * k)(x) = \int f(x-y)k(y)\,dy$ は,a.e. x に対して収束することを示せ.

(b) $\|f * k\|_{L^2(\mathbb{R}^d)} \leq \|f\|_{L^2(\mathbb{R}^d)} \|k\|_{L^1(\mathbb{R}^d)}$ を証明せよ.

(c) a.e. ξ に対して,$\widehat{(f * k)}(\xi) = \widehat{k}(\xi)\widehat{f}(\xi)$ となることを証明せよ.

(d) 作用素 $Tf = f * k$ は $m(\xi) = \widehat{k}(\xi)$ を乗算表象とするフーリエ乗算作用素であることを確かめよ.

[ヒント:第 2 章の練習 21 を見よ.]

2. メリン変換について考察しよう.これは,最初は $\mathbb{R}^+ = \{t \in \mathbb{R} : t > 0\}$ の中にコンパクトな台をもつ連続関数 f に対して,

$$\mathcal{M}f(x) = \int_0^\infty f(t) t^{ix-1} dt$$

と定義される．$(2\pi)^{-1/2}\mathcal{M}$ は，$L^2(\mathbb{R}^+, dt/t)$ から $L^2(\mathbb{R})$ へのユニタリー作用素に拡張されることを証明せよ．メリン変換は $\mathbb{R}^+$ の乗法構造を表現するが，フーリエ変換が $\mathbb{R}$ の加法構造を表現するのと同様である．

3. $F(z)$ は半平面における有界な正則関数とする．a.e. x に対して $\lim\limits_{y\to 0} F(x+iy)$ が存在することを，2通りの方法で示せ．

(a) $F(z)/(z+i)$ が $H^2(\mathbb{R}^2_+)$ に属するという事実を用いる方法．

(b) $G(z) = F\left(i\dfrac{1-z}{1+z}\right)$ が単位円板における有界な正則関数であることに注意して，前章の練習17を用いる方法．

4. $F(z) = e^{1/z}/(z+i)$ を上半平面で考えよう．各 $y>0$ と $y=0$ に対して $F(x+iy) \in L^2(\mathbb{R})$ であることに注意しよう．$|z|\to 0$ のとき，$F(z)\to 0$ であることも見よ．しかし，$F\notin H^2(\mathbb{R}^2_+)$ である．なぜか？

5. $a<b$ に対して，$S_{a,b}$ は帯領域 $\{z=x+iy, a<y<b\}$ を表すものとする．$H^2(S_{a,b})$ を $S_{a,b}$ における正則関数 F で

$$\|F\|^2_{H^2(S_{a,b})} = \sup_{a<y<b} \int_{\mathbb{R}} |F(x+iy)|^2 dx < \infty$$

となるものの全体とする．$H^2(S_{a,\infty})$ と $H^2(S_{-\infty,b})$ は，それぞれ半平面 $\{z=x+iy, y>a\}$ と $\{z=x+iy, y<b\}$ に対するハーディ空間の明らかな変形を表すものとする．

(a) $F\in H^2(S_{a,b})$ となるのは，F が $\displaystyle\int_{\mathbb{R}} |f(\xi)|^2 (e^{4\pi a\xi} + e^{4\pi b\xi}) d\xi < \infty$ をみたす f によって

$$F(z) = \int_{\mathbb{R}} f(\xi) e^{-2\pi i z\xi} d\xi$$

と書き表すことができるとき，そのときに限ることを示せ．

(b) すべての $F\in H^2(S_{a,b})$ は $F = G_1 + G_2$, $G_1 \in H^2(S_{a,\infty})$, $G_2 \in H^2(S_{-\infty,b})$ のように分解することができることを証明せよ．

(c) $\lim\limits_{\substack{a<y<b \\ y\to a}} F(x+iy) = F_a(x)$ が L^2-ノルム，および，ほとんどいたるところで存在することを示せ．$\lim\limits_{\substack{a<y<b \\ y\to b}} F(x+iy)$ についても類似の結果が成立することも併せて示せ．

6. Ω は $\mathbb{C} = \mathbb{R}^2$ の開集合とし，$\mathcal{H}$ は Ω 上の正則関数からなる $L^2(\Omega)$ の部分空間とする．$\mathcal{H}$ は $L^2(\Omega)$ の閉部分空間であること，さらに，したがって内積

$$(f, g) = \int_{\Omega} f(z) \overline{g}(z) dx\, dy, \qquad z = x+iy$$

をもつヒルベルト空間であることを示せ.

[ヒント：平均値の性質 (9) を用いて, $f \in \mathcal{H}$ に対して $|f(z)| \leq \dfrac{c}{d(z, \Omega^c)} \|f\|$ が $z \in \Omega$ で成り立つことを証明せよ. ここに $c = \pi^{-1/2}$ である. これにより, $\{f_n\}$ が $\mathcal{H}$ のコーシー列ならば, それは Ω のコンパクト集合上で一様収束する.]

7. 前問に引き続き, 次を証明せよ.

(a) $\{\varphi_n\}_{n=0}^{\infty}$ が $\mathcal{H}$ の正規直交基底ならば, $z \in \Omega$ に対して
$$\sum_{n=0}^{\infty} |\varphi(z)|^2 \leq \frac{c^2}{d(z, \Omega^c)}$$
が成り立つ.

(b) $(z, w) \in \Omega \times \Omega$ に対して, 和
$$B(z, w) = \sum_{n=0}^{\infty} \varphi_n(z) \overline{\varphi_n}(w)$$
は絶対収束し, $\mathcal{H}$ の正規直交基底 $\{\varphi_n\}$ の選び方によらない.

(c) (b) を証明するために, ベルグマン核とよばれる関数 $B(z, w)$ を, 次の性質によって特徴づけると便利である. T は $L^2(\Omega)$ の線形変換で,
$$Tf(z) = \int_{\Omega} B(z, w) f(w) du\, dv, \qquad w = u + iv$$
によって定義されるものとする. このとき, T は $L^2(\Omega)$ から $\mathcal{H}$ への直交射影である.

(d) Ω は単位円板であると仮定する. このとき, $f(z) = \sum_{n=0}^{\infty} a_n z^n$ とすると, $f \in \mathcal{H}$ となるのは, ちょうど,
$$\sum_{n=0}^{\infty} |a_n|^2 (n+1)^{-1} < \infty$$
をみたすときである. また, 列 $\left\{ \dfrac{z^n (n+1)}{\pi^{1/2}} \right\}_{n=0}^{\infty}$ は $\mathcal{H}$ の正規直交基底である. さらに, この場合,
$$B(z, w) = \frac{1}{\pi (1 - z\overline{w})^2}$$
となる.

8. 練習 6 に続き, Ω を上半平面 $\mathbb{R}_+^2$ と仮定する. このとき, すべての $f \in \mathcal{H}$ は, $\int_0^{\infty} |\widehat{f_0}(\xi)|^2 \dfrac{d\xi}{\xi} < \infty$ をみたす $\widehat{f_0}$ によって,

(34) $$f(z) = \sqrt{4\pi} \int_0^{\infty} \widehat{f_0}(\xi) e^{2\pi i \xi z} d\xi, \qquad z \in \mathbb{R}_+^2$$

と表される．さらに，(34) で与えられる写像 $\widehat{f_0} \to f$ は，$L^2\left((0, \infty), \dfrac{d\xi}{\xi}\right)$ から $\mathcal{H}$ へのユニタリー写像である．

9. H をヒルベルト変換とする．以下を確かめよ．

(a) $H^* = -H$, $H^2 = -I$ であり，H はユニタリーである．

(b) τ_h は平行移動の作用素 $\tau_h(f)(x) = f(x-h)$ を表すことにすると，H は τ_h と可換 $\tau_h H = H\tau_h$ である．

(c) δ_a は伸張の作用素 $\delta_a(f)(x) = f(ax)$, $a > 0$ を表すことにすると，H は δ_a と可換 $\delta_a H = H\delta_a$ である．

逆は問題 5 で与えられる．

10. $f \in L^2(\mathbb{R})$ とし，$u(x, y)$ は f のポアソン積分，すなわち，前述の (10) で与えられるように，$u = (f * \mathcal{P}_y)(x)$ とする．$v(x, y) = (Hf * \mathcal{P}_y)(x)$，すなわち，$f$ のヒルベルト変換のポアソン積分とする．以下を証明せよ．

(a) $F(x + iy) = u(x, y) + iv(x, y)$ は上半平面 $\mathbb{R}_+^2$ において解析的で，u と v とは共役調和関数である．また，$f = \lim\limits_{y \to 0} u(x, y)$, $Hf = \lim\limits_{y \to 0} v(x, y)$ を得る．

(b) $F(z) = \dfrac{1}{\pi i} \displaystyle\int_{\mathbb{R}} f(t) \dfrac{dt}{t - z}$.

(c) $v(x, y) = f * \mathcal{Q}_y$ である．ここに，$\mathcal{Q}_y(x) = \dfrac{1}{\pi} \dfrac{x}{x^2 + y^2}$ は共役ポアソン核である．

［ヒント：$\dfrac{i}{\pi z} = \mathcal{P}_y(x) + i\mathcal{Q}_y(x)$, $z = x + iy$ であることに注意せよ．］

11.
$$\left\{ \frac{1}{\pi^{1/2}(i+z)} \left(\frac{i-z}{i+z} \right)^n \right\}_{n=0}^{\infty}$$
は $H^2(\mathbb{R}_+^2)$ の正規直交基底であることを示せ．
$$\left\{ \frac{1}{\pi^{1/2}(i+x)} \left(\frac{i-x}{i+x} \right)^n \right\}_{n=0}^{\infty}$$
は $L^2(\mathbb{R})$ の正規直交基底であることに注意せよ．前章の練習 9 を見よ．

［ヒント：$F \in H^2(\mathbb{R}_+^2)$ で
$$\int_{-\infty}^{\infty} F(x) \frac{(x+i)^n}{(x-i)^{n+1}} dx = 0, \qquad n = 0, 1, 2, \cdots$$
ならば，$F = 0$ であることを示せば十分である．コーシーの積分公式を用いて
$$\left(\frac{d}{dz} \right)^n (F(z)(z+i)^n)|_{z=i} = 0$$

を証明し，$F^{(n)}(i) = 0$, $n = 0, 1, 2, \cdots$ を導け．]

12. 不等式
$$\|u\|_{L^2(\Omega)} \le c\|L(u)\|_{L^2(\Omega)}$$
が非有界な開集合 Ω に対して成立するかどうかを考察する．

(a) $d \ge 2$ を仮定する．各々の定数係数偏微分作用素 L に対して，非有界な連結開集合 Ω が存在して，上の不等式がすべての $u \in C_0^\infty(\Omega)$ に対して成立することを示せ．

(b) すべての $u \in C_0^\infty(\mathbb{R}^d)$ に対して $\|u\|_{L^2(\mathbb{R}^d)} \le c\|L(u)\|_{L^2(\mathbb{R}^d)}$ が成り立つのは，$|P(\xi)| \ge c > 0$ がすべての ξ で成り立つとき，そのときに限ることを示せ．ここに，P は L の特性多項式である．

[ヒント：(a) については，まず $L = (\partial/\partial x_1)^n$ を帯領域 $\{x: -1 < x_1 < 1\}$ で考察せよ．]

13. L を定数係数線形偏微分作用素とする．$d \ge 2$ のとき，$L(u) = 0$ をみたす $u \in C^\infty(\mathbb{R}^d)$ のなす線形空間は有限次元ではないことを示せ．
[ヒント：$P(\zeta), \zeta \in \mathbb{C}^d$ の零点 ζ を考えよ．ここに，P は L の特性多項式である．]

14. F と G は，有界区間 $[a, b]$ 上の二つの可積分な関数であるとする．G が F の弱微分であるのは，F を測度 0 の集合上で補正することにより，F は絶対連続かつほとんどすべての x に対して $F'(x) = G(x)$ となるとき，そのときに限ることを示せ．
[ヒント：G が F の弱微分ならば，近似を用いて
$$\int_a^b G(x)\varphi(x)dx = -\int_a^b F(x)\varphi'(x)dx$$
が図 9 に例示される関数に対して成り立つことを示せ．]

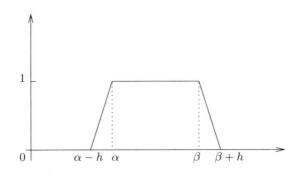

図 9　練習 14 の関数．

15. $f \in L^2(\mathbb{R}^d)$ とする. $g \in L^2(\mathbb{R}^d)$ が存在して,
$$\left(\frac{\partial}{\partial x}\right)^\alpha f(x) = g(x)$$
が弱い意味で成り立つのは,
$$(2\pi i \xi)^\alpha \widehat{f}(\xi) = \widehat{g}(\xi) \in L^2(\mathbb{R}^d)$$
のとき, そのときに限ることを証明せよ.

16. ソボレフの埋蔵定理. n は $n > d/2$ をみたす最小の整数とする. すべての $1 \leq |\alpha| \leq n$ に対して,
$$f \in L^2(\mathbb{R}^d), \qquad \left(\frac{\partial}{\partial x}\right)^\alpha f \in L^2(\mathbb{R}^d)$$
が弱い意味で成立するならば, f を測度 0 の集合上で修正することができて, f は連続かつ有界になる.
[ヒント:f を $\widehat{f}$ によって表し, コーシー–シュヴァルツの不等式により $\widehat{f} \in L^1(\mathbb{R}^d)$ であることを示せ.]

17. ソボレフの埋蔵定理の結論は $n = d/2$ のとき成立しない. $d = 2$ の場合を考えることにして, $f(x) = (\log 1/|x|)^\alpha \eta(x)$ とする. ここに, η は滑らかな切り落としの関数で, 原点近傍で 1 であるが, $|x| \geq 1/2$ のとき $\eta(x) = 0$ となるものである. $0 < \alpha < 1/2$ とする.

(a) $\partial f/\partial x_1$ と $\partial f/\partial x_2$ は弱い意味で L^2 に属することを確かめよ.

(b) f を測度 0 の集合上で修正して, 原点で連続になるようにすることはできないことを示せ.

18. 線形偏微分作用素
$$L = \sum_{|\alpha| \leq n} a_\alpha \left(\frac{\partial}{\partial x}\right)^\alpha$$
を考えよう. このとき,
$$P(\xi) = \sum_{|\alpha| \leq n} a_\alpha (2\pi i \xi)^\alpha$$
は L の**特性多項式**とよばれる. ある $c > 0$ が存在して, 十分大きなすべての ξ に対して
$$|P(\xi)| \geq c|\xi|^n$$
であるとき, 微分作用素 L は**楕円型**とよばれる.

(a) L が楕円型であるのは, $\xi = 0$ でのみ $\sum_{|\alpha|=n} a_\alpha (2\pi\xi)^\alpha$ が消えるときであり, ま

(b) L が楕円型ならば，ある $c > 0$ が存在して，不等式
$$\left\|\left(\frac{\partial}{\partial x}\right)^\alpha \varphi\right\|_{L^2(\mathbb{R}^d)} \leq c(\|L\varphi\|_{L^2(\mathbb{R}^d)} + \|\varphi\|_{L^2(\mathbb{R}^d)})$$
が，すべての $\varphi \in C_0^\infty(\Omega)$ と $|\alpha| \leq n$ に対して成り立つことを証明せよ.

(c) 逆に，(b) が成立するならば，L は楕円型である.

19. u は穴の空いた単位円板 $\mathbb{D}^* = \{z \in \mathbb{C} : 0 < |z| < 1\}$ において調和であるとする.

(a) u が原点においても連続ならば，u は単位円板全体で調和であることを示せ.
［ヒント：u は弱調和であることを示せ.］

(b) 穴の空いた単位円板に対するディリクレ問題は，一般には可解でないことを証明せよ.

20. F は単位円板の閉包 $\overline{\mathbb{D}}$ 上の連続関数とする．F は (開) 円板 $\mathbb{D}$ 上で C^1 級であり，$\int_{\mathbb{D}} |\nabla F|^2 < \infty$ であることを仮定する.

$f(e^{i\theta})$ により，F の単位円への制限を表すことにして，$f(e^{i\theta}) \sim \sum_{n=-\infty}^{\infty} a_n e^{in\theta}$ と書くことにする．$\sum_{n=-\infty}^{\infty} |n||a_n|^2 < \infty$ であることを証明せよ.

［ヒント：$F(re^{i\theta}) \sim \sum_{n=-\infty}^{\infty} F_n(r) e^{in\theta}$ と書き表すと，$F_n(1) = a_n$ である．$\int_{\mathbb{D}} |\nabla F|^2$ を極座標で表し，
$$\frac{1}{2}|F(1)|^2 \leq L^{-1} \int_{1/2}^{1} |F'(r)|^2 dr + L \int_{1/2}^{1} |F(r)|^2 dr, \qquad L \geq 2$$
という事実を用いる．これを $F = F_n, L = |n|$ に適用せよ.］

6. 問題

1. $F_0(x) \in L^2(\mathbb{R})$ とする．このとき，整関数 F が存在して，すべての $z \in \mathbb{C}$ に対して $|F(z)| \leq A e^{a|z|}$ をみたし，a.e. $x \in \mathbb{R}$ に対して $F_0(x) = F(x)$ が成り立つための必要十分条件は，$|\xi| > a/2\pi$ ならば $\widehat{F_0}(\xi) = 0$ となることである.

［ヒント：正則化 $F^\varepsilon(z) = \int_{-\infty}^{\infty} F(z-t) \varphi_\varepsilon(t) dt$ を考えて，第 II 巻第 4 章の定理 3.3 の考察を適用せよ.］

2. Ω を $\mathbb{R}^2$ の有界開集合とする．境界のリプシッツ連続な弧 γ とは，$\partial\Omega$ の部分で

あり，座標軸を回転すると
$$\gamma = \{(x_1, x_2) : x_2 = \eta(x_1),\ a \leq x_1 \leq b\}$$
と表されるものである．ここに $a < b$ であり，$\gamma \subset \partial\Omega$ である．また，$x_1, x_1' \in [a, b]$ のとき，

(35) $$|\eta(x_1) - \eta(x_1')| \leq M|x_1 - x_1'|$$

であること，さらに，$\gamma_\delta = \{(x_1, x_2) : x_2 - \delta \leq \eta(x_1) \leq x_2\}$ とすると，ある $\delta > 0$ に対して $\gamma_\delta \cap \Omega = \emptyset$ が成り立つことも仮定される ($\eta \in C^1([a, b])$ ならば，条件 (35) はみたされることに注意せよ)．

Ω は次の条件を満足することを仮定する．有限個の開円板 $D_1, D_2, \cdots, D_N$ が存在して，$\bigcup_j D_j$ は $\partial\Omega$ を含み，各 j に対して $\partial\Omega \cap D_j$ は境界のリプシッツ連続な弧であるという性質をもつ (図10を見よ)．このとき，Ω は定理4.12の外部三角形条件をみたすことが確かめられ，境界値問題の可解性を保証する．

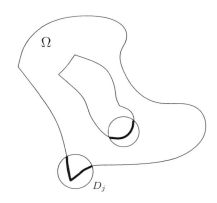

図10 境界のリプシッツ連続な弧をもつ領域．

3.* 有界領域 Ω は連続な単純閉曲線を境界にもつことを仮定する．このとき，境界値問題は Ω で可解である．これは，単位円板 $\mathbb{D}$ から Ω への共形写像 Φ が存在して，$\overline{\mathbb{D}}$ から $\overline{\Omega}$ への連続全単射に拡張されることによる (第II巻第8章の1.3節と問題 6^* を見よ)．

4. 図11に与えられる $\mathbb{R}^2$ の二つの領域 Ω を考える．

領域 I は，(内側の) 尖点以外は滑らかな曲線を境界にもつ．領域 II は，外側の尖点

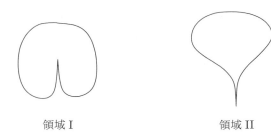

領域 I   領域 II

図 11 尖点をもつ領域.

をもつ以外は同様である．I と II の両方とも，問題 3 の結果の適用範囲内にあり，したがって境界値問題は各々の場合で可解である．しかし，II は外部三角形条件をみたしているが，I はみたしていない．

5. T は $L^2(\mathbb{R}^d)$ 上のフーリエ乗算作用素とする．すなわち，有界な関数 m が存在して，$\widehat{(Tf)}(\xi) = m(\xi)\widehat{f}(\xi)$ がすべての $f \in L^2(\mathbb{R}^d)$ で成り立つことを仮定する．このとき，すべての $h \in \mathbb{R}^d$ に対して，T は平行移動と可換 $\tau_h T = T\tau_h$ である．ここに，$\tau_h(f)(x) = f(x-h)$ である．

逆に，$L^2(\mathbb{R}^d)$ 上の平行移動と可換な任意の有界作用素は，フーリエ乗算作用素である．[ヒント：有界作用素 $\widehat{T}$ が指数関数 $e^{2\pi i \xi \cdot h}$, $h \in \mathbb{R}^d$ の掛け算と可換ならば，ある m が存在して $\widehat{T}g(\xi) = m(\xi)g(\xi)$ がすべての $g \in L^2(\mathbb{R}^d)$ で成立することを証明すれば十分である．そのために，最初に，$\Phi \in C_0^\infty(\mathbb{R}^d)$ ならば，

$$\widehat{T}(\Phi g) = \Phi \widehat{T}(g)$$

がすべての $g \in L^2(\mathbb{R}^d)$ に対して成り立つことを示せ．次に，大きい N に対して，球 $|\xi| \leq N$ において 1 になる Φ を選べ．このとき，$|\xi| \leq N$ に対して $m(\xi) = \widehat{T}(\Phi)(\xi)$ となる．]

この定理の帰結として，T が $L^2(\mathbb{R}^d)$ 上の有界作用素で (既出の練習 9 のように) 平行移動および伸張と可換ならば，次が成立する：

(a)　$(Tf)(-x) = T(f(-x))$ ならば $T = cI$ が従う．ここに，c は適当な定数で，I は恒等作用素である．

(b)　$(Tf)(-x) = -T(f(-x))$ ならば $T = cH$ である．ここに，c は適当な定数で，H はヒルベルト変換である．

6. この問題は，$L^1(\mathbb{R}^d)$ の解析と $L^2(\mathbb{R}^d)$ の解析とを対比する例を与える．

f が $\mathbb{R}^d$ で局所可積分ならば，最大関数 f^* は

$$f^*(x) = \sup_{x \in B} \frac{1}{m(B)} \int_B |f(y)| dy$$

によって定義されることを思い出そう．ここに，上限は点 x を含むすべての球にわたってとる．

ある定数 C が存在して

$$\|f^*\|_{L^2(\mathbb{R}^d)} \leq C \|f\|_{L^2(\mathbb{R}^d)}$$

が成り立つことを証明する以下の概略を完成せよ．別の言い方をすると，f を f^* へ移す写像は (線形ではないが) $L^2(\mathbb{R}^d)$ 上で有界である．第 3 章で見たように，これは $L^1(\mathbb{R}^d)$ における状況とは著しく異なる．

(a) 各 $\alpha > 0$ に対して，$f \in L^2(\mathbb{R}^d)$ ならば

$$m(\{x : f^*(x) > \alpha\}) \leq \frac{2A}{\alpha} \int_{|f| > \alpha/2} |f(x)| dx$$

となることを証明せよ．ここに $A = 3^d$ でよい．
[ヒント：$|f(x)| \geq \alpha/2$ のとき $f_1(x) = f(x)$，その他のとき 0 となる $f_1(x)$ を考えよ．$f_1 \in L^1(\mathbb{R}^d)$ であること，さらに，

$$\{x : f^*(x) > \alpha\} \subset \{x : f_1^*(x) > \alpha/2\}$$

であることを確かめよ．]

(b) 次の

$$\int_{\mathbb{R}^d} |f^*(x)|^2 dx = 2 \int_0^\infty \alpha m(E_\alpha) \, d\alpha$$

を示せ．ここに，$E_\alpha = \{x : f^*(x) > \alpha\}$ である．

(c) $\|f^*\|_{L^2(\mathbb{R}^d)} \leq C \|f\|_{L^2(\mathbb{R}^d)}$ となることを証明せよ．

第6章　一般の測度論と積分論

> そのとき，すぐに思いつくのは，これらの特質そのものが，研究の主要対象として扱えることである．それは，その理論の発展に必要な条件以外はみたさなくてもよいという抽象的な対象物を定義し，取り扱うことによる．
> 　この手順は，すべての時代の数学者によって —— 多かれ少なかれ意識的に —— 利用されてきた．ユークリッドの幾何学や 16, 17 世紀の文字で表した代数学は，このようにして出現した．しかし，ごく最近の時代になって，この方法は，<u>公理的</u>方法と呼ばれ，一貫して発展し，論理的な結論に達している．
> 　たったいま述べた公理的方法を用いて，測度と積分の理論を扱うことが，われわれの意図である．
>
> —— C. カラテオドリ，1918

　数学の多くの部分で，積分は重大な役割を果たしている．解析学において多種多様な空間に起こる問題を扱う際，なんらかの形で積分が用いられるのである．ある立場では，これらの空間上の連続関数や他の簡単な関数を積分するだけで十分であるが，たくさんの異なった問題を深く研究するには，測度論というより精巧な考え方に基づいた積分が必要になる．ユークリッド空間 $\mathbb{R}^d$ の設定を超えて，この考え方を展開することが，この章の目的である．

　出発点は，カラテオドリの実り豊かな洞察力とそれによる定理である．これらの定理では，かなり一般的な状況で測度の構成法を導く．これがいったん達成されると，一般的な設定での積分に関する基本事項が，馴染んだ道筋をたどって引き出される．

この抽象論を応用すると，次のようないくつかの有用な結果が得られる：直積測度の理論，その結果としての極座標の積分公式，ルベーグ–スティルチェス積分の構成とそれに対応する実直線上のボレル測度，一般的な絶対連続の概念など．最後には，エルゴード理論の基礎的な極限定理をいくつか扱う．これは，それまでに確立してきた抽象的な枠組みを説明するだけでなく，第3章で勉強した微分定理にも繋がる．

1. 一般の測度空間

測度空間は，次の二つの基本構成物を備えた集合 X そのものである．

（Ⅰ）「可測」集合からなる σ–加法族 $\mathcal{M}$．それは，X の部分集合の空でない族で，補集合をとることと，可算個の和集合・共通集合をとることに関し，閉じているものである．

（Ⅱ）次の性質で定義される**測度** $\mu : \mathcal{M} \to [0, \infty]$：$E_1, E_2, \cdots$ が $\mathcal{M}$ の可算個の互いに交わらない集合のとき，

$$\mu\Bigl(\bigcup_{n=1}^{\infty} E_n\Bigr) = \sum_{n=1}^{\infty} \mu(E_n).$$

したがって測度空間は，しばしば三つの構成物を強調して，三つ組 $(X, \mathcal{M}, \mu)$ で表される．しかし曖昧にならないときは，この記法を簡略化し，測度空間を (X, μ)，あるいは単に X と表す．

測度空間がしばしばもっている様相は，σ–**有限**という性質である．これは，X が，測度有限な可算個の可測集合の和集合として書けることである．

この初期段階では，測度空間の二つの素朴な例をあげるだけにする：

（i）1番目は離散的な例である．X を可算集合 $X = \{x_n\}_{n=1}^{\infty}$ とし，$\mathcal{M}$ を X の部分集合全体の族とする．また，$\{\mu_n\}_{n=1}^{\infty}$ を与えられた (拡大) 非負数の列とし，測度 μ を $\mu(x_n) = \mu_n$ で決める．$\mu(E) = \sum_{x_n \in E} \mu_n$ であることに注意しよう．すべての n に対して $\mu_n = 1$ のときは，μ を**個数測度**といい，$\#$ で表す．この場合，積分は (絶対) 収束級数の和にほかならない．

（ii）今度は $X = \mathbb{R}^d$ とし，$\mathcal{M}$ をルベーグ可測集合の族とする．また f を $\mathbb{R}^d$ 上の与えられた非負可測関数とし，$\mu(E) = \displaystyle\int_E f dx$ とする．$f = 1$ の場合は

ルベーグ測度にあたる．μ の可算加法性は，第 2 章で証明した非負関数の積分に関するふつうの加法性と極限の性質から導ける．

ほとんどの応用場面で関係する測度空間を構成するには，さらなる考え方が必要である．いまからそれに向かおう．

1.1 外測度とカラテオドリの定理

第 1 章で考えたルベーグ測度という特別な場合と同様に，一般の設定で測度とそれに対する可測集合を構成し始めるには，前段で不可欠な「外」測度という概念が必要になる．これは次のように定義される．

X を集合とする．X 上の**外測度** (あるいは**外側測度**) μ_* とは，X の部分集合<u>全体</u>の族から $[0, \infty]$ への関数 μ_* で，次の条件をみたすものである．

(ⅰ) $\mu_*(\emptyset) = 0$.
(ⅱ) $E_1 \subset E_2$ ならば $\mu_*(E_1) \leq \mu_*(E_2)$.
(ⅲ) 可算個の集合 $E_1, E_2 \cdots$ に対して，

$$\mu_*\left(\bigcup_{j=1}^{\infty} E_j\right) \leq \sum_{j=1}^{\infty} \mu_*(E_j).$$

たとえば，第 1 章で定義した $\mathbb{R}^d$ のルベーグ外測度 m_* は，これらすべての性質をもちあわせている．実際，この例は次のような外測度からなる大きな仲間に属している：その仲間の外測度とは，わかりやすい測度の値をもつ特殊な集合の族による「被覆」を使って得られるものである．この考え方は，後の 1.3 節で取り上げる「前測度」の概念によって体系化される．異種の例は，第 7 章で定義される α 次元ハウスドルフ外測度 m_α^* である．

外測度 μ_* が与えられたとき，直面する問題は，いかにして相応の可測集合の概念を定義するかである．$\mathbb{R}^d$ のルベーグ測度の場合，このような集合は，開 (または閉) 集合との差を μ_* を用いて考え，特徴づけされた．一般の場合には，カラテオドリが巧妙な代用条件を発見した．それは次のとおりである．

X の集合 E が**カラテオドリ可測**または単に**可測**であるとは，すべての $A \subset X$ に対し，

(1) $$\mu_*(A) = \mu_*(E \cap A) + \mu_*(E^c \cap A)$$

となることである．別の言い方をすると，E は，任意の集合 A を，外測度 μ_* が

正しく振る舞うような二つの部分に分離するということである．こういう理由で，(1) はときどき分離条件と呼ばれる．ルベーグ外測度をもった $\mathbb{R}^d$ においては，可測性 (1) の概念が第 1 章で与えたルベーグ可測性の定義と同値になることが示せる (練習 3 参照)．

われわれの第一の考察点は，E が可測であることを示すのに，すべての $A \subset X$ に対して，
$$\mu_*(A) \geq \mu_*(E \cap A) + \mu_*(E^c \cap A)$$
を確かめれば十分ということである．それは，逆の不等式が外測度の劣加法性 (iii) から自動的に出るからである．また，外測度 0 の集合がかならず可測になることが，定義からすぐにわかる．

定義 (1) について注目すべきことは，次の定理にまとめられる．

定理 1.1 集合 X 上の外測度 μ_* が与えられたとき，カラテオドリ可測集合の族 $\mathcal{M}$ は σ–加法族を形づくる．さらに，$\mathcal{M}$ に制限した μ_* は測度になる．

証明 明らかに $\emptyset$ と X は $\mathcal{M}$ に属す．また，条件 (1) が備えている対称性は，$E \in \mathcal{M}$ ならば $E^c \in \mathcal{M}$ であることを示す．こうして $\mathcal{M}$ は空ではなく，補集合をとることに関して閉じている．

次に，有限個の互いに交わらない集合の和集合をとることに関して $\mathcal{M}$ が閉じていて，μ_* が $\mathcal{M}$ 上で有限加法的であることを証明する．実際，$E_1, E_2 \in \mathcal{M}$ で，A が X の任意の部分集合ならば，
$$\begin{aligned}\mu_*(A) &= \mu_*(E_2 \cap A) + \mu_*(E_2^c \cap A) \\ &= \mu_*(E_1 \cap E_2 \cap A) + \mu_*(E_1^c \cap E_2 \cap A) + \\ &\quad + \mu_*(E_1 \cap E_2^c \cap A) + \mu_*(E_1^c \cap E_2^c \cap A) \\ &\geq \mu_*((E_1 \cup E_2) \cap A) + \mu_*((E_1 \cup E_2)^c \cap A)\end{aligned}$$
である．上式のはじめの 3 行では E_2 それから E_1 の可測性を使った．また，最終の不等式は，$E_1 \cup E_2 = (E_1 \cap E_2) \cup (E_1^c \cap E_2) \cup (E_1 \cap E_2^c)$ という事実と μ_* の劣加法性から得られる．よって $E_1 \cup E_2 \in \mathcal{M}$ である．また E_1 と E_2 が互いに交わらなければ，
$$\begin{aligned}\mu_*(E_1 \cup E_2) &= \mu_*(E_1 \cap (E_1 \cup E_2)) + \mu_*(E_1^c \cap (E_1 \cup E_2)) \\ &= \mu_*(E_1) + \mu_*(E_2)\end{aligned}$$

である.

最後に,可算個の互いに交わらない集合の和集合をとることに関して $\mathcal{M}$ が閉じていて,μ_* が $\mathcal{M}$ 上で可算加法的になることを示せば十分である.$E_1, E_2, \cdots$ が $\mathcal{M}$ の可算個の互いに交わらない集合を表すとし,

$$G_n = \bigcup_{j=1}^{n} E_j, \qquad G = \bigcup_{j=1}^{\infty} E_j$$

と定める.各 n に対して,G_n は $\mathcal{M}$ の有限個の集合の和集合だから,$G_n \in \mathcal{M}$ である.さらに,任意の $A \subset X$ に対して,

$$\mu_*(G_n \cap A) = \mu_*(E_n \cap (G_n \cap A)) + \mu_*(E_n^c \cap (G_n \cap A))$$
$$= \mu_*(E_n \cap A) + \mu_*(G_{n-1} \cap A)$$
$$= \sum_{j=1}^{n} \mu_*(E_j \cap A)$$

が成り立つ.ここで,最後の等号は帰納法で得られる.$G_n \in \mathcal{M}$ は既知で,また $G^c \subset G_n^c$ だから,

$$\mu_*(A) = \mu_*(G_n \cap A) + \mu_*(G_n^c \cap A) \geq \sum_{j=1}^{n} \mu_*(E_j \cap A) + \mu_*(G^c \cap A)$$

がわかる.n を ∞ にもっていけば,

$$\mu_*(A) \geq \sum_{j=1}^{\infty} \mu_*(E_j \cap A) + \mu_*(G^c \cap A) \geq \mu_*(G \cap A) + \mu_*(G^c \cap A)$$
$$\geq \mu_*(A)$$

を得る.よって,上の不等号はすべて等号であり,示すべき $G \in \mathcal{M}$ が結論される.さらに,上の式で $A = G$ ととれば,μ_* が $\mathcal{M}$ 上で可算加法的なのがわかる.これで定理の証明が完成した.■

外測度 0 の集合がすべてカラテオドリ可測であるという前の考察点から,定理の測度空間 $(X, \mathcal{M}, \mu)$ が完備になることがわかる:ここで,$(X, \mathcal{M}, \mu)$ が**完備**であるとは,$F \in \mathcal{M}$ が $\mu(F) = 0$ をみたし,$E \subset F$ ならば,$E \in \mathcal{M}$ となることである.

1.2 距離外測度

もともとの集合 X に「距離関数」または「距離」が備わっているときは，実用上興味深い特種な外測度のクラスがある．この外測度が重要なのは，それらが X の開集合によって生成された自然な σ-加法族の上の測度を誘導するからである．

距離空間とは，次の条件をみたす関数 $d: X \times X \to [0, \infty)$ が備わった集合 X である：

(i) $d(x, y) = 0$ と $x = y$ は同値である．
(ii) すべての $x, y \in X$ に対して，$d(x, y) = d(y, x)$．
(iii) すべての $x, y, z \in X$ に対して，$d(x, z) \leq d(x, y) + d(y, z)$．

もちろん，最後の性質は三角不等式と呼ばれる．また，これらすべての条件をみたす関数 d は，X 上の**距離**と呼ばれる．たとえば，集合 $\mathbb{R}^d$ は，$d(x, y) = |x - y|$ と定めれば，距離空間になる．また，コンパクト集合 K 上の連続関数の空間で $d(f, g) = \sup_{x \in K} |f(x) - g(x)|$ と定めると，もう一つの例が得られる．

距離空間 (X, d) は本来，開球の族をもちあわせている．ここで，x を中心にした半径 r の開球は，
$$B_r(x) = \{y \in X : d(x, y) < r\}$$
で定義される．これもそうだが，集合 $\mathcal{O} \subset X$ が**開**であるとは，任意の $x \in \mathcal{O}$ に対して，$r > 0$ が存在し，開球 $B_r(x)$ が $\mathcal{O}$ に含まれることである．集合が**閉**であるとは，その補集合が開になることである．これらの定義から，(任意個の) 開集合の和集合が開になること，そして閉集合の同様な共通集合が閉になることが，簡単に確かめられる．

最後に，距離空間 X 上では，第1章の第3節のようにして，**ボレル σ-加法族** $\mathcal{B}_X$ を定義することができる：これは，X の開集合を全部含む X の最小の σ-加法族のことである．言い換えると，$\mathcal{B}_X$ は開集合を全部含む σ-加法族すべての共通部分である．$\mathcal{B}_X$ の元は**ボレル集合**と呼ばれる．

さて，「うまく分離された」集合の上で加法的になるという特質をもった X 上の外測度に注目しよう．この特質は，その外測度がボレル σ-加法族上の測度を定めることを保証する．このことを示したいのだが，それは，ボレル集合がすべてカラテオドリ可測になることを証明すれば達成できる．

距離空間 (X, d) の二つの集合 A, B が与えられたとき，A と B の**距離**を
$$d(A, B) = \inf\{d(x, y) : x \in A, y \in B\}$$
と定める．このとき，X の外測度 μ_* が**距離外測度**であるとは，
$$d(A, B) > 0 \quad \text{ならば}, \quad \mu_*(A \cup B) = \mu_*(A) + \mu_*(B)$$
となることである．この性質は，ルベーグ外測度の場合に重要な役割を果たした．

定理 1.2 μ_* が距離空間 X 上の距離外測度ならば，X のボレル集合はすべて可測である．よって，$\mathcal{B}_X$ に制限した μ_* は測度である．

証明 $\mathcal{B}_X$ の定義から，X の閉集合がカラテオドリ可測であることを証明すれば十分である．そこで，F を閉集合とし，A を $\mu_*(A) < \infty$ である X の部分集合とする．各 $n > 0$ に対して，
$$A_n = \{x \in F^c \cap A : d(x, F) \geq 1/n\}$$
とおこう．すると $A_n \subset A_{n+1}$ である．また，F が閉であることから，$F^c \cap A = \bigcup_{n=1}^{\infty} A_n$ となる．さらに，$F \cap A$ と A_n の距離は $1/n$ 以上で，μ_* は距離外測度だから，

(2) $\quad\quad \mu_*(A) \geq \mu_*((F \cap A) \cup A_n) = \mu_*(F \cap A) + \mu_*(A_n)$

が成り立つ．次に，

(3) $\quad\quad \displaystyle\lim_{n \to \infty} \mu_*(A_n) = \mu_*(F^c \cap A)$

を示す．これを見るために，$B_n = A_{n+1} \cap A_n^c$ とおこう．そして
$$d(B_{n+1}, A_n) \geq \frac{1}{n(n+1)}$$
に注意しよう．これは，$x \in B_{n+1}$ かつ $d(x, y) < 1/n(n+1)$ ならば，三角不等式から $d(y, F) < 1/n$ が示せ，$y \notin A_n$ となるからである．よって，
$$\mu_*(A_{2k+1}) \geq \mu_*(B_{2k} \cup A_{2k-1}) = \mu_*(B_{2k}) + \mu_*(A_{2k-1})$$
であり，これから，
$$\mu_*(A_{2k+1}) \geq \sum_{j=1}^{k} \mu_*(B_{2j})$$
となる．同様に議論すれば，

$$\mu_*(A_{2k}) \geq \sum_{j=1}^{k} \mu_*(B_{2j-1})$$

が得られる．$\mu_*(A)$ は有限だから，二つの級数 $\sum \mu_*(B_{2j})$, $\sum \mu_*(B_{2j-1})$ がともに収束するのがわかる．最後に，

$$\mu_*(A_n) \leq \mu_*(F^c \cap A) \leq \mu_*(A_n) + \sum_{j=n}^{\infty} \mu_*(B_j)$$

に留意すれば，極限 (3) が証明できる．不等式 (2) において n を ∞ にもっていくと，$\mu_*(A) \geq \mu_*(F \cap A) + \mu_*(F^c \cap A)$ がわかり，F は可測になる．これが示すべきことであった． ∎

距離空間 X が与えられたとき，X のボレル集合の上で定義された測度 μ は，**ボレル測度**と呼ばれる．(半径が有限な) 球すべてが測度有限になるようなボレル測度は，便利な正則性ももっている．すべての球 B に対して $\mu(B) < \infty$ というこの条件は，(つねにではないが) 実用上出てくる多くの状況においてみたされる[1]．それが成り立つとき，次の命題が得られるのである．

命題 1.3 ボレル測度 μ は，X 内の半径が有限なすべての球に対して，有限値をとるとする．このとき，任意のボレル集合 E と任意の $\varepsilon > 0$ に対して，次のような開集合 $\mathcal{O}$ と閉集合 F が存在する：$E \subset \mathcal{O}, \mu(\mathcal{O} - E) < \varepsilon$ また $F \subset E, \mu(E - F) < \varepsilon$．

証明 次の予備事実が必要である：$F^* = \bigcup_{k=1}^{\infty} F_k$ で，各 F_k が閉集合のとき，任意の $\varepsilon > 0$ に対して，$\mu(F^* - F) < \varepsilon$ となる閉集合 $F \subset F^*$ が見出せる．これを証明するには，集合列 $\{F_k\}$ が増大すると仮定しておいてよい．点 $x_0 \in X$ を固定し，球 $\{x : d(x, x_0) < n\}$ を B_n で表し，$B_0 = \emptyset$ とする．$\bigcup_{n=1}^{\infty} B_n = X$ だから，

$$F^* = \bigcup F^* \cap (\overline{B}_n - B_{n-1})$$

が成り立つ．さて，各 n に対し，$F^* \cap (\overline{B}_n - B_{n-1})$ は，閉集合の増大列 $F_k \cap (\overline{B}_n - B_{n-1})$ の $k \to \infty$ のときの極限だから ($\overline{B}_n$ が測度有限なのを思い出せば)，$(F^* - F_{N(n)}) \cap (\overline{B}_n - B_{n-1})$ の測度が $\varepsilon/2^n$ 以下になるように $N = N(n)$

---

[1] 次章で考えるハウスドルフ測度については，この制約条件が成り立つとは限らない．

を見つけることができる．そこで，
$$F = \bigcup_{n=1}^{\infty} \left(F_{N(n)} \cap (\overline{B}_n - B_{n-1})\right)$$
とおくと，$F^* - F$ の測度は $\sum_{n=1}^{\infty} \varepsilon/2^n = \varepsilon$ 以下になる．また，$F \cap \overline{B}_k$ は，有限個の閉集合の和集合だから，閉なのがわかる．こうして，F 自身も閉になる．それは，簡単にわかるように，一般に集合 F について，すべての k で集合 $F \cap \overline{B}_k$ が閉ならば，F も閉になるからである．

予備事実が確立したいま，本命題の結論をみたす集合全体の族を $\mathcal{C}$ と書く．はじめに，E が $\mathcal{C}$ に属すとき，E の補集合も自動的に $\mathcal{C}$ に属すことに注意しておこう．

今度は，$E = \bigcup_{k=1}^{\infty} E_k$ かつ $E_k \in \mathcal{C}$ とする．このとき，$\mathcal{O}_k \supset E_k$ かつ $\mu(\mathcal{O}_k - E_k) < \varepsilon/2^k$ となる開集合 $\mathcal{O}_k$ が存在する．さらに，$\mathcal{O} = \bigcup_{k=1}^{\infty} \mathcal{O}_k$ とおくと，$\mathcal{O} - E \subset \bigcup_{k=1}^{\infty} (\mathcal{O}_k - E_k)$ だから，$\mu(\mathcal{O} - E) \leq \sum_{k=1}^{\infty} \varepsilon/2^k = \varepsilon$ である．

次に，$\mu(E_k - F_k) < \varepsilon/2^k$ となる閉集合 $F_k \subset E_k$ をとる．$F^* = \bigcup_{k=1}^{\infty} F_k$ とおくと，上と同様に $\mu(E - F^*) < \varepsilon$ がわかる．しかし，F^* は必ずしも閉ではないので，予備事実を用いて，$\mu(F^* - F) < \varepsilon$ となる閉集合 $F \subset F^*$ を見つける．すると $\mu(E - F) < 2\varepsilon$ である．ε は任意だから，これで $\bigcup_{k=1}^{\infty} E_k$ が $\mathcal{C}$ に属すことが証明できた．

最後に，任意の開集合 $\mathcal{O}$ が $\mathcal{C}$ に属すことを示そう．開集合によって覆う性質は即座にわかる．$\mu(\mathcal{O} - F) < \varepsilon$ となる閉集合 $F \subset \mathcal{O}$ を見つけるために，$F_k = \{x \in \overline{B}_k : d(x, \mathcal{O}^c) \geq 1/k\}$ とおこう．このとき，各 F_k が閉で，$\mathcal{O} = \bigcup_{k=1}^{\infty} F_k$ となることは明らかである．あとは，再び予備事実を適用して，求める集合 F を見つけるだけでよい．こうして $\mathcal{C}$ が，開集合を含む σ–加法族であり，それゆえボレル集合をすべて含むことが示せた．これで命題が証明できた． ■

1.3 拡張定理

外測度が与えられたところから出発すると，これまで見てきたようにして，X 上の可測集合の族が構成できる．しかしながら，外測度の定義はふつう，もっと

原始的な考え方に依存している．それは，より単純な集合族の上で定められた測度の考え方である．これが，以下に定義する前測度の役割である．これから見ていくように，任意の前測度は X 上の測度に拡張できるのである．いくつかの定義から始める．

X を集合とする．X の**加法族**とは，X の部分集合からなる空でない族で，補集合・<u>有限個の</u> 和集合・<u>有限個の</u> 共通集合をとるという操作に関して閉じたものである．$\mathcal{A}$ を X の加法族とする．加法族 $\mathcal{A}$ 上の**前測度**とは，次の条件をみたす関数 $\mu_0 : \mathcal{A} \to [0, \infty]$ のことである：

（ⅰ）　$\mu_0(\emptyset) = 0$.

（ⅱ）　$E_1, E_2, \cdots$ が $\mathcal{A}$ の可算個の互いに交わらない集合族で，$\bigcup_{k=1}^{\infty} E_k \in \mathcal{A}$ のとき，

$$\mu_0\left(\bigcup_{k=1}^{\infty} E_k\right) = \sum_{k=1}^{\infty} \mu_0(E_k).$$

特に μ_0 は $\mathcal{A}$ 上で有限加法的である．

前測度は自然な方法で外測度を導き出す．

補題 1.4　μ_0 を加法族 $\mathcal{A}$ 上の前測度とし，X の任意の部分集合 E の上で μ_* を

$$\mu_*(E) = \inf\left\{\sum_{j=1}^{\infty} \mu_0(E_j) : E \subset \bigcup_{j=1}^{\infty} E_j, \ E_j \in \mathcal{A}\right\}$$

と定義する．すると，μ_* は X 上の外測度で，次の条件をみたす：

（ⅰ）　すべての $E \in \mathcal{A}$ に対して $\mu_*(E) = \mu_0(E)$.

（ⅱ）　$\mathcal{A}$ のすべての集合は (1) の意味で可測である．

証明　μ_* が外測度であることを証明するのに難点はないだろう．μ_* の $\mathcal{A}$ への制限が μ_0 と一致する理由を見るために，$E \in \mathcal{A}$ とする．E は自分自身を覆うから，明らかに $\mu_*(E) \leq \mu_0(E)$ である．逆の不等式を証明するために，$E \subset \bigcup_{j=1}^{\infty} E_j$，かつすべての j で $E_j \in \mathcal{A}$ とする．このとき，

$$E'_k = E \cap \left(E_k - \bigcup_{j=1}^{k-1} E_j\right)$$

とおくと，集合 E'_k は $\mathcal{A}$ の元で，互いに交わらず，$E'_k \subset E_k$ かつ $E = \bigcup_{k=1}^{\infty} E'_k$ である．前測度の定義の (ii) から，

$$\mu_0(E) = \sum_{k=1}^{\infty} \mu_0(E'_k) \leq \sum_{k=1}^{\infty} \mu_0(E_k)$$

となる．よって，所望の $\mu_0(E) \leq \mu_*(E)$ がわかる．

最後に，$\mathcal{A}$ の集合が μ_* に関して可測であることを証明しなければならない．A を X の任意の部分集合とし，$E \in \mathcal{A}, \varepsilon > 0$ とする．定義から，$\mathcal{A}$ の可算個の集合 $E_1, E_2, \cdots$ が存在して，$A \subset \bigcup_{j=1}^{\infty} E_j$ かつ

$$\sum_{j=1}^{\infty} \mu_0(E_j) \leq \mu_*(A) + \varepsilon$$

となる．μ_0 は前測度だから，$\mathcal{A}$ 上で有限加法的であり，それゆえ，

$$\sum_{j=1}^{\infty} \mu_0(E_j) = \sum_{j=1}^{\infty} \mu_0(E \cap E_j) + \sum_{j=1}^{\infty} \mu_0(E^c \cap E_j)$$

$$\geq \mu_*(E \cap A) + \mu_*(E^c \cap A)$$

となる．ε は任意であったから，結局 $\mu_*(A) \geq \mu_*(E \cap A) + \mu_*(E^c \cap A)$ となる．これが示すべきことであった． ∎

加法族 $\mathcal{A}$ によって生成された σ-加法族とは，定義では，$\mathcal{A}$ を含む最小の σ-加法族であった．上の補題は，$\mathcal{A}$ 上の μ_0 を，$\mathcal{A}$ で生成された σ-加法族上の測度に拡張する際，必要不可欠な一段階になる．

定理 1.5 $\mathcal{A}$ を X の集合の加法族，μ_0 を $\mathcal{A}$ 上の前測度，$\mathcal{M}$ を $\mathcal{A}$ によって生成された σ-加法族とする．このとき，μ_0 を拡張した $\mathcal{M}$ 上の測度 μ が存在する．

後で注意するが，μ は，σ-有限という仮定の下では，μ_0 のこのような拡張でただ一つのものである．

証明 μ_0 によって誘導される外測度 μ_* は，カラテオドリ可測集合からなる σ-加法族の上の測度 μ を定める．ゆえに，前の補題の結果から，μ は μ_0 を拡張した $\mathcal{M}$ 上の測度でもある (集合族 $\mathcal{M}$ は，一般に (1) の意味の可測集合全体の族ほど大きくないことに注意してほしい)． ∎

μ が σ–有限なときに,この拡張が一意であることを証明するには,次のように議論する.ν を,$\mathcal{A}$ 上で μ_0 と一致する $\mathcal{M}$ 上のもう一つの測度とする.また,$F \in \mathcal{M}$ は測度有限であると仮定する.$\mu(F) = \nu(F)$ を示そう.$F \subset \bigcup E_j$ かつ $E_j \in \mathcal{A}$ とすると,

$$\nu(F) \leq \sum_{j=1}^{\infty} \nu(E_j) = \sum_{j=1}^{\infty} \mu_0(E_j)$$

だから,$\nu(F) \leq \mu(F)$ である.逆の不等式を証明するために,$E = \bigcup E_j$ とおくと,ν と μ が $\mathcal{A}$ 上で一致する二つの測度であることから,

$$\nu(E) = \lim_{n \to \infty} \nu\left(\bigcup_{j=1}^{n} E_j\right) = \lim_{n \to \infty} \mu\left(\bigcup_{j=1}^{n} E_j\right) = \mu(E)$$

となる.もし,集合 E_j を $\mu(E) \leq \mu(F) + \varepsilon$ となるように選んでおけば,$\mu(F) < \infty$ という仮定から $\mu(E - F) < \varepsilon$ が導け,それゆえ

$$\mu(F) \leq \mu(E) = \nu(E) = \nu(F) + \nu(E - F) \leq \nu(F) + \mu(E - F)$$
$$\leq \nu(F) + \varepsilon$$

となる.ε は任意であったから,示すべき $\mu(F) \leq \nu(F)$ がわかる.

最後に,いまの結果を使って,μ が σ–有限のときに $\mu = \nu$ となることを証明する.実際,$\mu(E_j) < \infty$ となる $\mathcal{A}$ の可算個の互いに交わらない集合 $E_1, E_2, \cdots$ を用いて,$X = \bigcup E_j$ と書ける.このとき,任意の $F \in \mathcal{M}$ に対して,

$$\mu(F) = \sum \mu(F \cap E_j) = \sum \nu(F \cap E_j) = \nu(F)$$

である.一意性が証明できた.

後の利用のため,加法族 $\mathcal{A}$ 上の前測度 μ_0 と,上の議論で明らかにした誘導された測度 μ_* について,次の命題を記しておく.証明の詳細は読者に残しておこう.

$\mathcal{A}$ の可算個の集合の和集合で表される集合全体の族を $\mathcal{A}_\sigma$ で表す.また,$\mathcal{A}_\sigma$ の可算個の集合の共通集合で表される集合全体を $\mathcal{A}_{\sigma\delta}$ と書く.

命題 1.6 任意の集合 E と任意の $\varepsilon > 0$ に対して,集合 $E_1 \in \mathcal{A}_\sigma$ と $E_2 \in \mathcal{A}_{\sigma\delta}$ が存在し,$E \subset E_1$, $E \subset E_2$ および $\mu_*(E_1) \leq \mu_*(E) + \varepsilon$, $\mu_*(E_2) = \mu_*(E)$ が成り立つ.

2. 測度空間上の積分

　測度空間 X の基礎的な性質がいったん確立されてしまうと，$\mathbb{R}^d$ 上のルベーグ測度の場合と同様にして，X 上の可測関数やそれらの積分についての基本事項が引き出せる．実際，第1章の第4節と第2章全部の結果は，一語一語ほとんどそのままの証明で，一般の場合に持ち込める．こういうわけで，こういった議論は繰り返さず，要点をありのまま記述するにとどめる．読者は，省略された詳細を補うのに困難を伴わないであろう．

　不必要な煩雑さを避けるため，考える測度空間 $(X, \mathcal{M}, \mu)$ は σ–有限であると，終始仮定する．

可測関数

　X 上で拡大実数値をとる関数 f が**可測**であるとは，任意の $a \in \mathbb{R}$ に対して，

$$f^{-1}([-\infty, a)) = \{x \in X : f(x) < a\} \in \mathcal{M}$$

となることである．ルベーグ測度をもつ $\mathbb{R}^d$ の場合に得られた可測関数の基礎的な性質は，この定義に関しても依然として成り立つ (第1章の可測関数の性質3～6を見よ)．たとえば，可測関数の集まりは，基本的な代数演算で閉じている．また，可測関数列の各点での極限は可測である．

　いまから用いる「ほとんどいたるところ」という概念は，測度 μ に関するものである．たとえば，f, g が X 上の可測関数のとき，

$$\mu(\{x \in X : f(x) \neq g(x)\}) = 0$$

であることを，$f = g$ a.e. と書く．

　X 上の**単関数**は次の形をとる：

$$\sum_{k=1}^{N} a_k \chi_{E_k}.$$

ただし，E_k は測度有限な可測集合で，a_k は実数である．単関数による近似は，ルベーグ積分の定義において，重要な役割を果たした．幸いなことに，このことは，われわれの一般の設定でも引き続き成り立つ．

- f を測度空間 $(X, \mathcal{M}, \mu)$ 上の非負値可測関数とする．このとき，次の条件をみたす単関数の列 $\{\varphi_k\}_{k=1}^{\infty}$ が存在する：

$$\varphi_k(x) \leq \varphi_{k+1}(x), \qquad \lim_{k\to\infty} \varphi_k(x) = f(x)$$

がすべての x に対して成り立つ．一般に f が単に可測なとき，次の条件をみたす単関数の列 $\{\varphi_k\}_{k=1}^{\infty}$ が存在する：

$$|\varphi_k(x)| \leq |\varphi_{k+1}(x)|, \qquad \lim_{k\to\infty} \varphi_k(x) = f(x)$$

がすべての x に対して成り立つ．

　この結果の証明は，第 1 章の定理 4.1, 4.2 の証明において明白で些細な修正を行うだけで得られる．ここでは，X に課した σ-有限であるという技術上の仮定が利用される．実際，測度有限な $F_k \in \mathcal{M}$ を用いて $X = \bigcup F_k$ と書くと，集合 F_k は第 1 章の定理 4.1 の証明における立方体 Q_k の役割を果たす．

　直ちに一般化できるもう一つの結果は，エゴロフの定理である．

- $\{f_k\}_{k=1}^{\infty}$ を，$\mu(E) < \infty$ である可測集合 $E \subset X$ 上で定義された可測関数の列とし，$f_k \to f$ a.e. とする．このとき，任意の $\varepsilon > 0$ に対して，$A_\varepsilon \subset E$, $\mu(E - A_\varepsilon) \leq \varepsilon$ となる集合 A_ε で，A_ε 上で一様に $f_k \to f$ となるものが存在する．

積分の定義と主な性質

　第 2 章で与えたような，単関数の定義から始めてルベーグ積分を組み立てていく 4 段階の道筋は，σ-有限な測度空間 $(X, \mathcal{M}, \mu)$ の状況でも通用する．これは，X 上の非負可測関数 f の，測度 μ に関する積分という概念をもたらす．この積分は，

$$\int_X f(x) \, d\mu(x)$$

と表される．また，混乱が起こらなければ，$\int_X f \, d\mu$, $\int f d\mu$, $\int f$ などと簡略化するときがある．最後に，可測関数 f が**可積分**というのは，

$$\int_X |f(x)| \, d\mu(x) < \infty$$

となることである．積分の初等的な性質——線形性や単調性など——は，この一般の設定でも続けて成り立つ．また，次の基礎的な極限定理も同様である．

(i) 　ファトゥーの補題：$\{f_n\}$ が X 上の非負可測関数の列のとき，
$$\int \liminf_{n\to\infty} f_n \, d\mu \leq \liminf_{n\to\infty} \int f_n \, d\mu.$$

(ii) 　単調収束定理：$\{f_n\}$ が非負可測関数の列で，$f_n \nearrow f$ のとき，

$$\lim_{n\to\infty}\int f_n = \int f.$$

(iii) 有界収束定理：$\{f_n\}$ が可測関数の列で，$f_n \to f$ a.e. とする．さらに，ある可積分な g に対して $|f_n| \leq g$ となっていれば，

$$\int |f_n - f|\, d\mu \to 0, \qquad n \to \infty$$

であり，結果として，

$$\int f_n\, d\mu \to \int f\, d\mu, \qquad n \to \infty$$

である．

空間 $L^1(X, \mu)$ と $L^2(X, \mu)$

$(X, \mathcal{M}, \mu)$ 上の可積分関数からなる (ほとんどいたるところ 0 である関数族を法とした) 同値類の集まりは，ノルムを備えたベクトル空間をなす．この空間は $L^1(X, \mu)$ と表され，ノルムは

(4) $$\|f\|_{L^1(X,\mu)} = \int_X |f(x)|\, d\mu(x)$$

である．同様に，$\int_X |f(x)|^2\, d\mu(x) < \infty$ となるような可測関数 f の同値類の集まりとして，$L^2(X, \mu)$ が定義できる．このノルムは，

(5) $$\|f\|_{L^2(X,\mu)} = \left(\int_X |f(x)|^2\, d\mu(x)\right)^{1/2}$$

である．またこの空間には，

$$(f, g) = \int_X f(x)\overline{g(x)}\, d\mu(x)$$

で与えられる内積がある．第 2 章の命題 2.1 と定理 2.1 の証明，同じく第 4 章の第 1 節の結果は，この一般の場合にも拡張でき，次のことがわかる：

- 空間 $L^1(X, \mu)$ は完備なノルム線形空間である．
- 空間 $L^2(X, \mu)$ は (可分でないこともありうる) ヒルベルト空間である．

3. 例

さあ，一般論の有用な実例をいくつか話そう．

3.1 直積測度と一般のフビニの定理

1番目の例は，直積空間の構成に関していて，第2章の第3節で考えたユークリッド空間の場合の拡張として，重積分を累次積分で表現する定理の一般形を導く．

$(X_1, \mathcal{M}_1, \mu_1), (X_2, \mathcal{M}_2, \mu_2)$ を一対の測度空間とする．空間 $X = X_1 \times X_2 = \{(x_1, x_2) : x_1 \in X_1, x_2 \in X_2\}$ 上の**直積測度** $\mu_1 \times \mu_2$ を述べたい．

ここでは，二つの測度空間はともに完備かつ σ–有限と仮定する．

可測長方形を考えることから始める：これは，A, B が可測集合のとき，つまり $A \in \mathcal{M}_1, B \in \mathcal{M}_2$ のときの $A \times B$ という形の X の部分集合である．それから，有限個の互いに交わらない可測長方形の和集合で表される X の集合すべての族を $\mathcal{A}$ と書く．$\mathcal{A}$ が X の部分集合の加法族になることを確かめるのは簡単である（実際，可測長方形の補集合は，三つの互いに交わらない可測長方形の和集合である．一方，二つの可測長方形の和集合は，高々六つの互いに交わらない可測長方形の和集合である）．今後，可測長方形を単に「長方形」と呼んで言葉を短縮する．

長方形上で，関数 μ_0 を $\mu_0(A \times B) = \mu_1(A)\mu_2(B)$ と定義する．この μ_0 が加法族 $\mathcal{A}$ 上に一意的に拡張され，それが前測度になることは，次の事実の帰結である：長方形 $A \times B$ が可算個の互いに交わらない長方形 $\{A_i \times B_j\}$ の和集合，つまり $A = \bigcup_{i=1}^{\infty} \bigcup_{j=1}^{\infty} A_i \times B_j$ ならば，

$$\text{(6)} \qquad \mu_0(A \times B) = \sum_{i=1}^{\infty} \sum_{j=1}^{\infty} \mu_0(A_i \times B_j).$$

これを証明するために，$x_1 \in A$ のときに，各 $x_2 \in B$ に対し，点 (x_1, x_2) がただ一つの $A_i \times B_j$ に属することに注意しよう．これより $x_1 \in A$ に対して，$\{x_1\} \times B$ は $\{x_1\} \times B_j$ の互いに交わらない和集合になる．また $x_1 \in A$ に対して $x_1 \in A_i$ をみたす i がただ一つ存在する．その直接の結果として，測度 μ_2 の可算加法性から，次の式がわかる：

$$\chi_A(x_1)\mu_2(B) = \sum_{i=1}^{\infty} \sum_{j=1}^{\infty} \chi_{A_i}(x_1)\mu_2(B_j).$$

これを x_1 で積分し，単調収束定理を使えば $\mu_1(A)\mu_2(B) = \sum_{i=1}^{\infty} \sum_{j=1}^{\infty} \mu_1(A_i)\mu_2(B_j)$，つまり (6) を得る．

μ_0 が $\mathcal{A}$ 上の前測度であることを知ったいま，定理 1.5 より，可測長方形の加法族 $\mathcal{A}$ によって生成された σ–加法族 $\mathcal{M}$ 上の測度（これを $\mu = \mu_1 \times \mu_2$ で表す）

が得られる. このようにして, 直積測度空間 $(X_1 \times X_2, \mathcal{M}, \mu_1 \times \mu_2)$ が定義できた.

$\mathcal{M}$ の与えられた集合 E に対して, 断面
$$E_{x_1} = \{x_2 \in X_2 : (x_1, x_2) \in E\}, \qquad E^{x_2} = \{x_1 \in X_1 : (x_1, x_2) \in E\}$$
を考えよう. そして次の定義を思い起こす: $\mathcal{A}_\sigma$ は $\mathcal{A}$ の可算個の元の和集合で表される集合の族で, $\mathcal{A}_{\sigma\delta}$ は $\mathcal{A}_\sigma$ の可算個の集合の交わりとして表される集合の族である. このとき, 次の鍵になる事実が成り立つ.

命題 3.1 E が $\mathcal{A}_{\sigma\delta}$ に属すとき, すべての x_2 に対して, E^{x_2} は μ_1-可測で, $\mu_1(E^{x_2})$ は μ_2-可測関数である. さらに
$$(7) \qquad \int_{X_2} \mu_1(E^{x_2}) \, d\mu_2 = (\mu_1 \times \mu_2)(E).$$

証明 まず, E が (可測) 長方形のとき, 明らかに命題の主張がすべて成り立つことに注意する. 次に E を $\mathcal{A}_\sigma$ の集合とする. すると, それは可算個の互いに交わらない長方形 E_j の和集合に分解できる (もし E_j が交わりのある前段階なら, E_j を $\bigcup_{k \leq j} E_k - \bigcup_{k \leq j-1} E_k$ に置き換えればよい). このとき, 各 x_2 に対して, $E^{x_2} = \bigcup_{j=1}^{\infty} E_j^{x_2}$ が成り立ち, $\{E_j^{x_2}\}$ は互いに交わらない集合なのがわかる. こうして, 各長方形 E_j をあてはめた (7) と, 単調収束定理により, 任意の集合 $E \in \mathcal{A}_\sigma$ に対する結論が得られる.

次に, $E \in \mathcal{A}_{\sigma\delta}, (\mu_1 \times \mu_2)(E) < \infty$ とする. すると, $E_j \in \mathcal{A}_\sigma, E_{j+1} \subset E_j$, $E = \bigcap_{j=1}^{\infty} E_j$ をみたす集合列 $\{E_j\}$ が存在する. $f_j(x_2) = \mu_1(E_j^{x_2})$ また $f(x_2) = \mu_1(E^{x_2})$ とおく. E^{x_2} が μ_1-可測で, $f(x_2)$ が定義できることを見るには, E^{x_2} が減少集合列 $E_j^{x_2}$ の極限であることと, それぞれの $E_j^{x_2}$ が上で見たとおり可測であることに注意すればよい. さらに, $E_1 \in \mathcal{A}_\sigma$ かつ $(\mu_1 \times \mu_2)(E_1) < \infty$ だから, 各 x_2 に対して, $j \to \infty$ のとき $f_j(x_2) \to f(x_2)$ となることがわかる. こうして $f(x_2)$ は可測である. さらに, $\{f_j(x_2)\}$ は非負関数の減少列だから,
$$\int_{X_2} f(x_2) \, d\mu_2(x_2) = \lim_{j \to \infty} \int_{X_2} f_j(x_2) \, d\mu_2(x_2)$$
である. 以上で, $(\mu_1 \times \mu_2)(E) < \infty$ の場合に (7) が証明できた. さて, μ_1, μ_2

はともに σ–有限であると仮定していたから，列 $F_1 \subset F_2 \subset \cdots \subset F_j \subset \cdots \subset X_1$ と $G_1 \subset G_2 \subset \cdots \subset G_j \subset \cdots \subset X_2$ で，$\bigcup_{j=1}^{\infty} F_j = X_1, \bigcup_{j=1}^{\infty} G_j = X_2$ かつすべての j で $\mu_1(F_j) < \infty, \mu_2(G_j) < \infty$ となるものを見つけることができる．そこで，E を $E_j = E \cap (F_j \times G_j)$ にただ置き換えさえすれば，$j \to \infty$ とすることで，一般の結果が得られる． ■

いまから，上の命題の結論を，$X_1 \times X_2$ の任意の可測集合 E，つまり任意の $E \in \mathcal{M}$ に対するものに拡張する．ここで $\mathcal{M}$ は，可測長方形によって生成された σ–加法族である．

命題 3.2 E を X の任意の可測集合としても，命題 3.1 の結論はなお成り立つ．ただし，ほとんどすべての $x_2 \in X_2$ に対して，E^{x_2} が μ_1–可測で，そこで $\mu_1(E^{x_2})$ が定義されるという点だけは変更する．

証明 はじめに，E が測度 0 の集合の場合を考えよう．このとき，命題 1.6 から，$E \subset F$ かつ $(\mu_1 \times \mu_2)(F) = 0$ となる集合 $F \in \mathcal{A}_{\sigma\delta}$ の存在がわかる．すべての x_2 に対して $E^{x_2} \subset F^{x_2}$．また，(7) に F をあてはめた式より，ほとんどすべての x_2 に対して，F^{x_2} は μ_1–測度 0 である．よって，仮定である測度 μ_2 の完備性は，上の x_2 に対して，E^{x_2} が可測かつ測度 0 であることを導く．こうして，E が測度 0 のときに，示すべきことがいえた．

E についての仮定を落とした場合でも，再び命題 1.6 を引き合いに出し，$F \supset E$ となる $F \in \mathcal{A}_{\sigma\delta}$ で，$F - E = Z$ が測度 0 になるものを見つける．$F^{x_2} - E^{x_2} = Z^{x_2}$ だから，たったいま証明したばかりの場合にあてはめると，ほとんどすべての x_2 に対し，集合 E^{x_2} が可測で，$\mu_1(E^{x_2}) = \mu_1(F^{x_2}) - \mu_1(Z^{x_2})$ となることがわかる．これより命題が出る． ■

第 2 章のフビニの定理を一般化した次の主定理がやっと得られる．

定理 3.3 上の設定の下，$f(x_1, x_2)$ を $(X_1 \times X_2, \mu_1 \times \mu_2)$ 上の可積分関数とする．

（ⅰ） ほとんどすべての $x_2 \in X_2$ に対して，断面 $f^{x_2}(x_1) = f(x_1, x_2)$ は (X_1, μ_1) 上で可積分である．

（ⅱ） $\displaystyle\int_{X_1} f(x_1, x_2)\, d\mu_1$ は X_2 上の可積分関数である．

(iii) $\displaystyle\int_{X_2}\left(\int_{X_1} f(x_1,x_2)\,d\mu_1\right)d\mu_2 = \int_{X_1\times X_2} f\,d\mu_1\times\mu_2.$

証明 示すべきことがある有限個の関数に対して成り立てば，それらの線形結合に対しても成り立つことに注意しよう．とりわけ f は非負と仮定してよい．E が測度有限な集合で $f=\chi_E$ のとき，示したいことは命題 3.2 に含まれている．よって，単関数に対して示すことは成り立つ．ゆえに，単調収束定理から，すべての非負関数に対してもそれは成り立ち，定理が証明できた． ∎

上で構成した直積空間 $(X,\mathcal{M},\mu)$ は，一般に完備でないことを注意しておく．しかし，練習 2 のようにして完備化空間 $(\overline{X},\overline{\mathcal{M}},\overline{\mu})$ を定義すると，その完備化空間に対して，定理は依然として成り立つ．その証明は，命題 3.2 の論法を少し修正するだけでよい．

3.2 極座標に関する積分公式

点 $x\in\mathbb{R}^d-\{0\}$ の極座標は，対 (r,γ) のことで，$0<r<\infty$ かつ γ は単位球面 $S^{d-1}=\{x\in\mathbb{R}^d,|x|=1\}$ の元である．これらは

(8) $\qquad r=|x|,\qquad \gamma=\dfrac{x}{|x|},\quad \text{同じく}\quad x=r\gamma$

によって定められる．ここでの目的は，適切な定義と相応しい仮定のもと，

(9) $\displaystyle\int_{\mathbb{R}^d} f(x)\,dx = \int_{S^{d-1}}\left(\int_0^\infty f(r\gamma)r^{d-1}\,dr\right)d\sigma(\gamma)$

という公式を扱うことである．このために，次の二つの測度空間を考える．一つは $(X_1,\mathcal{M}_1,\mu_1)$：ただし，$X_1=(0,\infty)$，$\mathcal{M}_1$ は $(0,\infty)$ のルベーグ可測集合の族，また $d\mu_1(r)=r^{d-1}dr$ つまり $\mu_1(E)=\displaystyle\int_E r^{d-1}dr$ である．もう一つ：X_2 は単位球面 S^{d-1} で，測度 μ_2 は，(9) で $\mu_2=\sigma$ とおくことにより事実上決定されるものである．実際，任意の集合 $E\subset S^{d-1}$ が与えられたとき，$\widetilde{E}=\{x\in\mathbb{R}^d:x/|x|\in E, 0<|x|<1\}$ とおく．これは，E に「端点」がある単位球の「扇形」である．$\widetilde{E}$ が $\mathbb{R}^d$ のルベーグ可測集合のときに，$E\in\mathcal{M}_2$ ということにし，$\mathbb{R}^d$ 上のルベーグ測度 m を用いて，$\mu_2(E)=\sigma(E)=d\cdot m(\widetilde{E})$ と定義する．

このとき，$(X_1,\mathcal{M}_1,\mu_1)$ も $(X_2,\mathcal{M}_2,\mu_2)$ も，明らかに完備かつ σ-有限な測度空間の性質をすべてもつ．また単位球面 S^{d-1} が，$\gamma,\gamma'\in S^{d-1}$ に対して

$d(\gamma, \gamma') = |\gamma - \gamma'|$ で与えられる距離をもちあわせていることに注意する．S^{d-1} において E が (この距離に関し) 開集合ならば，$\widetilde{E}$ は $\mathbb{R}^d$ において開だから，E は S^{d-1} の可測集合である．

定理 3.4 f を $\mathbb{R}^d$ 上の可積分関数とする．このとき，ほとんどすべての $\gamma \in S^{d-1}$ に対して，$f^\gamma(r) = f(r\gamma)$ で定義される断面 f^γ は，測度 $r^{d-1}dr$ に関して可積分関数になる．さらに，$\int_0^\infty f^\gamma(r) r^{d-1} dr$ は S^{d-1} 上で可積分で，等式 (9) が成り立つ．

r と γ に関する積分の順序を逆にした同等の結果もある．

証明 定理 3.3 で与えられた $X_1 \times X_2$ 上の直積測度 $\mu = \mu_1 \times \mu_2$ を考える．空間 $X_1 \times X_2 = \{(r, \gamma) : 0 < r < \infty, \gamma \in S^{d-1}\}$ は $\mathbb{R}^d - \{0\}$ と同一視できるから，μ は後者の測度と見なせる．主たる課題は，μ とその空間上のルベーグ測度 (の制限) とを一致させることである．まず E が可測長方形 $E = E_1 \times E_2$ のときに，等式

$$(10) \qquad m(E) = \mu(E)$$

を示す．この場合 $\mu(E) = \mu_1(E_1)\mu_2(E_2)$ である．実際，E_2 が S^{d-1} の任意の可測部分集合で $E_1 = (0,1)$ のとき，これは成り立つ．なぜなら $E = E_1 \times E_2$ が扇形 $\widetilde{E}_2$ であって，他方 $\mu_1(E_1) = 1/d$ だからである．

ルベーグ測度の伸張不変性より，$E = (0,b) \times E_2, b > 0$ に対しても (10) は成り立つ．それから，簡単な極限論法は，集合 $E_1 = (0, a]$ について同じ結果を保証する．また，差をとることから，すべての開区間 $E_1 = (a, b)$ に対して，それゆえすべての開集合に対して，同じことがいえる．こうして，すべての開集合 E_1 に対して $m(E_1 \times E_2) = \mu_1(E_1)\mu_2(E_2)$ となり，この式は，すべての閉集合に対しても，そしてすべてのルベーグ可測集合に対しても成り立つことになる (実際，$F_1 \subset E_1 \subset \mathcal{O}_1$ かつ $\mu_1(\mathcal{O}_1) - \varepsilon \leq \mu_1(E_1) \leq \mu_1(F_1) + \varepsilon$ となる閉集合 F_1 と開集合 $\mathcal{O}_1$ が見出せ，$F_1 \times E_2$ と $\mathcal{O}_1 \times E_2$ に直前のことを適用すればよい)．こうして，等式 (10) は，すべての可測長方形に対して成立したので，結果として，有限個の可測長方形の和集合すべてに対しても成立する．この集合族は，定理 3.3 を示す過程で出てきた加法族 $\mathcal{A}$ だから，定理 1.5 における一意性より，$\mathcal{A}$ によって生成される σ-加法族，つまり測度 μ が定義されている σ-加法族 $\mathcal{M}$ の上に，

この等式は拡張される．まとめると，$E \in \mathcal{M}$ のとき，$f = \chi_E$ として等式 (9) が成り立つことになる．

さらにすすめるために，$\mathbb{R}^d - \{0\}$ の任意の開集合が，可算個の長方形の和集合 $\bigcup_{j=1}^{\infty} A_j \times B_j$ で書けることに注意する．ここで，A_j, B_j はそれぞれ $(0, \infty), S^{d-1}$ の開集合である (これのための些細な技術面は練習 12 で取り上げている)．よって，任意の開集合は $\mathcal{M}$ に属し，それゆえ，任意のボレル集合も属す．こうして，E が $\mathbb{R}^d - \{0\}$ の任意のボレル集合のとき，χ_E に対して (9) は成り立つ．このことは，任意のルベーグ可測集合 $E' \subset \mathbb{R}^d - \{0\}$ にまでもっていける．なぜなら，このような集合は，互いに交わらない和集合として $E' = E \cup Z$ —— E はボレル集合で，測度 0 のあるボレル集合 F に対し $Z \subset F$ —— と書けるからである．この後証明を終了するには，次のような慣れた段階を踏めばよい：まず単関数に対して，次に単調収束を用いて非負の可積分関数に対して，そしてこれを用いて一般の場合に，(9) を確立していくのである． ∎

3.3 $\mathbb{R}$ 上のボレル測度とルベーグ–スティルチェス積分

スティルチェス積分は，リーマン積分 $\int_a^b f(x) dx$ を一般化するために導入された．その一般化では，増分 dx が，$[a, b]$ 上の与えられた増加関数 F に関する増分 $dF(x)$ に置き換えられる．この章でとっている一般的観点から，この考えを追求したい．このときに起きる問題は，このようにして生じる $\mathbb{R}$ 上の測度——特に実直線のボレル集合上で定義された測度——を特徴づける問題である．

後に出会う測度と増加関数の間の一意的な対応を得るためには，あらかじめ，関数を適切に標準化しておく必要がある．増加関数 F が，たかだか可算個の不連続点しかもちえないことを思い出そう．x_0 がこのような不連続点のとき，

$$\lim_{\substack{x < x_0 \\ x \to x_0}} F(x) = F(x_0^-), \qquad \lim_{\substack{x > x_0 \\ x \to x_0}} F(x) = F(x_0^+)$$

がともに存在し，$F(x_0^-) < F(x_0^+)$，かつ $F(x_0)$ は $F(x_0^-)$ と $F(x_0^+)$ の間の値をとる．いま，x_0 での F の値を，必要なら $F(x_0) = F(x_0^+)$ と置き換えることで修正しよう．そして，これをすべての不連続点で行う．こうして得られた関数 F は，なお増加であり，さらにすべての点で右連続になる．このような関数は**標準化されている**という．このとき主結果は次のように述べられる．

定理 3.5 F を $\mathbb{R}$ 上の標準化された増加関数とする．このとき，$\mathbb{R}$ のボレル集合族 $\mathcal{B}$ の上の測度 μ (dF とも表す) で，$a < b$ のとき $\mu((a, b]) = F(b) - F(a)$ となるものがただ一つ存在する．反対に，μ が $\mathcal{B}$ 上の測度で，有界区間に対し有限値をとれば，次の式で定義される F は標準化された増加関数になる：$x > 0$ のとき $F(x) = \mu((0, x])$, かつ $F(0) = 0$, かつ $x < 0$ のとき $F(x) = -\mu((-x, 0])$.

証明に入る前に，μ が有界区間に対し有限値をとるという条件が決定的であることを注意しておこう．実際，次の章で考えるハウスドルフ測度は，この定理で扱う測度とはかなり違った特性をもつ $\mathbb{R}$ 上のボレル測度の例になっている．

証明 $\mathbb{R}$ のすべての部分集合の上の関数 μ_* を

$$\mu_*(E) = \inf \sum_{j=1}^{\infty} (F(b_j) - F(a_j))$$

と定義する．ここで，下限は $\bigcup_{j=1}^{\infty} (a_j, b_j]$ という形の E の被覆すべてにわたってとる．

μ_* が $\mathbb{R}$ 上の外測度であることを確かめるのはたやすい．次に $a < b$ のとき $\mu_*((a, b]) = F(b) - F(a)$ となることを見る．$(a, b]$ は自分自身を覆うから，明らかに $\mu_*((a, b]) \leq F(b) - F(a)$ である．今度は，$\bigcup_{j=1}^{\infty} (a_j, b_j]$ が $(a, b]$ を覆っていると仮定する：すると，それは，任意の $a < a' < b$ に対して $[a', b]$ も覆っている．さらに，F の右連続性から，与えられた $\varepsilon > 0$ に対して，$F(b_j') \leq F(b_j) + \varepsilon/2^j$ となる $b_j' > b_j$ をいつでも選ぶことができる．このとき，開区間の和集合 $\bigcup_{j=1}^{\infty} (a_j, b_j')$ は $[a', b]$ を覆う．区間 $[a, b]$ はコンパクトだから，ある N に対し $\bigcup_{j=1}^{N} (a_j, b_j')$ は $[a', b]$ を覆う．こうして，F が増加であることから

$$F(b) - F(a') \leq \sum_{j=1}^{N} (F(b_j') - F(a_j)) \leq \sum_{j=1}^{N} (F(b_j) - F(a_j) + \varepsilon/2^j)$$

$$\leq \mu_*((a, b]) + \varepsilon$$

となる[2]．よって，$a' \to a$ とし，F の右連続性を再び使えば，$F(b) - F(a) \leq$

---

[2] 訳注：$(a, b]$ の被覆 $\bigcup_{j=1}^{\infty} (a_j, b_j]$ を，$\sum_{j=1}^{\infty} (F(b_j) - F(a_j))$ が $\mu_*((a, b])$ に近いように選んでおけばよい．

$\mu_*((a, b]) + \varepsilon$ がわかる．ここで ε は任意であったから，これは $F(b) - F(a) = \mu_*((a, b])$ を示す．

次に，μ_* が (実直線上の通常の距離 $d(x, x') = |x - x'|$ に関して) 距離外測度になることを示す．μ_* は外測度だから，$\mu_*(E_1 \cup E_2) \leq \mu_*(E_1) + \mu_*(E_2)$ が成り立つ．よって，ある $\delta > 0$ に対し $d(E_1, E_2) \geq \delta$ となるときに，逆の不等式が成り立つことを示せば十分である．

正数 ε が与えられているとし，$\bigcup_{j=1}^{\infty} (a_j, b_j]$ を，$E_1 \cup E_2$ の被覆で

$$\sum_{j=1}^{\infty} (F(b_j) - F(a_j)) \leq \mu_*(E_1 \cup E_2) + \varepsilon$$

をみたすものとする．区間 $(a_j, b_j]$ をさらに小さい半開区間に分解しておけば，この被覆の区間はすべて長さ δ 以下であると仮定できる．そうなっているとき，各区間は，二つの集合 E_1, E_2 の一方だけにしか交わらない．そこで，$(a_j, b_j]$ が E_1 に交わる場合の添え字 j の集合を J_1 で，E_2 に交わる場合の添え字 j の集合を J_2 で表すと，$J_1 \cap J_2$ は空で，さらに $E_1 \subset \bigcup_{j \in J_1} (a_j, b_j]$ 同じく $E_2 \subset \bigcup_{j \in J_2} (a_j, b_j]$ である．よって，

$$\mu_*(E_1) + \mu_*(E_2) \leq \sum_{j \in J_1} (F(b_j) - F(a_j)) + \sum_{j \in J_2} (F(b_j) - F(a_j))$$
$$\leq \sum_{j=1}^{\infty} (F(b_j) - F(a_j)) \leq \mu_*(E_1 \cup E_2) + \varepsilon.$$

ε は任意であったから，$\mu_*(E_1) + \mu_*(E_2) \leq \mu_*(E_1 \cup E_2)$ がわかる．これがここで示したいことであった．

やっと定理 1.2 にもっていける．この定理は，ボレル集合が可測になるような測度 μ の存在を保証する．さらに，$(a, b]$ はボレル集合で，先に $\mu_*((a, b]) = F(b) - F(a)$ であることを見たから，$\mu((a, b]) = F(b) - F(a)$ である．

μ が $\mu((a, b]) = F(b) - F(a)$ をみたす $\mathbb{R}$ 上のただ一つのボレル測度であることを証明するために，ν を同じ性質をもつもう一つのボレル測度と仮定しよう．いまは，ボレル集合の上で $\nu = \mu$ となることを示せば十分である．

任意の開区間は互いに交わりのない和集合として $(a, b) = \bigcup_{j=1}^{\infty} (a_j, b_j]$ と書ける．実際，$\{b_j\}_{j=1}^{\infty}$ を $a < b_j < b$, $b_j \to b$ $(j \to \infty)$ をみたす狭義の増加列とし，$a_1 = a$, $a_{j+1} = b_j$ ととればよい．ν と μ は各 $(a_j, b_j]$ 上で一致するから，ν と

μ は (a, b) 上，つまりすべての開区間上で一致，それゆえ，すべての開集合上で一致する．さらに，ν と μ は明らかにすべての有界区間に対して有限値をとるから，命題 1.3 の正則性より，すべてのボレル集合上で $\mu = \nu$ となることが結論できる．

反対に，有限区間で有限値をとる $\mathbb{R}$ 上のボレル測度 μ から始めると，定理の主張のように関数 F が定義できる．このとき，明らかに F は増加である．それが右連続であることを見るために，次のことに注意しよう：たとえば $x_0 > 0$ ならば，集合 $E_n = (0, x_0 + 1/n]$ は $n \to \infty$ のとき $E = (0, x_0]$ に減少していくから，$\mu(E_1) < \infty$ より，$\mu(E_n) \to \mu(E)$ となる．このことは $F(x_0 + 1/n) \to F(x_0)$ を意味する．F は増加だから，これより F は x_0 で右連続である．$x_0 \leq 0$ の場合の議論も同様である．こうして定理が証明できた．■

注意 定理についてのコメントをいくつか列挙しておく．

（ⅰ） 二つの増加関数 F, G は，$F - G$ が定数のとき，同じ測度を与える．逆も成り立つ．なぜなら，すべての $a < b$ に対して $F(b) - F(a) = G(b) - G(a)$ となるのは，$F - G$ が定数のときに限るからである．

（ⅱ） 定理の証明で構成された測度 μ は，ボレル集合族よりも大きな σ-加法族上で定義されていて，実際にそれは完備である．しかし，応用場面では，しばしば，そのボレル集合族への制限で十分である．

（ⅲ） F が閉区間 $[a, b]$ 上に与えられた標準化された増加関数のとき，それは次のようにして $\mathbb{R}$ 上に拡張できる：$x < a$ のとき $F(x) = F(a)$，$x > b$ のとき $F(x) = F(b)$ とおく．それから生じる測度 μ に対して，区間 $(-\infty, a]$, (b, ∞) は測度 0 になる．それで μ に関して可積分なすべての f に対して，

$$\int_{\mathbb{R}} f(x) \, d\mu(x) = \int_a^b f(x) \, dF(x)$$

と書くことがある．また，$\mathbb{R}$ 上で定義された増加関数 F_0 から F を作ったとき，a で起こりうる F_0 の跳躍を解釈に含めたいかもしれない．この場合，μ_0 を F_0 に対する $\mathbb{R}$ 上の測度として，

$$\int_a^b f(x) \, d\mu_0(x) \quad \text{を} \quad \int_{a^-}^b f(x) \, dF(x)$$

と書くと，ときに有用である．

（ⅳ） 上のルベーグ–スティルチェス積分の定義は，F が有界変動である場合に拡

張できることを注意しよう．実際，F が $[a,b]$ 上の複素数値関数で，$F = \sum_{j=1}^{4} \varepsilon_j F_j$ と仮定する．ただし，各 F_j は標準化された増加関数で，ε_j は ± 1 または $\pm i$ である．このとき，$\int_a^b f(x)\,dF(x)$ を $\sum_{j=1}^{4} \varepsilon_j \int_a^b f(x)\,dF_j(x)$ で定める．ここでは，μ_j を F_j に対応する測度とし，f はボレル測度 $\mu = \sum_{j=1}^{4} \mu_j$ に関して可積分であることを要求する．

　(ⅴ)　これらの積分値は，次の場合に直接計算できる．

　(a)　F が $[a,b]$ 上の絶対連続な関数の場合，$\mu = dF$ に関して可積分な任意のボレル可測関数 f に対して，
$$\int_a^b f(x)\,dF(x) = \int_a^b f(x)F'(x)\,dx.$$

　(b)　F が第3章の3.3節のような単なる跳躍関数で，点 $\{x_n\}_{n=1}^{\infty}$ で跳躍 $\{\alpha_n\}_{n=1}^{\infty}$ をもつとしよう．このとき，f がたとえば連続で，ある有限区間の外で 0 になるなら，
$$\int_a^b f(x)\,dF(x) = \sum_{n=1}^{\infty} f(x_n)\alpha_n$$
が成り立つ．特に測度 μ については，$\mu(\{x_n\}) = \alpha_n$ であり，どの x_n も含まない集合 E に対しては $\mu(E) = 0$ である．

　(c)　$F = H$：ヘヴィサイド関数のときは，上の特別な場合である．ここで H は，$x \geq 0$ のとき $H(x) = 1$，$x < 0$ のとき $H(x) = 0$ と定義されている．このとき，
$$\int_{-\infty}^{\infty} f(x)\,dH(x) = f(0).$$
これは，第3章の第2節で出てきたディラックのデルタ関数の別の表現である．

　(ⅴ) についてのさらに詳しいことは，練習 11 の中に見られる．

4. 測度の絶対連続性

　第3章で考えた絶対連続性の概念を一般化するには，測度というものを，正または負の値をとりうる集合関数を含むように拡張する必要がある．まずこの概念を述べる．

4.1 符号つき測度

大まかにいうと，符号つき測度とは，正または負の値をとりうるという以外，測度の性質をすべてもったものである．より正確にいうと，σ-加法族 $\mathcal{M}$ 上の**符号つき測度** ν とは，次の条件をみたす写像である：

（ⅰ） 集合関数 ν は拡大実数値をとる．すなわち，すべての $E \in \mathcal{M}$ に対して $-\infty < \nu(E) \leq \infty$．

（ⅱ） $\{E_j\}_{j=1}^{\infty}$ が $\mathcal{M}$ に属す互いに交わらない集合族のとき，

$$\nu\left(\bigcup_{j=1}^{\infty} E_j\right) = \sum_{j=1}^{\infty} \nu(E_j).$$

これが成り立つには，和 $\sum \nu(E_j)$ の値が項の順序変更に依存してはならず，それゆえ，$\nu\left(\bigcup_{j=1}^{\infty} E_j\right)$ が有限値のとき，和は絶対収束することになる．

式
$$\nu(E) = \int_E f \, d\mu$$
において，f が非負値という仮定を落とせば，おのずと符号つき測度の例が得られる．ただし，$(X, \mathcal{M}, \mu)$ は測度空間で，f は μ-可測である．実際，ν が（ⅰ），（ⅱ）をみたすことを確かめるには，関数 f が次の広い意味で，μ に関して「可積分」であることが必要である：それは，$\int f^- \, d\mu$ は有限でなければならず，$\int f^+ \, d\mu$ は無限でもよいという意味である．

$(X, \mathcal{M})$ 上の符号つき測度 ν が与えられたとき，次の意味で ν を押さえる（正の）測度 μ がつねに見つかる：

すべての E に対して，$\quad \nu(E) \leq \mu(E),$

さらに，μ はこの性質をもつ「最小」のものである．

実際，この構成法は，第 3 章で行ったような有界変動関数を二つの増加関数の差に分解する方法を，抽象化したもので，次のように進める．ν の**全変動**と呼ばれる $\mathcal{M}$ 上の関数 $|\nu|$ を

$$|\nu|(E) = \sup \sum_{j=1}^{\infty} |\nu(E_j)|$$

と定義する．ここで，上限は E の分割すべてにわたってとる．すなわち，集合

E_j が互いに交わらない $\mathcal{M}$ の元のときの可算個の和集合 $E = \bigcup_{j=1}^{\infty} E_j$ 全体にわたってとる.

$|\nu|$ が本当に加法的になっていることは明らかではない. このことは以下の証明の中で与えられる.

命題 4.1 符号つき測度 ν の全変動 $|\nu|$ は, それ自身 (正の) 測度であり, $\nu \leq |\nu|$ をみたす.

証明 $\{E_j\}_{j=1}^{\infty}$ を $\mathcal{M}$ の互いに交わらない可算個の集合の族とし, $E = \bigcup E_j$ とおく.

(11) $$\sum |\nu|(E_j) \leq |\nu|(E) \quad \text{と} \quad |\nu|(E) \leq \sum |\nu|(E_j)$$

を示せば十分である. α_j を, $\alpha_j < |\nu|(E_j)$ である実数とする. 定義から, 各 E_j は $E_j = \bigcup_i F_{i,j}$ と表せ, しかも $F_{i,j}$ は互いに交わらない $\mathcal{M}$ の元で

$$\alpha_j \leq \sum_{i=1}^{\infty} |\nu(F_{i,j})|$$

となっている. このとき, $E = \bigcup_{i,j} F_{i,j}$ だから,

$$\sum_j \alpha_j \leq \sum_{j,i} |\nu(F_{i,j})| \leq |\nu|(E).$$

ここで, 数 α_j について上限をとれば, (11) の第 1 式が得られる.

逆の不等式を示すために, また別に F_k を E の任意の分割とする. k を固定したとき, $\{F_k \cap E_j\}_j$ は F_k の分割なので, ν が符号つき測度であることから,

$$\sum_k |\nu(F_k)| = \sum_k \left| \sum_j \nu(F_k \cap E_j) \right|$$

となる. 三角不等式と $\{F_k \cap E_j\}_k$ が E_j の分割であることを用いると,

$$\sum_k |\nu(F_k)| \leq \sum_k \sum_j |\nu(F_k \cap E_j)|$$

$$= \sum_j \sum_k |\nu(F_k \cap E_j)|$$

$$\leq \sum_j |\nu|(E_j)$$

となる．ここで $\{F_k\}$ は E の任意の分割だから，(11) の第二の不等式を得る．これで証明は完結した． ∎

これで，ν を二つの (正の) 測度の差で表すことが可能になった．これを見るために，ν の**正の変動**と**負の変動**を
$$\nu^+ = \frac{1}{2}(|\nu| + \nu), \qquad \nu^- = \frac{1}{2}(|\nu| - \nu)$$
と定義する．命題から ν^+ と ν^- が測度なのがわかる．また，これらは明らかに
$$\nu = \nu^+ - \nu^- \quad \text{と} \quad |\nu| = \nu^+ + \nu^-$$
をみたす．上の式で，ある集合 E に対して $\nu(E) = \infty$ のときは，$|\nu|(E) = \infty$ で，$\nu^-(E)$ は 0 と定める．

さらに次の定義をしておこう：符号つき測度 ν が σ–**有限**であるとは，測度 $|\nu|$ が σ–有限のときにいう．$\nu \leq |\nu|$ かつ $|-\nu| = |\nu|$ であるから，
$$-|\nu| \leq \nu \leq |\nu|$$
である．結果として，ν が σ–有限なら，ν^+ と ν^- もそうである．

4.2 絶対連続性

共通の σ–加法族の上で定義された二つの測度が与えられたとき，それらの間に起こりうる関係をここに述べる．具体的に，σ–加法族 $\mathcal{M}$ 上で定義された二つの測度 ν, μ を考えよう；極端な二つの筋書きは，

(a) ν と μ は，$\mathcal{M}$ の互いに交わらない集合の上に「台」がある．

(b) ν の台は，μ の台の本質部分にある．

ここで，測度 ν が集合 A 上に**台**があるという言い回しは，すべての $E \in \mathcal{M}$ に対して $\nu(E) = \nu(E \cap A)$ となるときに用いる．

後に出てくるルベーグ–ラドン–ニコディムの定理は，任意の二つの測度 ν, μ の間の関係が，正確に上の二つの場合の組み合わせになると，主張している．

互いに特異な測度と絶対連続な測度

$(X, \mathcal{M})$ 上の二つの符号つき測度 ν, μ が**互いに特異**であるとは，$\mathcal{M}$ に属す互いに交わらない集合 A, B が存在して，
$$\nu(E) = \nu(A \cap E), \qquad \mu(E) = \mu(B \cap E), \quad E \in \mathcal{M}$$

となることである．したがって，ν と μ は互いに交わらない部分集合上に台をもつ．記号 $\nu \perp \mu$ は，測度が互いに特異であることを表すのに用いる．

ν を $\mathcal{M}$ 上の符号つき測度，μ を (正の) 測度とし，対照的に，もし

(12) $\qquad E \in \mathcal{M}, \mu(E) = 0$ のときつねに $\nu(E) = 0$

となっていれば，ν は μ に関して**絶対連続**であるという．したがって，ν が集合 A 上に台があるとき，$\mu(A) > 0$ という意味で，A は μ の台の本質部分になければならない．ν が μ に関して絶対連続であることを表すには，記号 $\nu \ll \mu$ を用いる．ν と μ が互いに特異で，しかも ν が μ に関して絶対連続なとき，ν は恒等的に 0 になることを注意しておこう．

重要な例は μ に関する積分で与えられる．実際，$f \in L^1(X, \mu)$ または f が単に広義で可積分な ($\int f^- < \infty$ だが $\int f^+ = \infty$ は許す) とき，

(13) $\qquad \nu(E) = \int_E f\, d\mu$

で定義される符号つき測度 ν は，μ に関して絶対連続である．ν が (13) で定義されていることを表すとき，略記 $d\nu = f\, d\mu$ を用いる．

これは，第 3 章で現れた絶対連続性の変形である．そこでは，$\mathbb{R}$ (かつ $\mathcal{M}$ がルベーグ可測集合の属で，$d\mu = dx$ がルベーグ測度) という特殊な場合であった．実際，f が可積分関数で，ν が (13) によって定められているとき，(12) の代わりに，次の強い主張が成り立つのがわかる：

(14) $\qquad$ 任意の $\varepsilon > 0$ に対して $\delta > 0$ が存在し，$\mu(E) < \delta$ ならば $|\nu(E)| < \varepsilon$．

一般的な状況において，二つの条件 (12), (14) の関連は，次の命題で明かされる．

命題 4.2 (14) ならば (12) である．$|\nu|$ が有限測度のときは，逆に (12) ならば (14) でもある．

(14) ならば (12) であることは明らかである．なぜなら，$\mu(E) = 0$ のとき，任意の $\varepsilon > 0$ に対して $|\nu(E)| < \varepsilon$ だからである．逆を示すには，ν が正の場合だけを考えれば十分である．というのは ν を $|\nu|$ で置き換えればよいからである．いま，(14) が成り立たないと仮定する．これは，ある固定した $\varepsilon > 0$ に対して，その後のことの不成立を意味する．だから，各 n に対して，$\mu(E_n) < 2^{-n}$ かつ $\nu(E_n) \geq \varepsilon$ となる可測集合 E_n が存在する．そこで，$E_n^* = \bigcup_{k \geq n} E_k$ とし，

$E^* = \limsup\limits_{n\to\infty} E_n = \bigcap\limits_{n=1}^{\infty} E_n^*$ とおこう．このとき，$\mu(E_n^*) \leq \sum\limits_{k\geq n} 1/2^k = 1/2^{n-1}$，かつ減少集合列 $\{E_k^*\}$ は，測度有限な集合 E_1^* に含まれるので，$\mu(E^*) = 0$ が得られる．一方，$\nu(E_n^*) \geq \nu(E_n) \geq \varepsilon$ で，しかも ν は有限と仮定されていたから，$\nu(E^*) = \lim\limits_{n\to\infty} \nu(E_n^*) \geq \varepsilon$ である．矛盾が生じた．

これらの準備を終え，われわれは主結果にたどり着く．とりわけ，それは表現 (13) の逆を保証している：これは，$\mathbb{R}$ の場合にはルベーグによって，一般の場合はラドンとニコディムによって証明された．

定理 4.3 μ を，可測空間[3] $(X, \mathcal{M})$ 上の σ–有限な正の測度とし，ν を $\mathcal{M}$ 上の σ–有限な符号つき測度とする．このとき，$\nu_a \ll \mu, \nu_s \perp \mu$ かつ $\nu = \nu_a + \nu_s$ となる $\mathcal{M}$ 上の符号つき測度 ν_a, ν_s がただ一組存在する．さらに，測度 ν_a は $d\nu_a = f \, d\mu$ という形をとる：すなわち，広義のある μ–可積分関数 f に対し，

$$\nu_a(E) = \int_E f(x) \, d\mu(x)$$

となっている．

次の帰結に注意しよう：ν が μ に関して絶対連続なとき，$d\nu = f \, d\mu$ となる．この主張は，第 3 章の定理 3.11 の拡張と見ることができる．

上の定理については知られた証明がいくつかある．以下に与える議論は，フォン・ノイマンによるのだが，ヒルベルト空間論の単純な考え方を簡明に利用しているという美点をもつ．

ν と μ がともに正で有限な場合から始める．$\rho = \nu + \mu$ とおき，$L^2(X, \rho)$ 上において，

$$\ell(\psi) = \int_X \psi(x) \, d\nu(x)$$

と定められた変換を考えよう．写像 ℓ は $L^2(X, \rho)$ 上の有界線形汎関数を定める．実際，

$$|\ell(\psi)| \leq \int_X |\psi(x)| \, d\nu(x) \leq \int_X |\psi(x)| \, d\rho(x)$$
$$\leq (\rho(X))^{1/2} \left(\int_X |\psi(x)|^2 \, d\rho(x) \right)^{1/2}$$

---

[3] 訳注：集合 X とその σ–加法族 $\mathcal{M}$ との組 $(X, \mathcal{M})$ を可測空間という．

である．ここで，最後の不等式はコーシー–シュヴァルツの不等式による．ところで，$L^2(X,\rho)$ はヒルベルト空間だから，(第4章の) リースの表現定理は，

(15) $$\int_X \psi(x)\,d\nu(x) = \int_X \psi(x)g(x)\,d\rho(x), \qquad \psi \in L^2(X,\rho)$$

をみたす $g \in L^2(X,\rho)$ の存在を保証する．

$E \in \mathcal{M}, \rho(E) > 0$ のとき，(15) で $\psi = \chi_E$ とおき，$\nu \le \rho$ を思い起こすと，

$$0 \le \frac{1}{\rho(E)}\int_E g(x)\,d\rho(x) \le 1$$

がわかる．これから，(測度 ρ に関して) a.e. x で $0 \le g(x) \le 1$ となることが結論できる．実際，すべての集合 $E \in \mathcal{M}$ に対して $0 \le \int_E g(x)\,d\rho(x)$ であることから，ほとんどいたるところ $g(x) \ge 0$ であることが出る．同様に，すべての $E \in \mathcal{M}$ に対して $0 \le \int_E (1-g(x))\,d\rho(x)$ であることから，ほとんどいたるところ $g(x) \le 1$ であることが出る．ゆえに，はっきりとすべての x に対して $0 \le g(x) \le 1$ と仮定してよく，等式 (15) も崩れない．そしてこれは

(16) $$\int \psi(1-g)\,d\nu = \int \psi g\,d\mu$$

と書き換えられる．

二つの集合

$$A = \{x \in X : 0 \le g(x) < 1\}, \qquad B = \{x \in X : g(x) = 1\}$$

を考え，$\mathcal{M}$ 上の二つの測度 ν_a, ν_s を

$$\nu_a(E) = \nu(A \cap E), \qquad \nu_s(E) = \nu(B \cap E)$$

と定めよう．$\nu_s \perp \mu$ となることを見るには，(16) で $\psi = \chi_B$ とおいたとき，

$$0 = \int \chi_B\,d\mu = \mu(B)$$

となることに注意すれば十分である．最後に，(16) で $\psi = \chi_E(1 + g + \cdots + g^n)$ とおくと，

(17) $$\int_E (1 - g^{n+1})\,d\nu = \int_E g(1 + \cdots + g^n)\,d\mu$$

である．$x \in B$ のとき $(1-g^{n+1})(x) = 0$ で，$x \in A$ のとき $(1-g^{n+1})(x) \to 1$ だから，有界収束定理により，(17) の左辺は $\nu(A \cap E) = \nu_a(E)$ に収束することになる．また，$1 + g + \cdots + g^n$ は $\dfrac{1}{1-g}$ に収束するから，極限として

を見出す．ここで $\nu_a(X) \leq \nu(X) < \infty$ だから，$f \in L^1(X, \mu)$ となることを注意しておこう．μ と ν が σ-有限で正の場合，明らかに，$X = \bigcup E_j$ かつ

$$すべての j で \quad \mu(E_j) < \infty, \qquad \nu(E_j) < \infty$$

となる集合 $E_j \in \mathcal{M}$ が見つかる[4]．$\mathcal{M}$ 上の正かつ有限な測度を

$$\mu_j(E) = \mu(E \cap E_j), \qquad \nu_j(E) = \nu(E \cap E_j)$$

と定めれば，各 j に対して，$\nu_j = \nu_{j,a} + \nu_{j,s}$ と書け，$\nu_{j,s} \perp \mu_j$ かつ $\nu_{j,a} = f_j\, d\mu_j$ である．そこで

$$f = \sum f_j, \qquad \nu_s = \sum \nu_{j,s}, \qquad \nu_a = \sum \nu_{j,a}$$

とおけば十分である．最後に ν が符号つきの場合は，ν の正の変動と負の変動に対し，別々にこれまでの議論を適用すればいい．

分解の一意性を示すために，さらに $\nu = \nu'_a + \nu'_s$ で，$\nu'_a \ll \mu$ かつ $\nu'_s \perp \mu$ とする．このとき，

$$\nu_a - \nu'_a = \nu'_s - \nu_s$$

である．この左辺は μ に関して絶対連続で，右辺は μ に関して特異である．こうして両辺は 0 になる．定理が証明できた．

5*. エルゴード定理

エルゴード理論は，19 世紀後期に研究された統計力学のある問題に端を発する．以来，それは急速に発達し，多くの数学分野——特に力学系や確率論に関連した分野——で広い影響力を発揮してきた．この広く魅力的な理論の解説を試みようというのが，われわれの目的ではない．われわれはむしろ，その土台にある基本的な極限定理のいくつかを紹介するにとどめる．これらの定理は，抽象的な測度空間という一般的な背景において最も自然に述べられるので，この章で展開してきた一般的な枠組みの優れた実例として，われわれに供せられるのである．

この理論の設定舞台は σ-有限な測度空間 $(X, \mathcal{M}, \mu)$ で，次のような写像

[4) 訳注：E_j は互いに交わらないように選んでおくとよい．

$\tau : X \to X$ が備わっている：E が X の可測集合ならば $\tau^{-1}(E)$ もそうで，$\mu(\tau^{-1}(E)) = \mu(E)$ である．ここで，$\tau^{-1}(E)$ は τ による E の逆像，つまり $\tau^{-1}(E) = \{x \in X : \tau(x) \in E\}$ である．この性質をもつ写像 τ は **保測変換** と呼ばれる．このような τ に対して，さらにそれが全単射で，τ^{-1} も保測変換になるという特質をもつとき，τ は **保測同型** であるという．

τ が保測変換のとき，$f(x)$ が可測ならば $f(\tau(x))$ も可測であること，$f(x)$ が可積分なら $f(\tau(x))$ も可積分であること，さらにそのとき

(18) $$\int_X f(\tau(x))\,d\mu(x) = \int_X f(x)\,d\mu(x)$$

となることを見ておこう．実際，χ_E が集合 E の特性関数のとき，$\chi_E(\tau(x)) = \chi_{\tau^{-1}(E)}(x)$ であることに注意すると，可測集合の特性関数に対して，それゆえ単関数に対して，上の主張が成り立つ．したがって，通常の極限論により，すべての非負可測関数に対して，それゆえ可積分関数に対して，上の主張が成り立つのである．後の目的のため，ここで同値な主張を記しておく：f が実数値可測関数で，α が実数のとき，つねに

$$\mu(\{x : f(x) > \alpha\}) = \mu(\{x : f(\tau(x)) > \alpha\})$$

となる．

話をさらに進める前に，保測変換の例をいくつか述べる．

（ⅰ）ここでは $X = \mathbb{Z}$：整数の集合とする．また μ を個数測度，つまり，任意の $E \subset \mathbb{Z}$ に対して $\mu(E) = \#(E) = [E$ に属す整数の個数$]$ とする．そして τ は一つずらす写像 $\tau : n \longmapsto n+1$ を表す．このとき，τ が $\mathbb{Z}$ の保測同型変換であることに気づこう．

（ⅱ）もう一つの簡単な例は，$X = \mathbb{R}^d$ で，ルベーグ測度と，$h \in \mathbb{R}^d$ を固定したときの平行移動 $\tau : x \longmapsto x + h$ が備わっている．もちろん，これは保測同型変換である(第1章のルベーグ測度の不変性という節を見よ)．

（ⅲ）ここで X は，$\mathbb{R}/\mathbb{Z}$ として与えられる単位円周で，$\mathbb{R}$ 上のルベーグ測度から誘導された測度をもつとする．すなわち，われわれは X を単位区間 $(0, 1]$ として実現化し，μ をこの区間に制限したルベーグ測度とすることができる．任意の実数 α に対して，$\mathbb{Z}$ を法とした平行移動 $x \longmapsto x + \alpha$ は，$X = \mathbb{R}/\mathbb{Z}$ 上で正しく定義され，保測になる(第2章の関連の練習3を参照)．それは，単位円周の角度 $2\pi\alpha$ の回転と解釈できる．

(iv) この例では，X は再度ルベーグ測度 μ をもった $(0,1]$ であるが，τ は二重写像 $\tau(x) = 2x \mod 1$ である．この τ が保測変換になることは簡単に確かめられる．実際，任意の集合 $E \subset (0,1]$ は，二つの逆像 E_1, E_2 をもち，前者は $(0, 1/2]$ に，後者は $(1/2, 1]$ に含まれ，E が可測なときは，測度はともに $\mu(E)/2$ である (図1参照)．しかし，τ は単射でないから，同型変換ではない．

(v) もっと手のこんだ例は，連分数の理論で鍵になる変換によって与えられる．ここでは $X = [0, 1)$ で，τ は $\tau(x) = \langle 1/x \rangle$，すなわち $1/x$ の非整数部分と定義する．ただし $x = 0$ のときは $\tau(0) = 0$ とおく．事実，ガウスは，測度 $d\mu = \dfrac{1}{1+x}dx$ が変換 τ により保存されることに気づいた．また，各 $x \in (0, 1)$ が，無限個の元——$\{1/(x+k)\}_{k=1}^{\infty}$——からなる τ による逆像をもつことに注意しよう．この例についてのさらなることは，後の問題 8～10 に見られる．

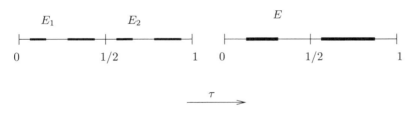

図1 二重写像による逆像 E_1, E_2.

こういった例を指し示し，いままた一般論に立ち戻る．上に述べた概念は，いくぶん，力学系の考え方を抜粋していて面白みがある．ここで力学系とは，その系の状態全体が空間 X で表され，各点 $x \in X$ がその特定の状態を与えるものである．このとき，写像 $\tau : X \to X$ は単位時間が経過した後の系への変換を描写する．このような系に対しては，しばしば，経過によって不変な「容量」や「大きさ」といった概念が関連してくる．これが不変測度 μ の役割である．反復 $\tau^n = \tau \circ \cdots \circ \tau (n \text{回})$ は，n 単位時間後の系の進展を描写する．そして主たる関心事は，その系に関連したさまざまな量に関する $n \to \infty$ のときの平均のふるまいになる．こうして，平均

(19) $$A_n(f)(x) = \frac{1}{n} \sum_{k=0}^{n-1} f(\tau^k(x))$$

と,それの $n \to \infty$ のときの極限について研究することになる.これからこの方向に向かおう.

5.1 平均エルゴード定理

考慮中の平均 (19) を扱った最初の定理は,まさに純粋にヒルベルト空間論である.これは,後で証明する定理 5.3, 5.4 の両方に,歴史的にも先立っていた.

この定理の具体的な応用として,ヒルベルト空間 $\mathcal{H}$ を $L^2(X, \mathcal{M}, \mu)$ にとる.そして,X 上の保測変換 τ が与えられたとき,$\mathcal{H}$ 上の線形作用素 T を

$$(20) \qquad T(f)(x) = f(\tau(x))$$

と定義する.このとき,T は等長,つまり

$$(21) \qquad \|Tf\| = \|f\|$$

である.ただし $\|\cdot\|$ はヒルベルト空間 (ここでは L^2) のノルムを表す.このことは,(18) において f を $|f|^2$ に置き換えれば明らかである.τ がさらに保測同型変換だと仮定すると,T は可逆で,それゆえユニタリーになることを考察しておこう.しかし,われわれはこのことを仮定しない.

さて,上の T に関して,**不変ベクトル**の部分空間 $S = \{f \in \mathcal{H} : T(f) = f\}$ を考えよう.(21) より明らかに,部分空間 S は閉である.この部分空間の上への直交射影を P と表そう.次の定理では,ノルムでの収束という意味の「平均」収束を扱う.

定理 5.1 T を,ヒルベルト空間 $\mathcal{H}$ 上の等長作用素とし,P を,T の不変ベクトルの部分空間の上への直交射影とする.また $A_n = \dfrac{1}{n}(I + T + T^2 + \cdots + T^{n-1})$ とおく.このとき,各 $f \in \mathcal{H}$ に対して,$A_n(f)$ は $n \to \infty$ のときノルムで $P(f)$ に収束する.

上で定めた部分空間 S に加えて,部分空間 $S_* = \{f \in \mathcal{H} : T^*(f) = f\}$ と $S_1 = \{f \in \mathcal{H} : f = g - Tg, g \in \mathcal{H}\}$ を考える:ここで T^* は T の共役である.このとき,S と同様に S_* は閉である.しかし,S_1 は必ずしも閉ではない.その閉包を $\overline{S_1}$ と表す.この定理の証明は次の補題に基く.

補題 5.2 部分空間 $S, S_*, \overline{S_1}$ の間では,次の関係が成り立つ.

（ⅰ）　$S = S_*$.
（ⅱ）　$\overline{S_1}$ の直交補空間は S である.

証明　まず T は等長だから, 任意の $f, g \in \mathcal{H}$ に対して $(Tf, Tg) = (f, g)$, それゆえ $T^*T = I$ である (第 4 章の練習 22 を参照). だから $Tf = f$ のときは, $T^*Tf = T^*f$ であり, それは $f = T^*f$ を導く. 逆の包含関係を証明するために, $T^*f = f$ と仮定しよう. その結果 $(f, T^*f - f) = 0$, それゆえ $(f, T^*f) - (f, f) = 0$; すなわち $(Tf, f) = \|f\|^2$ である. ところが, $\|Tf\| = \|f\|$ だから, 上の式ではコーシー–シュヴァルツの不等式の等号が成立していることになる. 第 4 章の練習 2 の結果として $Tf = cf$ を得るが, これまでの考察から $Tf = f$ となる. こうして (ⅰ) が証明できた.

次に, f が $\overline{S_1}$ の直交補空間に属すのは, 任意の $g \in \mathcal{H}$ に対して $(f, g - Tg) = 0$ となるときに限ることを注意する. ここで後者の条件は, 任意の g に対して $(f - T^*f, g) = 0$ となることを意味するから, $f = T^*f$ である. (ⅰ) から, これは $f \in S$ を意味する. ∎

補題が確立したので, 定理の証明を完了することができる. (S と $\overline{S_1}$ は直交補空間だから) 任意に $f \in \mathcal{H}$ が与えられたとき, $f_0 \in S$ と $f_1 \in \overline{S_1}$ を用いて, $f = f_0 + f_1$ と書ける. また $\varepsilon > 0$ を固定して, $\|f_1 - f_1'\| < \varepsilon$ となる $f_1' \in S_1$ をとる. このとき,

$$A_n(f) = A_n(f_0) + A_n(f_1') + A_n(f_1 - f_1') \tag{22}$$

と書け, 各項を別々に考察する.

第 1 項については, P が S の上への直交射影であることを思い出すと, $P(f) = f_0$ なので, $Tf_0 = f_0$ であることから,

$$A_n(f_0) = \frac{1}{n} \sum_{k=0}^{n-1} T^k(f_0) = f_0 = P(f), \qquad n \geq 1$$

となる.

第 2 項については, S_1 の定義を思い出して $f_1' = g - Tg$ となる $g \in \mathcal{H}$ をとる. このとき

$$A_n(f_1') = \frac{1}{n} \sum_{k=0}^{n-1} T^k(1-T)(g) = \frac{1}{n} \sum_{k=0}^{n-1} \left(T^k(g) - T^{k+1}(g) \right)$$

$$= \frac{1}{n}(g - T^n(g)).$$

T は等長作用素だから,上の等式は,$A_n(f_1')$ が $n \to \infty$ のときノルムで 0 に収束することを示す.

最終項については,各 T^k が等長作用素であることをもう一度用いて,

$$\|A_n(f_1 - f_1')\| \leq \frac{1}{n}\sum_{k=0}^{n-1}\|T^k(f_1 - f_1')\| \leq \|f_1 - f_1'\| < \varepsilon$$

を得る.

最後に,(22) と上の三つの考察から,$\limsup_{n\to\infty}\|A_n(f) - P(f)\| \leq \varepsilon$ が引き出せる.これで定理の証明が完了した.

5.2 最大エルゴード定理

平均 (19) のほとんどいたるところでの収束に関する問題に取りかかろう.第3章の微分定理に出てきた平均の場合と同様に,このような各点での極限を扱う際の鍵は,対応する最大関数の評価にある.いまの場合,この関数は

(23) $$f^*(x) = \sup_{1 \leq m < \infty} \frac{1}{m}\sum_{k=0}^{m-1}|f(\tau^k(x))|$$

と定義される.

定理 5.3 $f \in L^1(X, \mu)$ のとき,最大関数 $f^*(x)$ はほとんどすべての点 x で有限値をとる.さらに,普遍的な定数 A が存在して,

(24) $$\mu(\{x : f^*(x) > \alpha\}) \leq \frac{A}{\alpha}\|f\|_{L^1(X,\mu)}, \qquad \alpha > 0$$

が成り立つ.

この定理にはいくつかの証明がある.われわれが選んだ証明は,第3章の1.1節で与えた最大関数との密接な関係を強調したもので,実際に,その章の1次元の場合から本定理を導き出す.この論法では (24) の定数に値 $A = 6$ が与えられる.異なる論法では $A = 1$ が得られるが,この改良は後のことに関連しない.

証明を始める前に,いくつかの予備的な注意をしよう.いまの場合,関数 f^* は可算個の可測関数の上限だから,自動的に可測である.また関数 f は非負であると仮定してよい.なぜなら,そうでないときは $|f|$ に置き換えればよいからである.

第 1 段階：$X = \mathbb{Z}$ かつ $\tau : n \longmapsto n+1$ の場合.

$\mathbb{Z}$ 上の任意の関数 f に対し，次のようにして $\mathbb{R}$ 上に拡張した関数 $\widetilde{f}$ を考える：$n \in \mathbb{Z}, n \leq x < n+1$ のとき $\widetilde{f}(x) = f(n)$ (図 2 参照).

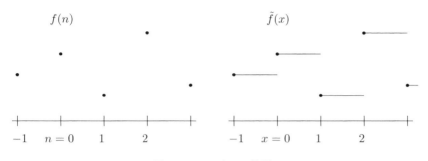

図 2　f の $\mathbb{R}$ 上への拡張.

同様に，$E \subset \mathbb{Z}$ のとき，$\bigcup_{n \in E} [n, n+1)$ という $\mathbb{R}$ の集合を $\widetilde{E}$ で表す．これらの定義の結果として，$m(\widetilde{E}) = \#(E)$, $\int_{\mathbb{R}} \widetilde{f}(x) dx = \sum_{n \in \mathbb{Z}} f(n)$ そして $\|\widetilde{f}\|_{L^1(\mathbb{R})} = \|f\|_{L^1(\mathbb{Z})}$ となることに注意しよう．ここで，m は $\mathbb{R}$ 上のルベーグ測度で，$\#$ は $\mathbb{Z}$ 上の個数測度である．また

$$\sum_{k=0}^{m-1} f(n+k) = \int_0^m \widetilde{f}(n+t)\, dt$$

であることに注意しよう．ここで，$x \in [n, n+1)$ のときは，$\int_0^m \widetilde{f}(n+t)\, dt \leq \int_{-1}^m \widetilde{f}(x+t)\, dt$ だから，

$$\frac{1}{m} \sum_{k=0}^{m-1} f(n+k) \leq \left(\frac{m+1}{m} \right) \frac{1}{m+1} \int_{-1}^m \widetilde{f}(x+t)\, dt, \qquad x \in [n, n+1)$$

がわかる．この式で，すべての $m \geq 1$ について上限をとり，$(m+1)/m \leq 2$ に留意すると，次の式を得る：

(25) $\qquad\qquad f^*(n) \leq 2(\widetilde{f})^*(x), \qquad x \in [n, n+1).$

ここで記号の意味をはっきりさせておこう：$f^*(n)$ は，$f(\tau^k(n)) = f(n+k)$ としたときに (23) で定義される $\mathbb{Z}$ 上の f の最大関数である．一方，$(\widetilde{f})^*$ は，$\mathbb{R}$ 上に拡張した関数 $\widetilde{f}$ に関し，第 3 章で定めた最大関数である．

(25) より
$$\#(\{n : f^*(n) > \alpha\}) \leq m(\{x \in \mathbb{R} : (\widetilde{f})^*(x) > \alpha/2\})$$
である．また，$\mathbb{R}$ に関する最大定理によると，この右辺は $(A'/(\alpha/2))\int \widetilde{f}(x)dx = (2A'/\alpha)\|\widetilde{f}\|_{L^1(\mathbb{R})}$ 以下である．その定理における（そこでは A で表されていた）定数 A' は 3 にとることができた．さらに $\|\widetilde{f}\|_{L^1(\mathbb{R})} = \|f\|_{L^1(\mathbb{Z})}$ だから，

(26) $$\#(\{n : f^*(n) > \alpha\}) \leq \frac{6}{\alpha}\|f\|_{L^1(\mathbb{Z})}$$

となる．これで $X = \mathbb{Z}$ という特殊な場合が処理できた．

第 2 段階：一般の場合．

小手先を使って，たったいま証明したばかりの $\mathbb{Z}$ での結果を，一般の場合に「移し変え」しよう．次のようにすすめる．

任意の正整数 N に対し，
$$f_N^*(x) = \sup_{1 \leq m \leq N} \frac{1}{m} \sum_{k=0}^{m-1} f(\tau^k(x))$$
で定義される端を切り落とした最大関数 f_N^* を考える．$\{f_N^*(x)\}$ は N について増加列をなし，しかも，すべての x で $\lim_{N\to\infty} f_N^*(x) = f^*(x)$ だから，N に無関係な定数 A があって，

(27) $$\mu\{x : f_N^*(x) > \alpha\} \leq \frac{A}{\alpha}\|f\|_{L^1(X,\mu)}$$

となることを示せば十分である．実際 $N \to \infty$ とすれば望む結果が得られる．

そこで f^* の代わりに f_N^* を評価する．また，記号を簡単にするため，f_N^* を，添え字 N を省いて f^* と書く．ここでの議論では，いまの最大関数 f^* を，$\mathbb{Z}$ に対して出てきた特別な場合と比較する．以下，式をはっきりさせるため，便宜上一時的に，後者の最大関数を $\mathcal{M}(f)$ で表す．つまり，$\mathbb{Z}$ 上の非負関数 f に対して，
$$\mathcal{M}(f)(n) = \sup_{1 \leq m} \frac{1}{m} \sum_{k=0}^{m-1} f(n+k)$$
とおく．はじめに X 上の可積分関数 f があったとき，$X \times \mathbb{Z}$ 上の関数 F を
$$F(x, n) = \begin{cases} f(\tau^n(x)) & n \geq 0 \text{ のとき,} \\ 0 & n < 0 \text{ のとき} \end{cases}$$
と定義する．このとき

$$A_m(f)(x) = \frac{1}{m} \sum_{k=0}^{m-1} f(\tau^k(x)) = \frac{1}{m} \sum_{k=0}^{m-1} F(x, k)$$

である．上の式で，x を $\tau^n(x)$ に置き換える；すると，$\tau^k(\tau^n(x)) = \tau^{n+k}(x)$ であることから，

$$A_m(f)(\tau^n(x)) = \frac{1}{m} \sum_{k=0}^{m-1} F(x, n+k)$$

となる．さて，大きな正整数 a を固定し，$b = a + N$ とおく．そして，次の式で定義した $X \times \mathbb{Z}$ 上の端を切り落とした関数を F_b と書く：$n < b$ のときは $F_b(x, n) = F(x, n)$ で，それ以外のときは $F_b(x, n) = 0$．すると，

$$A_m(f)(\tau^n(x)) = \frac{1}{m} \sum_{k=0}^{m-1} F_b(x, n+k), \qquad m \leq N, \quad n < a$$

となる．よって

(28) $$f^*(\tau^n(x)) \leq \mathcal{M}(F_b)(x, n), \qquad n < a.$$

(実際 f^* が f_N^* であることを思い出せ！) これが，求めていた二つの最大関数の比較式である．

いま，$E_\alpha = \{x : f^*(x) > \alpha\}$ とおこう．このとき，τ がもつ保測性から，$\mu(\{x : f^*(\tau^n(x)) > \alpha\}) = \mu(E_\alpha)$ である．よって，直積空間 $X \times \mathbb{Z}$ において，集合 $\{(x, n) \in X \times \mathbb{Z} : f^*(\tau^n(x)) > \alpha, 0 \leq n < a\}$ の直積測度 $\mu \times \#$ による値は，$a\mu(E_\alpha)$ に等しい．しかし (28) から，この集合の測度 $\mu \times \#$ による値は，次の値以下である：

$$\int_X \#(\{n \in \mathbb{Z} : \mathcal{M}(F_b)(x, n) > \alpha\}) \, d\mu.$$

さらに，$\mathbb{Z}$ に対する最大評価 (26) から，上の被積分関数が次の値以下なのがわかる：

$$\frac{A}{\alpha} \|F_b(x, n)\|_{L^1(\mathbb{Z})} = \frac{A}{\alpha} \sum_{n=0}^{b-1} f(\tau^n(x)).$$

ここで，もちろん $A = 6$．

したがって，これを X 上で積分し，$\int_X f(\tau^n(x)) \, d\mu = \int_X f(x) \, d\mu$ であることを思い出せば，

$$a\mu(E_\alpha) \leq \frac{A}{\alpha} b \|f\|_{L^1(X)} = \frac{A}{\alpha} (a + N) \|f\|_{L^1(X)}$$

となる．ゆえに $\mu(E_\alpha) \leq \dfrac{A}{\alpha}\left(1 + \dfrac{N}{a}\right)\|f\|_{L^1(X)}$ であり，$a \to \infty$ とすれば評価式 (27) を得る．すでに見たように，最後に $N \to \infty$ として極限をとれば，証明は完了する．

5.3 各点エルゴード定理

われわれが勉強する一連の極限定理の最後のものは，**各点**(または**個別**)**エルゴード定理**である．それははじめの二つの定理の考え方を合体している．この段階では，測度空間 (X, μ) は有限であると仮定するのが好都合である；そのとき，測度を正規化して，$\mu(X) = 1$ と仮定できる．

定理 5.4 f は X 上で可積分であるとする．すると，ほとんどすべての $x \in X$ に対して，平均 $A_m(f)(x) = \dfrac{1}{m}\sum_{k=0}^{m-1} f(\tau^k(x))$ は，$m \to \infty$ のときある極限に収束する．

系 5.5 この極限を $P'(f)$ で表すと，
$$\int_X |P'(f)(x)|\, d\mu(x) \leq \int_X |f(x)|\, d\mu(x)$$
が成り立つ．さらに，$f \in L^2(X, \mu)$ のときは $P'(f) = P(f)$ である．

証明の考え方は次のとおりである．まず，$L^1(X, \mu)$ で稠密な集合の関数 f に対して，$A_m(f)$ が，ほとんどいたるところで，ある極限に収束することを示す．その後，最大定理を用いて，これがすべての可積分関数に対する結論であることを示す．

第一の注意は，X の全測度が 1 であることから，$L^2(X, \mu) \subset L^1(X, \mu)$ かつ $\|f\|_{L^1} \leq \|f\|_{L^2}$ となることである．さらに $L^2(X, \mu)$ は $L^1(X, \mu)$ で稠密である．実際，f が L^1 に属しているとき，次のように定義される列 $\{f_n\}$ を考えよう：$|f(x)| \leq n$ のときは $f_n(x) = f(x)$ で，それ以外は $f_n(x) = 0$. このとき，各 f_n は明らかに L^2 に属し，一方で，有界収束定理より $\|f - f_n\|_{L^1} \to 0$ である．

いま，可積分な f と，任意の $\varepsilon > 0$ で始めたとき，$f = F + H$ および $F = F_0 + (1-T)G$ と書けて，$\|H\|_{L^1} < \varepsilon$，しかも F_0 と G は L^2 に属し，$T(F_0) = F_0$ とできることを見てみよう．ここで，$T(F_0)(x) = F_0(\tau(x))$ である．f のこのような分解を得るためには，まず $f' \in L^2$ と $\|h'\|_{L^1} < \varepsilon/2$ を用いて，$f = f' + h'$

と書く．このことは，上で見た L^1 での L^2 の稠密性という見地から可能である．次に，補題 5.2 の部分空間 $S, \overline{S_1}$ は L^2 の直交補空間だから，$F_0 \in S, F_1 \in S_1$ を見つけて，$f' = F_0 + F_1 + h$ かつ $\|h\|_{L^2} < \varepsilon/2$ とできる．$F_1 \in S_1$ はおのずと $F_1 = (1-T)G$ という形をしているので，$F = F_0 + (1-T)G, H = h + h'$ とおくと，$f = F + H$ を得る．このとき，$\|H\|_{L^1} \leq \|h\|_{L^1} + \|h'\|_{L^1}$ であるが，$\|h\|_{L^1} \leq \|h\|_{L^2} < \varepsilon/2$ だから，f の求める分解が成し遂げられた．

さて，$A_m(F) = A_m(F_0) + A_m((1-T)G) = F_0 + \dfrac{1}{m}(1 - T^m(G))$ であるが，これは定理 5.1 の証明ですでに見たとおりである．ほとんどすべての $x \in X$ に対して，$\dfrac{1}{m}T^m(G)(x) = \dfrac{1}{m}G(\tau^m(x))$ が $m \to \infty$ のとき 0 に収束することを見てみよう．実際，級数 $\displaystyle\sum_{m=1}^{\infty} \dfrac{1}{m^2}(G(\tau^m(x)))^2$ は，ほとんどいたるところで収束するのである．なぜなら，それを X 上で積分すると，単調収束定理により，

$$\sum_{m=1}^{\infty} \frac{1}{m^2}\|T^m G\|_{L^2}^2 = \|G\|_{L^2}^2 \sum_{m=1}^{\infty} \frac{1}{m^2}$$

となり，これが有限だからである．

結果として，$A_m(F)(x)$ は，ほとんどすべての $x \in X$ で収束する．最後に，$A_m(f)(x)$ に対して同様の収束を証明するため，第 3 章の定理 1.3 のように議論する．

$$E_\alpha = \{x : \lim_{N \to \infty} \sup_{n,m \geq N} |A_n(f)(x) - A_m(f)(x)| > \alpha\}$$

とおく．そして，任意の $\alpha > 0$ に対して $\mu(E_\alpha) = 0$ がわかれば十分である．しかしながら，$A_n(f) - A_m(f) = A_n(F) - A_m(F) + A_n(H) - A_m(H)$ で，$A_m(F)(x)$ は $m \to \infty$ のときほとんどいたるところで収束するから，集合 E_α のほとんどすべての点は，次の集合 E'_α に含まれる：

$$E'_\alpha = \{x : \sup_{n,m \geq N} |A_n(H)(x) - A_m(H)(x)| > \alpha\}.$$

こうして，$\mu(E_\alpha) \leq \mu(E'_\alpha) \leq \mu(\{x : 2\sup_m |A_m(H)(x)| > \alpha\})$．この最後の値は，定理 5.3 より，$(A/(\alpha/2))\|H\|_{L^1} \leq 2\varepsilon A/\alpha$ で押さえられる．ε は任意であったから，$\mu(E_\alpha) = 0$ がわかり，それゆえ $A_m(f)(x)$ は，ほとんどすべての点 x でコーシー列になる．定理が証明できた．

系を確立するために，$f \in L^2(X)$ のとき，定理 5.1 による次の知識に注目しよ

う：$A_m(f)$ は $P(f)$ に L^2-ノルムで収束する．よって，そのある部分列は同じ極限にほとんどいたるところで収束する．この場合に $P(f) = P'(f)$ が示せた．次に，単に可積分な任意の f に対して，

$$\int_X |A_m(f)|\, d\mu \leq \frac{1}{m} \sum_{k=0}^{m-1} \int_X |f(\tau^k(x))|\, d\mu(x) = \int_X |f(x)|\, d\mu(x)$$

であり，また，ほとんどいたるところで $A_m(f) \to P'(f)$ だから，ファトゥーの補題により，$\int_X |P'(f)(x)|\, d\mu(x) \leq \int_X |f(x)|\, d\mu(x)$ を得る．これで系も証明できた．

定理と系の結果は，空間 X が有限な測度をもつという仮定を落としても，なお成り立つことが示せる．この一般的な結果を得るのに必要な議論の修正は，練習 26 で概説される．

5.4 エルゴード的な保測変換

「エルゴード」という修飾語は，通常，これまでに証明した三つの極限定理に対して用いられる．それはまた，空間 X の変換の重要なクラスを説明する際，関連した別の使用法をもつ．

X の保測変換 τ が**エルゴード的**であるとは，E が「不変」な可測集合のときに，つねに E か E^c のどちらかが測度 0 になることである．ここで E が不変とは，E と $\tau^{-1}(E)$ が測度 0 の集合でしか異なっていないことである．

エルゴード性のこの条件の便利な言い換えがある．5.1 節で使った定義を拡張し，可測関数 f は，a.e. $x \in X$ で $f(x) = f(\tau(x))$ のとき，**不変**であるということにする．このとき，τ がエルゴード的であるための必要十分条件は，不変な関数が定数に同等なものだけであることである．実際，τ をエルゴード的な変換とし，f を不変な実数値関数と仮定する．このとき，各集合 $E_a = \{x : f(x) > a\}$ は不変だから，任意の a に対して $\mu(E_a) = 0$ または $\mu(E_a^c) = 0$ である．しかし，f が定数と同等でなければ，ある a に対して $\mu(E_a)$ と $\mu(E_a^c)$ の両方が真に正でなければならない．十分性については，次のことへの注意を要するだけである：不変な可測集合の特性関数がすべて定数でなければならないなら，τ はエルゴード的である．

次の結果は，エルゴード的な変換に対して，定理 5.4 の内容を分化したものである．土台の空間 X が測度 1 をもつという当定理の仮定は，ここでも保持する．

系 5.6 τ をエルゴード的な保測変換とする.任意の可積分関数 f に対して,a.e. $x \in X$ で,$m \to \infty$ のとき,$\frac{1}{m}\sum_{k=0}^{m-1} f(\tau^k(x))$ は $\int_X f\,d\mu$ に収束する.

この結果は次のように解釈できる:f の「時間平均」は,その「空間平均」に等しくなる.

証明 定理 5.1 から,任意の $f \in L^2$ に対して,平均 $A_m(f)$ が $P(f)$ に収束することがわかっている.ここで P は,不変ベクトルの部分空間の上への直交射影である.いまの場合,不変ベクトルは,定数関数によって生成された 1 次元空間を構成するから,$P(f) = 1(f, 1) = \int_X f\,d\mu$ となることがわかる.ここで 1 は X 上で恒等的に値 1 をとる関数を表す.これを確かめるために,P が,定数関数の上では恒等写像であり,定数関数に直交する関数をすべて 0 にうつすことに気づこう.次に,任意の $f \in L^1$ は,$g + h$ と書いて,$g \in L^2, \|h\|_{L^1} < \varepsilon$ とできる.このとき $P'(f) = P'(g) + P'(h)$.ここで,定理 5.4 の系から,$P'(g) = P(g)$ および $\|P'(h)\|_{L^1} \leq \|h\|_{L^1} < \varepsilon$ がわかっている.よって,

$$P'(f) - \int_X f\,d\mu = \int_X (g - f)\,d\mu + P'(h)$$

であり,これから $\|P'(f) - \int_X f\,d\mu\|_{L^1} \leq \|g - f\|_{L^1} + \varepsilon < 2\varepsilon$ となる.これは $P'(f)$ が定数 $\int_X f\,d\mu$ であることを示し,主張が証明できた. ∎

いまから,エルゴード性について詳説し,いくつかの例を通してその趣意を明らかにする.

a) 円周の回転

ここで,第 5* 節のはじめの (iii) で述べた例を取り上げる.単位円周 $\mathbb{R}/\mathbb{Z}$ に,誘導されたルベーグ測度が備わっているとし,そこにおいて $x \longmapsto x + \alpha \mod 1$ で与えられる作用 τ を考える.ここでの結果は,

- 写像 τ がエルゴード的であるための必要十分条件は,α が無理数であることである.

第一に,α が無理数のときは,次の一様分布定理がわかっている:f が $[0, 1]$

上で連続で周期的な $(f(0) = f(1))$ とき,すべての x に対して,

$$(29) \qquad \frac{1}{n}\sum_{k=0}^{n-1} f(x+k\alpha) \to \int_0^1 f(x)\,dx, \qquad n\to\infty.$$

これを証明するために用いられる論法は,次のようにすすめられる[5]:まず,$f(x) = e^{2\pi i n x}, n \in \mathbb{Z}$ のときに,(29) が成り立つことを確かめる;実際には,$n = 0$ の場合と $n \neq 0$ の場合とを別々に考える.その後,任意の三角多項式 (これらの指数関数の有限線形結合) に対して,(29) の成り立つことが出る.最後に,任意の連続な周期関数が三角多項式によって一様に近似できることから,(29) は一般の場合にわたって成り立つのである.

いま,P が不変な L^2 関数の上への射影のとき,それを連続な周期関数に制限すると,定理 5.1 と (29) から,P は定数の上に射影する.この制限した部分空間は L^2 において稠密だから,P がなお L^2 全体を定数の上に射影することがわかる;ゆえに,不変な L^2 関数は定数であり,それゆえ τ はエルゴード的である.

反対に $\alpha = p/q$ と仮定しよう.また,集合 $E_0 \subset (0, 1/q)$ を $0 < m(E_0) < 1/q$ となるように選び,E を互いに交わりのない和集合 $\bigcup_{r=0}^{q-1}(E_0 + r/q)$ としよう.このとき,明らかに E は $\tau : x \longmapsto x + p/q$ に関して不変で,$0 < m(E) = qm(E_0) < 1$ である:よって τ はエルゴード的でない.

われわれが用いた性質 (29) は,すべての点での極限の存在を含んでいて,実のところエルゴード性より強い:それは,測度 $d\mu = dx$ がこの写像 τ に関して**一意的にエルゴード的**であることを導く.これは次のような意味である:ν が X のボレル集合の上の測度で,τ によって保存され,$\nu(X) = 1$ であれば,ν は μ に等しくなければならない.

いまの場合,そうなっていることを見るために,P_ν を,空間 $L^2(X, \nu)$ に関して定理 5.1 で保証された直交射影としよう.このとき,(29) は再び次のことを示す:P_ν による連続関数の値域が,それゆえ $L^2(X, \nu)$ 全体の値域が,定数の部分空間になる.よって $P_\nu(f) = \int_0^1 f d\nu$.

このことは,f が連続で周期的なとき $\int_0^1 f(x)dx = \int_0^1 f d\nu$ であることも導く.あとは,簡単な極限論により,測度 $dx = d\mu$ と ν が,すべての開区間に対

---

5) 第 I 巻第 4 章の第 2 節も参照してほしい.

して一致し，それゆえすべての開集合に対して一致することを得る．すでに見たように，これは，二つの測度が一致していることを示す．

一般に，一意的にエルゴード的な保測変換は，エルゴード的である．しかし，以下に見るように，この逆は必ずしも真ではない．

b)　二重写像

今度は，第 5^* 節のはじめの例 (iv) に出てきた写像 $x \longmapsto 2x \mod 1$ を考える：ただし $x \in (0, 1]$ で，その区間はルベーグ測度 μ をもつとする．この写像 τ がエルゴード的で，実際には，混合的と呼ばれるまた別のより強い性質[6]をもつことを証明しよう．その性質は次のように定義される．

τ が空間 (X, μ) 上の保測変換のとき，それが**混合的**であるとは，任意の一対の可測集合 E, F に対して

$$(30) \qquad \mu(\tau^{-n}(E) \cap F) \to \mu(E)\mu(F), \qquad n \to \infty$$

となるときにいう．(30) の意味は次のように解釈できる．確率論では，確率が付与された起こりうる事象の「空間」にしばしば出会う．これらの事象は，$\mu(X) = 1$ をみたすある空間 (X, μ) の可測集合 E で表現される．そのときの各事象の確率は $\mu(E)$ である．二つの事象 E, F が「独立」であるとは，両方が同時に起きる確率がそれぞれの確率の積になる場合，すなわち $\mu(E \cap F) = \mu(E)\mu(F)$ となる場合である．そうすると，混合的であるという主張 (30) は，E, F をどう選んでも，時刻 n が ∞ にいくときの極限において，集合 $\tau^{-n}(E)$ と F が漸近的に独立になることである．

次に，混合的という条件が，見かけ上それより強い次の条件から導かれることを観察しよう：f, g が $L^2(X, \mu)$ に属していれば，

$$(31) \qquad (T^n f, g) \to (f, 1)(1, g), \qquad n \to \infty.$$

ただし $T^n(f)(x) = f(\tau^n(x))$ である．これは，$f = \chi_E, g = \chi_F$ ととることで，直ちに出る．逆もまた成り立つのだが，その証明は読者に練習として残しておく．

今度は，混合的という条件が τ のエルゴード性を導くことを注意する．実際，(31) から，

---

[6]　この性質は，「弱混合的」と呼ばれるまた別の種のエルゴード性と区別するため，しばしば「強混合的」と呼ばれる．

$$(A_n(f), g) = \frac{1}{n}\sum_{k=0}^{n-1}(T^k f, g) \quad \text{は} \quad (f, 1)(1, g) \quad \text{に収束する.}$$

これは $(P(f), g) = (f, 1)(1, g)$ を意味し，それゆえ $P(f)$ は，定数に直交するすべての g に直交する．これは，もちろん，P が定数の上への直交射影であることを意味するので，τ はエルゴード的である．

次は，二重写像が混合的なのを見る．実際，$f(x) = e^{2\pi i m x}$, $g(x) = e^{2\pi i k x}$ の場合，m と k の両方が 0 でない限り $(f, 1)(1, g) = 0$ であり，両方が 0 ならば，それは 1 に等しい．一方，この場合，$(T^n f, g) = \int_0^1 e^{2\pi i m 2^n x} e^{-2\pi i k x} dx$ であり，m と k の両方が 0 でない限り，十分大きい n に対してこの積分値は 0 になり，両方が 0 ならば，その積分は 1 に等しい．こうして，指数関数 $f(x) = e^{2\pi i m x}, g(x) = e^{2\pi i k x}$ すべてに対して，(31) が成り立った．よって，線形性から，すべての三角多項式 f, g に対して，(31) がいえる．$L^2((0, 1])$ のすべての f, g に対してまで (31) を通用させるのは，これまでのことからの簡単な一歩である：実際，これらの関数が三角多項式により L^2–ノルムで近似できることと，第 4 章の完備性を用いるのである．

無理数 α に対して，単位円周の回転 $\tau : x \longmapsto x + \alpha$ の作用が，エルゴード的だが，混合的でないことを観察しよう．実際，$f(x) = g(x) = e^{2\pi i m x}$, $m \neq 0$ ととると，$(T^n f, g) = e^{2\pi i n m \alpha}(f, g) = e^{2\pi i n m \alpha}$，一方 $(f, 1) = (g, 1) = 0$ である：こうして，$(T^n f, g)$ は，$n \to \infty$ のとき $(f, 1)(1, g)$ に収束しない．

最後に，$(0, 1]$ 上の二重写像 $\tau : x \longmapsto 2x \mod 1$ が一意的にエルゴード的でないことを注意する．ルベーグ測度の他に，次の測度 ν も τ によって保存される：$\nu(\{1\}) = 1$, かつ $1 \notin E$ のとき $\nu(E) = 0$.

エルゴード的な変換のさらなる例は，後に与えられる．

6*. 付録：スペクトル分解定理

この付録の目的は，ヒルベルト空間上の有界な対称作用素に対するスペクトル分解定理の証明の概略を述べることである．定理の証明の中核をなさない細々した部分は，興味ある読者に，埋め合わすよう残しておこう．この定理は，この章で扱ったルベーグ–スティルチェス積分に関連した考え方の一つの面白い応用面

を示している.

6.1 定理の主張

基本になる概念は,ヒルベルト空間 $\mathcal{H}$ 上の**スペクトル分解**(または**スペクトル族**)の概念である.これは,$\mathbb{R}$ から $\mathcal{H}$ 上の直交射影への関数 $\lambda \longmapsto E(\lambda)$ で,次の条件をみたすものである:

(i) $E(\lambda)$ は次の意味で増加である:各 $f \in \mathcal{H}$ に対して,$\|E(\lambda)f\|$ は λ の増加関数である.

(ii) ある区間 $[a, b]$ が存在して,$\lambda < a$ のとき $E(\lambda) = 0$ で,$\lambda \geq b$ のとき $E(\lambda) = I$ である.ここで,I は $\mathcal{H}$ 上の恒等作用素を表す.

(iii) $E(\lambda)$ は右連続である;すなわち,各 λ に対して,
$$\lim_{\substack{\mu \to \lambda \\ \mu > \lambda}} E(\mu)f = E(\lambda)f, \qquad f \in \mathcal{H}.$$

性質(i)が,次の三つの主張のそれぞれ(が,$\mu > \lambda$ である任意の λ, μ に対して成り立つこと)と同値なのを注意しておこう:(a) $E(\mu)$ の値域は $E(\lambda)$ の値域を含む;(b) $E(\mu)E(\lambda) = E(\lambda)$;(c) $E(\mu) - E(\lambda)$ は直交射影である.

スペクトル分解 $\{E(\lambda)\}$ と元 $f \in \mathcal{H}$ が与えられたとき,関数 $\lambda \longmapsto (E(\lambda)f, f) = \|E(\lambda)f\|^2$ もまた増加であることに気づこう.結果として,分極化等式(第4章の第5節参照)は,すべての2元 $f, g \in \mathcal{H}$ に対して,関数 $F(\lambda) = (E(\lambda)f, g)$ が有界変動で,さらに右連続であることを示す.これら二つの注意を踏まえると,主結果が述べられる.

定理6.1 T を,ヒルベルト空間 $\mathcal{H}$ 上の有界な対称作用素とする.そのとき,次のようなスペクトル分解 $\{E(\lambda)\}$ が存在する:
$$T = \int_{a^-}^{b} \lambda \, dE(\lambda).$$
この意味は,すべての $f, g \in \mathcal{H}$ に対して,

(32) $$(Tf, g) = \int_{a^-}^{b} \lambda \, d(E(\lambda)f, g) = \int_{a^-}^{b} \lambda \, dF(\lambda)$$

となることである.

右辺の積分は,3.3節の(iii),(iv)のようなルベーグ–スティルチェス積分とする.この結果は,次の意味で,コンパクト対称作用素 T に対するスペクトル分解定

理を含んでいる．第4章の定理6.2で保証されているように，$\{\varphi_k\}$ を，T の固有ベクトルからなる正規直交基底とし，それぞれ固有値 λ_k に対応しているとする．この場合，直交展開をとおし，

$$E(\lambda)f \sim \sum_{\lambda_k \leq \lambda} (f, \varphi_k) \varphi_k$$

と定義したものを，スペクトル分解とするのである．これが上の条件 (i), (ii), (iii) をみたすことは，簡単に確かめられる．また，$\|E(\lambda)f\|^2 = \sum_{\lambda_k \leq \lambda} |(f, \varphi_k)|^2$ であり，$F(\lambda) = (E(\lambda)f, g)$ が，第3章の3.3節のような単なる跳躍関数であることもわかる．

6.2 正の作用素

定理の証明は，作用素が正であるという概念に依存している．T が対称で，すべての $f \in \mathcal{H}$ に対して $(Tf, f) \geq 0$ となるとき，T は**正**であるといい，$T \geq 0$ と書く（T が対称なとき (Tf, f) が自動的に実数であることに注意せよ）．それから，$T_1 \geq T_2$ と書いて，$T_1 - T_2 \geq 0$ を意味する．次のことに注意しよう：二つの直交射影に対しては，$E_2 \geq E_1$ であることと，すべての $f \in \mathcal{H}$ に対して $\|E_2 f\| \geq \|E_1 f\|$ となることは同値である．さらに，前に述べた (a)〜(c) のような性質とも同値になる．また，S が対称なとき，$S^2 = T$ が正になることに気づこう．今後，対称な T に対して，

(33) $\qquad a = \min(Tf, f), \qquad b = \max(Tf, f), \qquad \|f\| \leq 1$

と書くことにする．

命題 6.2 T は対称であるとする．このとき，$\|T\| \leq M$ と $-MI \leq T \leq MI$ は同値である．結果として，$\|T\| = \max(|a|, |b|)$．

これは，第4章の (7) 式の帰結である．

命題 6.3 T は正であるとする．このとき，$S^2 = T$ をみたす ($T^{1/2}$ と書かれるべき) 対称作用素 S が存在する．また S は，T と可換なすべての作用素と可換である．

最後の主張は，ある作用素 A に対し $AT = TA$ ならば $AS = SA$ となるということである．

S の存在は次のようにしてわかる．適当な正数をかけることで，$\|T\| \leq 1$ と仮定してよい．$(1-t)^{1/2}$ の二項展開を考えよう．それを $(1-t)^{1/2} = \sum_{k=0}^{\infty} b_k t^k, |t| < 1$ と書く．ここで必要な関連事項は，b_k が実数で，$\sum_{k=0}^{\infty} |b_k| < \infty$ となることである．実際，$(1-t)^{1/2}$ のベキ級数展開を直接計算すると，$b_0 = 1, b_1 = -1/2, b_2 = -1/8$ で，一般に $k \geq 2$ のとき $b_k = -1/2 \cdot 1/2 \cdots (k-3/2)/k!$ となることがわかる．これから，$b_k = O(k^{-3/2})$ が出る．さらにまとめて，$k \geq 1$ のとき $b_k < 0$ だから，定義において $t \to 1$ とすると，$-\sum_{k=1}^{\infty} b_k = 1$ となり，それゆえ $\sum_{k=0}^{\infty} |b_k| = 2$ となることがわかる．

さて，多項式 $\sum_{k=0}^{n} b_k t^k$ を $s_n(t)$ で表そう．このとき，多項式

(34) $$s_n^2(t) - (1-t) = \sum_{k=0}^{2n} c_k^n t^k$$

について，次の性質が成り立つ：$n \to \infty$ のとき $\sum_{k=0}^{2n} |c_k^n| \to 0$ である．実際，$r_n(t) = \sum_{k=n+1}^{\infty} b_k t^k$ とおくと，$s_n(t) = (1-t)^{1/2} - r_n(t)$ だから，$s_n^2(t) - (1-t) = -r_n^2(t) - 2s_n(t)r_n(t)$ である．左辺は明らかに $2n$ 次以下の多項式で，それと右辺とを係数比較すると，c_k^n が $3 \sum_{j>n} |b_j||b_{k-j}|$[7]以下であることが示される．これからすぐさま，$n \to \infty$ のとき $\sum_k |c_k^n| = O\Big(\sum_{j>n} |b_j|\Big) \to 0$ を得る．これがいいたいことであった．

これを適用するために，$T_1 = I - T$ とおこう：このとき $0 \leq T_1 \leq I$ だから，命題 6.2 より $\|T_1\| \leq 1$ である．$S_n = s_n(T_1) = \sum_{k=0}^{n} b_k T_1^k$ とする．ただし $T_1^0 = I$．このとき，作用素ノルムにおいて，$\|T_1^k\| \leq \|T_1\|^k \leq 1$ だから，$n, m \to \infty$ のとき，$\|S_n - S_m\| \leq \sum_{k \geq \min(n,m)} |b_k| \to 0$ となる．よって，S_n はある作用素 S に収束する．明らかに，各 n に対して S_n は対称だから，S も対称である．さらに (34) より，$S_n^2 - T = \sum_{k=0}^{2n} c_k^n T_1^k$ だから，$n \to \infty$ のとき $\|S_n^2 - T\| \leq \sum |c_k^n| \to 0$ となり，これは $S^2 = T$ を意味する．最後に，A が T と可換ならば，それは明

---

[7] 訳注：$k < 0$ のときは $b_k = 0$ と考える．

らかに T の任意の多項式，たとえば S_n と可換であり，それゆえ S と可換である．こうして命題の証明は完結した．

命題 6.4 T_1, T_2 が正の作用素で可換なとき，$T_1 T_2$ も正である．

実際，S を，前命題で与えた T_1 の平方根とすると，$T_1 T_2 = SST_2 = ST_2 S$ である．よって，S が対称であることを合わせて，$(T_1 T_2 f, f) = (ST_2 S f, f) = (T_2 S f, S f)$ となり，この最終辺は非負である．

命題 6.5 T は対称で，a と b を (33) で与えられた数とする．$p(t) = \sum_{k=0}^{n} c_k t^k$ が実多項式で，$t \in [a, b]$ に対して非負値のとき，作用素 $p(T) = \sum_{k=0}^{n} c_k T^k$ は正である．

これを見るために，$p(t) = c \prod_j (t - \rho_j) \prod_k (\rho'_k - t) \prod_\ell ((t - \mu_\ell)^2 + \nu_\ell)$ と書こう．ここで c は正数である．また，第 3 因子は，$p(t)$ の虚数解 (共役解と合わせたもの) と，$p(t)$ の実数解で (a, b) 内にあるもの——それは必然的に偶数重解になる——の部分に相当する．さらに，第 1 因子において ρ_j は $\rho_j \leq a$ である実数解，第 2 因子において ρ'_k は $\rho'_k \geq b$ である実数解である．ここで，各因子 $T - \rho_j I, \rho'_j I - T, (T - \mu_\ell I)^2 + \nu_\ell^2 I$ はいずれも正で，それらは可換だから，前命題から求める結論が出る．

系 6.6 $p(t)$ が実多項式のとき，
$$\|p(T)\| \leq \sup_{t \in [a,b]} |p(t)|.$$

これは命題 6.2 による直接の結果である．なぜなら，$M = \sup_{t \in [a,b]} |p(t)|$ のとき，$-M \leq p(t) \leq M$ だから，$-MI \leq p(T) \leq MI$ となるからである．

命題 6.7 $\{T_n\}$ を正の作用素の列とし，すべての n に対して $T_n \geq T_{n+1}$ とする．このとき，正の作用素 T が存在して，各 $f \in \mathcal{H}$ に対し $n \to \infty$ のとき $T_n f \to T f$ となる．

証明 各 $f \in \mathcal{H}$ を固定すると，非負数の列 $(T_n f, f)$ が減少で，それゆえ収束することに注意する．いまから，任意の正の作用素 S に対して，$\|S\| \leq M$ のとき，

(35) $$\|S(f)\|^2 \leq (Sf, f)^{1/2} M^{3/2} \|f\|$$

が成り立つことを観察しよう．実際, 2 次関数 $(S(tI+S)f, (tI+S)f) = t^2(Sf, f) + 2t(Sf, Sf) + (S^2 f, Sf)$ は，すべての実数 t に対して非負値をとる．よって判別式は 0 以下, すなわち $\|S(f)\|^4 \leq (Sf, f)(S^2 f, Sf)$ となり, (35) が出る．$n \leq m$ とし, $S = T_n - T_m$ を (35) に代入する．ここで, $\|T_n - T_m\| \leq \|T_n\| \leq \|T_1\| = M$, また $n, m \to \infty$ のとき, $((T_n - T_m)f, f) \to 0$ である．よって, $n, m \to \infty$ のとき $\|T_n f - T_m f\| \to 0$ となることがわかる．こうして, $\lim_{n \to \infty} T_n(f) = T(f)$ は存在する．明らかに T はまた正である． ∎

6.3 定理の証明

いま，任意の対称作用素 T と, (33) によって与えられる a, b で始め，$[a, b]$ 上の適当な関数 Φ に，対称作用素 $\Phi(T)$ を対応させる考え方を，さらに進展させよう．われわれは一般性が広がる順にこれを行う．まず，Φ が実多項式 $\sum_{k=0}^{n} c_k t^k$ のとき，前と同様に，$\Phi(T)$ は $\sum_{k=0}^{n} c_k T^k$ で定義される．この対応が準同型であることを注意しておこう：つまり，$\Phi = \Phi_1 + \Phi_2$ なら $\Phi(T) = \Phi_1(T) + \Phi_2(T)$; $\Phi = \Phi_1 \cdot \Phi_2$ なら $\Phi(T) = \Phi_1(T) \cdot \Phi_2(T)$ である．さらに，Φ は実 (各 c_k が実数) だから，$\Phi(T)$ は対称である．

次に，$[a, b]$ 上の任意の実数値連続関数 Φ は，多項式 p_n により一様に近似できる (たとえば，第 I 巻第 5 章の 1.8 節を参照) から，系 6.6 により，列 $p_n(T)$ は，作用素ノルムで，ある極限に収束することがわかる．その極限を $\Phi(T)$ とする．この極限は，Φ を近似する多項式の列のとり方に依存しない．また，$\Phi(T)$ は自動的に対称作用素である．さらに，$[a, b]$ 上で $\Phi(t) \geq 0$ の場合は，つねに近似列を $[a, b]$ 上で正になるようにとることができるので，結局 $\Phi(T) \geq 0$ である．

最後に，$\{\Phi_n(t)\}$ が $[a, b]$ 上の正の連続関数からなる減少列で，Φ が極限 $\Phi(t) = \lim_{n \to \infty} \Phi_n(t)$ になっているときに，$\Phi(T)$ を定義する．実際，Φ_n に対して上で確立したことを行うと，命題 6.7 により，極限 $\lim_{n \to \infty} \Phi_n(T)$ は存在する．この極限が列 $\{\Phi_n\}$ のとり方に依存せず，$\Phi(T)$ が上の極限として正しく定義されることを見るために，$\{\Phi'_n\}$ を減少しながら Φ に収束するまた別の連続関数の列とする．このとき，与えられた $\varepsilon > 0$ と固定した k に対して，十分大きいすべての n で $\Phi'_n(t) \leq \Phi_k(t) + \varepsilon$ となる．よって，このような n では $\Phi'_n(T) \leq \Phi_k(T) + \varepsilon I$

が成り立つ．まず n に関して，次に k に関して，それから $\varepsilon \to 0$ と，極限をとると，$\lim_{n\to\infty} \Phi'_n(T) \leq \lim_{k\to\infty} \Phi_k(T)$ を得る．役割を入れ替えれば逆の不等式も成り立つので，この二つの極限は同じである．このような極限関数の対についても，$t \in [a, b]$ のとき $\Phi_1(t) \leq \Phi_2(t)$ ならば，$\Phi_1(T) \leq \Phi_2(T)$ となることに注意しよう．

スペクトル分解を与える基になる関数 $\Phi, \Phi = \varphi^\lambda$ は，任意の実数 λ に対して，
$$t \leq \lambda \text{ のとき} \quad \varphi^\lambda(t) = 1, \qquad \lambda < t \text{ のとき} \quad \varphi^\lambda(t) = 0$$
で定義される．ここで，$t \leq \lambda$ のとき $\varphi_n^\lambda(t) = 1$, $t \geq \lambda + 1/n$ のとき $\varphi_n^\lambda(t) = 0$ で，$t \in [\lambda, \lambda+1/n]$ のとき $\varphi_n^\lambda(t)$ は1次関数になっているとすると，$\varphi^\lambda(t) = \lim \varphi_n^\lambda(t)$ となることに注意する．こうして，各 $\varphi^\lambda(t)$ は連続関数の減少列の極限である．上のことに従って，
$$E(\lambda) = \varphi^\lambda(T)$$
とおく．$\lambda_1 \leq \lambda_2$ のとき，$\lim_{n\to\infty} \varphi_n^{\lambda_1}(t)\varphi_n^{\lambda_2}(t) = \varphi^{\lambda_1}(t)$ だから，$E(\lambda_1)E(\lambda_2) = E(\lambda_1)$ がわかる．こうして，すべての λ に対して $E(\lambda)^2 = E(\lambda)$ である．また $E(\lambda)$ は対称だから，直交射影である．さらに，任意の $f \in \mathcal{H}$ に対して，
$$\|E(\lambda_1)f\| = \|E(\lambda_1)E(\lambda_2)f\| \leq \|E(\lambda_2)f\|$$
であり，それゆえ $E(\lambda)$ は増加である．明らかに $\lambda < a$ のとき $E(\lambda) = 0$ である．なぜなら，このような λ に対しては，$[a, b]$ 上で $\varphi^\lambda(t) = 0$ となるからである．同様に，$\lambda \geq b$ のとき $E(\lambda) = I$ となる．

次に，$E(\lambda)$ が右連続であることを注意しよう．実際，$f \in \mathcal{H}$[8]と $\varepsilon > 0$ を固定する．このとき，ある n に対して，$\|E(\lambda)f - \varphi_n^\lambda(T)f\| < \varepsilon$ が成り立つ．いま，そのような n を固定しておく．ここで，$\mu \to \lambda$ のとき，$\varphi_n^\mu(t)$ は $\varphi_n^\lambda(t)$ に t に関して一様に収束する．よって，適当な δ をとれば，$|\mu - \lambda| < \delta$ のとき $\sup_t |\varphi_n^\mu(t) - \varphi_n^\lambda(t)| < \varepsilon$ となる．よって，系から $\|\varphi_n^\mu(T) - \varphi_n^\lambda(T)\| < \varepsilon$ であり，それゆえ $\|E(\lambda)f - \varphi_n^\mu(T)f\| < 2\varepsilon$ となる．さて，$\mu \geq \lambda$ のとき，$E(\mu)E(\lambda) = E(\lambda)$ かつ $E(\mu)\varphi_n^\mu(T) = E(\mu)$ である．結果として，$\lambda \leq \mu \leq \lambda+\delta$ ならば，$\|E(\lambda)f - E(\mu)f\| < 2\varepsilon$ となる．ε は任意であったから，右連続性が確

---

[8] 訳注：$\|f\| \leq 1$ と仮定してよい．

立した.

　最後に，スペクトル表示 (32) を確かめる．$a = \lambda_0 < \lambda_1 < \cdots < \lambda_k = b$ を，$[a, b]$ の任意の分割とし，$\sup_j (\lambda_j - \lambda_{j-1}) < \delta$ をみたすとする．このとき，
$$t = \sum_{j=1}^k t\,(\varphi^{\lambda_j}(t) - \varphi^{\lambda_{j-1}}(t)) + t\,\varphi^{\lambda_0}(t)$$
だから，
$$t \le \sum_{j=1}^k \lambda_j\,(\varphi^{\lambda_j}(t) - \varphi^{\lambda_{j-1}}(t)) + \lambda_0\,\varphi^{\lambda_0}(t) \le t + \delta$$
がわかる．これらの関数に作用素 T をあてはめると，
$$T \le \sum_{j=1}^k \lambda_j (E(\lambda_j) - E(\lambda_{j-1})) + \lambda_0 E(\lambda_0) \le T + \delta I$$
を得る．こうして T は，上の和からノルムで δ 以下の差しかない．結果として，
$$\left| (Tf, f) - \sum_{j=1}^k \lambda_j \int_{(\lambda_{j-1}, \lambda_j]} d(E(\lambda)f, f) - \lambda_0 (E(\lambda_0)f, f) \right| \le \delta \|f\|^2$$
となる．ここで，網目 δ を 0 に近づけて，$[a, b]$ の分割を細かくしていくと，上の和は $\int_{a^-}^b \lambda\,d(E(\lambda)f, f)$ に近づく．よって $(Tf, f) = \int_{a^-}^b \lambda\,d(E(\lambda)f, f)$ であり，分極化等式は (32) を導く．

　同様の議論をすれば，Φ が $[a, b]$ 上で連続なとき，作用素 $\Phi(T)$ が類似のスペクトル表示

(36) $$(\Phi(T)f, g) = \int_{a^-}^b \Phi(\lambda)\,d(E(\lambda)f, g)$$

をもつことが示される．その理由は，$\delta' = \sup_{|t-t'| \le \delta} |\Phi(t) - \Phi(t')|$ のとき，$|\Phi(t) - \sum_{j=1}^k \Phi(\lambda_j)(\varphi^{\lambda_j}(t) - \varphi^{\lambda_{j-1}}(t)) - \Phi(\lambda_0)\varphi^{\lambda_0}(t)| < \delta'$ であり，$\delta \to 0$ とすることによる．

　この表示は，複素数値の連続関数 Φ にまで (実部と虚部を別々に考えることにより) 拡張できる．あるいは，連続関数の減少列の各点極限である Φ にも拡張できる．

6.4 スペクトル

$\mathcal{H}$ 上の有界作用素 S が**可逆**であるとは,S が $\mathcal{H}$ 上の全単射で,その逆作用素 S^{-1} も有界になるときにいう.S^{-1} が $S^{-1}S = SS^{-1} = I$ をみたすことを注意しておこう.S の**スペクトル**とは,$S - zI$ が可逆でないような複素数 z の集合のことで,$\sigma(S)$ で表される.

命題 6.8 T が対称なとき,$\sigma(T)$ は,(33) で与えられる区間 $[a, b]$ の閉部分集合になる.

次のことに注意しよう:$z \notin [a, b]$ のとき,関数 $\Phi(t) = (t - z)^{-1}$ は $[a, b]$ 上で連続で,$\Phi(T)(T - zI) = (T - zI)\Phi(T) = I$ だから,$\Phi(T)$ は $T - zI$ の逆作用素になる.いま,$T_0 = T - \lambda_0 I$ が可逆であると仮定しよう.このとき,十分小さいすべての (複素) 数 ε に対して,$T_0 - \varepsilon I$ が可逆になることを示したい.そうすれば,$\sigma(T)$ の補集合が開であることが証明される.実際,$T_0 - \varepsilon I = T_0(I - \varepsilon T_0^{-1})$ と書く.そして,作用素 $T_0(I - \varepsilon T_0^{-1})$ を次のようにして (形式的に) 逆にする:つまり,その逆作用素を和

$$\sum_{n=0}^{\infty} \varepsilon^n (T_0^{-1})^{n+1}$$

で表す.$\sum_{n=0}^{\infty} \|\varepsilon^n (T_0^{-1})^{n+1}\| \leq \sum |\varepsilon|^n \|T_0^{-1}\|^{n+1}$ だから,$|\varepsilon| < \|T_0^{-1}\|^{-1}$ のとき,この級数は収束し,和のノルムは次の数以下になる:

$$\tag{37} \|T_0^{-1}\| \frac{1}{1 - |\varepsilon| \|T_0^{-1}\|}.$$

こうして,作用素 $(T_0 - \varepsilon I)^{-1}$ は,$\displaystyle\lim_{N \to \infty} T_0^{-1} \sum_{n=0}^{N} \varepsilon^n (T_0^{-1})^{n+1}$ として定義できた.簡単にわかるように,これが求める逆作用素である.

最後の命題は,スペクトル $\sigma(T)$ をスペクトル分解 $\{E(\lambda)\}$ と結びつける.

命題 6.9 各 $f \in \mathcal{H}$ に対して,$F(\lambda) = (E(\lambda)f, f)$ に対応するルベーグ–スティルチェス測度は,$\sigma(T)$ 上に台をもつ.

別な言い方をすると,$F(\lambda)$ は,$\sigma(T)$ の補集合内の任意の開区間上で定数になる.

これを証明するために,J を,$\sigma(T)$ の補集合内の開区間の一つとする.そし

て，$x_0 \in J$ とし，$\varepsilon < \|(T - x_0 I)^{-1}\|$ となるようにして，J_0 を，x_0 が中心で，長さが 2ε の J の部分区間とする．まず z が 0 でない虚部をもつとき，$\Phi_z(t) = (t-z)^{-1}$ とおけば，$(T - zI)^{-1}$ が $\Phi_z(T)$ で与えられることに注意しよう．よって，$\Psi_z(t) = 1/|t-z|^2$ とおけば，$(T-zI)^{-1}(T-\overline{z}I)^{-1}$ は $\Psi_z(T)$ で与えられる．ゆえに，(37) で与えた評価と，表示 (36) に $\Phi = \Psi_z$ を代入した式より，z が虚数で，$|x_0 - z| < \varepsilon$ である限り

$$\int \frac{dF(\lambda)}{|\lambda - z|^2} \leq A'$$

となる．よって，$|x_0 - x| < \varepsilon$ である実数 x に対しても，同じ不等式が得られる．いま，その式を $x \in J_0$ について積分し，任意の $\lambda \in J_0$ に対して $\int_{J_0} \frac{dx}{|\lambda - x|^2} = \infty$ であることを用いると，$\int_{J_0} dF(\lambda) = 0$ が導ける．こうして，$F(\lambda)$ は J_0 上で定数になる．ところが，x_0 は J の任意の点であったから，関数 $F(\lambda)$ は J 全体を通して定数になり，命題は証明できた．

7. 練習

1. X を集合とし，$\mathcal{M}$ を X の部分集合の空でない族とする．$\mathcal{M}$ が，補集合をとること，可算個の互いに交わらない集合の和集合をとること，有限個の集合の共通集合をとることに関して閉じているとき，$\mathcal{M}$ が σ–加法族になることを証明せよ．
[ヒント：任意の可算個の集合の和集合は，可算個の互いに交わらない集合の和集合で書き表せる．]

2. $(X, \mathcal{M}, \mu)$ を測度空間とする．この空間の**完備化**を次のように定義することができる．$\overline{\mathcal{M}}$ を，次のような E, Z を用いて $E \cup Z$ という形になる集合の族とする：$E \in \mathcal{M}$，また $F \in \mathcal{M}, \mu(F) = 0$ で，$Z \subset F$ である．また，$\overline{\mu}(E \cup Z) = \mu(E)$ と定義しよう．このとき：

(a) $\overline{\mathcal{M}}$ は，$\mathcal{M}$ に属す測度 0 の集合のすべての部分集合と $\mathcal{M}$ とを含む最小の σ–加法族である．

(b) 関数 $\overline{\mu}$ は $\overline{\mathcal{M}}$ 上の測度で，この測度は完備である．
[ヒント：$\overline{\mathcal{M}}$ が σ–加法族であることを証明するには，$E_1 \in \overline{\mathcal{M}}$ のとき $E_1^c \in \overline{\mathcal{M}}$ となることを見れば十分である．$E, F \in \mathcal{M}, Z \subset F$ として，$E_1 = E \cup Z$ と書け．このとき $E_1^c = (E \cup F)^c \cup (F - (Z \cup E))$．]

3. 第1章で導入されたルベーグ外測度 m_* を考えよう. $\mathbb{R}^d$ の集合 E が, カラテオドリ可測であることと, E が第1章の意味でルベーグ可測であることは同値である.

[ヒント：E がルベーグ可測で, A が任意の集合のとき, G_δ 集合 G で, $A \subset G$ と $m_*(A) = m(G)$ をみたすものを選べ. 反対に, E がカラテオドリ可測で, $m_*(E) < \infty$ のとき, G_δ 集合 G で, $E \subset G$ と $m_*(E) = m_*(G)$ をみたすものを選べ. すると, $G - E$ は外測度 0 である.]

4. r を $\mathbb{R}^d$ の回転とする. 写像 $x \longmapsto r(x)$ がルベーグ測度を保存すること (第2章の問題 4, 第3章の練習 26 を参照) を用いて, それが, 測度 $d\sigma$ をもつ球面 S^{d-1} の保測変換を誘導することを示せ.

逆は問題 4 で述べられる.

5. 極座標公式を用いて, 次のことを証明せよ.

(a) $d=2$ のとき $\int_{\mathbb{R}^d} e^{-\pi|x|^2} dx = 1$ である. このことから, すべての d に対して同じ等式が成り立つことを導き出せ.

(b) $\left(\int_0^\infty e^{-\pi r^2} r^{d-1} dr \right) \sigma(S^{d-1}) = 1$. その結果, $\sigma(S^{d-1}) = 2\pi^{d/2}/\Gamma(d/2)$.

(c) B が単位球のとき, $v_d = m(B) = \pi^{d/2}/\Gamma(d/2+1)$ である. なぜなら, この値は $\left(\int_0^1 r^{d-1} dr \right) \sigma(S^{d-1})$ に等しいからである (第2章の練習 14 を参照).

6. $\mathbb{R}^d$ の単位球面 B に関してグリーンの公式に相当するものは, 次のように述べられる. u, v を, $C^2(\overline{B})$ に属す一対の関数とする. このとき,
$$\int_B (v \triangle u - u \triangle v) \, dx = \int_{S^{d-1}} \left(v \frac{\partial u}{\partial n} - u \frac{\partial v}{\partial n} \right) d\sigma$$
が成り立つ. ここで, S^{d-1} は単位球面で, 3.2 節で定義した測度 $d\sigma$ が備わっている. また, $\partial u/\partial n, \partial v/\partial n$ は, (それぞれ) u, v の, S^{d-1} に立てた内向きの法線に沿った方向微分を表す.

前章の補題 4.5 において, $\eta = \eta_\varepsilon^+$ ととり $\varepsilon \to 0$ とすることにより, 上のことが導き出せる. それを示せ.

7. 第5章の (21) で与えた平均値の性質の別の形がある. それは次のように述べられる. u は Ω 上で調和とし, B は, 中心が x_0 で 半径が r の球で, その閉包が Ω に含まれるものとする. このとき,
$$u(x_0) = c \int_{S^{d-1}} u(x_0 + ry) \, d\sigma(y)$$

が成り立つ．ただし $c^{-1} = \sigma(S^{d-1})$．逆に，この平均値の性質をみたす連続関数は調和である．

[ヒント：これは，球上の平均に関する同様の結果 (第 5 章の定理 4.2) の直接の帰結として証明できる．あるいは，練習 6 から引き出せる．]

8. ルベーグ測度が平行移動不変性によって一意的に特徴づけられるということは，次の主張で正当化できる：μ が $\mathbb{R}^d$ 上の平行移動不変なボレル測度で，コンパクト集合の上で有限値をとるとき，μ はルベーグ測度 m の定数倍になる．この定理を，次のように話をすすめることによって証明せよ．

(a) Q_a は，1 辺の長さが a の立方体 $\{x : 0 < x_j \leq a, j = 1, 2, \cdots d\}$ を平行移動したものを表すとする．$\mu(Q_1) = c$ とすると，各整数 n に対して $\mu(Q_{1/n}) = cn^{-d}$ が成り立つ．

(b) 結果として，μ は m に関して絶対連続になり，
$$\mu(E) = \int_E f\, dx$$
をみたす局所可積分関数 f が存在する．

(c) 微分定理 (第 3 章の系 1.7) より，$f(x) = c$ a.e. が導け，それゆえ $\mu = cm$ となる．

[ヒント：Q_1 は，$Q_{1/n}$ を平行移動したもの n^d 個の互いに交わりのない和集合で書ける．]

9. 有界閉区間 $[a, b]$ 上の連続関数のベクトル空間を $C([a, b])$ で表す．また，この区間上のボレル測度 μ で $\mu([a, b]) < \infty$ をみたすものが与えられたとする．このとき，
$$f \longmapsto \ell(f) = \int_a^b f(x)\, d\mu(x)$$
は $C([a, b])$ 上の線形汎関数であり，$f \geq 0$ ならば $\ell(f) \geq 0$ という意味で ℓ は正である．

反対に，上の意味で正である $C([a, b])$ 上の任意の線形汎関数 ℓ に対して，有限なボレル測度 μ がただ一つ存在し，$f \in C([a, b])$ に対して $\ell(f) = \int_a^b f\, d\mu$ となる．

[ヒント：$a = 0, u \geq 0$ とする．そして $F(u)$ を $F(u) = \lim_{\varepsilon \to 0} \ell(f_\varepsilon)$ と定義する．ただし，
$$f_\varepsilon(x) = \begin{cases} 1 & 0 \leq x \leq u \text{ のとき}, \\ 0 & u + \varepsilon \leq x \text{ のとき}, \end{cases}$$
かつ f_ε は u と $u + \varepsilon$ の間では 1 次関数であるとする (図 3 参照)．このとき，F は右連続な増加関数だから，定理 3.5 により，$\ell(f)$ は $\int_a^b f(x)\, dF(x)$ と表せる．]

この結果は，$[a,b]$ を無限閉区間に置き換えても成り立つ；そのとき，ℓ は有界な台をもつ連続関数の上で定義されていると仮定し，出てくる μ はすべての有界区間上で有限値をとることになる．

問題5で一般化がなされる．

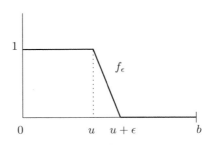

図3　練習9の関数 f_ε.

10.　ν, ν_1, ν_2 を $(X, \mathcal{M})$ 上の符号つき測度，μ を $\mathcal{M}$ 上の (正の) 測度とする．4.2節の記号 $\perp, \ll$ を用いるとき，次のことを証明せよ：

(a)　$\nu_1 \perp \mu$ かつ $\nu_2 \perp \mu$ ならば，$\nu_1 + \nu_2 \perp \mu$.

(b)　$\nu_1 \ll \mu$ かつ $\nu_2 \ll \mu$ ならば，$\nu_1 + \nu_2 \ll \mu$.

(c)　$\nu_1 \perp \nu_2$ ならば，$|\nu_1| \perp |\nu_2|$.

(d)　$\nu \ll |\nu|$.

(e)　$\nu \perp \mu$ かつ $\nu \ll \mu$ ならば，$\nu = 0$.

11.　F を $\mathbb{R}$ 上の標準化された増加関数とし，$F = F_A + F_C + F_J$ を，第3章の練習24における F の分解とする；ここで，F_A は絶対連続であり，F_C は連続で $F_C' = 0$ a.e. をみたし，F_J は単なる跳躍関数である．また，$\mu = \mu_A + \mu_C + \mu_J$ で，μ, μ_A, μ_C, μ_J は，それぞれ F, F_A, F_C, F_J に対応するボレル測度とする．次のことを確かめよ．

（ⅰ）　μ_A はルベーグ測度に関して絶対連続で，すべてのルベーグ可測集合 E に対して，$\mu_A(E) = \int_E F'(x)\,dx$ となる．

（ⅱ）　結果として，F が絶対連続なら，f と fF' が可積分のとき，$\int f\,d\mu = \int f\,dF = \int f(x) F'(x)\,dx$ となる．

（ⅲ）　$\mu_C + \mu_J$ とルベーグ測度は，互いに特異である．

12.　$\mathbb{R}^d - \{0\}$ が $\mathbb{R}_+ \times S^{d-1}$ と表されているとする．ただし $\mathbb{R}_+ = \{0 < r < \infty\}$

である．このとき，$\mathbb{R}^d - \{0\}$ の任意の開集合は，この直積空間の可算個の開長方形の和集合で表現できる．
［ヒント：次の形の長方形の可算個の族を考えよ：
$$\{r_j < r < r_k'\} \times \{\gamma \in S^{d-1} : |\gamma - \gamma_\ell| < 1/n\}.$$
ここで，r_j と r_k' はすべての正の有理数を動き，$\{\gamma_\ell\}$ は S^{d-1} で稠密な可算集合である．］

13. $j = 1, 2$ とし，m_j を空間 $\mathbb{R}^{d_j}$ 上のルベーグ測度とする．直積 $\mathbb{R}^d = \mathbb{R}^{d_1} \times \mathbb{R}^{d_2}$ $(d = d_1 + d_2)$ に，$\mathbb{R}^d$ 上のルベーグ測度 m が備わったものを考えよう．m が直積測度 $m_1 \times m_2$ の (練習2の意味での) 完備化であることを示せ．

14. 有限個の測度空間 $(X_j, \mathcal{M}_j, \mu_j)$ があるとする：$1 \leq j \leq k$．第3節で考えた $k = 2$ の場合に倣って，われわれは $X = X_1 \times X_2 \times \cdots \times X_k$ 上の直積測度 $\mu_1 \times \mu_2 \times \cdots \times \mu_k$ を構成することができる．実際，各 j で $E_j \in \mathcal{M}_j$ として，$E = E_1 \times E_2 \times \cdots \times E_k$ と表せる集合 $E \subset X$ に対しては，$\mu_0(E) = \prod_{j=1}^{k} \mu_j(E_j)$ と定義しよう．μ_0 が，有限個のこのような集合の互いに交わりのない和集合からなる加法族 $\mathcal{A}$ の上の前測度に拡張されることを確かめよ．その後，定理1.5を適用せよ．

15. 直積の理論は，しかるべき仮定のもとで，無限個の因子の場合に拡張できる．測度空間 $(X_j, \mathcal{M}_j, \mu_j)$ で，有限個の j を除いて $\mu_j(X_j) = 1$ をみたすものを考える．**柱集合** E を
$$\{x = (x_j), \ x_j \in E_j, \ E_j \in \mathcal{M}_j, \text{ 有限個の } j \text{ を除いて } E_j = X_j\}$$
と定める．このような集合に対して，$\mu_0(E) = \prod_{j=1}^{\infty} \mu_j(E_j)$ と定義しよう．$\mathcal{A}$ が柱集合によって生成された加法族のとき，μ_0 は $\mathcal{A}$ 上の前測度に拡張される．そして，再び定理1.5が適用できる．

16. d 次元トーラス $\mathbb{T}^d = \mathbb{R}^d/\mathbb{Z}^d$ を考えよう．$\mathbb{T}^d$ を，$\mathbb{T}^1 \times \cdots \times \mathbb{T}^1$ (d 個の因子)と同一視し，μ を，$\mu = \mu_1 \times \mu_2 \times \cdots \times \mu_d$ によって与えられる $\mathbb{T}^d$ 上の直積測度とする．ここで μ_j は，円周 $\mathbb{T}$ と同一視したときの X_j 上のルベーグ測度である．すなわち，X_j の各点を $0 < x_j \leq 1$ である x_j で一意的に表したとき，測度 μ_j は，$\mathbb{R}^1$ 上のルベーグ測度を $(0, 1]$ 上に制限してできるものである．

(a) 完備化 μ が，立方体 $Q = \{x : 0 < x_j \leq 1, j = 1, \cdots, d\}$ 上に誘導されたルベーグ測度であることを確かめよ．

(b) Q 上の各関数 f に対し，それを周期的になるように $\mathbb{R}^d$ 上に拡張したものを $\widetilde{f}$

とする．つまり，すべての $z \in \mathbb{Z}^d$ に対して $\widetilde{f}(x+z) = \widetilde{f}(x)$ が成り立つとする．このとき，f が $\mathbb{T}^d$ 上で可測であることと，$\widetilde{f}$ が $\mathbb{R}^d$ 上で可測であることは同値である．また，f が $\mathbb{T}^d$ 上で連続であることと，$\widetilde{f}$ が $\mathbb{R}^d$ 上で連続であることは同値である．

(c) f, g は $\mathbb{T}^d$ 上で可積分であるとする．$(f*g)(x) = \int_{\mathbb{T}^d} f(x-y)g(y)dy$ で定められた積分が a.e. x で有限値になること，そして $f*g$ が $\mathbb{T}^d$ 上で可積分なこと，さらに $f*g = g*f$ となることを示せ．

(d) $\mathbb{T}^d$ 上の任意の可積分関数 f に対して，$a_n = \int_{T^d} f(x)e^{-2\pi i n \cdot x}\,dx$ のことを，
$$f \sim \sum_{n \in \mathbb{Z}^d} a_n e^{2\pi i n \cdot x}$$
と書こう．g も可積分で，$g \sim \sum_{n \in \mathbb{Z}^d} b_n e^{2\pi i n \cdot x}$ のとき，
$$f*g \sim \sum_{n \in \mathbb{Z}^d} a_n b_n e^{2\pi i n \cdot x}$$
となることを証明せよ．

(e) $\{e^{2\pi i n \cdot x}\}_{n \in \mathbb{Z}^d}$ が，$L^2(\mathbb{T}^d)$ における正規直交基底になることを確かめよ．結果として，$\|f\|_{L^2(\mathbb{T}^d)} = \sum_{n \in \mathbb{Z}^d} |a_n|^2$ である．

(f) f を $\mathbb{T}^d$ 上の任意の連続な周期関数とする．このとき，f は，指数関数 $\{e^{2\pi i n \cdot x}\}_{n \in \mathbb{Z}^d}$ の有限線形結合によって一様に近似できる．

[ヒント：(e) については，フビニの定理により $d=1$ の場合に帰着せよ．(f) を証明するために，$0 < x_j \le \varepsilon, j=1,\cdots,d$ のときは $g(x) = g_\varepsilon(x) = \varepsilon^{-d}$ とし，Q のそれ以外では $g_\varepsilon(x) = 0$ とする．すると，$\varepsilon \to 0$ のとき一様に $(f*g_\varepsilon)(x) \to f(x)$ となる．ここで，$b_n = \int_{\mathbb{T}^d} g_\varepsilon(x)e^{-2\pi i n \cdot x}\,dx$ とすると，$(f*g_\varepsilon)(x) = \sum a_n b_n e^{2\pi i n \cdot x}$ で，$\sum |a_n b_n| < \infty$ である．]

17. 任意の $\alpha \in \mathbb{R}^d$ に対して，トーラス $\mathbb{T}^d = \mathbb{R}^d / \mathbb{Z}^d$ 上の「回転」$x \longmapsto x+\alpha$ が保測であることを，$d=1$ の場合に帰着させることによって示せ．

18. τ を，$\mu(X) = 1$ である測度空間 (X, μ) 上の保測変換とする．可測集合 E が不変であるとは，$\tau^{-1}(E)$ と E が測度 0 の集合でしか異ならないことであった．このことを思い出そう．より鋭い概念は，$\tau^{-1}(E)$ が E に等しいことを要求する．任意の不変集合 E に対して，$E' = \tau^{-1}(E')$ となる集合 E' が存在し，E と E' とが測度 0 の集合でしか異ならないことを証明せよ．

[ヒント：$E' = \limsup_{n \to \infty}\{\tau^{-n}(E)\} = \bigcap_{n=0}^{\infty}\left(\bigcup_{k \ge n} \tau^{-k}(E)\right)$ とおけ．]

19. τ を，$\mu(X) = 1$ である (X, μ) 上の保測変換とする．このとき，τ がエルゴード的であるための必要十分条件は，ν が μ に関して絶対連続で，ν が不変 (すなわち，すべての可測集合 E に対して $\nu(\tau^{-1}(E)) = \nu(E)$) であるとき，つねにある定数 c が存在して $\nu = c\mu$ となることである．

20. τ を (X, μ) 上の保測変換とする．任意の可測集合 E, F に対し，$n \to \infty$ のとき，
$$\mu(\tau^{-n}(E) \cap F) \to \mu(E)\mu(F)$$
となっていれば，任意の $f, g \in L^2(X)$ に対して $(T^n f, g) \to (f, 1)(1, g)$ となる．ここで $(Tf)(x) = f(\tau(x))$ である．こうして τ は混合的である．
［ヒント：線形性から，仮定は，f, g が単関数の場合の結論を導く．］

21. $\mathbb{T}^d$ をトーラスとし，$\tau : x \longmapsto x + \alpha$ を練習 17 に出てきた写像とする．このとき，τ がエルゴード的であることと，$\alpha = (\alpha_1, \cdots, \alpha_d)$ かつ $\alpha_1, \alpha_2, \cdots, \alpha_d, 1$ が有理数体上で 1 次独立になることとは，同値である．これを見るために次のことを証明せよ．

(a) f が連続な周期関数で，α が仮定をみたせば，つねに，各 $x \in \mathbb{T}^d$ に対して，$m \to \infty$ のとき $\dfrac{1}{m} \sum_{k=0}^{m-1} f(\tau^k(x)) \to \int_{\mathbb{T}^d} f(x) \, dx$ となる．

(b) 結果として，この場合 τ が一意的にエルゴード的であることを証明せよ．
［ヒント：練習 16 (f) を使え．］

22. $X = \prod_{i=1}^{\infty} X_i$ において，各 (X_i, μ_i) は (X_1, μ_1) と等しく，$\mu_1(X_1) = 1$ とする．また，μ を練習 15 のように定めた直積測度とする．シフト $\tau : X \to X$ を，各 $x = (x_i) \in \prod_{i=1}^{\infty} X_i$ に対して $\tau((x_1, x_2, \cdots)) = (x_2, x_3, \cdots)$ と定義しよう．

(a) τ が保測変換であることを確かめよ．

(b) τ が混合的であることを示すことにより，それがエルゴード的であることを証明せよ．

(c) 一般に τ が一意的にエルゴード的とは限らないことに注意せよ．

もし，両側に無限な直積の上で同様のシフトを定義すると，τ は保測同型変換になる．
［ヒント：(b) については，E, F が柱集合で，n が十分大きいとき，つねに $\mu(\tau^{-n}(E) \cap F)) = \mu(E)\mu(F)$ となることに注意せよ．(c) については，たとえば，点 $\bar{x} \in X_1$ を固定すると，集合 $E = \{(x_i) : $ すべての j で $x_j = \bar{x}\}$ が不変であることに注意せよ．］

23. $X = \prod_{i=1}^{\infty} Z(2)$ とし，各因子は 2 点空間 $Z(2) = \{0, 1\}$ で，$\mu_1(0) = \mu_1(1) = 1/2$

とする．そして，μ は X 上の直積測度を表すとする．$D(\{a_j\}) = \sum_{j=1}^{\infty} \dfrac{a_j}{2^j}$ によって与えられる写像 $D : X \to [0, 1]$ を考えよう．このとき，次の3条件をみたす可算集合 $Z_1 \subset X, Z_2 \subset [0, 1]$ が存在する：

(a) D は $X - Z_1$ から $[0, 1] - Z_2$ への全単射である．

(b) X の集合 E が可測であることと，$D(E)$ が $[0, 1]$ で可測であることは同値である．また，m が $[0, 1]$ 上のルベーグ測度のとき，$\mu(E) = m(D(E))$ である．

(c) $\prod_{i=1}^{\infty} Z(2)$ 上のシフト写像は，5.4節の例 b) の二重写像になる．

24. 二重写像の次のような一般化を考えよう．$m \geq 2$ である各整数 m に対して，$(0, 1]$ 上の写像 τ_m を，$\tau(x) = mx \mod 1$ と定義する．

(a) τ がルベーグ測度に関して保測であることを確かめよ．

(b) τ が混合的，それゆえエルゴード的であることを示せ．

(c) 結果として，ほとんどすべての数 x が，次の意味で m 進法に関し正規的であることを証明せよ．x の m 進表記

$$x = \sum_{j=1}^{\infty} \frac{a_j}{m^j} \quad \text{ただし，各 } a_j \text{ は } 0 \leq a_j \leq m - 1 \text{ である整数}$$

を考えよう．このとき，x が**正規的**であるとは，$0 \leq k \leq m - 1$ である各整数 k に対して，

$$\frac{\#\{j : a_j = k, \, 1 \leq j \leq N\}}{N} \to \frac{1}{m}, \quad N \to \infty$$

となることである．第 I 巻第 4 章の第 2 節の一様分布の主張に似ていることに気づけ．

25. 平均エルゴード定理は，T が等長作用素であるという仮定を，T が**縮小写像**——すべての $f \in \mathcal{H}$ に対して $\|Tf\| \leq \|f\|$——であるという仮定に置き換えても，変わらず成り立つことを示せ．

[ヒント：T が縮小写像であることと，T^* が縮小写像であることが同値なのを証明せよ．そして等式 $(f, T^*f) = (Tf, f)$ を用いよ．]

26. 最大エルゴード定理の L^2 版がある．τ を (X, μ) 上の保測変換とする．ここでは $\mu(X) < \infty$ と仮定しない．このとき，

$$f^*(x) = \sup \frac{1}{m} \sum_{k=0}^{m-1} |f(\tau^k(x))|$$

は

$$\|f^*\|_{L^2(X)} \leq c \|f\|_{L^2(X)}, \quad f \in L^2(X)$$

をみたす．この証明は，$\mathbb{R}^d$ 上の最大関数に対して第 5 章の問題 6 で概説したものと同じである．これを用い，次のようにして，各点エルゴード定理を $\mu(X) = \infty$ の場合に拡張せよ：

(a) 次のことを示せ：すべての $f \in L^2(X)$ に対して，$\dfrac{1}{m}\sum_{k=0}^{m-1} f(\tau^k(x))$ は，a.e. x で，$m \to \infty$ のとき $P(f)(x)$ に収束する．なぜなら，$L^2(X)$ の稠密な部分空間に対して，これが成り立つからである．

(b) すべての $f \in L^1(X)$ に対して，上の結果が成り立つことを証明せよ．理由は，稠密な部分集合 $L^1(X) \cap L^2(X)$ に対して，それが成り立つからである．

27. $\|f_n\|_{L^2} \leq 1$ ならば，a.e. x で，$n \to \infty$ のとき $\dfrac{f_n(x)}{n} \to 0$ となることがわかっている．しかしながら，L^2–ノルムを L^1–ノルムに置き換えると，同様のことは成り立たない．そのことを，次のような列 $\{f_n\}$ を作ることにより示せ：$f_n \in L^1(X)$, $\|f_n\|_{L^1} \leq 1$ だが a.e. x で $\limsup\limits_{n \to \infty} \dfrac{f_n(x)}{n} = \infty$ である．

[ヒント：区間 $I_n \subset [0,1]$ で，$m(I_n) = 1/(n \log n)$ だが $\limsup\limits_{n \to \infty} I_n = [0,1]$ となるものを見つけよ．そして $f_n(x) = n \log n \, \chi_{I_n}$ ととれ．]

28. われわれは，次のボレル–カンテリの補題を知っている：$\{E_n\}$ が，測度空間 (X, μ) の可測集合の列で，$\sum_{n=1}^{\infty} \mu(E_n) < \infty$ ならば，$E = \limsup\limits_{n \to \infty} E_n$ は測度 0 である．

逆を考えるにあたり，τ を（$\mu(X) = 1$ である）X 上の混合的な保測変換とする．このとき，$\sum_{n=1}^{\infty} \mu(E_n) = \infty$ ならば，整数 $m = m_n$ が存在し，$E'_n = \tau^{-m_n}(E_n)$ とすると，測度 0 の集合を除いて $\limsup\limits_{n \to \infty} E'_n = X$ となる．

8. 問題

1. Φ を $\mathbb{R}^d$ の開集合 $\mathcal{O}$ から $\mathbb{R}^d$ の開集合 $\mathcal{O}'$ の上への C^1 級の全単射とする．

(a) E が $\mathcal{O}$ の可測集合なら，$\Phi(E)$ も可測である．

(b) Φ' を Φ のヤコビアンとすると，$m(\Phi(E)) = \displaystyle\int_E |\det \Phi'(x)|\, dx$．

(c) f が $\mathcal{O}'$ 上で可積分ならば，$\displaystyle\int_{\mathcal{O}'} f(y)\, dy = \int_{\mathcal{O}} f(\Phi(x))\, |\det \Phi'(x)|\, dx$．

[ヒント：(a) を証明するには，第 1 章の練習 8 の議論に従え．(b) については，E が有界な開集合であると仮定し，E を $\bigcup_{j=1}^{\infty} Q_j$ と書け．ただし，Q_j は，直径が ε 以下の立

方体で，内部が互いに交わらないとする．z_k を Q_k の中心とする．このとき，$x \in Q_k$ ならば，
$$\Phi(x) = \Phi(z_k) + \Phi'(z_k)(x - z_k) + o(\varepsilon)$$
である．よって，$\Phi(Q_k) = \Phi(z_k) + \Phi'(z_k)(Q_k - z_k) + o(\varepsilon)$ である．結果として，$(1 - \eta(\varepsilon))\Phi'(z_k)(Q_k - z_k) \subset \Phi(Q_k) - \Phi(z_k) \subset (1 + \eta(\varepsilon))\Phi'(z_k)(Q_k - z_k)$ かつ $\varepsilon \to 0$ のとき $\eta(\varepsilon) \to 0$ である．第 2 章の問題 4 で与えたルベーグ測度の線形変換による性質によれば，上の式は，
$$m(\Phi(E)) = \sum_k m(\Phi(Q_k)) = \sum_k |\det \Phi'(z_k)| \, m(Q_k) + o(1), \qquad \varepsilon \to 0$$
を意味する．最後に，$f(\Phi(x)) = \chi_E(x)$ のとき，(b) は (c) であることに気づけ．]

2. 前問題の結果として，次のことを示せ：上半平面 $\mathbb{R}_+^2 = \{z = x + iy, \ y > 0\}$ における測度 $d\mu = \dfrac{dx\,dy}{y^2}$ は，1 次分数変換 $z \longmapsto \dfrac{az + b}{cz + d}$ によって保存される．ただし，$\begin{pmatrix} a & b \\ c & d \end{pmatrix}$ は $\mathrm{SL}_2(\mathbb{R})$ に属すとする．

3. S を，次のように与えられる $\mathbb{R}^d = \mathbb{R}^{d-1} \times \mathbb{R}$ の超曲面とする：
$$S = \{(x, y) \in \mathbb{R}^{d-1} \times \mathbb{R} : y = F(x)\}.$$
ここで，F は $\mathbb{R}^{d-1}$ の開集合 Ω 上で定義された C^1 級関数である．各部分集合 $E \subset \Omega$ に対応する S の部分集合を $\widehat{E}$ と書く．つまり $\widehat{E} = \{(x, F(x)) : x \in E\}$ である．S のボレル集合が，S 上の距離（$\mathbb{R}^d$ 上のユークリッド距離の制限）を用いて定義できることに注意する．こうして，E が Ω のボレル集合なら，$\widehat{E}$ は S のボレル集合である．

(a) μ を，次の式で与えられる S 上のボレル測度とする：
$$\mu(\widehat{E}) = \int_E \sqrt{1 + |\nabla F|^2}\,dx.$$
B が Ω 内の球のとき，$\widehat{B}^\delta = \{(x, y) \in \mathbb{R}^d, d((x, y), \widehat{B}) < \delta\}$ とおく．m が d 次元ルベーグ測度を表すとき，
$$\mu(\widehat{B}) = \lim_{\delta \to 0} \frac{1}{2\delta} m(\widehat{B}^\delta)$$
が成り立つことを示せ．この結果は，第 3 章の定理 4.4 の類似物である．

(b) S が $\mathbb{R}^d$ の単位球面の (上) 半分の場合，(a) を適用することができる．実際，S は，$y = F(x), F(x) = (1 - |x|^2)^{1/2}, |x| < 1, x \in \mathbb{R}^{d-1}$ で与えられる．この場合 $d\mu = d\sigma$ となることを示せ．ただし，σ は，3.2 節の極座標公式に出てきた球面上の測度である．

(c) 上の結果のおかげで，球面座標を用いた $d\sigma$ の具体的な式を書くことができる．

たとえば $d=3$ の場合をとりあげ，$0 \leq \theta < \pi/2, 0 \leq \varphi < 2\pi$ として，$y = \cos\theta, x = (x_1, x_2) = (\sin\theta\cos\varphi, \sin\theta\sin\varphi)$ と書く．このとき，(a), (b) によれば，面積要素 $d\sigma$ は $(1-|x|^2)^{-1/2}dx$ に等しい．問題 1 の変数変換定理を用いて，この場合 $d\sigma = \sin\theta\,d\theta\,d\varphi$ となることを導け．これは，d 次元 $(d \geq 2)$ の場合に一般化でき，第 I 巻の付録の 2.4 節の公式が得られる．

4.∗ μ は球面 S^{d-1} 上のボレル測度で，次の意味で回転不変であるとする：S^{d-1} の任意のボレル集合 E と，$\mathbb{R}^d$ の任意の回転 r に対して，$\mu(r(E)) = \mu(E)$ となる．$\mu(S^{d-1}) < \infty$ とすると，μ は，極座標の積分公式に出てきた測度 σ の定数倍になる．
[ヒント：次数 $k \geq 1$ の任意の球面調和関数 Y_k に対して，
$$\int_{S^{d-1}} Y_k(x)\,d\mu(x) = 0$$
となることを示せ．その結果として，定数 c が存在し，S^{d-1} 上の任意の連続関数 f に対して，
$$\int_{S^{d-1}} f\,d\mu = c\int_{S^{d-1}} f\,d\sigma$$
となる．]

5.∗ X を距離空間とする．また，μ は X 上のボレル測度で，すべての球 B に対して $\mu(B) < \infty$ となる性質をもつとする．ある閉球に台のある X 上の連続関数が作るベクトル空間を $C_0(X)$ で表そう．このとき，式 $\ell(f) = \int_X f\,d\mu$ は，$C_0(X)$ 上の線形汎関数を定め，それは正，つまり $f \geq 0$ のとき $\ell(f) \geq 0$ である．

逆に，$C_0(X)$ 上の任意の正の線形汎関数 ℓ に対して，球上で有限値をとるボレル測度 μ がただ一つ存在し，$\ell(f) = \int f\,d\mu$ となる．

6. $\mathbb{T}^d = \mathbb{R}^d/\mathbb{Z}^d$ の自己同型写像 A を考えよう．つまり，A は，格子点 $\mathbb{Z}^d$ を保存する $\mathbb{R}^d$ の線形同型写像である．A は，成分が整数で，$\det A = \pm 1$ である $d \times d$ 行列で表されることに注意しよう．写像 $\tau: \mathbb{T}^d \to \mathbb{T}^d$ を，$\tau(x) = A(x)$ で定めよう．

(a) τ が $\mathbb{T}^d$ の保測同型変換であることを見よ．

(b) τ がエルゴード的 (実際は混合的) であるための必要十分条件は，A が，p, q を整数として $e^{2\pi i p/q}$ という形をした固有値をもたないことである．これを示せ．

(c) τ が決して一意的にエルゴード的にならないことに注意せよ．

[ヒント：A^t を A の転置とすると，(b) の条件は，$(A^t)^q$ が不変ベクトルをもたないことと同じである．また，$f(x) = e^{2\pi i n \cdot x}$ のとき，$f(\tau^k(x)) = e^{2\pi i (A^t)^k (n) \cdot x}$ であることに注意せよ．]

7.* 「日の出の補題」や第3章の練習6と同類の最大エルゴード定理の別型がある. f は実数値で, $f^{\#}(x) = \sup_m \frac{1}{m}\sum_{k=0}^{m-1} f(\tau^k(x))$ とする. $E_0 = \{x : f^{\#}(x) > 0\}$ とおく. このとき

$$\int_{E_0} f^{\#}(x)\, dx \geq 0$$

である. 結果として (これに $f(x) - \alpha$ をあてはめると), $f \geq 0$ のとき,

$$\mu(\{x : f^*(x) > \alpha\}) \leq \frac{1}{\alpha} \int_{\{f^*(x) > \alpha\}} f(x)\, dx$$

であることが得られる. 特に, 定理5.3の定数 A は1にとることができる.

8. $X = [0, 1)$ とする. また, $x \neq 0$ のとき $\tau(x) = \langle 1/x \rangle$ とし, $\tau(0) = 0$ とする. ここで $\langle x \rangle$ は x の非整数部分を表す. 測度 $d\mu = \frac{1}{\log 2} \frac{dx}{1+x}$ については, もちろん $\mu(X) = 1$ が成り立つ.

τ が保測変換であることを示せ.

[ヒント: $\sum_{k=1}^{\infty} \frac{1}{(x+k)(x+k+1)} = \frac{1}{1+x}$.]

9.* 前問題の変換 τ はエルゴード的である.

10.* ここで, 連分数と変換 $\tau(x) = \langle 1/x \rangle$ との関係が述べられる. a_j を正整数として, $[a_0 a_1 a_2 \cdots]$ と表される**連分数** $a_0 + 1/(a_1 + 1/(a_2 + \cdots))$ は, 次のようにして, 任意の正の実数 x に割り当てられる. x で始め, 帰納的に, それを二つの交互の演算によって変換していく: その演算とは, その数を1を法として $[0, 1)$ に押し込めることと, その数の逆数をとることである. このとき出てくる整数 a_j は x の連分数を定める.

このように, $a_0 = [x] = (x$ 以下の最大の整数$)$ と $r_0 \in [0, 1)$ を用いて, $x = a_0 + r_0$ とおく. 次に, $a_1 = [1/r_0]$, $r_1 \in [0, 1)$ を用いて, $1/r_0 = a_1 + r_1$ と書く. 帰納的に続けていくと, $a_n = [1/r_{n-1}]$, $r_n \in [0, 1)$ かつ $1/r_{n-1} = a_n + r_n$ を得る. もし, ある n で $r_n = 0$ となれば, すべての $k > n$ に対して $a_k = 0$ とし, このような連分数は**有限**であるという.

$0 \leq x < 1$ の場合, $r_0 = x$ であり, $a_1 = [1/x]$ かつ $r_1 = \langle 1/x \rangle = \tau(x)$ である. さらに一般的に $a_k = [1/\tau^{k-1}(x)]$, $r_k = \tau^k(x)$ である. 正の実数 x の連分数について, 次の性質が知られている:

(a) x の連分数が有限であるための必要十分条件は, x が有理数であることである.

(b) $x = [a_0 a_1 \cdots a_n \cdots]$, $x_N = [a_0 a_1 \cdots a_N 0 0 \cdots]$ とすると, $N \to \infty$ のとき $x_N \to x$ となる. 列 $\{x_N\}$ は, 本質的に x の有理数による最良近似を与える.

(c) 連分数が周期的, すなわち, ある $N \geq 1$ があって, 十分大きなすべての k に

対して $a_{k+N} = a_k$ になるための必要十分条件は，x が有理数体上の次数 2 以下の代数的数であることである．

(d)　ほとんどすべての x に対して，$n \to \infty$ のとき $\dfrac{a_1 + a_2 + \cdots + a_n}{n} \to \infty$ となることがわかる．特に，連分数 $[a_0 a_1 \cdots a_n \cdots]$ が有界になるような数 x の集合は，測度 0 である．

[ヒント：(d) では，各点エルゴード定理の次の帰結を用いよ：$f \geq 0$ かつ $\displaystyle\int f\,d\mu = \infty$ とする．τ がエルゴード的ならば，a.e. x で，$m \to \infty$ のとき $\dfrac{1}{m}\displaystyle\sum_{k=0}^{m-1} f(\tau^k(x)) \to \infty$ となる．いまの場合は $f(x) = [1/x]$ ととれ．]

第7章 ハウスドルフ測度とフラクタル

> カラテオドリはルベーグの測度論の著しく単純な一般化を行い，それにより q–次元空間内の集合に対する p–次元測度を定義することを可能にした．以下において私は若干付け加えて…… p–次元測度を明確にすることにより，非整数 p への一般化を行う．そしてその一般化は分数次元の集合というものを生み出すことになる．
>
> ——F.ハウスドルフ，1919

> 私はラテン語の形容詞「fractus」から「フラクタル」という用語をつくった．これに対応するラテン語の動詞「frangere」の意味は「割る」である．つまり，でこぼこした破片を生むということである．
>
> ——B.マンデルブロ，1977

集合の幾何学的性質をより深く調べるためには，ルベーグ測度では表しきれないような大きさあるいは「量」を解析することがよく必要になる．この場合に，(分数の値も許すような) 集合の次元と，それに関する測度の概念が重要な役割を果たす．

集合の次元の概念を直観的に理解する助けになると思われるため，二つの出発点となる考え方を述べておこう．まず一つは，集合の比例拡大を自分自身の複製によってどのように表せるかということであろう．与えられた集合 E がある正の整数 n に対して，$nE = E_1 \cup \cdots \cup E_m$ となっているとする．ただし，ここで各 E_j は E と合同な m 個の複製で，本質的に互いに交わっていないものとする．ここで注意してほしいことは，E が線分であれば，$m = n$ であるし，E が正方形であれば，$m = n^2$, E が立方体ならば $m = n^3$ といった具合になっているこ

とである.したがって,このことを一般化して,もし $m = n^\alpha$ であるときは,E の次元は α であると定義してもよいだろう.E が $[0, 1]$ 内のカントール集合 $\mathcal{C}$ である場合を考えてみよう.$3\mathcal{C}$ は $\mathcal{C}$ の二つの複製を $[0, 1]$ と $[2, 3]$ においたものになっている.このときは,$n = 3$,$m = 2$ であるから,カントール集合の次元は $\log 2 / \log 3$ ということになる.

もう一つのアプローチは,必ずしも長さをもたない曲線に関するものである.まず $\Gamma = \{\gamma(t) : a \le t \le b\}$ を曲線とし,次に各 $\varepsilon > 0$ に対して,$\gamma(a)$ と $\gamma(b)$ を結ぶ折れ線で,折れ線をつくる各線分の長さが ε を超えないように折れ点を Γ 上に順次とっているものを考える.そのような折れ線の線分の数の中で最も小さい数を $\#(\varepsilon)$ により表す.$\varepsilon \to 0$ としたとき,もしも $\#(\varepsilon) \approx \varepsilon^{-1}$ であるならば,Γ は長さをもつ.しかしながら,$\#(\varepsilon)$ は $\varepsilon \to 0$ のときに,ε^{-1} よりもはるかに速く増大することもある.もしも $\#(\varepsilon) \approx \varepsilon^{-\alpha}$,$1 < \alpha$ をみたす場合,前述の例にかんがみて,Γ は α-次元をもつといってもよかろう.これらの考察はじつに科学の他の分野とも関係しているのである.たとえば,L. F. リチャードソンは,国境線や海岸線の長さを求めるという研究をしていて,大ブリテン島の西海岸の長さが,α をほぼ 1.5 として $\#(\varepsilon) \approx \varepsilon^{-\alpha}$ という経験的法則に従うことを発見した.つまり,この海岸は分数次元をもっているといえるだろう.

これらの発見的な概念を精確にする方法はいろいろとあるが,最も広い適用範囲をもち,かつ使いやすい理論はハウスドルフ測度とハウスドルフ次元に関するそれである.おそらくこの理論の最もエレガントで単純な実例は,自己相似集合の一般的なクラスへの応用面に見られる.これは本章で最初に考察するものである.たとえば自己相似集合の中には,コッホ型曲線があるが,1 と 2 の間のどのような数に対してもそれを次元にもつようなこの型の曲線がある.

次に空間を埋め尽くす曲線の例について調べる.この曲線は大雑把にいえば,自己複製的に構成される.この曲線はそれ自身興味あるものであるが,さらに,その性質から測度論的な観点においては,単位区間と単位正方形が同じようなものであるという重要な事実を明らかにしている.

本章の最後のトピックはこれらとは少し異なった話題である.まず $d \ge 3$ の場合に,$\mathbb{R}^d$ の (ルベーグ測度有限の) すべての部分集合がもつ思いもよらない正則性について述べる.この性質は 2 次元では成り立たない.その重要な反例はベシコヴィッチ集合である.この集合は,また別のいくつかの問題にも現れる.これは測度が 0 でありながら,めったにない例であるが,そのハウスドルフ次元が必

ず 2 になる．

1. ハウスドルフ測度

この理論では，はじめに容量あるいは大きさの量に関する新しい概念を導入する．「ハウスドルフ測度」は本テーマで中心的な次元の考え方とも密接に関連している．より詳しくいえば，ハウスドルフに従って，ある特定の集合 E と各 $\alpha > 0$ に対して，α–次元の集合についての α–次元の大きさを表すことのできる量 $m_\alpha(E)$ を考える．ここで「次元」という用語は (今のところ) 単に直観的な意味のものとする．このとき，α が集合 E の次元より大きければ，この集合は無視してよい量しかもたず，$m_\alpha(E) = 0$ である．α が E の次元よりも小さければ，E は (比較上) 非常に大きく，つまり，$m_\alpha(E) = \infty$ である．α が E の次元と一致する臨界的な場合は，量 $m_\alpha(E)$ はこの集合の実際的な α–次元の大きさを表している．

より詳しいことは後述するが，これらの考え方を二つの例によって説明しておく．

最初に，$[0, 1]$ 内の標準的なカントール集合 $\mathcal{C}$ のルベーグ測度が 0 であることに注意しておく．このことは，$\mathcal{C}$ の 1 次元の大きさあるいは長さが 0 であることを意味している．しかし，後で分数のハウスドルフ次元を明確に定義し，$\mathcal{C}$ が $\log 2 / \log 3$ の次元をもつこと，そしてカントール集合の対応するハウスドルフ測度が正かつ有限であることを証明する．

もう一つの例による理論の解説は，平面内の長さをもつ曲線 Γ に関する考察に端を発するものである．Γ の 2 次元ルベーグ測度は 0 である．このことは直観的には自明なことである．というのは Γ は 2 次元空間内における 1 次元的なものだからである．ここでハウスドルフ測度が使われる．量 $m_1(\Gamma)$ は有限になっているだけでなく，第 3 章の 3.1 節で定義した Γ の長さにちょうど一致している．

それでは，まずはじめに被覆の概念を用いて，関連する外測度の定義をしよう．この外測度をボレル集合に対して制限したものが求めるハウスドルフ測度になっている．

$\mathbb{R}^d$ の任意の部分集合 E に対して，E の α– **次元ハウスドルフ外測度**を

$$m_\alpha^*(E) = \lim_{\delta \to 0} \inf \left\{ \sum_k (\operatorname{diam} F_k)^\alpha : E \subset \bigcup_{k=1}^\infty F_k,\ \text{すべての } k \text{ に対して } \operatorname{diam} F_k \leq \delta \right\}$$

により定める．ただしここで，$\operatorname{diam} S$ は集合 S の直径，すなわち $\operatorname{diam} S =$

$\sup\{|x-y| : x, y \in S\}$ を表しているものとする．言い換えれば，各 $\delta > 0$ に対して，直径が δ より小さい (勝手な) 集合の可算族による被覆を考え，その和 $\sum_k (\operatorname{diam} F_k)^\alpha$ の下限をとる．それから δ を 0 に近づけたときのこの下限の極限により $m_\alpha^*(E)$ を定義するのである．なお

$$\mathcal{H}_\alpha^\delta(E) = \inf\left\{\sum_k (\operatorname{diam} F_k)^\alpha : E \subset \bigcup_{k=1}^\infty F_k, \text{すべての } k \text{ に対して } \operatorname{diam} F_k \leq \delta\right\}$$

が δ が減少するにつれて増大しているため，極限

$$m_\alpha^*(E) = \lim_{\delta \to 0} \mathcal{H}_\alpha^\delta(E)$$

が存在する．ただし $m_\alpha^*(E)$ は無限大になることもある．特にすべての $\delta > 0$ に対して $\mathcal{H}_\alpha^\delta(E) \leq m_\alpha^*(E)$ が成り立っている．この外測度 $m_\alpha^*(E)$ を定義するに際して重要なことは，被覆に対して，任意に小さい直径からなる集合によるものを要求していることである．これは，定義において極限 $m_\alpha^*(E) = \lim_{\delta \to 0} \mathcal{H}_\alpha^\delta(E)$ をとることを可能にさせている．この要求は，ルベーグ測度には無関係なものであるが，下記の性質 3 で述べる基本的な加法性を保証するのに必要なものである (練習 12 も参照)．

スケーリングはハウスドルフ外測度の定義の核心的な部分に出てくる重要な概念である．大雑把にいって，集合の測度はその次元に従ってスケーリングされる．実際，Γ が $\mathbb{R}^d$ 内の 1 次元集合，たとえば長さ L の曲線のとき，$r\Gamma$ の全長は rL である．もし Q が $\mathbb{R}^d$ 内の立方体[1]であるならば，rQ の体積は $r^d|Q|$ となっている．この性質は，ハウスドルフ外測度の定義において，集合 F が r によりスケーリングされると $(\operatorname{diam} F)^\alpha$ が r^α によってスケールされることから理解できる．この鍵となる考え方は，2.2 節で自己相似集合を調べる際にもまた登場する．

まずハウスドルフ外測度がみたす性質を挙げる．

性質 1 (単調性)　$E_1 \subset E_2$ ならば $m_\alpha^*(E_1) \leq m_\alpha^*(E_2)$ である．

この性質は，E_2 の被覆が E_1 の被覆にもなっていることから容易に得られる．

性質 2 (劣加法性)　$\mathbb{R}^d$ の可算個の集合からなる任意の族 $\{E_j\}$ に対して，$m_\alpha^*\left(\bigcup_{j=1}^\infty E_j\right) \leq \sum_{j=1}^\infty m_\alpha^*(E_j)$ が成り立つ．

---

[1]　訳注：d–次元立方体．

これを証明をするため, δ を固定し, 任意の $\varepsilon > 0$ に対して, 各 j について直径が δ より小さい集合による E_j の被覆 $\{F_{j,k}\}_{k=1}^{\infty}$ で, $\sum_k (\text{diam} F_{j,k})^{\alpha} \leq \mathcal{H}_{\alpha}^{\delta}(E_j) + \varepsilon/2^j$ をみたすものをとる. $\bigcup_{j,k} F_{j,k}$ は直径が δ より小さい集合による E [2] の被覆であるから,

$$\mathcal{H}_{\alpha}^{\delta}(E) \leq \sum_{j=1}^{\infty} \mathcal{H}_{\alpha}^{\delta}(E_j) + \varepsilon$$
$$\leq \sum_{j=1}^{\infty} m_{\alpha}^*(E_j) + \varepsilon$$

が得られる. ε は任意であるから, 不等式 $\mathcal{H}_{\alpha}^{\delta}(E) \leq \sum m_{\alpha}^*(E_j)$ が成り立ち, ここで δ を限りなく 0 に近づけることにより, m_{α}^* の可算的な劣加法性が証明される.

性質3 もし $d(E_1, E_2) > 0$ ならば, $m_{\alpha}^*(E_1 \cup E_2) = m_{\alpha}^*(E_1) + m_{\alpha}^*(E_2)$ が成り立つ.

$m_{\alpha}^*(E_1 \cup E_2) \geq m_{\alpha}^*(E_1) + m_{\alpha}^*(E_2)$ を証明すれば十分である. なぜならば逆向きの不等式は劣加法性によって保証されているからである. $\varepsilon > 0$ を $\varepsilon < d(E_1, E_2)$ となるようにとり, 固定する. $F_1, F_2, \cdots$ を $E_1 \cup E_2$ の被覆で, 直径が δ より小さいものとする. ここで $\delta < \varepsilon$ とする.

$$F_j' = E_1 \cap F_j \quad \text{および} \quad F_j'' = E_2 \cap F_j$$

とおく. このとき, $\{F_j'\}$ と $\{F_j''\}$ は, それぞれ E_1 および E_2 の被覆であり, 二つの被覆は互いに交わっていない. したがって

$$\sum_j (\text{diam} F_j')^{\alpha} + \sum_i (\text{diam} F_i'')^{\alpha} \leq \sum_k (\text{diam} F_k)^{\alpha}$$

である. 被覆をいろいろとって下限をとり, δ を限りなく 0 に近づけることにより求める不等式が導かれる.

ここで, m_{α}^* が第 6 章で論じたカラテオドリの距離外測度のすべての性質をみたしていることに注意しておく. したがって, m_{α}^* はボレル集合に制限すれば, 可算加法的な測度になっている. したがって, この制限したものを $m_{\alpha}^*(E)$ の代わ

---

[2] 訳注: $E = \bigcup_{j=1}^{\infty} E_j$.

りに $m_\alpha(E)$ と表す. この測度 m_α を α–**次元ハウスドルフ測度**と呼ぶ.

性質 4 $\{E_j\}$ が互いに交わらないボレル集合の可算個の族で, $E = \bigcup_{j}^{\infty} E_j$ であるとき,

$$m_\alpha(E) = \sum_{j=1}^{\infty} m_\alpha(E_j)$$

が成り立つ.

なお本章のこれから先の話では, 上記の完全加法性は必要とせず, より弱い形のもので処理可能である. その証明は初等的で, 第 6 章の議論とは独立してできる (練習 2 を参照).

性質 5 ハウスドルフ測度は平行移動に対して

$$m_\alpha(E + h) = m_\alpha(E), \qquad h \in \mathbb{R}^d$$

のように不変であり, $\mathbb{R}^d$ の回転 r に対しても

$$m_\alpha(rE) = m_\alpha(E)$$

と不変である.

さらに, 次のようにスケーリングされる.

$$m_\alpha(\lambda E) = \lambda^\alpha m_\alpha(E), \qquad \lambda > 0.$$

これらの性質は, 集合 S の直径が平行移動と回転によって不変であり, また $\mathrm{diam}\,(\lambda S) = \lambda\,\mathrm{diam}\,(S), \lambda > 0$ をみたすことによる.

さらにハウスドルフ測度の性質をいくつか述べる. 最初のものは定義から直接導かれるものである.

性質 6 $m_0(E)$ は E の点の個数を表す量であり, $E \subset \mathbb{R}$ なるボレル集合 E に対しては, $m_1(E) = m(E)$ である (ここで m は $\mathbb{R}$ 上のルベーグ測度を表す).

実際, 1 次元の場合, 直径 δ の集合は長さ δ の区間に含まれる (さらに区間に対しては, その長さはルベーグ測度と等しい).

一般に $\mathbb{R}^d$ 内の d–次元ハウスドルフ測度は, 定数倍の違いを除いてルベーグ測度と等しい.

性質 7　E が $\mathbb{R}^d$ のボレル部分集合のとき，$c_d m_d(E) = m(E)$ が成り立つ[3]．ただしここで c_d は次元 d にのみに依存した定数である．

定数 c_d は B を単位球として，$m(B)/(\operatorname{diam} B)^d$ に等しい．なおこの比は B を $\mathbb{R}^d$ の任意の球としても同じ値になり，それは $c_d = v_d/2^d$ (ここで v_d は単位球の体積) である．この性質の証明は，与えられた直径の集合の中で球が最も大きな体積をもつという，いわゆる等直径不等式によっている (問題 2 参照)．この幾何学的な事実を使わなくても，次の代替的な性質ならば証明することができる．

性質 7′　E が $\mathbb{R}^d$ のボレル部分集合で，$m(E)$ をそのルベーグ測度とするとき，$m_d(E) \approx m(E)$ が次の意味で成り立つ．
$$c_d m_d(E) \leq m(E) \leq 2^d c_d m_d(E).$$

第 3 章の練習 26 を用いて，任意の $\varepsilon, \delta > 0$ に対して，球による E の被覆 $\{B_j\}$ を $\operatorname{diam} B_j < \delta$ かつ $\sum_j m(B_j) \leq m(E) + \varepsilon$ をみたすようにとれる．いま
$$\mathcal{H}_d^\delta(E) \leq \sum_j (\operatorname{diam} B_j)^d = c_d^{-1} \sum_j m(B_j) \leq c_d^{-1} (m(E) + \varepsilon)$$
が成り立つ．δ と ε を限りなく 0 に近づけると，$m_d(E) \leq c_d^{-1} m(E)$ が得られる．もう一方の不等式を示す．そのため，$E \subset \bigcup_j F_j$ を，$\sum_j (\operatorname{diam} F_j)^d \leq m_d(E) + \varepsilon$ をみたす被覆とする．F_j のある点を中心とする閉球 B_j で，$F_j \subset B_j$ かつ $\operatorname{diam} B_j = 2 \operatorname{diam} F_j$ なるものをとることができる．$E \subset \bigcup_j B_j$ であるから，$m(E) \leq \sum_j m(B_j)$ であり，後半の和は次のものに等しい．
$$\sum c_d (\operatorname{diam} B_j)^d = 2^d c_d \sum (\operatorname{diam} F_j)^d \leq 2^d c_d (m_d(E) + \varepsilon).$$
$\varepsilon \to 0$ とすれば，$m(E) \leq 2^d c_d m_d(E)$ となる．

性質 8　$m_\alpha^*(E) < \infty$ であり，$\beta > \alpha$ ならば，$m_\beta^*(E) = 0$ である．また，$m_\alpha^*(E) > 0$ であり，$\beta < \alpha$ ならば，$m_\beta^*(E) = \infty$ である．

実際，$\operatorname{diam} F \leq \delta$ で，$\beta > \alpha$ ならば，
$$(\operatorname{diam} F)^\beta = (\operatorname{diam} F)^{\beta - \alpha} (\operatorname{diam} F)^\alpha \leq \delta^{\beta - \alpha} (\operatorname{diam} F)^\alpha$$

---

[3]　訳注：m は $\mathbb{R}^d$ 上のルベーグ測度である．

である．したがって，
$$\mathcal{H}_\beta^\delta(E) \leq \delta^{\beta-\alpha}\mathcal{H}_\alpha^\delta(E) \leq \delta^{\beta-\alpha}m_\alpha^*(E)$$
が成り立つ．$m_\alpha^*(E) < \infty$ で，$\beta - \alpha > 0$ であるから，δ を限りなく 0 に近づけて極限をとると $m_\beta^*(E) = 0$ が得られる．

対偶から，$m_\alpha^*(E) > 0$ かつ $\beta < \alpha$ のときは，$m_\beta^*(E) = \infty$ が導かれる．

以上述べた性質から容易に次のことがわかる．

1. I が $\mathbb{R}^d$ 内の有限長の線分ならば，$0 < m_1(I) < \infty$ である．
2. より一般に，Q が $\mathbb{R}^d$ 内の k–立方体 (すなわち，Q が k 個の非自明な区間と $d-k$ 個の点の直積) であるとき，$0 < m_k(Q) < \infty$ である．
3. $\mathcal{O}$ が $\mathbb{R}^d$ 内の空でない開集合であるとき，$\alpha < d$ ならば $m_\alpha(\mathcal{O}) = \infty$ である．実際，$m_d(\mathcal{O}) > 0$ となっている．
4. α はつねに $\alpha \leq d$ としてよい．なぜならば $\alpha > d$ であれば，m_α はすべての球に対して 0 となり，したがって $\mathbb{R}^d$ 内のすべての集合に対しても 0 となる．

2. ハウスドルフ次元

$\mathbb{R}^d$ の与えられたボレル部分集合 E に対して，性質 8 から，
$$m_\beta(E) = \begin{cases} \infty & \beta < \alpha, \\ 0 & \alpha < \beta \end{cases}$$
をみたすような α が一意的に存在する．別の述べ方をすれば，α は
$$\alpha = \sup\{\beta : m_\beta(E) = \infty\} = \inf\{\beta : m_\beta(E) = 0\}$$
で与えられる．このことを E は**ハウスドルフ次元** α をもつ，あるいはより簡潔に E は次元 α をもつという．今後 $\alpha = \dim E$ と表す．臨界値 α では，一般論からは量 $m_\alpha(E)$ が $0 \leq m_\alpha(E) \leq \infty$ をみたすということ以上のことは導けない．もしも E が有界で，不等式が狭義のもの，すなわち $0 < m_\alpha(E) < \infty$ をみたしているときに，E **は強い意味でハウスドルフ次元** α **をもつ**という．**フラクタル**という用語は，通常は分数次元をもつ集合に対して使われる．

一般に，集合のハウスドルフ測度を計算することは難しい問題である．しかしながら，いくつかの場合には測度の上からの評価と下からの評価を行うことは可能であり，したがって，問題の集合の次元を決定することができる．いくつかの

例で見てみよう.

2.1 例

カントール集合

最初に述べる衝撃的な例は,カントール集合 $\mathcal{C}$ からなるものである.これは第 1 章において,[0, 1] を三等分したもののうち中央の区間を取り除くという操作を繰り返して構成された.

定理 2.1 カントール集合 $\mathcal{C}$ は強い意味でハウスドルフ次元 $\alpha = \log 2/\log 3$ をもつ.

不等式

$$m_\alpha(\mathcal{C}) \leq 1$$

をみたすことは,$\mathcal{C}$ の構成とハウスドルフ測度の定義から導かれる.実際,第 1 章より $\mathcal{C} = \bigcap C_k$,ただし C_k は 2^k 個の長さ 3^{-k} の区間の和であった.与えられた $\delta > 0$ に対して,まず K を $3^{-K} < \delta$ となるように大きくとる.C_K は $\mathcal{C}$ を被覆し,直径が $3^{-K} < \delta$ の区間 2^K 個からなるので,

$$\mathcal{H}_\alpha^\delta(\mathcal{C}) \leq 2^K (3^{-K})^\alpha$$

である.しかし α はちょうど,$3^\alpha = 2$ をみたしているから,$2^K(3^{-K})^\alpha = 1$ であり,$m_\alpha(\mathcal{C}) \leq 1$ が成り立つ.

逆の不等式,つまり $0 < m_\alpha(\mathcal{C})$ を証明するにはさらにアイデアが必要とされる.ここでは $\mathcal{C}$ から [0, 1] の上への写像であるカントール–ルベーグ関数による証明をする.鍵となることは,この関数の連続度がカントール集合の次元を反映しているということである.

$\mathbb{R}^d$ の部分集合 E 上の関数 f が E 上で**リプシッツ条件**をみたすとは,ある $M > 0$ が存在し,

$$|f(x) - f(y)| \leq M|x - y|, \qquad x, y \in E$$

となることである.より一般に,

$$|f(x) - f(y)| \leq M|x - y|^\gamma, \qquad x, y \in E$$

となるとき,関数 f は γ 次のリプシッツ条件 (あるいは**ヘルダー条件**) をみたす

という．ここで興味深いのは $0 < \gamma \leq 1$ の場合である (練習 3 参照).

補題 2.2 f をコンパクト集合 E 上の関数で，γ 次のリプシッツ条件をみたしているとする．このとき，

（i）　$\beta = \alpha/\gamma$ とすると，$m_\beta(f(E)) \leq M^\beta m_\alpha(E)$.
（ii）　$\dim f(E) \leq \dfrac{1}{\gamma} \dim E$.

証明 $\{F_k\}$ を E の可算個の集合からなる被覆とする．このとき，$\{f(E \cap F_k)\}$ は $f(E)$ の被覆であり，さらに $f(E \cap F_k)$ の直径は $M(\operatorname{diam} F_k)^\gamma$ より小さい．したがって

$$\sum_k (\operatorname{diam} f(E \cap F_k))^{\alpha/\gamma} \leq M^{\alpha/\gamma} \sum_k (\operatorname{diam} F_k)^\alpha$$

であり，これより (i) が導かれる．また，これより直ちに (ii) が示される． ∎

補題 2.3 $\mathcal{C}$ 上のカントール–ルベーグ関数 F は，$\gamma = \log 2 / \log 3$–次のリプシッツ条件をみたす．

証明 関数 F は第 3 章の 3.1 節において，区分的な 1 次関数の列 $\{F_n\}$ の極限として定義された．関数 F_n は長さ 3^{-n} の各区間上で高々 2^{-n} 増加する．したがって，F_n の傾きは常に $(3/2)^n$ で押さえられ，したがって

$$|F_n(x) - F_n(y)| \leq \left(\frac{3}{2}\right)^n |x - y|$$

が成り立つ．さらにこれらの近似列は $|F(x) - F_n(x)| \leq 1/2^n$ もみたす．これらの二つの評価式と三角不等式をあわせて次を得る．

$$|F(x) - F(y)| \leq |F_n(x) - F_n(y)| + |F(x) - F_n(x)| + |F(y) - F_n(y)|$$
$$\leq \left(\frac{3}{2}\right)^n |x - y| + \frac{2}{2^n}.$$

ここで x と y を固定しておいて，右辺を最小にするように n を選ぶと，両項が同じ大きさの度合をもつようになるが，これを実行するために n を $3^n |x - y|$ が 1 と 3 の間の値になるようにする．このとき，$3^\gamma = 2$ であり，3^{-n} は $|x - y|$ よりも大きくないので，

$$|F(x) - F(y)| \leq c 2^{-n} = c(3^{-n})^\gamma \leq M |x - y|^\gamma$$

が得られる．この議論は後述の補題 2.8 の証明でも使われる． ∎

$E = \mathcal{C}$ とし,f をカントール–ルベーグ関数,そして $\alpha = \gamma = \log 2/\log 3$ として,以上の二つの補題から

$$m_1([0,1]) \leq M m_\alpha(\mathcal{C})$$

が得られる.したがって,$m_\alpha(\mathcal{C}) > 0$ であり,$\dim \mathcal{C} = \log 2/\log 3$ がわかる.

この例の証明は,$m_\alpha(\mathcal{C}) < \infty$ が $0 < m_\alpha(\mathcal{C})$ に比べて比較的容易に得られるという意味で,典型的なものである.また,若干工夫を加えることにより,$\mathcal{C}$ の $\log 2/\log 3$–次元ハウスドルフ測度がちょうど1になることを示すこともできる (練習7参照).

長さをもつ曲線

さらに次元の果たす役割を示す例を,$\mathbb{R}^d$ 内の連続曲線に見ることができる.連続曲線 $\gamma : [a,b] \to \mathbb{R}^d$ が**単純**であるとは,$t_1 \neq t_2$ のとき,$\gamma(t_1) \neq \gamma(t_2)$ となることであり,**準単純**[4]であるとは,写像 $t \longmapsto z(t)$ が有限個の点の補集合内の t について単射となることである.

定理2.4 曲線 γ が連続かつ準単純であるとする.このとき γ が長さをもつのは,$\Gamma = \{\gamma(t) : a \leq t \leq b\}$ が強い意味でハウスドルフ次元1となるとき,かつそのときに限る.さらにこの場合,この曲線の長さは1次元ハウスドルフ測度 $m_1(\Gamma)$ になっている.

証明 はじめに Γ が長さ L をもつとする.弧長パラメータ化 $\widetilde{\gamma}$ を考え,$\Gamma = \{\widetilde{\gamma}(t) : 0 \leq t \leq L\}$ とする.このパラメータ化はリプシッツ条件

$$|\widetilde{\gamma}(t_1) - \widetilde{\gamma}(t_2)| \leq |t_1 - t_2|$$

をみたす.このことは,t_1 と t_2 の間の曲線の長さが $|t_1 - t_2|$ であり,これは $\widetilde{\gamma}(t_1)$ と $\widetilde{\gamma}(t_2)$ の距離よりも大きいことによる.$\widetilde{\gamma}$ は補題2.2における次数が1であり,$M = 1$ をみたしているから,

$$m_1(\Gamma) \leq L$$

である.逆向きの不等式を証明するため,$a = t_0 < t_1 < \cdots < t_N = b$ を $[a,b]$ の分割とし,

---

[4] 訳注:quasi-simple. 定着した訳語を見出せなかったため,準単純と訳した.

$$\Gamma_j = \{\gamma(t) : t_j \leq t \leq t_{j+1}\}$$

とする．すると $\Gamma = \bigcup_{j=0}^{N-1} \Gamma_j$ であり，ハウスドルフ測度の性質 4 と Γ が準単純であることを用いれば

$$m_1(\Gamma) = \sum_{j=0}^{N-1} m_1(\Gamma_j)$$

がわかる．実際，有限個の点を除くことにより，和集合 $\bigcup_{j=0}^{N-1} \Gamma_j$ は互いに交わらず，除いた点は明らかにその m_1–測度が 0 になっている．次に，ℓ_j を $\gamma(t_j)$ と $\gamma(t_{j+1})$ の距離，すなわち $\ell_j = |\gamma(t_{j+1}) - \gamma(t_j)|$ とすると，$m_1(\Gamma_j) \geq \ell_j$ となっていることを示す．このため，ハウスドルフ測度が回転不変であることに注意し，新しい直交座標系を x と y として，$[\gamma(t_j), \gamma(t_{j+1})]$ が x–軸上の線分 $[0, \ell_j]$ となるようにとる．射影 $\pi(x, y) = x$ はリプシッツ条件

$$|\pi(P) - \pi(Q)| \leq |P - Q|$$

をみたし，明らかに x–軸上の線分 $[0, \ell_j]$ は像 $\pi(\Gamma_j)$ の中に含まれる．したがって，補題 2.2 より

$$\ell_j \leq m_1(\Gamma_j)$$

が保証される．ゆえに $m_1(\Gamma) \geq \sum \ell_j$ である．Γ の長さ L は $[a, b]$ の分割全体にわたる和 $\sum \ell_j$ の上限であるから，$m_1(\Gamma) \geq L$ という求める不等式が得られる．

逆に Γ が強い意味でハウスドルフ次元 1 をもつならば，$m_1(\Gamma) < \infty$ であり，これまでの議論から，Γ が長さをもつことが示される． ■

読者は，長さをもつ曲線のこの特徴づけが，第 3 章で先に述べたミンコフスキー容量の概念と類似していることに気づかれるかもしれない．このことに関連して，ハウスドルフ次元の代わりによく用いられる，異なった次元の概念があることを紹介しておこう．コンパクト集合 E に対して，この次元は $E^\delta = \{x \in \mathbb{R}^d : d(x, E) < \delta\}$ の $\delta \to 0$ としたときの大きさを使って与えられる．E が $\mathbb{R}^d$ 内の k–立方体であるならば，$\delta \to 0$ のとき，$m(E^\delta) \leq c\delta^{d-k}$ が成り立つ．ただし m は $\mathbb{R}^d$ のルベーグ測度である．このことを考慮して，E の**ミンコフスキー次元**を

$$\inf\left\{\beta : m(E^\delta) = O(\delta^{d-\beta}), \delta \to 0\right\}$$

により定義する．ある集合のハウスドルフ次元は，ミンコフスキー次元を超えな

いことを示すことはできるが，一般には等号は成立しない．より詳しいことは練習 17 と 18 を参照してほしい．

シルピンスキー三角形

平面上に以下に述べるようなカントール類似集合を構成することができる．まず (中身の詰まった) 1 辺の長さ 1 の閉正三角形 S_0 から出発する．第 1 段階として，図 1 の影のついた開正三角形を抜き取る．

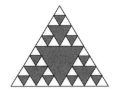

図 1 シルピンスキー三角形の構成．

これにより 3 個の閉三角形がのこり，その和を S_1 によって表す．各三角形は，もとの (親) 三角形 S_0 の半分のサイズになっている．これらの小さな閉三角形を第 1 世代という．S_1 を構成する三角形は親 S_0 の子供である．第 2 段階は，この操作を第 1 世代の各三角形に繰り返し適用することである．各三角形は第 2 世代の 3 個の子供を有している．第 2 世代の三角形の和を S_2 で表す．この操作を繰り返すことにより，次の性質をもつコンパクト集合の列 S_k が作られる：

(a) 各 S_k は 3^k 個の 1 辺 2^{-k} の閉正三角形の和である (これらは第 k 世代の三角形である)．

(b) $\{S_k\}$ はコンパクト集合の減少列である．すなわち $S_{k+1} \subset S_k$ がすべての $k \geq 0$ に対して成り立つ．

シルピンスキー三角形は

$$\mathcal{S} = \bigcap_{k=0}^{\infty} S_k$$

により定義されるコンパクト集合である．

定理 2.5 シルピンスキー三角形 $\mathcal{S}$ は強い意味でハウスドルフ次元 $\alpha = \log 3 / \log 2$ をもつ．

不等式 $m_\alpha(\mathcal{S}) \leq 1$ が構成から次のように容易に導かれる．与えられた $\delta > 0$ に対して，K を $2^{-K} < \delta$ となるように選ぶ．$\mathcal{S}_K$ は $\mathcal{S}$ を被覆していて，3^K 個の直径が $2^{-K} < \delta$ の三角形からなるから，

$$\mathcal{H}_\alpha^\delta(\mathcal{S}) \leq 3^K (2^{-K})^\alpha$$

となる．しかし，$2^\alpha = 3$ より $\mathcal{H}_\alpha^\delta(\mathcal{S}) \leq 1$ が得られる．ゆえに $m_\alpha(\mathcal{S}) \leq 1$ である．

不等式 $m_\alpha(\mathcal{S}) > 0$ はこれよりは難しい．証明のため，$\mathcal{S}$ を構成する際に現れる各三角形からある特定の点をとり固定する．その点は，三角形の左下の頂点とし，これをその三角形の<u>頂点</u>と呼ぶことにする．この選び方から，第 k 世代には 3^k 個の頂点が現れる．以下の議論において，これらの頂点がすべて $\mathcal{S}$ に属しているということが重要になる．

$\mathcal{S} \subset \bigcup_{j=1}^\infty F_j$, $\operatorname{diam} F_j < \delta$ とする．ある定数 c に対して

$$\sum_j (\operatorname{diam} F_j)^\alpha \geq c > 0$$

となることを示したい．明らかに F_j は F_j の直径の倍のある球に含まれるから，2δ を δ により置き換え，$\mathcal{S}$ がコンパクトであることに注意すれば，結局，直径が δ より小さい有限個の球の族 $\mathcal{B} = \{B_j\}_{j=1}^N$ が $\mathcal{S} \subset \bigcup_{j=1}^N B_j$ をみたすとき，

$$\sum_{j=1}^N (\operatorname{diam} B_j)^\alpha \geq c > 0$$

を示せば十分である．そのような球による被覆があるとする．B_j の直径の最小値を考え，k を

$$2^{-k} \leq \min_{1 \leq j \leq N} \operatorname{diam} B_j < 2^{-k+1}$$

をみたすようにとる．

補題 2.6 B を被覆 $\mathcal{B}$ に属する球で，ある $\ell \leq k$ に対して

$$2^{-\ell} \leq \operatorname{diam} B < 2^{-\ell+1}$$

をみたすものとする．このとき，第 k 世代の頂点のうち B に含まれるものは高々 $c3^{k-\ell}$ 個である．

この章では，具体的な値が重要でない一般的な定数を $c, c', \cdots$ により表す慣

用的な用法を用いていく．これらは同じ記号でも違う定数を表すことになる．また $A \approx B$ を量 A と量 B が**同等**であること，すなわち，ある適切な定数 c と c' に対して $cB \leq A \leq c'B$ となることを表すのに用いる．

補題 2.6 の証明 B^* を B と同じ中心をもち，直径を 3 倍にした球とし，$\triangle_k$ をその頂点 v が B 内にある第 k 世代のある三角形とする．$\triangle_k$ を含むような第 ℓ 世代の三角形を $\triangle'_\ell$ により表すと，$\operatorname{diam} B \geq 2^{-\ell}$ であるから，図 2 に示されているように

$$v \in \triangle_k \subset \triangle'_\ell \subset B^*$$

が成り立つ．

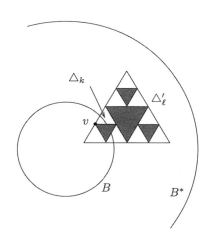

図 2　補題 2.6 の設定．

次に正定数 c で，B^* が含みうる第 ℓ 世代の相異なる三角形の数が高々 c 個となるようなものがある．なぜなら第 ℓ 世代の三角形は互いに交わらない内部をもち，その面積が $c'4^{-\ell}$ であり，一方，B^* の面積は高々 $c''4^{-\ell}$ だからである．結局，各 $\triangle'_\ell$ は第 k 世代の三角形を $3^{k-\ell}$ 個含んでいるから，B は第 k 世代の三角形の頂点を高々 $c3^{k-\ell}$ 個しか含まない． ∎

$\sum_{j=1}^N (\operatorname{diam} B_j)^\alpha \geq c > 0$ の証明を完成させるため，次のことに注意する．

$$\sum_{j=1}^{N}(\operatorname{diam} B_j)^\alpha \geq \sum_\ell N_\ell 2^{-\ell\alpha},$$

ここで N_ℓ は $\mathcal{B}$ に属する球のうち $2^{-\ell} \leq \operatorname{diam} B_j \leq 2^{-\ell+1}$ をみたすものの数である．補題より，族 $\mathcal{B}$ により被覆される第 k 世代における三角形の頂点の総数は，$c\sum_\ell N_\ell 3^{k-\ell}$ を超えない．$\mathcal{S}$ に含まれる第 k 世代の三角形の頂点は全部で 3^k 個であり，第 k 世代のすべての頂点は $\mathcal{B}$ により覆われていなければならないから，$c\sum_\ell N_\ell 3^{k-\ell} \geq 3^k$ でなければならない．したがって

$$\sum_\ell N_\ell 3^{-\ell} \geq c$$

となる．ここで α の定義から $2^{-\ell\alpha} = 3^{-\ell}$ であることに注意すればよい．これにより当初証明しようとした

$$\sum_{j=1}^{N}(\operatorname{diam} B_j)^\alpha \geq c$$

が得られる．

カントール集合やシルピンスキー三角形と同様の性質をもつ最後の例を述べる．これは 1904 年にフォン・コッホにより発見された曲線である．．

コッホ曲線[5]

単位区間 $K_0 = [0, 1]$ を考える．ただし，その区間は xy–平面の x–軸上にあるとしてよい．次に図 3 にあるような 4 個の長さ $1/3$ の線分からなる折れ線 K_1 を考える．

$K_1(t),\ 0 \leq t \leq 1$ を定速度になるように K_1 をパラメータ付けたものとする．言い換えれば，t が 0 から $1/4$ を動くとき，点 $K_1(t)$ は最初の線分上を動く．t が $1/4$ から $1/2$ を動くときは，点 $K_1(t)$ は 2 番目の線分を動くなど，以下同様のものとする．特に $0 \leq \ell \leq 4$ に対しては[6]，$K_1(\ell/4)$ は K_1 の 5 個の頂点を表している．

構成の第二の段階として，第 1 段階で現れた線分を，対応するような折れ線に

---

[5] 訳注：原文では The von Koch curve とあるが，慣例の邦文に従って，単にコッホ曲線とした．

[6] 訳注：当然 ℓ として整数を考えている．

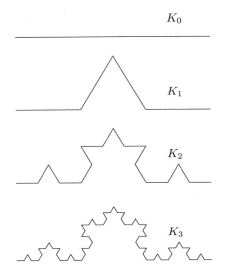

図 3 コッホ曲線の構成におけるはじめのいくつかの段階.

置き換える操作を繰り返す．すると図 3 にある折れ線 K_2 が得られる．それは，長さ $1/9 = 3^{-2}$ をもつ $16 = 4^2$ 個の線分からなっている．K_2 のパラメータ付けをして定速度にしたもの $K_2(t)$，$0 \leq t \leq 1$ をつくる．$K_2(\ell/4^2)$ は $0 \leq \ell \leq 4^2$ に対して，K_2 のすべての頂点を表し，また K_1 の頂点は

$$K_2(\ell/4) = K_1(\ell/4), \qquad 0 \leq \ell \leq 4$$

のように K_2 の頂点になっている．この操作を無限回繰り返して，連続折れ線の列 $\{K_j\}$ を得る．ここで K_j は長さ 3^{-j} の線分 4^j 個からなる．$K_j(t)$ $(0 \leq t \leq 1)$ を K_j のパラメータ付けをして定速度にしたものとすると，その頂点は $K_j(\ell/4^j)$ であり，$j' \geq j$ のとき

$$K_{j'}(\ell/4^j) = K_j(\ell/4^j), \qquad 0 \leq \ell \leq 4^j$$

である．

 j を限りなく大きくしたとき，折れ線 K_j が**コッホ曲線** $\mathcal{K}$ に限りなく近づく．実際，

$$|K_{j+1}(t) - K_j(t)| \leq 3^{-j}, \qquad 0 \leq t \leq 1, \quad j \geq 0$$

が得られる．このことは，$j = 0$ の場合は明らかであり，第 j 段階の構成の仕方

を考えて，j に関する帰納法により導かれる．

$$K_J(t) = K_1(t) + \sum_{j=1}^{J-1}(K_{j+1}(t) - K_j(t))$$

と表せるから，上の評価式より級数

$$K_1(t) + \sum_{j=1}^{\infty}(K_{j+1}(t) - K_j(t))$$

が $\mathcal{K}$ のあるパラメータ付けをした連続関数 $\mathcal{K}(t)$ に絶対かつ一様収束していることが証明できる．連続というだけでなく，関数 $\mathcal{K}(t)$ はカントール–ルベーグ関数の場合と同様に，リプシッツ条件の形の正則性をみたす．

定理 2.7 関数 $\mathcal{K}(t)$ は次数 $\gamma = \log 3/\log 4$ のリプシッツ条件をみたす．すなわち，

$$|\mathcal{K}(t) - \mathcal{K}(s)| \leq M|t-s|^{\gamma}, \qquad t, s \in [0, 1]$$

が成り立つ．

すでに $|K_{j+1}(t) - K_j(t)| \leq 3^{-j}$ となることを示した．K_j は 4^{-j} 時間の間に 3^{-j} 移動するから，$t = \ell/4^j$ を除いて

$$|K_j'(t)| \leq \left(\frac{4}{3}\right)^j$$

であることがわかる．したがって

$$|K_j(t) - K_j(s)| \leq \left(\frac{4}{3}\right)^j |t-s|$$

でなければならない．さらに $\mathcal{K}(t) = K_1(t) + \sum_{j=1}^{\infty}(K_{j+1}(t) - K_j(t))$ である．さて，この状況は，じつはカントール–ルベーグ関数が $\log 2/\log 3$–次のリプシッツ条件をみたすことを証明した際と同じものである．そのときの議論を次の補題で一般化しておく．

補題 2.8 $\{f_j\}$ を区間 $[0, 1]$ 上の連続関数列で，ある $A > 1$ に対して

$$|f_j(t) - f_j(s)| \leq A^j|t-s|$$

をみたし，またある $B > 1$ に対して

$$|f_j(t) - f_{j+1}(t)| \leq B^{-j}$$

をみたすものとする．このとき極限 $f(t) = \lim_{j \to \infty} f_j(t)$ が存在し，$\gamma = \log B / \log(AB)$ に対して，
$$|f(t) - f(s)| \leq M |t - s|^\gamma$$
をみたす．

証明 連続極限 f は一様収束級数
$$f(t) = f_1(t) + \sum_{k=1}^{\infty} (f_{k+1}(t) - f_k(t))$$
により与えられ，
$$|f(t) - f_j(t)| \leq \sum_{k=j}^{\infty} |f_{k+1}(t) - f_k(t)| \leq \sum_{k=j}^{\infty} B^{-k} \leq c B^{-j}$$
となっている．三角不等式とこの今得られた不等式，および補題中の不等式より
$$|f(t) - f(s)| \leq |f_j(t) - f_j(s)| + |(f - f_j)(t)| + |(f - f_j)(s)|$$
$$\leq c \left(A^j |t - s| + B^{-j} \right)$$
が得られる．ここで t と s を $t \neq s$ となるように固定して，j を $A^j |t - s| + B^{-j}$ がなるべく小さくなるように選ぶ．これには j を $A^j |t - s|$ と B^{-j} がほぼ同じ大きさになるようにとればよい．より正確にいえば，j を
$$(AB)^j |t - s| \leq 1 \quad \text{かつ} \quad 1 \leq (AB)^{j+1} |t - s|$$
となるように選べばよい．$|t - s| \leq 2$ であり，$AB > 1$ であるから，このような j は必ず存在する．このとき最初の不等式から
$$A^j |t - s| \leq B^{-j}$$
が得られ，一方，2 番目の不等式を γ 乗すると，$(AB)^\gamma = B$ を用いて
$$1 \leq B^{j+1} |t - s|^\gamma$$
を得る．したがって $B^{-j} \leq B |t - s|^\gamma$ であるから，示すべき
$$|f(t) - f(s)| \leq c \left(A^j |t - s| + B^{-j} \right) \leq M |t - s|^\gamma$$
が導かれる． ■

特にこの結果を補題 2.2 と組み合わせて
$$\dim \mathcal{K} \leq \frac{1}{\gamma} = \frac{\log 4}{\log 3}$$

が示される．$m_\gamma(\mathcal{K}) > 0$ であること，つまり $\dim \mathcal{K} = \log 4 / \log 3$ であることを証明するには，シルピンスキー三角形に対して与えた証明と同様の議論をすることが必要となる．じつはこの議論は自己相似性をもつ集合の一般的なクラスに一般化される．そこで，次にその一般的な理論に焦点をあてることにしたい．

注意 コッホ曲線について，さらにいくつかの事実を述べておく．詳細は下記の練習 13, 14, 15 にある．

1. 曲線 $\mathcal{K}$ は，これと同じような方法で構成されるより一般的な曲線の一つである．各 ℓ, $1/4 < \ell < 1/2$ に対して，第 1 段階として，長さ ℓ の 4 個の線分を，最初と最後の線分は x–軸上にあり，2 番目と 3 番目の線分は x–軸上に底辺があるような二等辺三角形の 2 辺をなすようにして与えられる曲線を $K_1^\ell(t)$ とする (図 4 参照)．$\ell = 1/3$ の場合が前に定義したコッホ曲線に対応する．

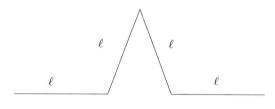

図 4 曲線 $K_1^\ell(t)$．

$\ell = 1/3$ のときと同様の操作を行い，曲線 $\mathcal{K}^\ell$ が得られ，これについて

$$\dim\left(\mathcal{K}^\ell\right) = \frac{\log 4}{\log 1/\ell}$$

となることがわかる．したがって，任意の α, $1 < \alpha < 2$ に対して，この種の曲線で，α–次元のものが得られる．$\ell \to 1/4$ にすると，極限的な曲線は直線であり，その次元は 1 であることに注意してほしい．$\ell \to 1/2$ のときは，極限が「空間を埋め尽くす」曲線に対応していることを見ることができる．

2. 曲線 $t \longmapsto \mathcal{K}^\ell(t)$, $1/4 < \ell \le 1/2$ はそれぞれいたるところ微分不可能である．また，$1/4 \le \ell < 1/2$ のときは単純であることもわかる．

2.2 自己相似性

カントール集合 $\mathcal{C}$，シルピンスキー三角形 $\mathcal{S}$，コッホ曲線 $\mathcal{K}$ はどれもある重要な性質を共通してもっている．それはこれらの集合がそれぞれ，自分自身のス

ケールされた複製を含んでいることである．さらにこれらの例のそれぞれは，スケーリングしたものを緊密に束ねるという操作の反復によって構成されている．たとえば，区間 $[0, 1/3]$ はカントール集合を $1/3$ にスケールしたものの複製を含んでいる．同様のことが区間 $[2/3, 1]$ についても成り立ち，

$$\mathcal{C} = \mathcal{C}_1 \cup \mathcal{C}_2$$

である．ここで，$\mathcal{C}_1$ と $\mathcal{C}_2$ は $\mathcal{C}$ をスケールしたものである．また，区間 $[0, 1/9]$，$[2/9, 3/9]$，$[6/9, 7/9]$，$[8/9, 1]$ はそれぞれ $\mathcal{C}$ を $1/9$ にスケールしたものを含んでいる．さらにこのような状況が続いていく．

シルピンスキー三角形の場合は，第 1 世代の三つの三角形はそれぞれ $\mathcal{S}$ を $1/2$ にスケールした複製を含んでいる．したがって，

$$\mathcal{S} = \mathcal{S}_1 \cup \mathcal{S}_2 \cup \mathcal{S}_3$$

であるが，ここで各 $\mathcal{S}_j$，$j = 1, 2, 3$ はもともとのシルピンスキー三角形をスケーリングして平行移動することで得られる．一般に，第 k 世代の各三角形は $\mathcal{S}$ を $1/2^k$ にスケールしたものの複製である．

最後にコッホ曲線の構成であるが，最初の段階における各線分は，コッホ曲線をスケール，あるいは回転した複製のもととなっている．実際，

$$\mathcal{K} = \mathcal{K}_1 \cup \mathcal{K}_2 \cup \mathcal{K}_3 \cup \mathcal{K}_4$$

である．ただしここで，$\mathcal{K}_j$，$j = 1, 2, 3, 4$ は $\mathcal{K}$ を $1/3$ にスケールして，平行移動と回転により得られるものである．

このように，これらの例は，それぞれ自分自身のより小さな複製を含んでいる．本節では，こういったことから出てくる自己相似性の概念を定義し，その性質をもつ集合のハウスドルフ次元を決定する定理を証明する．

写像 $S : \mathbb{R}^d \to \mathbb{R}^d$ が

$$|S(x) - S(y)| = r |x - y|$$

をみたすとき，**比率 $r > 0$ の相似変換**という．$\mathbb{R}^d$ の相似変換は，平行移動と回転，そして r による拡大・縮小の合成になっている (問題 3 を参照)．

同じ比率 r の有限個の相似変換 $S_1, \cdots, S_m$ が与えられていて，集合 $F \subset \mathbb{R}^d$ が

$$F = S_1(F) \cup \cdots \cup S_m(F)$$

をみたすとき，F は**自己相似**であるという．すでに見てきた例との関連を述べておく．

$F = \mathcal{C}$ がカントール集合のときは，対応する変換には，
$$S_1(x) = \frac{x}{3}, \qquad S_2(x) = \frac{x}{3} + \frac{2}{3}$$
によって与えられる比率 $1/3$ の二つの相似変換がある．つまり，$m = 2$, $r = 1/3$ である．

$F = \mathcal{S}$，すなわちシルピンスキー三角形の場合，比率は $r = 1/2$ であり，対応する変換には，$m = 3$ 個の相似変換
$$S_1(x) = \frac{x}{2}, \qquad S_2(x) = \frac{x}{2} + \alpha, \qquad S_3(x) = \frac{x}{2} + \beta$$
がある．ここで，α と β は図5の最初の図に記された点である．

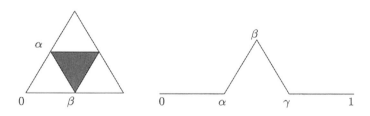

図5 シルピンスキー三角形とコッホ曲線の相似変換．

$F = \mathcal{K}$，すなわちコッホ曲線のときは，
$$S_1(x) = \frac{x}{3}, \qquad S_2(x) = \rho \frac{x}{3} + \alpha, \qquad S_3(x) = \rho^{-1} \frac{x}{3} + \beta,$$
$$S_4(x) = \frac{x}{3} + \gamma$$
である．ここで，ρ は原点を中心にした回転角 $\pi/3$ の回転を表す．つまり比率 $r = 1/3$ の相似変換が $m = 4$ 個ある．点 α, β, γ は図5の2番目の図に示されたものである．

別の例 $\mathcal{D}$ は，よく**カントール・ダスト**と呼ばれるもので，これはカントール集合の(シルピンスキー三角形とは)別の2次元版である．$\mathcal{D}$ は固定された $0 < \mu < 1/2$ に対して，単位正方形 $Q = [0, 1] \times [0, 1]$ を出発点として構成される．第1段階として，Q の角から1辺 μ の4個の閉正方形以外のものをすべて取り除く．これにより，図6のように4個の正方形の和 D_1 が得られる．

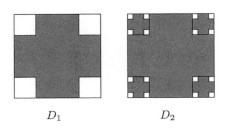

図 6 カントール・ダストの構成.

この操作を D_1 を構成する小正方形のそれぞれに繰り返して施す．つまり，角にある 1 辺の長さ μ^2 の 4 個の正方形以外のものをすべて取り除く[7]．これにより 16 個の正方形の和 D_2 が与えられる．この操作を繰り返して，コンパクト集合の族 $D_1 \supset D_2 \supset \cdots \supset D_k \supset \cdots$ が得られるが，その共通部分がパラメータ μ に関するカントール・ダストである．対応する相似変換としては，$m = 4$ 個の比率 μ の相似変換

$$S_1(x) = \mu x,$$
$$S_2(x) = \mu x + (0, 1-\mu),$$
$$S_3(x) = \mu x + (1-\mu, 1-\mu),$$
$$S_4(x) = \mu x + (1-\mu, 0)$$

がある．$\mathcal{D}$ は第 1 章の練習 3 で定義された定数 ξ 切開のカントール集合 $\mathcal{C}_\xi$ の直積 $\mathcal{C}_\xi \times \mathcal{C}_\xi$ であることに注意してほしい．ただし $\xi = 1 - 2\mu$ である．

最初に証明する結果は，相似変換が縮小写像であるという仮定，すなわち比率が $r < 1$ という条件のもとで，自己相似集合が存在することを保証するものである．

定理 2.9 $0 < r < 1$ で，$S_1, S_2, \cdots, S_m$ が比率 r の相似変換であるとする．このとき，

$$F = S_1(F) \cup \cdots \cup S_m(F)$$

をみたす空でないコンパクト集合 F が一意的に存在する．

この定理の証明は不動点定理の議論の要領で行われる．十分大きな球 B からはじめ，繰り返し写像 $S_1, \cdots, S_m$ を施していく．これらの相似変換の比率が

---

[7] 訳注：図 6 の 2 番目の図を参照．

$r < 1$ であることから，この操作は所用の性質をみたすただ一つのコンパクト集合 F へと収縮していく．

補題 2.10 ある閉球 B で，すべての $j = 1, \cdots, m$ に対して，$S_j(B) \subset B$ をみたすものが存在する．

証明 実際，S が比率 r の相似変換であるとき，
$$|S(x)| \leq |S(x) - S(0)| + |S(0)|$$
$$= r|x| + |S(0)|$$
に注意する．$rR + |S(0)| \leq R$，すなわち $R \geq |S(0)|/(1-r)$ となるように R を選べば，$|x| \leq R$ であるとき，$|S(x)| \leq R$ が成り立つ．この方法で，各 S_j に対して，中心を原点とする球 B_j で，$S_j(B_j) \subset B_j$ をみたすものがとれる．B を B_j の中で最も大きな半径をもつものとすると，上記のことより，すべての j に対して $S_j(B) \subset B$ が示せる． ■

さて，集合 A に対して
$$\widetilde{S}(A) = S_1(A) \cup \cdots \cup S_m(A)$$
とする．$A \subset A'$ のとき，$\widetilde{S}(A) \subset \widetilde{S}(A')$ が成り立つ．

各 S_j は $\mathbb{R}^d$ から $\mathbb{R}^d$ への写像であるが，$\widetilde{S}$ は点を点に写す写像ではない．これは $\mathbb{R}^d$ の部分集合を $\mathbb{R}^d$ の部分集合に写すものである．

比率が 1 より小さい縮小写像の概念をもとに議論を展開していくため，二つのコンパクト集合の間の距離を導入する．各 $\delta > 0$ と空でない集合 A に対して，
$$A^\delta = \{x : d(x, A) < \delta\}$$
とする．このとき，A^δ は A を含み，さらに δ だけ大きくなっている．空でない A と B がコンパクトであるとき，**ハウスドルフ距離**が
$$\mathrm{dist}\,(A, B) = \inf\{\delta : B \subset A^\delta,\ A \subset B^\delta\}$$
と定義される．

補題 2.11 $\mathbb{R}^d$ の空でないコンパクト部分集合上に定義された距離関数 dist は次をみたす．

（ⅰ）$A = B$ であるとき，かつこのときに限り $\mathrm{dist}(A, B) = 0$ である．

(ii) $\mathrm{dist}(A, B) = \mathrm{dist}(B, A)$.

(iii) $\mathrm{dist}(A, B) \leq \mathrm{dist}(A, C) + \mathrm{dist}(C, B)$.

$S_1, \cdots, S_m$ が比率 r の相似変換であるとき,

(iv) $\mathrm{dist}(\widetilde{S}(A), \widetilde{S}(B)) \leq r\,\mathrm{dist}(A, B)$.

この補題の証明は容易なので,読者に委ねる.

これら二つの補題を用いて,定理 2.9 を証明しよう.まず補題 2.10 の球 B をとり, $F_k = \widetilde{S}^k(B)$ とおく.ここで $\widetilde{S}^k$ は $\widetilde{S}$ を k 回合成したもの,すなわち,$\widetilde{S}^1 = \widetilde{S}$, $\widetilde{S}^k = \widetilde{S}^{k-1} \circ \widetilde{S}$ を表す.F_k はコンパクトで,空でなく,$\widetilde{S}(B) \subset B$ であるから,$F_k \subset F_{k-1}$ をみたす.

$$F = \bigcap_{k=1}^{\infty} F_k$$

とすると, F はコンパクトで,空でなく,$\bigcap_{k=1}^{\infty} F_k$ に $\widetilde{S}$ を施したものは $\bigcap_{k=2}^{\infty} F_k$ であり,これは F に一致しているから,明らかに $\widetilde{S}(F) = F$ をみたしている.

F の一意性は次のように証明される.G を $\widetilde{S}(G) = G$ をみたす別のコンパクト集合とする.このとき,補題 2.11 の (iv) を適用して $\mathrm{dist}(F, G) \leq r\,\mathrm{dist}(F, G)$ が示される.$r < 1$ であるから, $\mathrm{dist}(F, G) = 0$ でなければならず,したがって $F = G$ であり,定理 2.9 の証明が完了する.

技術的なある条件を付加すると,自己相似集合 F のハウスドルフ次元を正確に計算することができる.大雑把にいえば,この制約は集合 $S_1(F), \cdots, S_m(F)$ があまりたくさん重なり合わないときには成り立っている.実際,これらの集合が互いに交わらないならば,

$$m_\alpha(F) = \sum_{j=1}^{m} m_\alpha(S_j(F))$$

を示すことができる.各 S_j は r の比率でスケールするので,$m_\alpha(S_j(F)) = r^\alpha m_\alpha(F)$ が得られる.したがって

$$m_\alpha(F) = m r^\alpha m_\alpha(F)$$

である.もしも $m_\alpha(F)$ が 0 でなく有限ならば, $mr^\alpha = 1$ を得る.よって

$$\alpha = \frac{\log m}{\log 1/r}$$

である.

付加する制約は次のものである.ある空でない有界な開集合 $\mathcal{O}$ で,
$$\mathcal{O} \supset S_1(\mathcal{O}) \cup \cdots \cup S_m(\mathcal{O}),$$
かつ $S_j(\mathcal{O})$ が互いに交わらないようなものが存在するとき,相似変換 $S_1, \cdots, S_m$ は**分離的**であるという.なお $\mathcal{O}$ が F を含んでいることは仮定しない.

定理 2.12 $S_1, S_2, \cdots, S_m$ が共通の比率 r をもつ分離的な相似変換で,$0 < r < 1$ であるとする.このとき,集合 F のハウスドルフ次元は $\log m / \log(1/r)$ に等しい.

はじめに F がカントール集合のときを考えると,開集合 $\mathcal{O}$ としては単位開区間をとることができ,その次元が $\log 2 / \log 3$ であることはすでに証明したとおりである.シルピンスキー三角形に対しては,単位開三角形が開集合としてとれ,$\dim \mathcal{S} = \log 3 / \log 2$ である.カントール・ダストの例では,単位開正方形が開集合の役割を果たし,$\dim \mathcal{D} = \log 4 / \log \mu^{-1}$ である.最後にコッホ曲線に対しては,図 7 に描かれた三角形の内部をとることができ,$\dim \mathcal{K} = \log 4 / \log 3$ を得る.

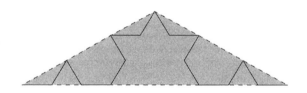

図 7 コッホ曲線の相似変換の分離性における開集合.

さて定理 2.12 の証明にとりかかろう.これはシルピンスキー三角形の場合に用いたアプローチと同様のものである.$\alpha = \log m / \log(1/r)$ とすると,$m_\alpha(F) < \infty$,したがって $\dim F \leq \alpha$ であることを示す.なおこの不等式は分離性の仮定なしでも成り立っている.実際,
$$F_k = \widetilde{S}^k(B)$$
であり,$\widetilde{S}^k(B)$ は
$$S_{n_1} \circ S_{n_2} \circ \cdots \circ S_{n_k}(B), \quad 1 \leq n_i \leq m, \quad 1 \leq i \leq k$$
の形の直径が cr^k ($c = \operatorname{diam} B$) より小さい m^k 個の集合の和である.したがっ

て, $cr^k \leq \delta$ のとき, $\alpha = \log m / \log(1/r)$ より $mr^\alpha = 1$ であるから,

$$\mathcal{H}_\alpha^\delta(F) \leq \sum_{n_1,\cdots,n_k} (\operatorname{diam} S_{n_1} \circ \cdots \circ S_{n_k}(B))^\alpha$$
$$\leq c' m^k r^{\alpha k}$$
$$\leq c'$$

である. c' は δ に依存しないから, $m_\alpha(F) \leq c'$ を得る.

$m_\alpha(F) > 0$ を証明するために, 今度は分離性の条件を用いる. 先に述べたシルピンスキー三角形のハウスドルフ次元の計算とほぼ平行した議論を行う.

F 内にある点 $\bar{x}$ をとり固定する.

$$S_{n_1} \circ \cdots \circ S_{n_k}(\bar{x}), \qquad 1 \leq n_1 \leq m, \ \cdots, \ 1 \leq n_k \leq m$$

により与えられる F 内の m^k 個の点を第 k 世代の「頂点」と定義する. 各頂点は $(n_1, \cdots, n_k)$ により番号づけられているとする. 頂点はすべて異なる点とは限らず, 同じ場合にはそれらは重複度として数えられる.

同様に, 第 k 世代の「開集合」を,

$$S_{n_1} \circ \cdots \circ S_{n_k}(\mathcal{O}), \qquad 1 \leq n_1 \leq m, \ \cdots, \ 1 \leq n_k \leq m$$

により与えられる m^k 個の集合とするが, ここで, $\mathcal{O}$ は分離性の条件をみたすようにとり, 固定しておくものとする. このような開集合は再び多重指数 $(n_1, n_2, \cdots, n_k)$, $1 \leq n_j \leq m, 1 \leq j \leq k$ により番号が付けられている.

このとき, 第 k 世代の開集合は互いに交わらない. なぜなら第 1 世代のそれが互いに交わらないからである. さらに $k \geq \ell$ のとき, 第 ℓ 世代の各開集合は, 第 k 世代の開集合を $m^{k-\ell}$ 個含んでいる.

v を第 k 世代の頂点とし, $\mathcal{O}(v)$ を v に対応する第 k 世代の開集合とする. すなわち, v と $\mathcal{O}(v)$ が同じ番号 $(n_1, n_2, \cdots, n_k)$ をもっているとする. $\bar{x}$ ともとの開集合 $\mathcal{O}$ との距離は固定されていて, $\mathcal{O}$ は有限の直径をもっているから,

(a) $\quad d(v, \mathcal{O}(v)) \leq cr^k$,

(b) $\quad c'r^k \leq \operatorname{diam} \mathcal{O}(v) \leq cr^k$

をみたしていることがわかる.

シルピンスキー三角形の場合と同様に, $\mathcal{B} = \{B_j\}_{j=1}^N$ が δ より小さい直径をもつ有限個の球の族で, F を被覆しているとき,

$$\sum_{j=1}^{N} (\operatorname{diam} B_j)^{\alpha} \geq c > 0$$

をみたすことを証明すれば十分である．そのような球による被覆をとり，

$$r^k \leq \min_{1 \leq j \leq N} \operatorname{diam} B_j < r^{k-1}$$

となるような k を選んでおく．

補題 2.13 B を被覆 $\mathcal{B}$ に属する球で，ある $\ell \leq k$ に対して

$$r^\ell \leq \operatorname{diam} B < r^{\ell-1}$$

をみたしているとする．このとき，B が含んでいる第 k 世代の頂点の数は高々 $cm^{k-\ell}$ 個である．

証明 v が第 k 世代の頂点で，$v \in B$ なるもので，$\mathcal{O}(v)$ がこれに対応する第 k 世代の開集合であるとき，B をある特定の比率で拡大した B^* に対して上記の性質 (a), (b) から $\mathcal{O}(v) \subset B^*$ であり，また B^* は $\mathcal{O}(v)$ を含む第 ℓ 世代の開集合も含んでいる．

B^* の体積は $cr^{d\ell}$ であり，第 ℓ 世代の各開集合の体積は $\approx r^{d\ell}$ である (上記の性質 (b)) から，B^* は第 ℓ 世代の開集合を高々 c 個含んでいる．したがって B^* は第 k 世代の開集合を高々 $cm^{k-\ell}$ 個含んでいる．結局，B は高々 $cm^{k-\ell}$ 個の第 k 世代の頂点を含みうる．これで補題が証明された． ■

最後の議論のために，N_ℓ を $\mathcal{B}$ に含まれる球のうち，

$$r^\ell \leq \operatorname{diam} B_j \leq r^{\ell-1}$$

をみたすものの個数とする．補題より，第 k 世代の頂点で，集合族 $\mathcal{B}$ で覆われうるものの数は，$c \sum_\ell N_\ell m^{k-\ell}$ を超えない．第 k 世代のすべての m^k 個の頂点は F に含まれるから，$c \sum_\ell N_\ell m^{k-\ell} \geq m^k$ でなければならない．ゆえに

$$\sum_\ell N_\ell m^{-\ell} \geq c$$

である．α の定義から，$r^{\ell\alpha} = m^{-\ell}$ であり，したがって

$$\sum_{j=1}^{N} (\operatorname{diam} B_j)^\alpha \geq \sum_\ell N_\ell r^{\ell\alpha} \geq c$$

となり，定理 2.12 の証明が完了する．

3. 空間を埋め尽くす曲線

1890 年に重要な発見が報じられた：ペアノが平面内の正方形を埋め尽くすような連続曲線を構成したのである．これ以来，ペアノの構成の多くの変形が与えられてきた．ここではさらに重要な追加事項も説明するのに適した特徴をもつようなある構成を述べる．それは大まかにいって，測度論的な観点から単位区間と単位正方形が「同型」になっているというものである．

定理 3.1 単位区間から単位正方形への曲線 $t \longmapsto \mathcal{P}(t)$ で次の性質をみたすものが存在する：

(i) $\mathcal{P}$ は $[0, 1]$ を $[0, 1] \times [0, 1]$ にうつす連続な全射である．
(ii) $\mathcal{P}$ は次数 $1/2$ のリプシッツ条件をみたす．すなわち

$$|\mathcal{P}(t) - \mathcal{P}(s)| \leq M \,|t - s|^{1/2}.$$

(iii) 任意の部分区間 $[a, b]$ の $\mathcal{P}$ による像は，単位正方形のコンパクト部分集合で，その (2 次元) ルベーグ測度はちょうど $b - a$ になっている．

3 番目の結論はさらに精密化される．

系 3.2 ある部分集合 $Z_1 \subset [0, 1]$ と $Z_2 \subset [0, 1] \times [0, 1]$ が存在し，それぞれの集合は測度 0 であり，$\mathcal{P}$ が

$$[0, 1] - Z_1 \quad \text{から} \quad [0, 1] \times [0, 1] - Z_2$$

への全単射であり，測度を保存する．言い換えれば，E が可測であるのは，$\mathcal{P}(E)$ が可測であるとき，かつそのときに限り，

$$m_1(E) = m_2(\mathcal{P}(E))$$

である．

ここで m_1 と m_2 はそれぞれ $\mathbb{R}^1$ と $\mathbb{R}^2$ 上のルベーグ測度を表す．

われわれはこの関数 $t \longmapsto \mathcal{P}(t)$ を**ペアノ写像**と呼ぶ．その像は**ペアノ曲線**と呼ばれる．

この定理の結論の特徴を明確にするのに役立つ考察をいくつかしておこう．F :

$[0,1] \to [0,1] \times [0,1]$ を連続な全射とする.このとき次のことが成り立つ.

(a) F は次数 $\gamma > 1/2$ のリプシッツ条件をみたしえない.このことは補題 2.2 より
$$\dim F([0,1]) \leq \frac{1}{\gamma} \dim [0,1]$$
であることから導かれる.したがって,$2 \leq 1/\gamma$ であることが必要とされる.

(b) F は単射ではありえない.実際,もしこれが成り立てば,F の逆写像 G が存在し,連続であることになる.$[0,1]$ 内に任意に 2 点 $a \neq b$ を与えて,$F(a)$ と $F(b)$ を結ぶ正方形内の二つの異なる曲線を考えれば,矛盾が得られる.というのは,G によるこれら二つの曲線の像は a と b の間の点で交わるからである.実際には,正方形内の任意の開円板 D に対して,いつでも $t \neq s$ で $F(t) = F(s) = x$ なる点 $x \in D$ が存在する.

定理 3.1 の証明は $[0,1] \times [0,1]$ の部分正方形を $[0,1]$ の部分区間に対応させる写像のある自然なクラスを注意深く調べることで得られる.これはヒルベルトの反復手順に内在するあるアプローチを実行するものである.その反復手順をヒルベルトは図 8 にある最初の 3 段階により説明した.

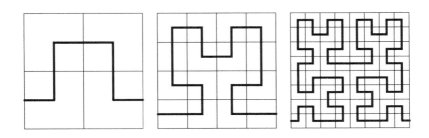

図 8 ペアノ曲線の構成.

写像の一般的なクラスを調べることにしよう.

3.1 4 乗ベキ区間と 2 進正方形

4 乗ベキ区間とは,$[0,1]$ が順次 4 の累乗に分割されていったときに現れる区間である.たとえば,第 1 世代の 4 乗ベキ区間は

$$I_1 = [0, 1/4], \quad I_2 = [1/4, 1/2], \quad I_3 = [1/2, 3/4], \quad I_4 = [3/4, 1]$$

の閉区間である．第 2 世代の 4 乗ベキ区間は第 1 世代の 4 乗ベキ区間のそれぞれを 4 等分に分割して得られるものである．それゆえ第 2 世代の 4 乗ベキ区間は $16 = 4^2$ 個になる．一般には，第 k 世代の 4 乗ベキ区間は 4^k 個の $\left[\dfrac{\ell}{4^k}, \dfrac{\ell+1}{4^k}\right]$ の形の区間からなる．ただしここで ℓ は $0 \leq \ell < 4^k$ なる整数とする．

4 乗ベキ区間の**鎖**とは，区間の減少列
$$I^1 \supset I^2 \supset \cdots \supset I^k \supset \cdots$$
のことであるが，ただしここで I^k は第 k 世代の 4 乗ベキ区間の一つである (したがって，$|I^k| = 4^{-k}$ となっている)．

命題 3.3 4 乗ベキ区間の鎖は次の性質をみたす：

(i) $\{I^k\}$ が 4 乗ベキ区間の鎖ならば，$t \in \bigcap_k I^k$ なる $t \in [0, 1]$ が一意的に存在する．

(ii) 逆に，与えられた $t \in [0, 1]$ に対して，$t \in \bigcap_k I^k$ をみたすような 4 乗ベキの区間の鎖 $\{I^k\}$ が存在する．

(iii) t のうち，(ii) における鎖が一意的でないようなものの集合は測度 0 である (実際，この集合は可算である)．

証明 (i) は $\{I^k\}$ が直径が 0 に収束するようなコンパクト集合の減少列であることから得られる．

(ii) を示すため，t を固定し，各 k に対して $t \in I^k$ なる 4 乗ベキ区間が少なくとも一つ存在することに注意しておく．もし t が $0 < \ell < 4^k$ なる整数 ℓ に対して $\ell/4^k$ の形をしているならば，t を含むような第 k 世代の 4 乗ベキ区間はちょうど二つ存在する．したがって，鎖が一意的でないような点の集合は，
$$\dfrac{\ell}{4^k}, \quad \text{ここで，} \quad 1 \leq k, \; 0 < \ell < 4^k$$
なる **2 進有理数**の集合に他ならない．注意してほしいことは，これらの有理数の集合は，$\ell'/2^{k'}, 0 < \ell' < 2^{k'}$ なる形のそれと同じであるということである．この集合は可算であり，したがって測度 0 である． ■

明らかに 4 乗ベキ区間の鎖 $\{I^k\}$ は，a_k を $0, 1, 2,$ または 3 のいずれかとするような記号の列 $.a_1 a_2 \cdots a_k \cdots$ と自然に対応している．このときこの鎖に対応する点 t は

$$t = \sum_{k=1}^{\infty} \frac{a_k}{4^k}$$

により与えられる．この点は，十分大きなすべての k に対して $a_k = 3$ であるか，あるいは十分大きなすべての k に対して $a_k = 0$ であるか，厳密には表現に一意性がない．

ペアノ写像がどのようなものかを，各 4 乗ベキ区間に対してある 2 進正方形の割り当てを記述することで説明する．これらの **2 進正方形**は，平面内の単位正方形 $[0,1] \times [0,1]$ を各辺を順次二等分して分割することにより得られるものである．

たとえば，第 1 世代の 2 進正方形は，単位正方形の各辺を二等分することによって生成される．これにより 1 辺の長さが $1/2$ の四つの閉正方形 S_1, S_2, S_3, そして S_4 が生じ，その面積は $|S_i| = 1/4$, $i = 1, \cdots, 4$ である．

第 2 世代の 2 進正方形は第 1 世代の各 2 進正方形の辺を二等分して得られる．そしてこの操作を続けていく．一般に第 k 世代には，1 辺の長さが $1/2^k$ で，面積が $1/4^k$ の 4^k 個の正方形がある．

2 進正方形の**鎖**とは，正方形の減少列

$$S^1 \supset S^2 \supset \cdots \supset S^k \supset \cdots$$

であり，S^k が第 k 世代の 2 進正方形であるようなものである．

命題 3.4 2 進正方形の鎖は次の性質をもつ．

（ⅰ） $\{S^k\}$ が 2 進正方形の鎖であれば，$x \in [0,1] \times [0,1]$ で $x \in \bigcap_k S^k$ なるものが一意的に存在する．

（ⅱ） 逆に，与えられた $x \in [0,1] \times [0,1]$ に対して，2 進正方形の鎖 $\{S^k\}$ で，$x \in \bigcap_k S^k$ なるものが存在する．

（ⅲ） x のうち，（ⅱ）における鎖が一意的でないようなものの集合は測度 0 である．

この場合，一意的でないような点の集合は，(x_1, x_2) の座標の一つに 2 進有理数があるようなすべての点からなる．幾何学的にいえば，この集合は，2 進有理数を格子点とする格子をなす $[0,1] \times [0,1]$ 内の垂直な線分と水平な線分の (可算) 和である．これは測度 0 である．

さらに 2 進正方形のそれぞれの鎖は b_k を 0, 1, 2, あるいは 3 とするような記号列 $.b_1 b_2 \cdots$ で表せる. このとき

$$
\begin{aligned}
b_k = 0 &\quad \text{ならば} \quad \overline{b}_k = (0, 0), \\
b_k = 1 &\quad \text{ならば} \quad \overline{b}_k = (0, 1), \\
b_k = 2 &\quad \text{ならば} \quad \overline{b}_k = (1, 0), \\
b_k = 3 &\quad \text{ならば} \quad \overline{b}_k = (1, 1)
\end{aligned}
$$

として,

(1) $$x = \sum_{k=1}^{\infty} \frac{\overline{b}_k}{2^k}$$

と表せる.

3.2 2 進対応

2 進対応は 4 乗ベキ区間の集合から 2 進正方形の集合への写像 Φ で, 次の条件をみたすものである.

(1) Φ は全単射である.
(2) Φ は世代をくずすことはない.
(3) Φ は包含関係をくずすことはない.

(2) の意味するところは, I が第 k 世代の 4 乗ベキ区間ならば $\Phi(I)$ が第 k 世代の 2 進正方形であることである. (3) の意味するところは, $I \subset J$ ならば $\Phi(I) \subset \Phi(J)$ となることである.

たとえば, 自明な, というより標準的な対応は記号列 $.a_1 a_2 \cdots$ に記号列 $.b_1 b_2 \cdots$, ただし $b_k = a_k$ を対応させるものである.

与えられた 2 進対応 Φ に対して, **誘導写像** Φ^* は次のように与えられる $[0, 1]$ から $[0, 1] \times [0, 1]$ への写像である. もし $\{t\} = \bigcap I^k$, ただし $\{I^k\}$ は 4 乗ベキ区間のある鎖であれば, このとき, $\{\Phi(I^k)\}$ は 2 進正方形の鎖であるから,

$$\Phi^*(t) = x = \bigcap \Phi(I^k)$$

とすることができる. Φ^* はある測度 0 をもつ (可算) 集合 (t が一つより多い 4 乗ベキ区間の鎖で表されるような点) を除いて定義できることに注意する.

すぐにわかることは, もし I' が第 k 世代の 4 乗ベキ区間ならば, 像 $\Phi^*(I') =$

$\{\Phi^*(t), t \in I'\}$ は第 k 世代の 2 進正方形 $\Phi(I')$ よりなる.よって $\Phi^*(I') = \Phi(I')$ であり,したがって $m_1(I') = m_2(\Phi^*(I'))$ である.

定理 3.5 与えられた 2 進対応 Φ に対して,次のことをみたすような測度 0 の集合 $Z_1 \subset [0,1]$ と $Z_2 \subset [0,1] \times [0,1]$ が存在する.

(ⅰ) Φ^* は $[0,1] - Z_1$ から $[0,1] \times [0,1] - Z_2$ への全単射である.
(ⅱ) E が可測であるのは,$\Phi^*(E)$ が可測であるとき,かつそのときに限る.
(ⅲ) $m_1(E) = m_2(\Phi^*(E))$.

証明 まず,$\mathcal{N}_1$ を命題 3.3 の (ⅲ) に現れる 4 乗ベキ区間の鎖の集まり,すなわち $I = [0,1]$ の点で一意的に表現されないような点に対する鎖の集まりとする.同様に $\mathcal{N}_2$ を 2 進正方形の鎖の集まりで,正方形 $I \times I$ 内の点で,これに対応する鎖による表現が一意的でないようなものとする.

Φ は 4 乗ベキ区間の集まりから 2 進正方形の集まりへの全単射であるから,$\mathcal{N}_1 \cup \Phi^{-1}(\mathcal{N}_2)$ から $\Phi(\mathcal{N}_1) \cup \mathcal{N}_2$ への全単射でもあり,したがってそれらの補集合についても全単射である.Z_1 を I の点で,(命題 3.3 の (ⅰ) に関して) $\mathcal{N}_1 \cup \Phi^{-1}(\mathcal{N}_2)$ に属する鎖によって表されるものからなる I の部分集合とする.そして Z_2 を正方形 $I \times I$ の点で,$\Phi(\mathcal{N}_1) \cup \mathcal{N}_2$ に属する 2 進正方形の鎖によって表現されるようなものの集合とする.よって誘導された写像 Φ^* は $I - Z_1$ 上で定義され,$I - Z_1$ から $(I \times I) - Z_2$ への全単射を与えている.Z_1 と Z_2 が測度 0 であることを証明するために,次の補題を導き出しておく.$\{f_k\}_{k=1}^{\infty}$ を,f_k が 0, 1, 2, または 3 であるようなある与えられた数列とし,これを固定しておく. ∎

補題 3.6
$$E_0 = \left\{ x = \sum_{k=1}^{\infty} a_k/4^k, \quad \text{ただし十分大きなすべての } k \text{ に対し } a_k \neq f_k \right\}$$
とする.このとき,$m(E_0) = 0$ である.

実際,r を固定すると,$m(\{x : a_r \neq f_r\}) = 3/4$ であり,
$$m(\{x : a_r \neq f_r \text{ かつ } a_{r+1} \neq f_{r+1}\}) = (3/4)^2$$
などが成り立つ.よって $m(\{x : k \geq r \text{ に対して } a_k \neq f_k\}) = 0$ であり,E_0 はこれらの集合の可算和であるから,補題が証明される.

(1) の表現に関して，正方形 $S = I \times I$ 内の点についても同様のことが成り立つ.

結果として，$\mathcal{N}_1$ に属する鎖に対応する I の点の集合は測度 0 の集合となることに注意する．実際，$\mathcal{N}_1$ の元は，十分大きなすべての k に対して $a_k = 0$ であるか，十分大きなすべての k に対して $a_k = 3$ であるような数列 $\{a_k\}$ に対応しているから，すべての k に対して $f_k = 1$ なる数列の場合の補題を使うことができる．

同様にして，正方形 S の $\mathcal{N}_2$ に対応する点は測度 0 の集合をなしている．このことを示すために，たとえば奇数 k に対しては $f_k = 1$，偶数 k に対しては $f_k = 2$ とし，$\mathcal{N}_2$ が十分大きなすべての k に対して，次の四つの排他的な場合の一つが成り立つようなすべての数列 $\{a_k\}$ に対応していることに注意する．a_k は 0 か 1 である．a_k は 2 か 3 である．a_k は 0 か 2 である．a_k は 1 か 3 である．同じような理由によって $\Phi^{-1}(\mathcal{N}_2)$ と $\Phi(\mathcal{N}_1)$ の点もそれぞれ I と $I \times I$ の測度 0 集合をなしている．

ここで，Φ^* (これは $I - Z_1$ から $(I \times I) - Z_2$ への全単射) が測度を保存することの証明に移ろう．このために第 1 章の定理 1.4 を使うので思い起こしておく．この定理によれば，単位区間 I 内の任意の開集合 $\mathcal{O}$ は，内部が互いに交わらないような閉区間 I_j の可算和 $\bigcup_{j=1}^{\infty} I_j$ で表される．しかもその証明を調べると，区間としては 2 進的なもの，すなわち，適切な整数 ℓ と j に対して $[\ell/2^j, (\ell+1)/2^j]$ の形のものにとれることがわかる．さらにその区間は j が偶数，すなわち $j = 2k$ ならば 4 乗ベキ区間であり，j が奇数，すなわち $j = 2k - 1$ ならば二つの 4 乗ベキ区間 $[(2\ell)/2^{2k}, (2\ell+1)/2^{2k}]$ と $[(2\ell+1)/2^{2k}, (2\ell+2)/2^{2k}]$ の和である．したがって，I 内のどのような開集合も内部が互いに交わらないような 4 乗ベキ区間の和として与えられている．同様に正方形 $I \times I$ 内の任意の開集合は，内部が互いに交わらないような 2 進正方形の和である．

さて，E を $I - Z_1$ 内の任意の測度 0 集合とし，$\varepsilon > 0$ とする．このとき，$E \subset \bigcup_j I_j$，ただし I_j は 4 乗ベキ区間で，$\sum_j m_1(I_j) < \varepsilon$ と被覆できる．$\Phi^*(E) \subset \bigcup_j \Phi^*(I_j)$ であるから，

$$m_2(\Phi^*(E)) \leq \sum m_2(\Phi^*(I_j)) = \sum m_1(I_j) < \varepsilon$$

である．ゆえに $\Phi^*(E)$ は可測であり，$m_2(\Phi^*(E)) = 0$ である．同様にして，$(\Phi^*)^{-1}$ は $(I \times I) - Z_2$ 内の測度 0 の集合を I 内の測度 0 の集合に写す．

さて上の議論から，$\mathcal{O}$ が I 内の任意の開集合ならば，$\Phi^*(\mathcal{O} - Z_1)$ が可測であり，$m_2(\Phi^*(\mathcal{O} - Z_1)) = m_1(\mathcal{O})$ であることが示せる．したがって，この等式は I 内の G_δ 集合に対しても成り立つ．任意の可測集合は G_δ 集合と測度 0 の集合しか違わないから，$I - Z_1$ の任意の可測部分集合 E に対して，$m_2(\Phi^*(E)) = m_1(E)$ が示されたことがわかる．同様の議論を $(\Phi^*)^{-1}$ に適用して定理の証明が完了する．

ペアノ写像は特定の対応 Φ に対する Φ^* として得られることになる．

3.3 ペアノ曲線の構成

ここで与える特別な 2 進対応は，ペアノ曲線の近似を描く際の従うべき手順を示している．この構成の背後にある主要なアイデアは，第 k 世代のある一つの 4 乗ベキ区間から，同じ世代の次の 4 乗ベキ区間に移行すると，第 k 世代のある 2 進正方形から辺を共有するような第 k 世代の別の正方形に移動するようにするということである．

より正確にいえばこういうことである．同世代の二つの 4 乗ベキ区間がある点を共有していたら**隣接**しているという．また同世代の二つの正方形が 1 辺を共有していれば**隣接**するという．

補題 3.7 ある 2 進対応 Φ で，次をみたすものが一意的に存在する．

（i） I と J が隣接するような二つの同世代の区間であるならば，$\Phi(I)$ と $\Phi(J)$ は (同じ世代の) 隣接するような二つの正方形である．

（ii） 第 k 世代において，I_- が最も左にある区間で，I_+ が最も右にある区間であるならば，$\Phi(I_-)$ は左下にある正方形であり，$\Phi(I_+)$ は右下にある正方形である．

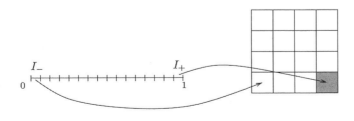

図 9 特別な 2 進対応．

この補題の (ii) の部分は図 9 に描かれている.

正方形 S とそれを直接構成する四つの部分正方形が与えられたとき,望ましい**横断**は,$j = 1, 2, 3$ に対して部分正方形 S_j と S_{j+1} が隣接するように S_1, S_2, S_3 そして S_4 の順に進むことである.そのような順序について,S_1 を白く塗ったとき,白と黒を交互に塗るようにして,S_3 も白,一方 S_2 と S_4 は黒くする.留意すべき重要な点は,ある横断で,最初の正方形が白ならば,最後の正方形は黒になるということである.

鍵となる考察は次のとおりである.ある正方形 S と S の辺 σ を与える.S_1 が S のすぐ次の四つの部分正方形のうちの任意の一つとすると,最後の正方形 S_4 が σ と共通の辺を有するような横断 S_1, S_2, S_3 そして S_4 が一意的に存在する.S の下側の左の角が最初の正方形 S_1 であるとして,σ のとり方により四つの可能性があるが,それを図 10 に描いてある.

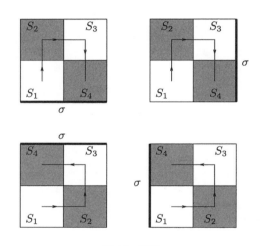

図 10 横断.

補題の条件をみたすような 2 進対応の帰納的な記述を始めることができる.第 1 世代の 4 乗ベキ区間に,図 11 にあるように正方形 $S_j = \Phi(I_j)$ を対応させる.

さて Φ が k 以下の世代のすべての 4 乗ベキ区間に対して定義されたとする.いま第 k 世代の区間を位置の座標が増大するような順に $I_1, \cdots, I_{4^k}$ と書き,$S_j = \Phi(I_j)$ とする.さらに I_1 を第 $k+1$ 世代の四つの 4 乗ベキ区間に分解し,それを $I_{1,1}, I_{1,2}, I_{1,3}$ そして $I_{1,4}$ と表す.ただしここで,区間は増加の順に選

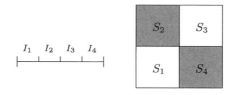

図 11 対応の最初のステップ.

んである.

このとき, 各区間 $I_{1,j}$ に対して, 第 $k+1$ 世代の 2 進正方形 $\Phi(I_{1,j}) = S_j$ を次のように割り振る.

(a) $S_{1,1}$ は S_1 の下側の左の正方形,
(b) $S_{1,4}$ は S_1 と S_2 が共有する辺に接している,
(c) $S_{1,1}, S_{1,2}, S_{1,3}, S_{1,4}$ は横断である.

このようにすることは, 帰納法の仮定により S_2 が S_1 に隣接しているから可能である.

これで S_1 の部分正方形の割り当ては確定する. 次は S_2 の割り当てをしよう. $I_{2,1}, I_{2,2}, I_{2,3}$ そして $I_{2,4}$ を I_2 に含まれる第 $k+1$ 世代の 4 乗ベキ区間とする. まず $S_{2,1} = \Phi(I_{2,1})$ を S_2 の部分正方形で, $S_{1,4}$ と隣接するようにとる. このことは構成法から $S_{1,4}$ と S_2 が接しているから可能である. S_1 を離れるときは黒い正方形 ($S_{1,4}$) から離れ, S_2 に入るときは白い正方形 ($S_{2,1}$) に入ることを注意しておく. S_3 は S_2 と隣接しているから, 今度は横断 $S_{2,1}, S_{2,2}, S_{2,3}, S_{2,4}$ を $S_{2,4}$ が S_3 に接するようにとることができる.

この操作を各区間 I_j と正方形 $S_j, j = 3, \cdots, 4^k$ に対して繰り返して行うことができる. 各ステージにおいて, 正方形 $S_{j,1}$ (「侵入」正方形) は白であり, 一方 $S_{j,4}$ (「脱出」正方形) は黒であることに注意する.

最後のステップにおいて, 帰納法の仮定は S_{4^k} が右下の角の正方形であることを保証している. さらに S_{4^k-1} が S_{4^k} に隣接していなければならないから, S_{4^k-1} は S_{4^k} の上に位置するか, 左に位置するかのいずれかでなければならない. そこで上か左の辺に沿った第 $(k+1)$ 世代の正方形に侵入する. 侵入する正方形は白であり, S_{4^k} の右下の角の黒の部分四角形へと横断していく.

これで帰納的ステップが導かれ, それゆえ補題 3.7 の証明が結論される.

さて，ペアノ曲線の実質的な記述を始めよう．各世代 k に対して，連続する正方形の中心を結ぶような，垂直と水平の線分からなる折れ線を構成する．正確にいえば，Φ を補題3.7の2進対応とし，$S_1, \cdots, S_{4^k}$ を第 k 世代の正方形で，Φ で定まる順，すなわち，$\Phi(I_j) = S_j$ なるものとする．t_j を I_j の中点

$$t_j = \frac{j - \frac{1}{2}}{4^k}, \qquad j = 1, \cdots, 4^k$$

とする．x_j を正方形 S_j の中心とし，

$$\mathcal{P}_k(t_j) = x_j$$

と定義する．また $t_0 = 0$ として

$$\mathcal{P}_k(0) = \left(0, 1/2^{k+1}\right) = x_0$$

とおき，$t_{4^k+1} = 1$ として

$$\mathcal{P}_k(1) = \left(1, 1/2^{k+1}\right) = x_{4^k+1}$$

とおく．さらに，$\mathcal{P}_k(t)$ を，分点 $t_0, \cdots, t_{4^k+1}$ により定まる部分区間では直線的につなぐことにより単位区間 $0 \leq t \leq 1$ に拡張する．

$0 \leq j \leq 4^k$ に対して，$|t_j - t_{j+1}| = 1/4^k$ であるが，$|x_j - x_{j+1}| = 1/2^k$ の距離にあることに注意する．また，

$$|t_1 - t_0| = |t_{4^k} - t_{4^k+1}| = \frac{1}{2 \cdot 4^k}$$

であるが，

$$|x_1 - x_0| = |x_{4^k} - x_{4^k+1}| = \frac{1}{2 \cdot 2^k}$$

である．ゆえに $t = t_j$ 以外では，$\mathcal{P}_k'(t) = 4^k 2^{-k} = 2^k$ である．

その結果，

$$|\mathcal{P}_k(t) - \mathcal{P}_k(s)| \leq 2^k |t - s|$$

となる．しかしながら，$\ell/4^k \leq t \leq (\ell+1)/4^k$ のとき，$\mathcal{P}_{k+1}(t)$ と $\mathcal{P}_k(t)$ は第 k 世代の同じ2進正方形に属するから，

$$|\mathcal{P}_{k+1}(t) - \mathcal{P}_k(t)| \leq \sqrt{2}\, 2^{-k}$$

である．

したがって極限

$$\mathcal{P}(t) = \lim_{k \to \infty} \mathcal{P}_k(t) = \mathcal{P}_1(t) + \sum_{j=1}^{\infty} (\mathcal{P}_{j+1}(t) - \mathcal{P}_j(t))$$

が存在し，一様収束していることから，この極限は連続関数を定義している．補題 2.8 より
$$|\mathcal{P}(t) - \mathcal{P}(s)| \leq M |t-s|^{1/2}$$
であり，$\mathcal{P}$ が次数 1/2 のリプシッツ条件をみたすことが結論できる．

さらに，$\mathcal{P}_k(t)$ は t が $[0,1]$ を動くとき，第 k 世代のどの 2 進正方形も通る．したがって，$\mathcal{P}$ は単位正方形で稠密であり，連続性から $t \longmapsto \mathcal{P}(t)$ は全射であることがわかる．

最後に $\mathcal{P}$ の測度保存性を証明するが，それには $\mathcal{P} = \Phi^*$ を示せば十分である．

補題 3.8 Φ を補題 3.7 の 2 進対応とすると，$0 \leq t \leq 1$ に対して $\Phi^*(t) = \mathcal{P}(t)$ である．

証明 まず各 t に対して，$\Phi^*(t)$ が不定となることなく定義できることを見よう．実際，$t \in \bigcap_k I^k$ と $t \in \bigcap_k J^k$ が 4 乗ベキ区間の二つの鎖であるとする．このとき，I^k と J^k は十分大きな k に対しては隣接していなければならない．よって $\Phi(I^k)$ と $\Phi(J^k)$ は十分大きなすべての k に対して隣接した正方形でなければならない．それゆえ
$$\bigcap_k \Phi(I^k) = \bigcap_k \Phi(J^k)$$
である．

次に，われわれの行った構成からすぐに
$$\bigcap_k \Phi(I^k) = \lim \mathcal{P}_k(t) = \mathcal{P}(t)$$
を得る．このことが所要の結論を与える． ∎

この議論は，任意の 4 乗ベキ区間 I に対して $\mathcal{P}(I) = \Phi(I)$ であることも示している．さて，任意の区間 (a,b) が，内部が互いに交わらないような 4 乗ベキ区間 I_j により $\bigcup_j I_j$ と表せることを思い出してほしい．$\mathcal{P}(I_j) = \Phi(I_j)$ であるから，これらも内部が互いに交わらないような 2 進正方形である．$\mathcal{P}(a,b) = \bigcup_k \mathcal{P}(I_j)$ より
$$m_2(\mathcal{P}(a,b)) = \sum_{j=1}^\infty m_2(\mathcal{P}(I_j)) = \sum_{j=1}^\infty m_2(\Phi(I_j)) = \sum_{j=1}^\infty m_1(I_j) = m_1(a,b)$$
を得る．このことは定理 3.1 の (iii) の結論を証明している．そのほかの結論はす

でに示されているので, あとは系が定理 3.5 に含まれていることに注意しておけばよい.

結局, $t \longmapsto \mathcal{P}(t)$ は $[0,1]$ から $[0,1] \times [0,1]$ への測度を保存する写像も誘導していることがわかる. これで定理 3.1 の証明が結論される.

4*. ベシコヴィッチ集合と正則性

はじめに $d \geq 3$ のとき, $\mathbb{R}^d$ の (測度有限な) 可測部分集合がもつ正則性に関する意外な性質を示す. あとでわかるように, ベシコヴィッチにより発見された珍しい集合が存在するため, この正則性に対応する現象は $d=2$ の場合には起こらない. この種の集合の構成については 4.4 節で述べる.

まず記号をいくつか定めておく. 球面上の単位ベクトル $\gamma \in S^{d-1}$ と $t \in \mathbb{R}$ に対して**平面** $\mathcal{P}_{t,\gamma}$ を, γ に直交し, 原点からの「符号付きの距離」[8] が t であるような $(d-1)$-次元アフィン超平面として定義されるものと考える. この平面 $\mathcal{P}_{t,\gamma}$ は

$$\mathcal{P}_{t,\gamma} = \{x \in \mathbb{R}^d : x \cdot \gamma = t\}$$

により与えられる.

どの $\mathcal{P}_{t,\gamma}$ も自然な $(d-1)$-次元ルベーグ測度が定義されていて, それを m_{d-1} と表す. 実際, γ を $e_1, e_2, \cdots, e_{d-1}, \gamma$ が $\mathbb{R}^d$ の正規直交基底となるようにすると, 任意の $x \in \mathbb{R}^d$ はこれの定める座標系を使って, $x = x_1 e_1 + x_2 e_2 + \cdots + x_d \gamma$ と表すことができる. そこで, $x \in \mathbb{R}^d = \mathbb{R}^{d-1} \times \mathbb{R}$ を, $(x_1, \cdots, x_{d-1}) \in \mathbb{R}^{d-1}$, $x_d \in \mathbb{R}$ としたとき, $\mathcal{P}_{t,\gamma}$ 上の測度 m_{d-1} を $\mathbb{R}^{d-1}$ 上のルベーグ測度であるとする. m_{d-1} のこの定義は, 正規直交ベクトル $e_1, e_2, \cdots, e_{d-1}$ の取り方によらない. なぜならば, ルベーグ測度は回転に対して不変だからである (第 2 章の問題 4 または第 3 章の練習 26 を参照).

これらの準備をしておき, 部分集合 $E \subset \mathbb{R}^d$ に対して E の平面 $\mathcal{P}_{t,\gamma}$ による**断面**を

$$E_{t,\gamma} = E \cap \mathcal{P}_{t,\gamma}$$

として定義する. さて, t を動かしたときの断面 $E_{t,\gamma}$ を考える. ただしここで E

---

[8] γ に直交し, 原点から $|t|$ の距離にある平面は二つあることに注意. このことにより, t は正か負のどちらかを取り得る.

は可測集合とし，γ は固定しておく (図 12 参照).

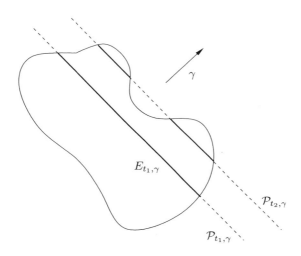

図 12 t を動かしたときの断面 $E \cap \mathcal{P}_{t,\gamma}$.

ほとんどすべての t に対して，集合 $E_{t,\gamma}$ が m_{d-1}-可測集合であり，さらに $m_{d-1}(E_{t,\gamma})$ が t の可測関数であることを示す．これは上記の分解 $\mathbb{R}^d = \mathbb{R}^{d-1} \times \mathbb{R}$ とフビニの定理の直接的な結論である．実際は，向き γ があらかじめ与えられたとき，関数 $t \longmapsto m_{d-1}(E_{t,\gamma})$ について一般には多くのことは導き出せない．しかし，$d \geq 3$ の場合に関しては，この関数の性質は「多くの」向き γ に対して劇的に異なったものとなる．このことは，次の定理の中で示されている．

定理 4.1 $d \geq 3$ とし，E を $\mathbb{R}^d$ 内の測度有限な集合とする．このとき，ほとんどすべての $\gamma \in S^{d-1}$ に対して次のことが成り立つ．

(i) $E_{t,\gamma}$ はすべての $t \in \mathbb{R}$ に関して可測である．

(ii) $m_{d-1}(E_{t,\gamma})$ は $t \in \mathbb{R}$ に関して連続である．

さらに，$\mu(t,\gamma) = m_{d-1}(E_{t,\gamma})$ により定義される t の関数は，$0 < \alpha < 1/2$ なる任意の α に対して，次数 α のリプシッツ条件をみたす．

この定理で，ほとんどすべてのという主張は，前章の 3.2 節の極座標公式で現れた S^{d-1} 上の自然な測度 $d\sigma$ に関するものである．

また，関数 f が次数 α のリプシッツ条件をみたすとは，ある A に対して
$$|f(t_1) - f(t_2)| \leq A|t_1 - t_2|^\alpha$$
であることであった．

（ⅰ）の重要なところは，ほとんどすべての γ に対して，断面 $E_{t,\gamma}$ が<u>すべての</u>パラメータ t に対して可測になることである．特別な場合として，次のことがわかる．

系 4.2 $d \geq 3$ とし，E を $\mathbb{R}^d$ 内の測度 0 の集合とする．このとき，ほとんどすべての $\gamma \in S^{d-1}$ に対して，断面 $E_{t,\gamma}$ はすべての $t \in \mathbb{R}$ に対して測度 0 である．

この事実は，$d=2$ の場合には相当するものが成り立たない．それは，次の定理に述べる三つの性質をもつ**ベシコヴィッチ集合**（「掛谷集合」ともいう）が存在するからである．

定理 4.3 $\mathbb{R}^2$ には

（ⅰ） コンパクトであり，

（ⅱ） ルベーグ測度が 0 であり，

（ⅲ） すべての方向の単位線分が，平行移動することによって含まれる

ような集合 $\mathcal{B}$ が存在する．

$F = \mathcal{B}$ とし，$\gamma \in S^1$ に対して，$m_1(F \cap \mathcal{P}_{t_0,\gamma}) \geq 1$ をみたすような t_0 が存在する．もし $m_1(F \cap \mathcal{P}_{t,\gamma})$ が t に関して連続ならば，この測度は t_0 を含む t のある区間に対して，正の値をとり，したがってフビニの定理より，$m_2(F) > 0$ が得られる．この矛盾から，$d = 2$ の場合，定理 4.1 に相当する定理が成り立ちえないことがわかる．

さて，この集合 $\mathcal{B}$ は 2 次元測度が 0 であるが，この主張は $\alpha < 2$ なる α–次元のハウスドルフ測度に置き換えるという改良はできない．

定理 4.4 F を定理 4.3 の結論（ⅰ），(ⅲ) をみたす任意の集合とする．このとき F のハウスドルフ次元は 2 である．

4.1 ラドン変換

定理 4.1 と 4.4 はラドン変換 $\mathcal{R}$ の正則性に関する解析より導かれる．この作用素 $\mathcal{R}$ は，解析学の多くの問題に現れるもので，すでに第 I 巻第 6 章でも考察した．

$\mathbb{R}^d$ 上の適切な関数 f に対して，f のラドン変換は

$$\mathcal{R}(f)(t,\gamma) = \int_{\mathcal{P}_{t,\gamma}} f$$

によって定義される．ここで積分は平面 $\mathcal{P}_{t,\gamma}$ 上で先に定義した測度 m_{d-1} に関するものである．はじめに次の簡単な考察をしておこう．

1. f が連続かつコンパクト台をもつならば，f はいうまでもなく，<u>各</u>平面 $\mathcal{P}_{t,\gamma}$ 上で可積分であり，したがってすべての $(t,\gamma) \in \mathbb{R} \times S^{d-1}$ に対して $\mathcal{R}(f)(t,\gamma)$ が定義される．さらにこれは (t,γ) に関して連続であり，t-変数に関してコンパクト台をもつ．

2. f が単にルベーグ可積分の場合は，ある (t,γ) に関して，f の $\mathcal{P}_{t,\gamma}$ 上で可測性，あるいは可積分性は失われるかもしれない．それゆえそのような (t,γ) に関しては $\mathcal{R}(f)(t,\gamma)$ は定義されない．

3. f が集合 E の特性関数，すなわち $f = \chi_E$ とする．このとき，$E_{t,\gamma}$ が可測ならば，$\mathcal{R}(f)(t,\gamma) = m_{d-1}(E_{t,\gamma})$ である．

この最後の性質はラドン変換とここで考えている問題とを結びつけるものである．鍵となる評価は「最大ラドン変換」

$$\mathcal{R}^*(f)(\gamma) = \sup_{t \in \mathbb{R}} |\mathcal{R}(f)(t,\gamma)|$$

に関するものである．それは $\mathcal{R}(f)(t,\gamma)$ の t の関数としてのリプシッツ連続性がどのようになっているかを示す式にもなっている．ここでの解析の基本となることはラドン変換の正則性が空間の次元が上がると改良されていくことである．

定理 4.5 $d \geq 3$ とし，f を $\mathbb{R}^d$ 上で連続かつコンパクト台をもつとする．このとき

$$(2) \qquad \int_{S^{d-1}} \mathcal{R}^*(f)(\gamma) d\sigma(\gamma) \leq c \left[\|f\|_{L^1(\mathbb{R}^d)} + \|f\|_{L^2(\mathbb{R}^d)} \right]$$

が f に依存しないある定数 $c > 0$ に対して成り立つ．

この種の不等式は，「アプリオリ」評価式の典型的なものである．アプリオリ評価は最初に f に何か正則性を仮定して示し，それから $L^1 \cap L^2$ に f が属する一

般の場合を，極限をとることによる議論で示せる．

(2) において L^1–ノルムと L^2–ノルムの両方が現れることについていくつかコメントをしておく．L^2–ノルムは，望み得る正則性を示すために必要な重要な局所的制御をするものである (練習 27 を参照)．しかし，f の大域的な特性に関する何らかの制限がなければ，<u>任意の</u> 平面 $P_{t,\gamma}$ 上での可積分性が失われることもあり得る．たとえば $f(x) = 1/(1+|x|^{d-1})$ などがそうである．この関数は $d \geq 3$ のとき $L^2(\mathbb{R}^d)$ に属するが，$L^1(\mathbb{R}^d)$ には属さない．

定理 4.5 の証明は，次の系で述べるような本質的により強い結果を示すものである．

系 4.6 f を $\mathbb{R}^d (d \geq 3)$ で連続かつコンパクト台をもつとする．このとき $0 < \alpha < 1/2$ なる α に対して不等式 (2) は $\mathcal{R}^*(f)(\gamma)$ を

$$(3) \qquad \sup_{t_1 \neq t_2} \frac{|\mathcal{R}(f)(t_1,\gamma) - \mathcal{R}(f)(t_2,\gamma)|}{|t_1 - t_2|^\alpha}$$

に置き換えて成立する．

この定理の証明はラドン変換とフーリエ変換の相互作用によるものである．

固定された $\gamma \in S^{d-1}$ に対して，$\widehat{\mathcal{R}}(f)(\lambda, \gamma)$ を $\mathcal{R}(f)(t, \gamma)$ の t–変数に関するフーリエ変換

$$\widehat{\mathcal{R}}(f)(\lambda, \gamma) = \int_{-\infty}^{\infty} \mathcal{R}(f)(t, \gamma) e^{-2\pi i \lambda t} dt$$

を表すことにする．特に $\lambda \in \mathbb{R}$ は t の双対的な変数として使う．

また $\mathbb{R}^d$ 上の関数としての f のフーリエ変換を $\widehat{f}$ と書く．すなわち

$$\widehat{f}(\xi) = \int_{\mathbb{R}^d} f(x) e^{-2\pi i x \cdot \xi} dx$$

である．

補題 4.7 f が連続でコンパクト台をもつならば，任意の $\gamma \in S^{d-1}$ に対して，

$$\widehat{\mathcal{R}}(f)(\lambda, \gamma) = \widehat{f}(\lambda \gamma)$$

が成り立つ．右辺はちょうど，点 $\lambda \gamma$ における f のフーリエ変換の値になっている．

証明 各ベクトル γ に対して，先述の座標系を使う．すなわち，$x = (x_1, \cdots, x_d)$ であり，x_d と γ の方向が一致するようなものである．このとき各 $x \in \mathbb{R}^d$ は

$x = (u, t)$ と表せる.ただし $u \in \mathbb{R}^{d-1}$, $t \in \mathbb{R}$ であり,$x \cdot \gamma = t = x_d$, $u = (x_1, \cdots, x_{d-1})$ である.さらに
$$\int_{\mathcal{P}_{t,\gamma}} f = \int_{\mathbb{R}^{d-1}} f(u, t) du$$
であり,フビニの定理から,$\int_{\mathbb{R}^d} f(x) dx = \int_{-\infty}^{\infty} \left(\int_{\mathcal{P}_{t,\gamma}} f \right) dt$ が示される.これを $f(x)$ の代わりに $f(x) e^{-2\pi i x \cdot (\lambda \gamma)}$ にして適用すると
$$\widehat{f}(\lambda\gamma) = \int_{\mathbb{R}^d} f(x) e^{-2\pi i x \cdot (\lambda\gamma)} dx = \int_{-\infty}^{\infty} \left(\int_{\mathbb{R}^{d-1}} f(u, t) du \right) e^{-2\pi i \lambda t} dt$$
$$= \int_{-\infty}^{\infty} \left(\int_{\mathcal{P}_{t,\gamma}} f \right) e^{-2\pi i \lambda t} dt$$
が得られる.したがって $\widehat{f}(\lambda\gamma) = \widehat{\mathcal{R}}(f)(\lambda, \gamma)$ であり,補題が証明された.■

補題 4.8 f が連続でコンパクト台をもつとすると,
$$\int_{S^{d-1}} \left(\int_{-\infty}^{\infty} |\widehat{\mathcal{R}}(f)(\lambda, \gamma)|^2 |\lambda|^{d-1} d\lambda \right) d\sigma(\gamma) = 2 \int_{\mathbb{R}^d} |f(x)|^2 dx.$$

この補題で重要な点は,次元 d が大きくなると,$|\lambda|^{d-1}$ の因子が $|\lambda|$ を無限に大きくしていったときに大きくなることである.したがって,次元が大きくなると,フーリエ変換 $\widehat{\mathcal{R}}(f)(\lambda, \gamma)$ の減衰度が良くなり,ラドン変換 $\mathcal{R}(f)(t, \gamma)$ の t の関数としての正則性が良くなる.

証明 第 5 章のプランシュレルの公式から
$$2 \int_{\mathbb{R}^d} |f(x)|^2 dx = 2 \int_{\mathbb{R}^d} |\widehat{f}(\xi)|^2 d\xi$$
が保証されている.極座標 $\xi = \lambda\gamma$, $\lambda > 0$, $\gamma \in S^{d-1}$ に変換すると
$$2 \int_{\mathbb{R}^d} |\widehat{f}(\xi)|^2 d\xi = 2 \int_{S^{d-1}} \int_0^{\infty} |\widehat{f}(\lambda\gamma)|^2 \lambda^{d-1} d\lambda \, d\sigma(\gamma)$$
を得る.ここで簡単な変数変換により
$$\int_{S^{d-1}} \int_0^{\infty} |\widehat{f}(\lambda\gamma)|^2 \lambda^{d-1} d\lambda \, d\sigma(\gamma) = \int_{S^{d-1}} \int_{-\infty}^0 |\widehat{f}(\lambda\gamma)|^2 |\lambda|^{d-1} d\lambda \, d\sigma(\gamma)$$
であるから,補題 4.7 を使えば証明が完了する.■

定理 4.5 の証明の最後のポイントは次のとおりである.

補題 4.9

$$F(t) = \int_{-\infty}^{\infty} \widehat{F}(\lambda) e^{2\pi i \lambda t} d\lambda,$$

ただしここで，

$$\sup_{\lambda \in \mathbb{R}} |\widehat{F}(\lambda)| \leq A, \qquad \int_{-\infty}^{\infty} |\widehat{F}(\lambda)|^2 |\lambda|^{d-1} d\lambda \leq B^2$$

とする．このとき

(4) $$\sup_{t \in \mathbb{R}} |F(t)| \leq c(A+B)$$

である．さらに $0 < \alpha < 1/2$ のとき，

(5) $$|F(t_1) - F(t_2)| \leq c_\alpha |t_1 - t_2|^\alpha (A+B)$$

がすべての t_1, t_2 に対して成り立つ．

証明 最初の不等式は $|\lambda| \leq 1$ の場合と $|\lambda| > 1$ の二つの場合に分けて考える．

$$F(t) = \int_{|\lambda| \leq 1} \widehat{F}(\lambda) e^{2\pi i \lambda t} d\lambda + \int_{|\lambda| > 1} \widehat{F}(\lambda) e^{2\pi i \lambda t} d\lambda$$

と表す．明らかに最初の積分は cA で押さえられる．2番目の積分を評価するためには，$\int_{|\lambda| > 1} |\widehat{F}(\lambda)| d\lambda$ を押さえれれば十分である．コーシー–シュヴァルツの不等式を使うと

$$\int_{|\lambda|>1} |\widehat{F}(\lambda)| d\lambda \leq \left(\int_{|\lambda|>1} |\widehat{F}(\lambda)|^2 |\lambda|^{d-1} d\lambda \right)^{1/2} \left(\int_{|\lambda|>1} |\lambda|^{-d+1} d\lambda \right)^{1/2}$$

となる．最後の積分は $-d+1 < -1$，同じことであるが $d > 2$，すなわち仮定している $d \geq 3$ のときに収束する．ゆえに望んだ評価式 $|F(t)| \leq c(A+B)$ が得られる．

リプシッツ連続性を示すために，まず

$$F(t_1) - F(t_2) = \int_{-\infty}^{\infty} \widehat{F}(\lambda) \left[e^{2\pi i \lambda t_1} - e^{2\pi i \lambda t_2} \right] d\lambda$$

に注意する．不等式 $|e^{ix} - 1| \leq |x|$ があるので[9]，すぐに，$0 < \alpha < 1$ のときに

$$\left| e^{2\pi i \lambda t_1} - e^{2\pi i \lambda t_2} \right| \leq c |t_1 - t_2|^\alpha |\lambda|^\alpha$$

となることがわかる．

---

[9] e^{ix} と 1 の平面内の距離は，これらを結ぶ単位円の弧長よりも短い．

ここで差 $F(t_1) - F(t_2)$ を二つの積分の和で書くことができる．$|\lambda| \leq 1$ 上の積分は明らかに $cA|t_1 - t_2|^\alpha$ で押さえられる．$|\lambda| > 1$ 上の 2 番目の積分は上から
$$|t_1 - t_2|^\alpha \int_{|\lambda|>1} |\widehat{F}(\lambda)| |\lambda|^\alpha \, d\lambda$$
で押さえられる．コーシー–シュヴァルツの不等式を適用すると最後の積分は
$$\left(\int_{|\lambda|>1} |\widehat{F}(\lambda)|^2 |\lambda|^{d-1} \, d\lambda \right)^{1/2} \left(\int_{|\lambda|>1} |\lambda|^{-d+1+2\alpha} \, d\lambda \right)^{1/2} \leq c_\alpha B$$
と評価されるが，これは $d \geq 3$ で $\alpha < 1/2$ のときに，$-d+1+2\alpha < -1$ であるから成り立つ．このことから補題の証明が得られる．■

さてこれらの結果をまとめて定理を証明する．各 $\gamma \in S^{d-1}$ に対して
$$F(t) = \mathcal{R}(f)(t, \gamma)$$
とする．この定義で上限をとると
$$\sup_{t \in \mathbb{R}} |F(t)| = \mathcal{R}^*(f)(\gamma)$$
である．
$$A(\gamma) = \sup_\lambda |\widehat{F}(\lambda)|, \qquad B^2(\gamma) = \int_{-\infty}^\infty |\widehat{F}(\lambda)|^2 |\lambda|^{d-1} \, d\lambda$$
とする．このとき (4) より
$$\sup_{t \in \mathbb{R}} |F(t)| \leq c(A(\gamma) + B(\gamma))$$
が成り立つ．しかし $\widehat{F}(\lambda) = \widehat{f}(\lambda\gamma)$ を考えて，
$$A(\gamma) \leq \|f\|_{L^1(\mathbb{R}^d)}$$
である．それゆえ
$$|\mathcal{R}^*(f)(\gamma)|^2 \leq c\left(A(\gamma)^2 + B(\gamma)^2\right)$$
と，補題 4.8 による $\int B^2(\gamma) d\sigma(\gamma) = 2\|f\|_{L^2}^2$ より
$$\int_{S^{d-1}} |\mathcal{R}^*(f)(\gamma)|^2 d\sigma(\gamma) \leq c(\|f\|_{L^1(\mathbb{R}^d)}^2 + \|f\|_{L^2(\mathbb{R}^d)}^2)$$
が得られる．したがって
$$\int_{S^{d-1}} \mathcal{R}^*(f)(\gamma) d\sigma(\gamma) \leq c(\|f\|_{L^1(\mathbb{R}^d)} + \|f\|_{L^2(\mathbb{R}^d)})$$
である．

ここで使用した等式

$$\mathcal{R}(f)(t, \gamma) = \int_{-\infty}^{\infty} \widehat{F}(\lambda) e^{2\pi i \lambda t} d\lambda,$$

ただし $F(t) = \mathcal{R}(f)(t, \gamma)$, は第 2 章の定理 4.2 のフーリエ反転公式より, ほとんどすべての $\gamma \in S^{d-1}$ に対して正当化されている. 実際, $A(\gamma)$ と $B(\gamma)$ はほとんどすべての γ に対して有限であり, それゆえ $\widehat{F}$ はそのような γ に対して可積分である. これで定理の証明が完了した. 系は (4) の代わりに (5) を使えば同様にして導かれる.

上記の解析から導きうる情報が何かを見るために, 平面の設定に戻って考える. 不等式 (2) は $d = 2$ の場合は成り立たない. しかし, それを修正した形では成り立つ. それは定理 4.4 の証明で使われることになる.

$f \in L^1(\mathbb{R}^d)$ のとき,

$$\mathcal{R}_\delta(f)(t, \gamma) = \frac{1}{2\delta} \int_{t-\delta}^{t+\delta} \mathcal{R}(f)(s, \gamma) ds$$
$$= \frac{1}{2\delta} \int_{t-\delta \leq x \cdot \gamma \leq t+\delta} f(x) dx$$

と定義する. $\mathcal{R}_\delta(f)(t, \gamma)$ のこの定義においては, 関数 f を平面 $\mathcal{P}_{t,\gamma}$ の周りの幅 2δ の小さな「帯」上で積分している. それゆえ $\mathcal{R}_\delta$ はラドン変換の平均である.

次に

$$\mathcal{R}_\delta^*(f)(\gamma) = \sup_{t \in \mathbb{R}} |\mathcal{R}_\delta(f)(t, \gamma)|$$

とする.

定理 4.10 f が連続であり, コンパクト台をもつとき, $0 < \delta \leq 1/2$ に対して

$$\int_{S^1} \mathcal{R}_\delta^*(f)(\gamma) d\sigma(\gamma) \leq c (\log 1/\delta)^{1/2} \left(\|f\|_{L^1(\mathbb{R}^2)} + \|f\|_{L^2(\mathbb{R}^2)} \right)$$

である.

ここでは, 補題 4.9 の修正版が必要になるほかは, 定理 4.5 の証明と同様の議論を適用する. 詳しくいえば,

$$F_\delta(t) = \int_{-\infty}^{\infty} \widehat{F}(\lambda) \left(\frac{e^{2\pi i(t+\delta)\lambda} - e^{2\pi i(t-\delta)\lambda}}{2\pi i \lambda (2\delta)} \right) d\lambda$$

とし,

$$\sup_\lambda |\widehat{F}(\lambda)| \le A, \qquad \int_{-\infty}^\infty |\widehat{F}(\lambda)|^2 |\lambda|\, d\lambda \le B^2$$

とする．このとき，

(6) $$\sup_t |F_\delta(t)| \le c(\log 1/\delta)^{1/2}(A+B)$$

が成り立つことを示しておきたい．実際，$|(\sin x)/x| \le 1$ を使えば，$F_\delta(t)$ の定義において，$|\lambda| \le 1$ 上の積分が cA で押さえられる．また $|\lambda| > 1$ 上での積分は，分離できて，次の和により押さえられる．

$$\int_{1<|\lambda|\le 1/\delta} |\widehat{F}(\lambda)| d\lambda + \frac{c}{\delta}\int_{1/\delta \le |\lambda|} |\widehat{F}(\lambda)| |\lambda|^{-1}\, d\lambda.$$

上記の最初の積分は，コーシー–シュヴァルツの不等式により次のように評価される．

$$\int_{1<|\lambda|\le 1/\delta} |\widehat{F}(\lambda)| d\lambda \le c \left(\int_{1<|\lambda|\le 1/\delta} |\widehat{F}(\lambda)|^2 |\lambda|\, d\lambda\right)^{1/2} \left(\int_{1<|\lambda|\le 1/\delta} |\lambda|^{-1}\, d\lambda\right)^{1/2}$$
$$\le cB(\log 1/\delta)^{1/2}.$$

結局，

$$\frac{c}{\delta}\int_{1/\delta\le|\lambda|} |\widehat{F}(\lambda)||\lambda|^{-1}\, d\lambda \le c\left(\int_{1/\delta\le|\lambda|} |\widehat{F}(\lambda)|^2 |\lambda|\, d\lambda\right)^{1/2} \frac{1}{\delta}\left(\int_{1/\delta\le|\lambda|} |\lambda|^{-3}\, d\lambda\right)^{1/2}$$
$$\le cB$$

に注意すれば，(6) が示せ，定理が証明される．

4.2　$d \ge 3$ の場合の集合の正則性

ここで，コンパクト台をもつ連続関数に対して証明されたラドン変換に関する基本的な評価式を，より一般の設定に拡張する．これは定理 4.1 で定式化された正則性の結果をもたらすことになる．

命題 4.11　$d \ge 3$ とし，f を $L^1(\mathbb{R}^d) \cap L^2(\mathbb{R}^d)$ に属するものとする．このとき a.e. $\gamma \in S^{d-1}$ に対して次が成り立つ．

(a)　f は各 $t \in \mathbb{R}$ に対して平面 $\mathcal{P}_{t,\gamma}$ 上で可測かつ可積分である．

(b)　関数 $\mathcal{R}(f)(t,\gamma)$ は t に関して連続であり，各 $\alpha < 1/2$ に対して α–次のリプシッツ条件をみたす．さらに，この f についても定理 4.5 の不等式 (2) とその (3) による変形が成り立つ．

これをいくつかのステップに分けて証明する.

第1段 ある有界開集合 $\mathcal{O}$ の特性関数 $f = \chi_\mathcal{O}$ を考える. ここで主張 (a) は $\mathcal{O} \cap \mathcal{P}_{t,\gamma}$ が $\mathcal{P}_{t,\gamma}$ で開かつ有界な集合であるから, 明らかである. よって $\mathcal{R}(f)(t,\gamma)$ はすべての (t,γ) に対して定義される.

次にコンパクト台をもつ非負の連続関数の列 $\{f_n\}$ で, 各 x に対して $f_n(x)$ が $f(x)$ に $n \to \infty$ のときに増大して収束するようなものを見出すことができる. ゆえに各 (t,γ) に対して単調収束定理から $\mathcal{R}(f_n)(t,\gamma) \to \mathcal{R}(f)(t,\gamma)$ であり, また各 $\gamma \in S^{d-1}$ に対して $\mathcal{R}^*(f_n)(\gamma) \to \mathcal{R}^*(f)(\gamma)$ である. 結局, 開かつ有界な $\mathcal{O}$ について, $f = \chi_\mathcal{O}$ の場合に (2) が成り立つ.

第2段 今度は $f = \chi_E$ で, E が測度 0 であり, まずは E が有界であるものを考える. このとき開かつ有界な集合の減少列 $\{\mathcal{O}_n\}$ で, $E \subset \mathcal{O}_n$ であり, $n \to \infty$ のとき $m(\mathcal{O}_n) \to 0$ であるものをとる.

$\widetilde{E} = \bigcap \mathcal{O}_n$ とする. $\widetilde{E} \cap \mathcal{P}_{t,\gamma}$ は各 (t,γ) に対して可測であるから, 関数 $\mathcal{R}(\chi_{\widetilde{E}})(t,\gamma)$ および $\mathcal{R}^*(\chi_{\widetilde{E}})(\gamma)$ が定義できる. また $\mathcal{R}^*(\chi_{\widetilde{E}})(\gamma) \leq \mathcal{R}^*(\chi_{\mathcal{O}_n})(\gamma)$ であり, 一方, $\mathcal{R}^*(\chi_{\mathcal{O}_n})(\gamma)$ は減少している. ゆえに $f = \chi_{\mathcal{O}_n}$ に対して証明した不等式 (2) から, $\mathcal{R}^*(\chi_{\widetilde{E}})(\gamma) = 0$ が a.e. γ に対して成り立つ. $E \subset \widetilde{E}$ であるから, a.e. γ に対して, 集合 $E \cap \mathcal{P}_{t,\gamma}$ はすべての $t \in \mathbb{R}$ に対して $(d-1)$-次元測度が 0 になる. この結論は, E が必ずしも有界でないときにも, E を有界な測度 0 集合の可算和で表すことにより拡張できる. それゆえ系 4.2 が証明された.

第3段 ここでは f が有界集合に台をもつ有界可測関数であることを仮定する. このとき, 常套的な議論により, あるコンパクト集合に台をもつような一様有界な連続関数列 $\{f_n\}$ で, $f_n(x) \to f(x)$ a.e. なるものがとれる. 有界収束定理により, $\|f_n - f\|_{L^1}$ と $\|f_n - f\|_{L^2}$ がともに, $n \to \infty$ のときに 0 に収束する. よって必要なら部分列をとって, $\|f_n - f\|_{L^1} + \|f_n - f\|_{L^2} \leq 2^{-n}$ とすることができる. 第2段で証明したことにより, a.e. $\gamma \in S^{d-1}$ とすべての $t \in \mathbb{R}$ に対して, 測度 m_{d-1} に関して, a.e. で $\mathcal{P}_{t,\gamma}$ 上で $f_n(x) \to f(x)$ となる. ゆえに再度有界収束定理により, そのような (t,γ) に対して $\mathcal{R}(f_n)(t,\gamma) \to \mathcal{R}(f)(t,\gamma)$ であることがわかり, この極限により $\mathcal{R}(f)$ を定義する. いま, 定理 4.5 を $f_n - f_{n-1}$ に適用して,

$$\sum_{n=1}^\infty \int_{S^{d-1}} \mathcal{R}^*(f_n - f_{n-1})(\gamma)\, d\sigma(\gamma) \leq c \sum_{n=1}^\infty 2^{-n} < \infty.$$

これは a.e. $\gamma \in S^{d-1}$ に対して
$$\sum_n \sup_t |\mathcal{R}(f_n)(t,\gamma) - \mathcal{R}(f_{n-1})(t,\gamma)| < \infty$$
を意味している．それゆえ，これが成り立つような γ に対して，関数列 $\mathcal{R}(f_n)(t,\gamma)$ は一様収束している．したがって，そのような γ に対して，関数 $\mathcal{R}(f)(t,\gamma)$ は t に関して連続であり，不等式 (2) がこの f に対しても成り立つ．(3) についての不等式は同様にして導かれる．

結局，$L^1 \cap L^2$ 内の一般の f は，これを有界な台をもつ有界関数列で近似することにより扱える．議論の詳細は上で扱った場合と同様であり，証明は読者にゆだねる．

この命題の $f = \chi_E$ という特別な場合として定理 4.1 を得ることに着目してほしい．

4.3 ベシコヴィッチ集合は次元 2 である

ここでは任意のベシコヴィッチ集合が必ずハウスドルフ次元 2 をもつという定理 4.4 を証明する．定理 4.10, すなわち
$$\int_{S^1} \mathcal{R}_\delta^*(f)(\gamma) d\sigma(\gamma) \leq c \,(\log 1/\delta)^{1/2} \left(\|f\|_{L^1(\mathbb{R}^2)} + \|f\|_{L^2(\mathbb{R}^2)} \right)$$
を使う．この不等式は f が連続でコンパクト台をもつという仮定のもとに証明された．しかしこれまで見てきた状況から，簡単な極限の議論により $f \in L^1 \cap L^2$ の一般的な場合に示すことは難しくはない．なぜなら，$f_n \to f$ が L^1–ノルムの意味で成り立つなら，すべての γ に対して $\mathcal{R}_\delta^*(f_n)(\gamma)$ は $\mathcal{R}_\delta^*(f)(\gamma)$ に収束するからである．

さて，F をベシコヴィッチ集合とし，$0 < \alpha < 2$ なる α を固定する．$F \subset \bigcup_{i=1}^{\infty} B_i$ を F の被覆で，B_i はある与えられた数より小さな直径をもつ球とする．
$$\sum_i (\text{diam } B_i)^\alpha \geq c_\alpha > 0$$
を示さなければならない．

証明を二つのステップで行う．まず証明のアイデアが明白になるような単純な場合を考えていく．

場合 1 まず球 B_i がすべて同じ直径 δ ($\delta \leq 1/2$) をもち，被覆に現れる球が有限個，たとえば N 個であるとする．$N\delta^\alpha \geq c_\alpha$ であることを証明する必要が

ある.

B_i^* を B_i を 3 倍にしたものとし, $F^* = \bigcup_i B_i^*$ とする. このとき, 明らかに

$$m(F^*) \leq cN\delta^2$$

である. F はベシコヴィッチ集合であるから, 各 $\gamma \in S^1$ に対して, ある単位長をもつ線分 s_γ で, γ と直交し, F に含まれるようなものが存在する. また構成から, s_γ にある点を δ より小さく平行移動した点は F^* に属する. ゆえに各 γ に対して

$$\mathcal{R}_\delta^*(\chi_{F^*})(\gamma) \geq 1$$

である. 定理 4.10 の不等式において $f = \chi_{F^*}$ とし, コーシー–シュヴァルツの不等式から

$$\|\chi_{F^*}\|_{L^1(\mathbb{R}^2)} \leq c\|\chi_{F^*}\|_{L^2(\mathbb{R}^2)} \leq c\left(m(F^*)\right)^{1/2}$$

が成り立つことに注意すれば,

$$c \leq N^{1/2}\delta(\log 1/\delta)^{1/2}.$$

このことから, $\alpha < 2$ ならば $N\delta^\alpha \geq c$ となる.

場合 2 今度は一般の場合を扱う. $F = \bigcup_{i=1}^\infty B_i$, ただしここで球 B_i の直径は 1 より小さいとする. 各非負整数 k に対して, N_k を集合族 $\{B_i\}$ の中で

$$2^{-k-1} \leq \operatorname{diam} B_i \leq 2^{-k}$$

をみたす球の数とする. $\sum_{k=0}^\infty N_k 2^{-k\alpha} \geq c_\alpha$ を示す必要がある. 実際には, ある正の整数 k' で, $N_{k'} 2^{-k'\alpha} \geq c_\alpha$ なるものが存在するというより強い結果を証明することになる.

まず

$$F_k = F \cap \left(\bigcup_{2^{-k-1} \leq \operatorname{diam} B_i \leq 2^{-k}} B_i \right)$$

とし,

$$F_k^* = \bigcup_{2^{-k-1} \leq \operatorname{diam} B_i \leq 2^{-k}} B_i^*$$

とする. ただし, B_i^* は B_i を 3 倍にしたものとする. このとき, すべての k に対して

$$m_2(F_k^*) \leq cN_k 2^{-2k}$$

である．

F はベシコヴィッチ集合であるから，各 $\gamma \in S^1$ に対して，長さ 1 の線分 s_γ で，F に完全に含まれるものが存在する．ある k に対しては，s_γ の大部分が F_k に属していることを細かく見ていこう．

実数列 $\{a_k\}_{k=0}^\infty$ で，$0 \leq a_k \leq 1$, $\sum a_k = 1$ であり，a_k の 0 への収束が急速すぎないものをとる．たとえば，$\varepsilon > 0$, $c_\varepsilon = 1 - 2^{-\varepsilon}$, ただし ε は十分小さなものとするとき，$a_k = c_\varepsilon 2^{-\varepsilon k}$ を選ぶことができる．

このとき，ある k に対して

$$m_1(s_\gamma \cap F_k) \geq a_k$$

でなければならない．さもなくば，$F = \bigcup F_k$ であるから，

$$m_1(s_\gamma \cap F) < \sum a_k = 1$$

であり，これは s_γ が完全に F に含まれていて $m_1(s_\gamma \cap F) = 1$ であることに矛盾する．

したがって，この k に対しては

$$\mathcal{R}_{2^{-k}}^*(\chi_{F_k^*})(\gamma) \geq a_k$$

でなければならない．なぜならば，F_k から 2^{-k} より小さい距離にある点はすべて F_k^* に属するからである．k の選び方は γ に依存しうるので，

$$E_k = \{\gamma : \mathcal{R}_{2^{-k}}^*(\chi_{F_k^*})(\gamma) \geq a_k\}$$

とおく．先に行った考察から，

$$S^1 = \bigcup_{k=1}^\infty E_k$$

であり，少なくとも一つの k に対して，それを k' で表せば

$$\sigma(E_{k'}) \geq 2\pi a_{k'}$$

が得られる．というのは，そうでなければ $\sigma(S^1) < 2\pi \sum a_k = 2\pi$ となるからである．この結果として

$$2\pi a_{k'}^2 = 2\pi a_{k'} a_{k'}$$
$$\leq \int_{E_{k'}} a_{k'} d\sigma(\gamma)$$
$$\leq \int_{S^1} \mathcal{R}_{2^{-k'}}^*(\chi_{F_{k'}^*})(\gamma) d\sigma(\gamma)$$

となっている．基本的な定理 4.10 の不等式から，
$$a_{k'}^2 \leq c(\log 2^{k'})^{1/2} \|\chi_{F_{k'}^*}\|_{L^2(\mathbb{R}^2)}$$
が得られる．$a_k \approx 2^{-\varepsilon k}$ と選んでいるから，$\|\chi_{F_{k'}^*}\|_{L^2(\mathbb{R}^2)} \leq cN_{k'}^{1/2} 2^{-k'}$ となることに注意すれば
$$2^{(1-2\varepsilon)k'} \leq c(\log 2^{k'})^{1/2} N_{k'}^{1/2}$$
を得る．結局最後の不等式は $4\varepsilon < 2-\alpha$ である限り $N_{k'} 2^{-\alpha k'} \geq c_\alpha$ であることを保証している．

これで定理の証明が求まる．

4.4　ベシコヴィッチ集合の構成

ベシコヴィッチ集合にはいくつかの異なった構成法がある．ここでは，自己複製集合の概念に関係するものを詳しく述べることにする．この概念は本章での多くの議論に浸透しているものである．

第 1 章の練習 3 で定義された定数切開のカントール集合 $\mathcal{C}_{1/2}$ を考える．それを簡単に $\mathcal{C}$ と書こう．$C_0 = [0, 1]$ とし，C_{k-1} を構成する区間から，その区間の中央に位置する長さ $\frac{1}{2} \cdot 4^{-k+1}$ の開区間を除いて作られる長さ 4^{-k} の総計 2^k 個の閉区間の和集合を C_k とし，$\mathcal{C} = \bigcap_{k=0}^{\infty} C_k$ とする．つまり $\mathcal{C}$ を，点 $x \in [0, 1]$ のうち，$\varepsilon_k = 0$ または 3 に対して，$x = \sum_{k=1}^{\infty} \varepsilon_k / 4^k$ と表されるものの集合とする．

さて $\mathcal{C}$ のコピーを平面 $\mathbb{R}^2 = \{(x, y)\}$ の x-軸上におき，$\frac{1}{2}\mathcal{C}$ のコピーを直線 $y = 1$ 上におく．すなわち，$E_0 = \{(x, y) : x \in \mathcal{C}, y = 0\}$，$E_1 = \{(x, y) : 2x \in \mathcal{C}, y = 1\}$ とおく．この構成で中心的役割を果たす集合が，E_0 の点と E_1 の点を結ぶすべての線分の和集合として定義される F である（図 13 参照）．

定理 4.12　集合 F はコンパクトであり，2 次元測度が 0 である．区間 $(-1, 2)$

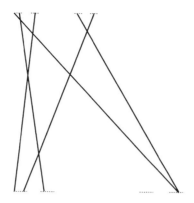

図 13　E_0 と E_1 を結ぶ多数の線分.

の補集合内の任意の数 s を傾きとする単位線分を平行移動したものを F は含む.

この定理が証明されれば，ベシコヴィッチ集合の構成の作業がなされたことになる．実際，集合 F を回転したもの有限個の和集合はすべての傾きの単位線分を含み，それゆえベシコヴィッチ集合になっている．

集合 F が所要の性質をもつことの証明は，集合 $\mathcal{C} + \lambda\mathcal{C}$, $\lambda > 0$ に関する次のパラドクシカルな事実を示すことと同じである．ただし，$\mathcal{C} + \lambda\mathcal{C} = \{x_1 + \lambda x_2 : x_1 \in \mathcal{C}, x_2 \in \mathcal{C}\}$：

- ほとんどすべての λ に対して，$\mathcal{C} + \lambda\mathcal{C}$ は 1 次元測度 0 である．
- $\mathcal{C} + \frac{1}{2}\mathcal{C}$ は区間 $[0, 3/2]$ である．

これら二つの主張が定理を導くことを示そう．はじめに，集合 F は閉 (それゆえコンパクト) である．なぜならば，E_0 と E_1 が閉だからである．次に $0 < y < 1$ に対して，F の断面 F^y はちょうど $(1-y)\mathcal{C} + \frac{y}{2}\mathcal{C}$ になっている．この集合は集合 $\mathcal{C} + \lambda\mathcal{C}$ を，$\lambda = y/(2(1-y))$ として，$1-y$ でスケーリングすることにより得られる．それゆえ F^y は，$\mathcal{C} + \lambda\mathcal{C}$ が測度 0 ならば測度 0 である．さらに，写像 $y \longmapsto \lambda$ のもとで，$(0, \infty)$ 内の測度 0 集合は，$(0, 1)$ 内の測度 0 集合に対応している (このことは，たとえば第 1 章の練習 8，または第 6 章の問題 1 を見よ)．それゆえ，最初の主張とフビニの定理から F の (2 次元) 測度が 0 であることが証明される．

最後に，点 $(x_0, 0)$ と点 $(x_1, 1)$ を結ぶ線分の傾き s は，$s = 1/(x_1 - x_0)$ である．それゆえ $x_1 \in \mathcal{C}/2$ であり $x_0 \in \mathcal{C}$，すなわち $1/s \in \mathcal{C}/2 - \mathcal{C}$ のときのものが実現されうる．しかしながら，明らかに対称性 $\mathcal{C} = 1 - \mathcal{C}$ があるから，この条件は $1/s \in \mathcal{C}/2 + \mathcal{C} - 1$ となり，2 番目の主張より，$1/s \in [-1, 1/2]$ である．この最後の主張は $s \notin (-1, 2)$ と同値である．

よって作業は上の二つの主張の証明をすることとなった．2 番目のものはほとんど自明である．実際，
$$\frac{2}{3}\left(\mathcal{C} + \frac{1}{2}\mathcal{C}\right) = \frac{2}{3}\mathcal{C} + \frac{1}{3}\mathcal{C}$$
であり，この集合は ε_k と ε'_k が独立に 0 か 3 の値をとるとき，$x = \sum_{k=1}^{\infty}\left(\frac{2\varepsilon_k}{3} + \frac{\varepsilon'_k}{3}\right) 4^{-k}$ の形の数 x 全体からなる．$\frac{2\varepsilon_k}{3} + \frac{\varepsilon'_k}{3}$ は 0, 1, 2, または 3 の値をとりうるから，$\frac{2}{3}\left(\mathcal{C} + \frac{1}{2}\mathcal{C}\right) = [0, 1]$ であり，したがって，$\mathcal{C} + \frac{1}{2}\mathcal{C} = [0, 3/2]$ である．

a.e. λ に対して，$m(\mathcal{C} + \lambda\mathcal{C}) = 0$ の証明

いよいよ証明の主要な部分，すなわちほとんどすべての λ に対して $\mathcal{C} + \lambda\mathcal{C}$ が測度 0 であることの証明をする．これは集合 $\mathcal{C}$ と $\mathcal{C} + \lambda\mathcal{C}$ の自己複製の性質を詳細に調べることにより証明する．

$\mathcal{C}_1$ と $\mathcal{C}_2$ を，$\mathcal{C}$ を相似比 $1/4$ で縮めて，$\mathcal{C}_1 = \frac{1}{4}\mathcal{C}$, $\mathcal{C}_2 = \frac{1}{4}\mathcal{C} + \frac{3}{4}$ により与えられるものとするとき，$\mathcal{C} = \mathcal{C}_1 \cup \mathcal{C}_2$ であることがわかっている．$\mathcal{C}_1 \subset [0, 1/4]$ であり，$\mathcal{C}_2 \subset [3/4, 1]$ である．$\mathcal{C}$ のこの分解を ℓ 回繰り返すと，ℓ 番目の「世代」に到達し，

(7) $$\mathcal{C} = \bigcup_{1 \leq j \leq 2^\ell} \mathcal{C}_j^\ell$$

となる．ただしここで $\mathcal{C}_1^\ell = (1/4)^\ell \mathcal{C}$ であり，$\mathcal{C}_j^\ell$ は $\mathcal{C}_1^\ell$ を平行移動したものである．

同様のことを集合
$$\mathcal{K}(\lambda) = \mathcal{C} + \lambda\mathcal{C}$$
で考える．特に混乱のない場合は，λ を省略して $\mathcal{K}(\lambda) = \mathcal{K}$ と表す．定義から，$\mathcal{K}_1 = \mathcal{C}_1 + \lambda\mathcal{C}_1$, $\mathcal{K}_2 = \mathcal{C}_1 + \lambda\mathcal{C}_2$, $\mathcal{K}_3 = \mathcal{C}_2 + \lambda\mathcal{C}_1$, そして $\mathcal{K}_4 = \mathcal{C}_2 + \lambda\mathcal{C}_2$ として，

$$\mathcal{K} = \mathcal{K}_1 \cup \mathcal{K}_2 \cup \mathcal{K}_3 \cup \mathcal{K}_4$$

と表せる．この分解を (7) を使って繰り返し行うと，

(8) $$\mathcal{K} = \bigcup_{1 \leq i \leq 4^\ell} \mathcal{K}_i^\ell$$

となる．ただしここで，$\mathcal{K}_i^\ell$ はある組 (j_1, j_2) に対する $\mathcal{C}_{j_1}^\ell + \lambda \mathcal{C}_{j_2}^\ell$ と等しいものとする．実際，この添え字の間の関係は，$1 \leq i \leq 4^\ell$ なる i と，$1 \leq j_1 \leq 2^\ell$，$1 \leq j_2 \leq 2^\ell$ をみたす組 (j_1, j_2) との全単射をなしている．$\mathcal{K}_i^\ell$ は $\mathcal{K}_1^\ell$ を平行移動したものであり，$\mathcal{K}_i^\ell$ は $\mathcal{K}$ から $4^{-\ell}$ の相似比により得られたものでもある．さて，$\mathcal{C} = \mathcal{C}/4 \cup (\mathcal{C}/4 + 3/4)$ より

$$\mathcal{K}(\lambda) = \mathcal{C} + \lambda \mathcal{C} = \left(\mathcal{C} + \frac{\lambda}{4}\mathcal{C}\right) \cup \left(\mathcal{C} + \frac{\lambda}{4}\mathcal{C} + \frac{3\lambda}{4}\right)$$
$$= \mathcal{K}\left(\frac{\lambda}{4}\right) \cup \left(\mathcal{K}\left(\frac{\lambda}{4}\right) + \frac{3\lambda}{4}\right).$$

ゆえに $\mathcal{K}(\lambda)$ が測度 0 であるのは，$\mathcal{K}(\lambda/4)$ が測度 0 であるとき，かつそのときに限る．それゆえ，a.e. $\lambda \in [1, 4]$ に対して $\mathcal{K}(\lambda)$ が測度 0 であること示せば十分である．

これらの準備の後，次の**一致**が起こるようなある特別な λ に対して直接的に $m(\mathcal{K}(\lambda)) = 0$ を示す．その一致とは，ある ℓ と $i \neq i'$ なる i と i' の組に対して

$$\mathcal{K}_i^\ell(\lambda) = \mathcal{K}_{i'}^\ell(\lambda)$$

となることである．実際，もしこの一致が成り立っていれば，(8) より

$$m(\mathcal{K}(\lambda)) \leq \sum_{i=1, i \neq i'}^{4^\ell} m(\mathcal{K}_i^\ell(\lambda)) = (4^\ell - 1) 4^{-\ell} m(\mathcal{K}(\lambda))$$

であり，このことから $m(\mathcal{K}(\lambda)) = 0$ が成り立つ．

この一致の関係が成り立つような λ が，定量的な意味で，ℓ の大きさに関連して「密」になっていると気づくことが鍵となる．詳しくいえば次のことが成り立つ．

命題 4.13 $1 \leq \lambda_0 \leq 4$ なる λ_0 と正の整数 ℓ が与えられているとする．このとき，ある $\overline{\lambda}$ と $i \neq i'$ なる組 i, i' で，

(9) $$\mathcal{K}_i^\ell(\overline{\lambda}) = \mathcal{K}_{i'}^\ell(\overline{\lambda}) \quad \text{かつ} \quad |\overline{\lambda} - \lambda_0| \leq c 4^{-\ell}$$

なるものが存在する．ここで，c は λ_0 と ℓ と独立な定数である．

この命題は，次の考察を基礎にして証明される．

補題 4.14 各 λ_0 に対して，$i_1 \neq i_2$ なる組 $1 \leq i_1, i_2 \leq 4$ で，$\mathcal{K}_{i_1}(\lambda_0)$ と $\mathcal{K}_{i_2}(\lambda_0)$ が交わるようなものが存在する．

証明 実際，もし $1 \leq i \leq 4$ に対して，$\mathcal{K}_i$ が互いに交わっていないならば，十分小さな δ に対して $\mathcal{K}_i^\delta$ も互いに交わらない．ここで F から δ より小さい距離にある点のなす集合を F^δ と表す記法を用いた (第 1 章の補題 3.1 を参照). しかし，$\mathcal{K}^\delta = \bigcup_{i=1}^{4} \mathcal{K}_i^\delta$ であり，相似性から $m(\mathcal{K}^{4\delta}) = 4m(\mathcal{K}_i^\delta)$ である．$\mathcal{K}_i^\delta$ が互いに交わっていないから，$m(\mathcal{K}^\delta) = m(\mathcal{K}^{4\delta})$ が得られるが，$\mathcal{K}^{4\delta} - \mathcal{K}^\delta$ は (半径 $3\delta/2$ の) 開球を含んでいるので，矛盾である．それゆえ補題が証明された． ∎

さてこの補題を与えられた λ_0 に適用し，$\mathcal{K}_{i_1} = \mathcal{C}_{\mu_1} + \lambda_0 \mathcal{C}_{\nu_1}$, $\mathcal{K}_{i_2} = \mathcal{C}_{\mu_2} + \lambda_0 \mathcal{C}_{\nu_2}$ と記す．ただし μ, ν を使って記された添え字は 1 か 2 のいずれかである．しかし，$i_1 \neq i_2$ であるから，$\mu_1 \neq \mu_2$ または $\nu_1 \neq \nu_2$ (またはその両方) である．さしあたり $\nu_1 \neq \nu_2$ を仮定する．

$\mathcal{K}_{i_1}(\lambda_0)$ と $\mathcal{K}_{i_2}(\lambda_0)$ が交わることから，$a \in \mathcal{C}_{\mu_1}, b \in \mathcal{C}_{\nu_1}, a' \in \mathcal{C}_{\mu_2}, b' \in \mathcal{C}_{\nu_2}$ なる数の組 (a, b) と (a', b') で，

$$a + \lambda_0 b = a' + \lambda_0 b' \tag{10}$$

なるものが存在する．$\nu_1 \neq \nu_2$ より，$|b - b'| \geq 1/2$ である．次に第 ℓ 世代を見ると，(7) により，ある添え字 $1 \leq j_1, j_2, j_1', j_2' \leq 2^\ell$ で，$a \in \mathcal{C}_{j_1}^\ell \subset \mathcal{C}_{\mu_1}, b \in \mathcal{C}_{j_2}^\ell \subset \mathcal{C}_{\nu_1}, a' \in \mathcal{C}_{j_1'}^\ell \subset \mathcal{C}_{\mu_2}, b' \in \mathcal{C}_{j_2'}^\ell \subset \mathcal{C}_{\nu_2}$ をみたすものが存在する．また，これら上記の集合は互いに平行移動したものである．すなわち，$|\tau_k| \leq 1$ により，$\mathcal{C}_{j_1}^\ell = \mathcal{C}_{j_1'}^\ell + \tau_1, \mathcal{C}_{j_2}^\ell = \mathcal{C}_{j_2'}^\ell + \tau_2$ である．それゆえ，i と i' を組 (j_1, j_2) と (j_1', j_2') それぞれに対応するものとすれば，

$$\mathcal{K}_i^\ell(\lambda) = \mathcal{K}_{i'}^\ell(\lambda) + \tau(\lambda), \quad \tau(\lambda) = \tau_1 + \lambda \tau_2 \tag{11}$$

が得られる．

さて，上記の平行移動のもとで，(a', b') に対応する組を (A, B) とする．つまり

$$A = a' + \tau_1, \quad B = b' + \tau_2 \tag{12}$$

とする．ある $\overline{\lambda}$ が存在し，

$$A + \overline{\lambda} B = a' + \overline{\lambda} b' \tag{13}$$

となること示しておく．実際，(12) より b' は $\mathcal{C}_{j_2'}^\ell \subset \mathcal{C}_{\nu_2}$ 内にあるのに対して，B は $\mathcal{C}_{j_2}^\ell \subset \mathcal{C}_{\nu_1}$ 内にある．ゆえに $\nu_1 \neq \nu_2$ より $|B - b'| \geq 1/2$ である．それゆえ，$\overline{\lambda} = (A - a')/(b' - B)$ とすることにより (13) が解ける．さてこのことと (10) を比べ，$\lambda_0 = (a - a')/(b' - b)$ を得る．さらに，A と a がともに $\mathcal{C}_{j_1}^\ell$ にあり，B と b が $\mathcal{C}_{j_2}^\ell$ にあるから，$|A - a| \leq 4^{-\ell}$，$|B - b| \leq 4^{-\ell}$ である．このことから不等式

$$\text{(14)} \qquad |\overline{\lambda} - \lambda_0| \leq c\, 4^{-\ell}$$

が得られる．また，(12) と (13) より，$\tau(\overline{\lambda}) = \tau_1 + \overline{\lambda}\tau_2 = 0$ である．このことと (11) より，一致していることが証明される．

こうして，命題ははじめに設定した $\nu_1 \neq \nu_2$ の制限のもとに証明された．別の設定 $\mu_1 \neq \mu_2$ は，$\nu_1 \neq \nu_2$ の場合において λ_0 を λ_0^{-1} に置き換えることにより得られる．$\mathcal{K}_i^\ell(\lambda_0) = \mathcal{K}_{i'}^\ell(\lambda_0)$ となるのは，$\mathcal{C}_{j_1}^\ell + \lambda_0 \mathcal{C}_{j_2}^\ell = \mathcal{C}_{j_1'}^\ell + \lambda_0 \mathcal{C}_{j_2'}^\ell$ であるときであり，かつそのときに限り．このことは，$\mathcal{C}_{j_2}^\ell + \lambda_0^{-1} \mathcal{C}_{j_1}^\ell = \mathcal{C}_{j_2'}^\ell + \lambda_0^{-1} \mathcal{C}_{j_1'}^\ell$ と同じことであることに注意してほしい．$\mathcal{C}_{j_1}^\ell \subset \mathcal{C}_{\mu_1}$ であり，$\mathcal{C}_{j_1'}^\ell \subset \mathcal{C}_{\mu_2}$ であるから，$\mu_1 \neq \mu_2$ の場合に議論を変えることができる．ここで，$1 \leq \lambda_0 \leq 4$ ということは，$\lambda_0^{-1} \leq 1$ であり，(9) における定数 c が λ_0 に依存しないようにとれることを保証している．ゆえに命題が証明された．

一つの帰結として，(9) の一致が成り立っている点 $\overline{\lambda}$ の近くで，次のことが成り立っていることに注意する：$|\lambda - \overline{\lambda}| \leq \varepsilon 4^{-\ell}$ のとき，

$$\text{(15)} \qquad \mathcal{K}_i^\ell(\lambda) = \mathcal{K}_{i'}^\ell(\lambda) + \tau(\lambda), \qquad |\tau(\lambda)| \leq \varepsilon 4^{-\ell}.$$

実際，これは (11) に，$\tau(\lambda) = \tau_1 + \lambda\tau_2$ かつ $|\tau_2| \leq 1$ より

$$|\tau(\lambda)| = |\tau(\lambda) - \tau(\overline{\lambda})| \leq |\lambda - \overline{\lambda}|$$

であることを合わせればよい．

主張 (15) はそれ自身を精密にした次のものにできる：

> いっぱいの測度[10]をもつある集合 Λ が存在し，$\lambda \in \Lambda$ と $\varepsilon > 0$ が与えられたとき，(15) が成り立つような ℓ，i，そして i' が存在する．

---

10) Λ が「いっぱいの測度」をもつとは，その補集合が測度 0 となることである．

実際, 固定された $\varepsilon > 0$ に対して, Λ_ε を, ある $\ell, i,$ そして i' に対して (15) をみたすような λ の集合とする. (9) と (15) により, 長さが 1 を超えない任意の区間 I に対して,
$$m(\Lambda_\varepsilon \cap I) \geq \varepsilon 4^{-\ell} \geq c^{-1}\varepsilon m(I)$$
を得る. ゆえに Λ_ε^c はルベーグの密度の点をもたないから, Λ_ε^c は測度 0 であり, それゆえ Λ_ε はいっぱいの測度をもつ集合である (第 3 章の系 1.5 参照). $\Lambda = \bigcap_\varepsilon \Lambda_\varepsilon$ であり, Λ_ε は ε に関して減少しているから, Λ もまたいっぱいの測度をもち, 主張が証明された.

最後に, $\lambda \in \Lambda$ ならば $m(\mathcal{K}(\lambda)) = 0$ であることを証明すれば, 定理が成立する. それを示すため, 逆に $m(\mathcal{K}(\lambda)) > 0$ であると仮定する. 再び, 密度の点の議論を使えば, 任意の $0 < \delta < 1$ に対して, ある空でない開区間 I で, $m(\mathcal{K}(\lambda) \cap I) \geq \delta m(I)$ なるものが存在しなければならない. そこで $3/4 < \delta < 1$ なる δ を固定して続ける. この固定された δ に対して, $\varepsilon = m(I)(1 - \delta)$ として以下で使う. 次に (15) をみたす $\ell, i,$ および i' を用意しておく. このような添え字の存在は $\lambda \in \Lambda$ であることから保証されている.

そして, (比率 $4^{-\ell}$ の) 相似変換で, $\mathcal{K}(\lambda)$ を $\mathcal{K}_i^\ell(\lambda)$ に写像するものと, $\mathcal{K}_{i'}^\ell(\lambda)$ に写像するものを考える. これらは区間 I をそれぞれ対応する区間 I_i と $I_{i'}$ に移す. $m(I_i) = m(I_{i'}) = 4^{-\ell}m(I)$ である. さらに
$$m(\mathcal{K}_i^\ell \cap I_i) \geq \delta m(I_i) \quad \text{および} \quad m(\mathcal{K}_{i'}^\ell \cap I_{i'}) \geq \delta m(I_{i'})$$
である. また (15) と同様に, $I_i = I_{i'} + \tau(\lambda), |\tau(\lambda)| \leq \varepsilon 4^{-\ell}$ である. このことは, $\varepsilon 4^{-\ell} = (1-\delta)m(I_i)$ であるから,
$$m(I_i \cap I_{i'}) \geq m(I_i) - |\tau(\lambda)| \geq 4^{-\ell}m(I) - \varepsilon 4^{-\ell} \geq \delta m(I_i)$$
を示している. よって $m(I_i - I_i \cap I_{i'}) \leq (1-\delta)m(I_i)$ であり,
$$m(\mathcal{K}_i^\ell \cap I_i \cap I_{i'}) \geq m(\mathcal{K}_i^\ell \cap I_i) - m(I_i - I_i \cap I_{i'})$$
$$\geq (2\delta - 1)m(I_i)$$
$$> \frac{1}{2}m(I_i) \geq \frac{1}{2}m(I_i \cap I_{i'})$$
である. 結局, $m(\mathcal{K}_i^\ell \cap I_i \cap I_{i'}) > \frac{1}{2}m(I_i \cap I_{i'})$ であり, 同様のことが i を i' に置き換えても成り立つ. ゆえに, $m(\mathcal{K}_i^\ell \cap \mathcal{K}_{i'}^\ell) > 0$ となり, これは分解 (8) と各

i に対して $m(\mathcal{K}_i^\ell) = 4^{-\ell} m(\mathcal{K})$ であることに矛盾する．それゆえ各 $\lambda \in \Lambda$ に対して，$m(\mathcal{K}(\lambda)) = 0$ を得る．これで定理 4.12 の証明が完了した．

5. 練習

1. $\alpha < d$ の場合，測度 m_α が $\mathbb{R}^d$ 上で σ-有限でないことを示せ．

2. E_1 と E_2 が $\mathbb{R}^d$ の二つのコンパクト部分集合で，$E_1 \cap E_2$ が多くとも 1 点を含むようなものとする．$0 < \alpha \leq d$，$E = E_1 \cup E_2$ のとき，外測度の定義から直接，
$$m_\alpha^*(E) = m_\alpha^*(E_1) + m_\alpha^*(E_2)$$
となることを示せ．
［ヒント：$E_1 \cap E_2 = \{x\}$ とし，B_ε で中心 x，半径 ε の開球を表し，$E^\varepsilon = E \cap B_\varepsilon^c$ とする．このとき
$$m_\alpha^*(E^\varepsilon) \geq \mathcal{H}_\alpha^\varepsilon(E) \geq m_\alpha^*(E) - \mu(\varepsilon) - \varepsilon^\alpha,$$
ただしここで，$\mu(\varepsilon) \to 0$ となることを示せ．ゆえに $m_\alpha^*(E^\varepsilon) \to m_\alpha^*(E)$．］

3. $f : [0,1] \to \mathbb{R}$ が次数 $\gamma > 1$ のリプシッツ条件をみたすならば，f は定数であることを示せ．

4. $f : [0,1] \to [0,1] \times [0,1]$ を全射であり，リプシッツ条件
$$|f(x) - f(y)| \leq C |x - y|^\gamma$$
をみたすとする．補題 2.2 を使わず直接的に $\gamma \leq 1/2$ を証明せよ．
［ヒント：$[0,1]$ を同じ長さの N 個の区間に分割する．それぞれの部分区間の像は，面積 $O(N^{-2\gamma})$ のある円板[11]に含まれ，これらの円板は，全部併せると正方形を覆っている．］

5. $f(x) = x^k$ を $\mathbb{R}$ 上で定義する．ただしここで k は正の整数である．E を $\mathbb{R}$ のボレル部分集合とする．

(a) ある α に対して，$m_\alpha(E) = 0$ ならば $m_\alpha(f(E)) = 0$ であることを示せ．

(b) $\dim(E) = \dim f(E)$ を証明せよ．

6. $\{E_k\}$ を $\mathbb{R}^d$ のボレル集合の族とする．ある α とすべての k に対して $\dim E_k \leq \alpha$ ならば

---

11) 訳注：原書では ball．2 次元なので円板と訳した．

$$\dim \bigcup_k E_k \leq \alpha$$

を示せ.

7. カントール集合の $(\log 2/\log 3)$–ハウスドルフ測度がちょうど 1 に等しいことを証明せよ.

[ヒント：有限個の閉区間 $\{I_j\}$ による $\mathcal{C}$ の被覆が得られたとしよう. このとき, ある k に対してそれぞれの長さが 3^{-k} の区間 $\{I'_\ell\}$ による $\mathcal{C}$ の別の被覆が存在し, $\alpha = \log 2/\log 3$ に対し, $\sum_j |I_j|^\alpha \geq \sum_\ell |I'_\ell|^\alpha \geq 1$ をみたす.]

8. 第1章の練習3における定数切開によるカントール集合 $\mathcal{C}_\xi$ が精確に $\log 2/\log(2/(1-\xi))$ のハウスドルフ次元をもつことを示せ.

9. 先の練習と同様の $\mathcal{C}_\xi$ について, $\mathbb{R}^2$ 内の集合 $\mathcal{C}_{\xi_1} \times \mathcal{C}_{\xi_2}$ を考える. $\mathcal{C}_{\xi_1} \times \mathcal{C}_{\xi_2}$ が精確に $\dim(\mathcal{C}_{\xi_1}) + \dim(\mathcal{C}_{\xi_2})$ のハウスドルフ次元をもつことを示せ.

10. ルベーグ測度が 0 で, ハウスドルフ次元が 1 であるようなカントール類似集合 (第1章の練習4) を構成せよ.

[ヒント：$\ell_1, \ell_2, \cdots, \ell_k, \cdots$ を $1 - \sum_{j=1}^{k} 2^{j-1}\ell_j$ が $k \to \infty$ のときに十分ゆっくりと 0 に収束するようにとる.]

11. $\mu = (1-\xi)/2$ とし, $\mathcal{D} = \mathcal{D}_\mu$ を直積 $\mathcal{C}_\xi \times \mathcal{C}_\xi$ として与えられる $\mathbb{R}^2$ のカントール・ダストとする.

(a) どのような実数 λ に対しても, 集合 $\mathcal{C}_\xi + \lambda \mathcal{C}_\xi$ は $\mathcal{D}$ の傾き $\lambda = \tan\theta$ の $\mathbb{R}^2$ 内の直線上への射影と相似であることを示せ.

(b) カントール集合 $\mathcal{C}_\xi$ の中で, 値 $\xi = 1/2$ が4.4節におけるベシコヴィッチ集合の構成では臨界であることを示せ. 実際, $\xi > 1/2$ であれば, $\mathcal{C}_\xi + \lambda \mathcal{C}_\xi$ がすべての λ に対してルベーグ測度が 0 となる. 後述の問題10を参照.

[ヒント：$\alpha = \dim \mathcal{D}_\mu$ に対して $m_\alpha(\mathcal{C}_\xi + \lambda \mathcal{C}_\xi) < \infty$.]

12. ある素朴な 1 次元「測度」 $\widetilde{m}_1$ を

$$\widetilde{m}_1 = \inf \sum_{k=1}^{\infty} \operatorname{diam} F_k, \qquad E \subset \bigcup_{k=1}^{\infty} F_k$$

として定義する. これは 1 次元外測度 m_α^* (ただし $\alpha = 1$) と, F_k の直径の大きさに制限をなくしただけの違いで, 類似したものである.

I_1 と I_2 を $\mathbb{R}^d$ 内 $(d \geq 2)$ の二つの<u>互いに交わらない</u>単位線分で, $I_1 = I_2 + h$, $|h| < \varepsilon$

とする．このとき，$\widetilde{m}_1(I_1) = \widetilde{m}_1(I_2) = 1$ であり，一方，$\widetilde{m}_1(I_1 \cup I_2) \leq 1 + \varepsilon$ であることを調べよ．よって $\varepsilon < 1$ に対して

$$\widetilde{m}_1(I_1 \cup I_2) < \widetilde{m}_1(I_1) + \widetilde{m}_1(I_2)$$

であるから，$\widetilde{m}_1$ には加法性が成り立たない．

13. 2.1 節で定義したコッホ曲線 $\mathcal{K}^\ell$，$1/4 < \ell < 1/2$，を考える．これに対して定理 2.7 の類似であるが，関数 $t \longmapsto \mathcal{K}^\ell(t)$ が次数 $\gamma = \log(1/\ell)/\log 4$ のリプシッツ条件をみたすことを証明せよ．さらに，集合 $\mathcal{K}^\ell$ のハウスドルフ次元がちょうど $\alpha = 1/\gamma$ であることを示せ．

［ヒント：$\mathcal{O}$ が図 14 の色の濃い開三角形であるとき，次を示せ．$\mathcal{O} \supset S_0(\mathcal{O}) \cup S_1(\mathcal{O}) \cup S_2(\mathcal{O}) \cup S_3(\mathcal{O})$，ただし $S_0(x) = \ell x$，ρ_θ を角度 θ の回転として，$S_1(x) = \rho_\theta(\ell x) + a$，$S_2(x) = \rho_\theta^{-1}(\ell x) + c$，$S_3(x) = \ell x + b$ である．どの集合 $S_j(\mathcal{O})$ も互いに交わらないことに注意せよ．］

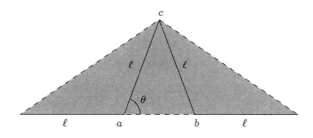

図 14 練習 13 における開集合 $\mathcal{O}$．

14. $\ell < 1/2$ のとき，練習 13 のコッホ曲線 $t \longmapsto \mathcal{K}^\ell(t)$ は単純曲線であることを示せ．

［ヒント：$t = \sum_{j=1}^\infty a_j/4^j$，$a_j = 0, 1, 2, 3$ のとき

$$\{\mathcal{K}^\ell(t)\} = \bigcap_{j=1}^\infty S_{a_j}(\cdots S_{a_2}(S_{a_1}(\overline{\mathcal{O}}))).\ ]$$

15. 練習 13 のコッホ曲線の定義において，$\ell = 1/2$ に置き換えると，頂点が $(0, 0)$，$(1, 0)$，$(1/2, 1/2)$ である直角三角形を埋め尽くすような「空間を埋め尽くす」曲線になる．この構成の最初の 3 段階は図 15 のようになる．区間は指示された順で描かれる．

16. コッホ曲線 $t \longmapsto \mathcal{K}^\ell(t)$，$1/4 < \ell \leq 1/2$，は連続であるが，いたるところ微分

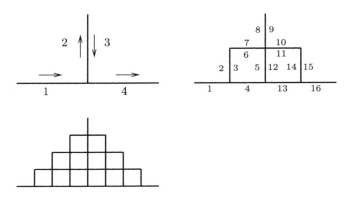

図15 $\ell = 1/2$ の場合のコッホ曲線の最初の3段階.

不可能であることを証明せよ.
[ヒント：もし $\mathcal{K}'(t)$ がある t に対して存在するならば, $u_n \le t \le v_n$, $u_n - v_n \to 0$ に対して
$$\lim_{n\to\infty} \frac{\mathcal{K}(u_n) - \mathcal{K}(v_n)}{u_n - v_n}$$
が存在しなければならない. $u_n = k/4^n$, $v_n = (k+1)/4^n$ と選んでみよ.]

17. $\mathbb{R}^n$ 内のコンパクト集合 E に対して, E を被覆できるような半径 ε の球の最小の個数を $\#(\varepsilon)$ とする. $\varepsilon \to 0$ とすると, $\#(\varepsilon) = O(\varepsilon^{-d})$ であること, また E が有限集合ならば, $\#(\varepsilon) = O(1)$ であることに注意する.

E の**被覆次元** $\dim_C(E)$ は, $\#(\varepsilon) = O(\varepsilon^{-\beta})$, $\varepsilon \to 0$, となるような $\inf \beta$ と定義される. $\dim_C(E) = \dim_M(E)$ を下記の不等式をすべての $\delta > 0$ に対して証明することにより示せ. ただしここで, $\dim_M$ は 2.1 節で述べたミンコフスキー次元である.

(i) $m(E^\delta) \le c \#(\delta) \delta^d$.
(ii) $\#(\delta) \le c' m(E^\delta) \delta^{-d}$.

[ヒント：(ii) を証明するために, 第3章の補題1.2を用い, 半径 $\delta/3$ の互いに交わらない球 $B_1, B_2, \cdots, B_N$ で, 中心が E にあり, それを「3倍」にした $\widetilde{B}_1, \widetilde{B}_2, \cdots, \widetilde{B}_N$ (半径 δ) が E を被覆するようなものを見出せ. このとき, $\#(\delta) \le N$ であり, 一方, $Nm(B_j) = cN\delta^d \le m(E^\delta)$ である. なぜなら, 球 B_j は互いに交わらず, E^δ に含まれるからである.]

18. E を $\mathbb{R}^d$ 内のコンパクト集合とする.

(a) $\dim(E) \leq \dim_M(E)$ を示せ．ここで，$\dim$ と $\dim_M$ はそれぞれハウスドルフ次元とミンコフスキー次元である．

(b) しかしながら，$E = \{0, 1/\log 2, 1/\log 3, \cdots, 1/\log n, \cdots\}$ のときは，$\dim_M E = 1$ であるが $\dim E = 0$ である．

19. E がコンパクト集合ならば
$$m(E^{2\delta}) \leq c_d m(E^\delta)$$
をみたすような次元 d にのみ依存した定数 c_d が存在することを示せ．
[ヒント：$f = \chi_{E^\delta}$ に対する最大関数 f^* を考え，$c_d = 6^d$ とせよ．]

20. F が定理2.12で考えた自己相似集合であるとき，それはハウスドルフ次元と同じミンコフスキー次元をもつことを示せ．
[ヒント：各 F_k は半径 cr^k の m^k 個の球の和集合である．逆については，補題2.13により，$\varepsilon = r^k$ ならば，半径 ε の各球が第 k 世代の多くとも c' 個の頂点しか含まないことがわかる．それゆえ，F を被覆するには少なくとも m^k/c' 個のそのような球を必要とする．]

21. 単位区間から，二つ目と四つ目の四半分 (ただし開区間) を除く．残った二つの閉区間について同様の操作を繰り返していく．F をその集合の極限とする．このとき
$$F = \left\{ x : x = \sum_{k=1}^\infty a_k/4^k \quad a_k = 0 \text{ または } 2 \right\}$$
である．$0 < m_{1/2}(F) < \infty$ を証明せよ．

22. F を定理2.9で得られた自己相似集合であるとする．

(a) $m \leq 1/r^d$ ならば $m_d(F_i \cap F_j) = 0 \, (i \neq j)$ を示せ．

(b) しかしながら，$m \geq 1/r^d$ ならば，ある $i \neq j$ に対して，$F_i \cap F_j$ は空集合ではないことを証明せよ．

(c) 定理2.12の仮定のもとに，$i \neq j$ のとき，$\alpha = \log m / \log(1/r)$ に対して
$$m_\alpha(F_i \cap F_j) = 0$$
であることを証明せよ．

23. $S_1, \cdots, S_m$ を比率 r, $0 < r < 1$, の相似変換とする．集合 E に対して
$$\widetilde{S}(E) = S_1(E) \cup \cdots \cup S_m(E)$$
とし，F を $\widetilde{S}(F) = F$ をみたすただ一つの空でないコンパクト集合とする．

(a) $\overline{x} \in F$ ならば，点集合 $\{\widetilde{S}^n(\overline{x})\}_{n=1}^{\infty}$ は F で稠密であることを示せ.

(b) F が次の意味で**均質**であることを示せ．もし $x_0 \in F$ であり，B が x_0 を中心とする任意の開球ならば，$F \cap B$ は F と相似なある集合を含む.

24. E を $\mathbb{R}^d$ 内の $\dim E < 1$ なるボレル部分集合であるとする．E が完全不連結，すなわち，E に属する任意の異なる二つの点が異なる連結成分に属することを証明せよ．[ヒント：$x, y \in E$ を固定する．$f(t) = |t - x|$ が 1 次リプシッツであり，したがって $\dim f(E) < 1$ を示せ．$f(E)$ は $\mathbb{R}$ において稠密な補集合をもつという結論を導け．r を $0 < r < f(y)$ となるように $f(E)$ の補集合内にとり，$E = \{t \in E : |t - x| < r\} \cup \{t \in E : |t - x| > r\}$ なる事実を用いよ．]

25. $F(t)$ を $\mathbb{R}$ 上の任意の非負可測関数とし，$\gamma \in S^{d-1}$ とする．このとき，$\mathbb{R}^d$ 内の可測集合 E で，$F(t) = m_{d-1}(E \cap \mathcal{P}_{t,\gamma})$ となるものが存在することを証明せよ．

26. 定理 4.1 は $d \geq 4$ に対しては次のように改良できる．

$\mathbb{R}$ 上の関数 $F(t)$ で，C^k であり，$F^{(k)}(t)$ が次数 α のリプシッツ条件をみたしているようなもののなす族を $C^{k,\alpha}$ とおく．

E が有限測度もつならば，a.e. $\gamma \in S^{d-1}$ に対して，関数 $m(E \cap \mathcal{P}_{t,\gamma})$ は d が奇数で $d \geq 3$ ならば，$k = (d-3)/2$, $\alpha < 1/2$ に対して $C^{k,\alpha}$ で，また d が偶数で $d \geq 4$ ならば $k = (d-4)/2$, $\alpha < 1$ に対して $C^{k,\alpha}$ である．

27. 定理 4.5 の不等式 (2) の改良として右辺から $\|f\|_{L^2(\mathbb{R}^d)}$ を抜かすことはできないことを示せ．
[ヒント：$0 < \delta < 1$ を固定し，$|x| \leq 1$ において $f_\varepsilon(x) = (|x| + \varepsilon)^{-d+\delta}$ により定義される関数 f_ε に対して $\mathcal{R}^*(f_\varepsilon)$ を $\varepsilon \to 0$ として考えよ．]

28. $\mathbb{R}^d$, $d \geq 3$, 内のコンパクト集合 E で，$m_d(E) = 0$ かつ E が $\mathbb{R}^d$ における単位長の任意の線分を平行移動したものを含んでいるようなものを構成せよ (そのような集合の特別な例は，$d = 2$ の場合から容易に得られるが，一方，そのような集合の中の最小のハウスドルフ次元を決めることは未解決問題である).

6. 問題

1. 集合 U と V で，
$$\dim U = \dim V = 0, \quad \text{しかし} \quad \dim(U \times V) \geq 1$$

なるものの構成を，下記のように実行せよ．

$I_1, \cdots, I_n, \cdots$ を次のように与えられるものとする．

- 各 I_j は連続した正の整数の有限列である．すなわち，すべての j に対して，ある A_j と B_j が与えられ，
$$I_j = \{n \in \mathbb{N} : A_j \leq n \leq B_j\}.$$

- 各 j に対して，I_{j+1} は I_j の右にある．すなわち，$A_{j+1} > B_j$．

$U \subset [0,1]$ は，2進表現 $x = .a_1 a_2 \cdots a_n \cdots$ で記述したとき，$n \in \bigcup_j I_j$ ならば $a_n = 0$ なる性質をもつ x からなるとする．A_j, B_j は ($j \to \infty$ のとき) 十分早く無限大に発散するもの，たとえば $B_j/A_j \to \infty$, $A_{j+1}/B_j \to \infty$ とする．

また，J_j を整数からなる補集合のブロック，すなわち
$$J_j = \{n \in \mathbb{N} : B_j < n < A_{j+1}\}$$

とする．$V \subset [0,1]$ は $n \in \bigcup_j J_j$ のとき $a_n = 0$ となるような $x = .a_1 a_2 \cdots a_n \cdots$ からなるとする．

U と V が求める性質をもつことを証明せよ．

2.* 等直径不等式は次のことを主張している．E が $\mathbb{R}^d$ の有界な部分集合であり，$\operatorname{diam} E = \sup\{|x-y| : x, y \in E\}$ であるとき，
$$m(E) \leq v_d \left(\frac{\operatorname{diam} E}{2}\right)^d$$

ただしここで，v_d は $\mathbb{R}^d$ の単位球の体積を表す．言い換えれば，与えらえた直径をもつ集合の中で，球が最も大きな体積をもつということである．明らかに，E の代わりに $\overline{E}$ に対する不等式を証明すれば十分なので，E はコンパクトであることを仮定してよい．

(a) E が対称，すなわち $x \in E$ ならば $-x \in E$ である場合に不等式を証明せよ．

一般に，シュタイナーの対称化と呼ばれる技法を用いることにより対称の場合に帰着できる．e が $\mathbb{R}^d$ の単位ベクトルで，$\mathcal{P}$ が e に直交する超平面のとき，e に関する E のシュタイナーの対称化は
$$S(E,e) = \left\{x + te : x \in \mathcal{P}, |t| \leq \frac{1}{2}L(E\,;e\,;x)\right\},$$

ここで $L(E\,;e\,;x) = m(\{t \in \mathbb{R} : x + te \in E\})$ であり，m はルベーグ測度である．$x + te \in S(E,e)$ であるのは，$x - te \in S(E,e)$ であるとき，かつそのときに限ることに注意せよ．

(b) $S(E,e)$ が $\mathbb{R}^d$ の有界な可測部分集合であり，$m(S(E,e)) = m(E)$ をみたすことを証明せよ．

[ヒント：フビニの定理を用いよ．]

(c) $\operatorname{diam} S(E, e) \leq \operatorname{diam} E$ を証明せよ．

(d) ρ を E と $\mathcal{P}$ が不変であるような回転とするとき，$\rho S(E, e) = S(E, e)$ であることを示せ．

(e) 最後に，$\mathbb{R}^d$ の標準基底 $\{e_1, \cdots, e_d\}$ を考えよ．$E_0 = E$, $E_1 = S(E_0, e_1)$, $E_2 = S(E_1, e_2)$, 以下同様とする．E_d が対称であることを使って等直径不等式を証明せよ．

(f) 等直径不等式を使って $m(E) = \frac{v_d}{2^d} m_d(E)$ を $\mathbb{R}^d$ 内の任意のボレル集合 E に対して証明せよ．

3. S をある相似変換とする．

(a) S は線分を線分にうつすことを示せ．

(b) L_1 と L_2 が角度 α をなす二つの線分であるとき，$S(L_1)$ と $S(L_2)$ は角度 α か $-\alpha$ をなすことを示せ．

(c) 相似変換は，平行移動，回転 (回映も可) と伸張の合成であることを示せ．

4.* 次のものはカントール–ルベーグ関数の構成の一般化を与えるものである．

F を比率 $0 < r < 1$ の m 個の相似変換 $S_1, S_2, \cdots, S_m$ により定義された定理 2.9 におけるコンパクト集合とする．このとき，F に台をもつあるボレル測度 μ で，$\mu(F) = 1$ および，任意のボレル集合 E に対して

$$\mu(E) = \frac{1}{m} \sum_{j=1}^{m} \mu(S_j^{-1}(E))$$

をみたすものが一意的に存在する．F がカントール集合の場合，カントール–ルベーグ関数は $\mu([0, x])$ である．

5. ハウスドルフによる次の定理を証明せよ．$\mathbb{R}^d$ の任意のコンパクト部分集合 K は，カントール集合 $\mathcal{C}$ のある連続像である．

[ヒント：K を (ある n_1 について) 2^{n_1} 個の半径 1 の開球，たとえば $B_1, \cdots, B_\ell$ (重複も可) で被覆せよ．$K_{j_1} = K \cap \overline{B_{j_1}}$ とし，各 K_{j_1} を 2^{n_2} 個の半径 $1/2$ の球で被覆し，コンパクト集合 K_{j_1, j_2} を得る．以下同様にしていく．$t \in \mathcal{C}$ を 3 進表現で表し，t に対して，適切な $j_1, j_2, \cdots$ に対して共通部分 $K_{j_1} \cap K_{j_1, j_2} \cap \cdots$ により定義した K 内のある点を一意的にあてがえればよい．連続性を証明するには，カントール集合内の二つの点が近ければ，その 3 進表現の高位の部分が一致することを考察せよ．]

6. $\mathbb{R}^d$ のコンパクト部分集合 K が **一様に局所連結** であるとは，与えられた $\varepsilon > 0$ に対して，ある $\delta > 0$ が存在し，$x, y \in K$ が $|x - y| < \delta$ であれば，x と y を結ぶ K 内

の連続曲線 γ で，$\gamma \subset B_\varepsilon(x)$ かつ $\gamma \subset B_\varepsilon(y)$ をみたすものが存在することである．

前問題を用いて，$\mathbb{R}^d$ のコンパクト部分集合 K が単位区間 $[0,1]$ の連続像であるのは，K が一様に局所連結であるとき，かつそのときに限ることを示すことができる．

7. 適切な測度 0 集合を除けば，$\mathbb{R}$ の単位区間と $\mathbb{R}^d$ の単位立方体との測度不変な同形写像が存在するというような定理 3.5 の一般化を定式化し，証明せよ．

8.* 平面内の <u>単純</u> 連続曲線で，正の 2 次元測度をもつものが存在する．

9. E を $\mathbb{R}^{d-1}$ 内のコンパクト集合とする．I を $\mathbb{R}$ 内の単位区間とすると，$\dim(E \times I) = \dim(E) + 1$ であることを示せ．

10.* $\mathcal{C}_\xi$ を練習 8 と 11 で考えたカントール集合とする．$\xi < 1/2$ のとき，$\mathcal{C}_\xi + \lambda \mathcal{C}_\xi$ はほとんどすべての λ に対して，正のルベーグ測度をもつ．

注と文献

ここで扱ったテーマの多くをカバーするような優れた本はいくつかある．そういった本の中には Riesz and Nagy [27], Wheeden and Zygmund [33], Folland [13], Bruckner 他 [4] がある．

緒言
引用句はエルミートからスティルチェスへの手紙における一節の訳である [18]．

第 1 章
冒頭引用句は [3] の中のフランス語の一節の訳である．

選択公理，ハウスドルフの最大原理，整列可能原理に関するより詳しいことは Devlin [7] を参照．

ブルン–ミンコフスキーの不等式に関連する結果の概観については Gardner [14] の解説論文を見よ．

第 2 章
冒頭引用句は積分に関するルベーグの本 [20] の初版の序文にある一節である．

連続体仮説の議論は Devlin [7] にある．

第 3 章
冒頭引用句はハーディとリトルウッドの論文 [15] からのものである．

ハーディとリトルウッドは定理 1.1 を 1 次元の場合に再配列のアイデアにより証明した．現在の形はウィーナーによるものである．

等周不等式の本書での扱いは Federer [11] に基づく．この本は幾何学的測度論に関する重要な一般化や，多くのさらなる題材を含んでいる．

問題 3[*] の補題におけるベシコヴィッチ被覆の証明は Mattila [22] にある．

$\mathbb{R}^d$ における有界変動関数の話については Evans and Gariepy [8] を見よ．

問題 7 (b)* の証明の概要は第 I 巻第 5 章の最後にある．

問題 8* の (b) における結果は S. Saks の定理であり，(a) の結論として導く証明は Stein [31] に見ることができる．

第 4 章

冒頭引用句はプランシュレルの論文 [25] の導入からの翻訳である．

問題 2* で言及された概周期関数の理論の話題は Bohr [2] で学ぶことができる．

問題 4* と 5* の結果はそれぞれ Zygmund [35] 第 V 章と第 VII 章にある．

スツルム – リューヴィル系，ルジャンドル多項式，エルミート関数に関する詳しいことは Birkhoff and Rota [1] を調べよ．

第 5 章

ディリクレの原理とその応用のいくつかについては Courant [6] を見よ．$\mathbb{R}^2$ 内の一般領域に対するディリクレ問題の解と，関連した集合の対数容量の概念については Ransford [26] で扱われている．Folland [12] には，ディリクレ原理を使わない方法によるディリクレ問題 ($\mathbb{R}^d, d \geq 2$ でもよい) の別の解法もある．

問題 3* の中で述べた等角写像の存在に関連した結果は Zygmund [35] の第 VII 章にある．

第 6 章

冒頭引用句は C. Carathéodory [5] のドイツ語の一節からの翻訳である．

Petersen [24] は問題 7* における定理の証明も含めて，エルゴード理論を体系的に説明している．

問題 4* に必要な球面調和関数に関する事実は，Stein and Weiss [32] の第 4 章で学べる．

連分数の入門として Hardy and Wright [16] をあげておく．そのエルゴード理論への応用は Ryll – Nardzewski [28] で論じられている．

第 7 章

冒頭引用句はハウスドルフの論文 [17] のドイツ語の一節からの翻訳で，マンデルブロの方は彼の本 [21] からの引用である．

マンデルブロの本にはいろいろな場面に現れるフラクタルの興味深い例が多数載っている．リチャードソンの海岸線の長さに関する議論もその中に含まれているものである (特に第 5 章を見よ).

Falconer [10] はフラクタルとハウスドルフ次元を体系的に扱っている．

問題 8^* にある曲線の構成も含めて，空間を埋め尽くす曲線のさらに詳しいことについては Sagan [29] を文献として挙げておく．

Falconer [10] には，ベシコヴィッチ集合の別の構成と，そのような集合が 2 次元でなければならないことも記されている．本書に記した特別なベシコヴィッチ集合は Kahane [19] にあるものであるが，それが測度 0 であるということは，たとえば Peres 他 [30] にあるアイデアをさらに必要とした．

$\mathbb{R}^d, d \geq 3$ における集合の正則性とラドン変換に対する最大関数の評価は Falconer [9] と Oberlin and Stein [23] にある．

高次元のベシコヴィッチ集合の理論と，関連した興味深い話題は，総合報告 Wolff [34] で学ぶことができる．

参考文献

[1] G.Birkhoff and G.C.Rota. *Ordinary differential equations*. Wiley, New York, 1989.
[2] H.A.Bohr. *Almost periodic functions*. Chelsea Publishing Company, New York, 1947.
[3] E.Borel. *Leçons sur la théorie des fonctions*. Gauthiers-Villars, Paris, 1898.
[4] J.B.Bruckner, A.M.Bruckner, and B.S.Thomson. *Real Analysis*. Prentice Hall, Upper Saddle River, NJ, 1997.
[5] C.Carathéodory. *Vorlesungen über reelle Funktionen*. Leipzig, Berlin, B.G.Teubner, Leipzig and Berlin, 1918.
[6] R.Courant. *Dirichlet's principle, conformal mappings, and minimal surfaces*. Interscience Publishers, New York, 1950.
[7] K.J.Devlin. *The joy of sets : fundamentals of contemporary set theory*. Springer–Verlag, New York, 1997.
[8] L.C.Evans and R.F.Gariepy. *Measure theory and fine properties of functions*. CRC Press, Boca Raton, 1992.
[9] K.J.Falconer. Continuity properties of k–plane integrals and Besicovitch sets. *Math. Proc. Cambridge Philos. Soc,* 87 : 221–226, 1980.
[10] K.J.Falconer. *The geometry of fractal sets*. Cambridge University Press, 1985.
[11] H.Federer. *Geometric measure theory*. Springer, Berlin and New York, 1996.
[12] G.B.Folland. *Introduction to partial differential equations*. Princeton University Press, Princeton, NJ, second edition, 1995.
[13] G.B.Folland. *Real Analysis : modern techniques and their applications*. Wiley, New York, second edition, 1999.
[14] R.J.Gardner. The Brunn–Minkowski inequality. *Bull. Amer. Math. Soc,* 39 : 355–405, 2002.
[15] G.H.Hardy and J.E.Littlewood. A maximal theorem with function theoretic applications. *Acta. Math,* 54 : 81–116, 1930.
[16] G.H.Hardy and E.M.Wright. *An introduction to the Theory of Numbers*. Oxford University Press, London, fifth edition, 1979.
[17] F.Hausdorff. Dimension und äusseres Mass. *Math. Annalen,* 79 : 157–179, 1919.
[18] C.Hermite. *Correspondance d'Hermite et de Stieltjes*. Gauthier–Villars, Paris,

1905. Edited by B.Baillaud and H.Bourget.

[19] J.P.Kahane. Trois notes sur les ensembles parfaits linéaires. *Enseignement Math.*, 15 : 185–192, 1969.

[20] H.Lebesgue. *Leçons sur l'integration et la recherche des fonctions primitives.* Gauthier–Villars, Paris, 1904. Preface to the first edition.

[21] B.B.Mandelbrot. *The fractal geometry of nature.* W.H.Freeman, San Francisco, 1982.

[22] P.Mattila. *Geometry of sets and measures in Euclidean spaces.* Cambridge University Press, Cambridge, 1995.

[23] D.M.Oberlin and E.M.Stein. Mapping properties of the Radon transform. *Indiana Univ. Math. J*, 31 : 641–650, 1982.

[24] K.E.Petersen. *Ergodic theory.* Cambridge University Press, Cambridge, 1983.

[25] M.Plancherel. La théorie des équations intégrales. *L'Enseignement math.*, 14e Année : 89–107, 1912.

[26] T.J.Ransford. *Potential theory in the complex plane.* London Mathematical Society student texts, 28. Cambridge, New York : Press Syndicate of the University of Cambridge, 1995.

[27] F.Riesz and B.Sz.–Nagy. *Functional Analysis.* New York, Ungar, 1955.

[28] C.Ryll–Nardzewski. On the ergodic theorem. ii. Ergodic theory of continued fractions. *Studia Math.*, 12 : 74–79, 1951.

[29] H.Sagan. *Space–filling curves.* Universitext. Springer–Verlag, New York, 1994.

[30] Y.Peres, K.Simon, and B.Solomyak. Fractals with positive length and zero Buffon needle probability. *Amer. Math. Monthly,* 110 : 314–325, 2003.

[31] E.M.Stein. *Harmonic analysis : real–variable methods, orthogonality, and oscillatory integrals.* Princeton University Press, Princeton, NJ, 1993.

[32] E.M.Stein and G.Weiss. *Introduction to Fourier Analysis on Euclidean Spaces.* Princeton University Press, Princeton, NJ, 1971.

[33] R.L.Wheeden and A.Zygmund. *Measure and integral : an introduction to real analysis.* Marcel Dekker, New York, 1977.

[34] T.Wolff. Recent work connected with the Kakeya problem. *Prospects in Mathematics, Princeton, NJ,* 31 : 129–162, 1996. Amer. Math. Soc., Providence, RI, 1999.

[35] A.Zygmund. *Trigonometric Series,* volume I and II. Cambridge University Press, Cambridge, second edition, 1959. Reprinted 1993.

記号の説明

右側のページ番号は，記号や記法が最初に定義あるいは使用されたページを示す．慣例に従い，$\mathbb{Z}$, $\mathbb{Q}$, $\mathbb{R}$ および $\mathbb{C}$ はそれぞれ整数，有理数，実数，および複素数のなす集合を表す．

$\lvert x \rvert$	x の (ユークリッド) ノルム	2
E^c, $E - F$	集合の補集合と相対的な補集合	2
$d(E, F)$	二つの集合の距離	2
$B_r(x)$, $\overline{B_r(x)}$	開球と閉球	3
$\overline{E}$, ∂E	それぞれ E の閉包と境界	3
$\lvert R \rvert$	長方形 R の体積	4
$O(\cdots)$	O 記号	13
$\mathcal{C}$, $\mathcal{C}_\xi$, $\widehat{\mathcal{C}}$	カントール集合	10, 40, 42
$m_*(E)$	集合 E の (ルベーグ) 外測度	11
$E_k \nearrow E$, $E_k \searrow E$	集合の増大列と減少列	21, 22
$E \triangle F$	E と F の対称差	23
$E_h = E + h$	集合 E の h による平行移動	24
$\mathcal{B}_{\mathbb{R}^d}$	$\mathbb{R}^d$ のボレル σ–代数	25
G_δ, F_σ	G_δ または F_σ という集合の型	25
$\mathcal{N}$	非可測集合	26
a.e.	ほとんどいたるところ	32
$f^+(x)$, $f^-(x)$	f の正の部分と負の部分	34, 70
$A + B$	二つの集合の加算	37
v_d	$\mathbb{R}^d$ の単位球の体積	42
$\operatorname{supp}(f)$	関数 f の台	58
$f_k \nearrow f$, $f_k \searrow f$	関数の増加列と減少列	67, 68
f_h	関数 f を h による平行移動	79
$L^1(\mathbb{R}^d)$, $L^1_{\mathrm{loc}}(\mathbb{R}^d)$	可積分関数と局所可積分関数のなす空間	75, 114

$f * g$	f と g の畳み込み積	80
f^y, f_x, E^y, E_x	関数 f と集合 E の断面	82
$\hat{f}, \mathcal{F}(f)$	f のフーリエ変換	94, 222, 223
f^*	f の最大関数	108, 314
$L(\gamma)$	(長さをもつ) 曲線の長さ	123
T_F, P_F, N_F	F の全変動, 正の変動, 負の変動	126
$L(A, B)$	$t = A$ と $t = B$ の間のある曲線の長さ	128
$D^+(F), \cdots, D_-(F)$	F のディニ数	131
$\mathcal{M}(K)$	K のミンコフスキー容量	147
$\Omega_+(\delta), \Omega_-(\delta)$	Ω の外集合, 内集合	153
$L^2(\mathbb{R}^d)$	2 乗可積分関数のなす空間	168
$\ell^2(\mathbb{Z}), \ell^2(\mathbb{N})$	2 乗総和可能な数列のなす空間	174
$\mathcal{H}$	ヒルベルト空間	172
$f \perp g$	直交要素	175
$\mathbb{D}$	単位円板	185
$H^2(\mathbb{D}), H^2(\mathbb{R}^2_+)$	ハーディ空間	186, 227
$S^\perp$	S の直交補空間	189
$A \oplus B$	A と B の直和	189
P_S	S の上への直交射影	190
T^*, L^*	作用素の随伴	195, 237
$\mathcal{S}(\mathbb{R}^d)$	シュヴァルツ空間	222
$C_0^\infty(\Omega)$	Ω にコンパクト台をもつ滑らかな関数からなる空間	236
$C^m(\Omega), C^m(\overline{\Omega})$	Ω または $\overline{\Omega}$ 上の n 階連続導関数をもつ関数全体のなす空間	237
$\triangle u$	u のラプラシアン	244
$(X, M, \mu), (X, \mu)$	測度空間	279
μ, μ_*, μ_0	測度, 外測度, 前測度	279, 280, 287
$\mu_1 \times \mu_2$	直積測度	293
S^{d-1}	$\mathbb{R}^d$ の単位球面	296
$\sigma, d\sigma(\gamma)$	球面上の面測度	296
dF	ルベーグ–スティルチェス測度	299
$|\nu|, \nu^+, \nu^-$	ν の全変動, 正の変動, 負の変動	303, 305
$\nu \perp \mu$	互いに特異な測度	306

$\nu \ll \mu$	絶対連続な測度	306
$\sigma(S)$	S のスペクトル	332
$m_\alpha^*(E)$	α–次元ハウスドルフ外測度	348
$\mathrm{diam}\, S$	S の直径	348
$\dim E$	E のハウスドルフ次元	353
$\mathcal{S}$	シルピンスキーの三角形	358
$A \approx B$	A と B が同等	360
$\mathcal{K},\ \mathcal{K}^\ell$	コッホ曲線	362, 365
$\mathrm{dist}\,(A, B)$	ハウスドルフ距離	369
$\mathcal{P}(t)$	ペアノ写像	374
$\mathcal{P}_{t,\gamma}$	超平面	386
$\mathcal{R}(f),\ \mathcal{R}_\delta(f)$	ラドン変換	389, 394
$\mathcal{R}^*(f),\ \mathcal{R}_\delta^*(f)$	最大ラドン変換	389, 394

索引

第 I 巻，第 II 巻にも関連事項があるものは，それぞれ数字 (I)，数字 (II) に続けてその箇所を記載してある．

F_δ　25

G_δ　25

σ–代数 (σ–加法族)
　　ボレル　25, 283
　　集合の　25
σ–有限　279
σ–有限 (符号つき測度)　305

O 記号　13

$\mathbb{R}^d$ 内の点　2

朝日の補題　130
いたるところ微分不可能な関数　165, 410 ;
　　　(I) 112, 126
一意的にエルゴード的　322
1 次独立
　　元　178
　　集合　178
一致　403

ヴィタリ被覆　110, 137, 162

エゴロフの定理　36
エルゴード　(I) 111
　　各点定理　318
　　最大定理　314
　　平均定理　312
　　保測変換　320
エルミート関数　219 ; (I) 169, 174
エルミート作用素　203
円周の回転　321

開
　　球　3, 283
　　集合　3, 283
外
　　ジョルダン外体積　45

　　測度　11, 280
概周期関数　216
外測度　280
　　距離　284
　　ハウスドルフ　348
　　ルベーグ　10
階段関数　29
外部三角形条件　263
ガウス関数　95 ; (I) 135, 182
核
　　ディリクレ　191 ; (I) 37
　　熱　120 ; (I) 210
　　フェイエール　120 ; (I) 54
　　ポアソン　120, 183, 232 ; (I) 37, 55,
　　　150, 210 ; (II) 66, 79, 108, 113,
　　　217
拡張原理　195, 225
掛谷集合　388
可算個の和集合　20
可積分　64
可積分関数　64, 291
可積分関数の空間 L^1　74
可測
　　カラテオドリ　280
　　関数　30, 290
　　集合　17, 280
　　長方形　293
カラテオドリ可測　280
関数
　　いたるところ微分不可能　165, 410
　　概周期　216
　　階段　29
　　可積分　64, 291
　　可測　30
　　カントール–ルベーグ　135, 356
　　境界値　232
　　狭義増加　125
　　正の変動　127

絶対連続　136, 302
全変動　126
増加　125
台　58
単　29, 55, 290
断面　81
跳躍　141
ディラックのデルタ　118
特性　29
凸　163
滑らかな　236
2 乗可積分　168
のこぎり歯　214 ; (I) 61, 83
標準化　298
複素数値　73
負の変動　127
有界変動　124, 164
有限値　30
リプシッツ (ヘルダー)　354 ; (I) 44
ルベーグ可積分　64, 70, 74
完全な集合　3
カントール集合　9, 41, 134, 354, 414
　　　定数切開　41
カントール・ダスト　51, 367
カントール – ルベーグ
　　　関数　41, 135, 355, 414
　　　定理　103
完備
　　　L^2　170
　　　距離空間　75
　　　測度空間　282
完備化
　　　測度空間　333
　　　ヒルベルト空間　181 ; (I) 74
　　　ボレル集合のなす σ–代数　25
基底
　　　正規直交　175
　　　代数的　215
求長可能な曲線 (長さをもつ曲線)　123, 143, 356
境界　3
境界値関数　232
強収束　211
共役　195, 237
共役ポアソン核　271
極限

点　3
　　半径に沿った　185
　　非接　210
極座標　296 ; (I) 180
局所可積分関数　114
曲線
　　求長可能 (長さをもつ)　123, 143, 356
　　空間を埋め尽くす　374, 409
　　コッホ　362, 365, 409
　　準単純　147, 356
　　単純　146, 356 ; (I) 102 ; (II) 20
　　長さ　123
　　閉, 単純　146 ; (I) 101 ; (II) 20
距離 (distance)
　　2 点の間の　2
　　ハウスドルフ　369
　　二つの集合の間の　2, 284
距離 (metric)　284
　　外測度　284
　　空間　283
近似単位元　117 ; (I) 49
均質な集合　412
空間を埋め尽くす曲線　374, 409
矩形　4
　　可測　293
　　体積　4
鎖
　　2 進正方形　377
　　4 乗ベキ区間　376
グラフの下の部分の面積　92
グラム – シュミット法　178
グリーン
　　核　218 ; (II) 219
　　公式　334
恒等作用素　193 ; (II) 47
勾配　250
コーシー
　　積分　191, 234 ; (II) 47
　　測度　103
　　列　170 ; (I) 23 ; (II) 5
コーシー – シュヴァルツの不等式　169, 173 ; (I) 72
個数測度　279
弧長パラメータ付け　145 ; (I) 102
コッホ曲線　362, 365, 409

固有値　198；(I) 234
固有ベクトル　198
孤立点　3
混合的　323
コンパクト集合　3, 200；(II) 7
コンパクト線形作用素　201

最大
　　関数　108, 276
　　定理　109, 314
最大値原理　249；(II) 92
細分 (分割の)　125；(I) 283, 292
差集合　47
三角不等式　169, 173, 283
次元
　　ハウスドルフ　353
　　ミンコフスキー　357
自己共役作用素　203
自己相似　367
シフト　339
弱
　　解　238
　　収束　211
弱型不等式　109, 155, 165
弱調和関数　249
集合
　　一様に局所連結　415
　　規則的に縮む　116
　　差　47
　　自己相似　367
　　断面　82
　　柱　337
　　有界な偏心　116
集合の加法族　287
集合の正則性　386
集合の分割　304
縮小写像　340
シュタイナーの対称比　413
順序集合
　　線形　28, 52
　　半　52
準単純曲線　356
乗因子列　198, 214
乗算表象　235
乗法公式　95
シルピンスキー三角形　358

スツルム−リューヴィル　197, 218
スペクトル (spectral)
　　族　325
　　定理　203, 325；(I) 234
　　分解　325
スペクトル (spectrum)　203, 332
正規
　　作用素　215
　　数　340
正規直交
　　基底　175
　　集合　175
生成空間　179
正則化　223
正の変動
　　関数　127
　　測度　305
整列可能
　　原理　28, 52
整列順序集合　28
積 (直積)
　　集合　90
　　測度　293
積分作用素　199
　　核　199
積分の微分　107
絶対連続
　　関数　136
　　測度　305
絶対連続性
　　ルベーグ積分の　71
線形作用素 (変換)　192
　　可逆　332
　　共役　195
　　恒等　193
　　コンパクト　201
　　スペクトル (spectrum)　332
　　正　326
　　対角化　198
　　対称　203
　　ノルム　193
　　ヒルベルト−シュミット　199
　　有界　192
　　有限階　201
　　連続　193
線形順序　28, 52

429

線形汎関数　194
　　零空間　194
前測度　287
選択公理　28, 52
前ヒルベルト空間　181, 240 ; (I) 74
全変動
　　関数　126
　　測度　304

相似変換　366
　　比率　366
　　分離的　371
測度　279
　　外　280
　　個数　279
　　絶対連続　305
　　外側　280
　　台　305
　　互いに特異な　305
　　ハウスドルフ　351
　　符号つき　303
　　ルベーグ　17
測度空間　279
　　完備　282
測度収束　103
ソボレフの埋蔵定理　273

台
　　関数　58
　　測度　305
対称
　　差　23
　　線形作用素　196, 203
互いに特異な測度　305
畳み込み　80, 102 ; (I) 44, 140, 239
ダランベールの公式　238
単
　　関数　29, 55, 290
単位円板　185 ; (II) 6
単位球の体積　100, 334 ; (I) 209
単位球面の面積　334 ; (I) 209
単純
　　曲線　356
単調収束定理　68
断面　386
　　関数　81
　　集合　82

チェビシェフの不等式　98
中線定理　188
稠密な関数の族　77
跳躍
　　関数　141
　　不連続　140 ; (I) 64
調和関数　248 ; (I) 20 ; (II) 28
直和　190
直角である元　175
直交
　　元　175
　　射影　190
　　補空間　189

ティーツェの拡張原理　261
ディニ数　131
ディラックのデルタ関数　118, 302
ディリクレ
　　核　191 ; (I) 37
　　原理　244, 258
　　積分　245
　　問題　244 ; (I) 20, 27, 65, 171 ; (II) 215, 218

等周不等式　153 ; (I) 102, 121
同値な関数　75
等長作用素　211
等直径不等式　352, 414
同等　360
特殊三角形　263
特性
　　関数　29
　　多項式　236, 273
凸
　　関数　163
　　集合　37
トネリの定理　87

内積　168 ; (I) 70
内部
　　集合の　3
　　内点　3
滑らかな関数　236

二重写像　323
2乗可積分関数　168
2進
　　正方形　377

対応　378
誘導写像　378
有理数　376

熱核　120 ; (I) 119, 146, 210

のこぎり歯関数　214 ; (I) 61, 83
ノルム
　　$L^1(\mathbb{R}^d)$　75
　　$L^2(\mathbb{R}^d)$　168
　　線形作用素　193
　　ハーディ空間　186, 227
　　ユークリッド　2

ハイネ–ボレルの被覆性　3
ハウスドルフ
　　外測度　348
　　距離　369
　　最大原理　52
　　次元　353
　　測度　351
　　強い意味の次元　353
柱集合　337
パーセヴァルの等式　178, 184 ; (I) 79
ハーディ空間　186, 217, 227
半径に沿った極限　185

非可測集合　26, 48, 89
非接極限　210
ピタゴラスの定理　175 ; (I) 71
被覆次元　410
被覆補題
　　ヴィタリ　110, 137, 162
微分積分学の基本定理　106
標準化
　　増加関数　298
標準形　55
ヒルベルト空間　172 ; (I) 74
　　L^2　168
　　正規直交基底　175
　　無限次元　179
　　有限次元　179
ヒルベルト空間の可分　171, 173
ヒルベルト–シュミット作用素　199
ヒルベルト変換　235, 271

ファトゥーの定理　185
ファトゥーの補題　66

フェイェール核　120 ; (I) 54, 164
複素数値関数　73
符号つき測度　303
不等式
　　コーシー–シュヴァルツ　169, 173 ; (I) 72
　　三角　169, 173
　　等周　153 ; (I) 102
　　等直径　352, 414
　　ブルン–ミンコフスキー　37, 53
　　ベッセル　177 ; (I) 79
負の変動
　　関数　127
　　測度　305
フビニの定理　81, 293
部分空間
　　線形　187
　　閉　187
不変
　　関数　320
　　集合　320
　　ベクトル　312
フラクタル　353
ブラシュケ因子　242 ; (II) 26, 154, 221
プランシュレルの定理　222 ; (I) 184
フーリエ
　　L^1 上の変換　95
　　L^2 上の変換　222, 226
　　級数　182 ; (I) 34 ; (II) 101
　　係数　182 ; (I) 15, 34
　　乗算作用素　214, 235
　　反転公式　94 ; (I) 141, 184 ; (II) 116
ブルン–ミンコフスキーの不等式　37, 53
フレドホルムの択一定理　217
分極化　180, 196

ペアノ
　　曲線　374
　　写像　374
平均化問題　108
平均値の性質　229, 249, 334 ; (I) 152 ; (II) 102
平行移動　79 ; (I) 178
　　連続　80 ; (I) 133
閉集合　3, 283 ; (II) 6
閉包　3
平面　386
ヘヴィサイド関数　302

ベシコヴィッチ
  集合 386, 388, 400
  被覆補題 163
ベッセルの不等式 177 ; (I) 79
ペーリー–ウィーナーの定理 274 ; (II) 122
ベルグマン核 270
変数変換の公式 159 ; (I) 294
偏微分方程式
  楕円型 273
  定数係数 235
ポアソン
  核 120, 183, 232 ; (I) 37, 55, 150, 210 ; (II) 66, 79, 108, 113, 217
  積分表現 232 ; (I) 57 ; (II) 45, 66, 108
補集合 2
保測
  同型 310
  変換 310
ほとんどいたるところ, a.e. 32
ほとんど互いに交わらない (和) 5
ボレル
  $\mathbb{R}$ 上 298
  σ–代数 (σ–加法族) 25, 283
  集合 25, 283
  測度 285
ボレル–カンテリの補題 45, 69

密度の点 114
ミンコフスキー
  次元 357
  容量 147, 161

メリン変換 268 ; (II) 177

有界集合 3
有界収束定理 61
有界変動 124
有限階作用素 201
有限値関数 30
優収束定理 72
ユニタリー
  写像 179 ; (I) 144, 234
  同型 180
  同値 180

良い核 96, 117 ; (I) 48
4 乗ベキ区間 375

鎖 376
ラドン変換 389 ; (I) 201, 204
  最大 389
ラプラシアン 244

リースの表現定理 194, 308
リース–フィッシャーの定理 75
立方体 4
リトルウッドの原則 35
リプシッツ条件 98, 157, 161, 354, 387
リーマン可積分 44, 51, 62 ; (I) 31, 283, 292
リーマン–ルベーグの補題 102
ルジャンドル多項式 219 ; (I) 94
ルージンの定理 37
ルベーグ
  外測度 10
  可積分関数 64, 70, 74
  可測集合 17
  集合 115
  積分 55, 60, 64, 70
  分解 160
  密度 114
ルベーグ–スティルチェス積分 298
ルベーグ測度 17
  回転不変性 104, 161
  伸張の不変性 24, 79
  平行移動の不変性 24, 79, 335
ルベーグ測度の不変性
  回転 104, 161
  伸張 24, 79
  線形変換 104
  平行移動 24, 79, 335
ルベーグの微分定理 112, 129
ルベーグ–ラドン–ニコディムの定理 307

連続体仮説 104
連分数 311, 344

ロンスキアン 218

●訳者紹介

新井仁之（あらい・ひとし）
1959年神奈川県横浜市に生まれる．1982年早稲田大学教育学部理学科数学専修卒業．1984年早稲田大学大学院理工学研究科修士課程修了．現在は早稲田大学教育・総合科学学術院教授．理学博士．専攻は実解析学，調和解析学，ウェーブレット解析．

杉本　充（すぎもと・みつる）
1961年富山県南砺市に生まれる．1984年東京大学理学部数学科卒業．1987年筑波大学大学院数学研究科中退．現在は名古屋大学大学院多元数理科学研究科教授．理学博士．専攻は偏微分方程式論．

髙木啓行（たかぎ・ひろゆき）
1963年和歌山県海南市に生まれる．1985年早稲田大学教育学部理学科数学専修卒業．1991年早稲田大学大学院理工学研究科修了．信州大学理学部教授．理学博士．専攻は関数解析学．2017年11月逝去．

千原浩之（ちはら・ひろゆき）
1964年山口県下関市に生まれる．1990年京都大学工学部航空工学科卒業．1995年京都大学大学院工学研究科博士後期課程研究指導認定退学．現在は琉球大学教育学部教授．工学博士．専攻は偏微分方程式論．

実解析
——測度論，積分，およびヒルベルト空間　　プリンストン解析学講義 III

2017年12月20日　第1版第1刷発行
2024年6月20日　第1版第3刷発行

著　者……………………エリアス・M. スタイン，ラミ・シャカルチ
訳　者……………………新井仁之・杉本　充・髙木啓行・千原浩之 ©
発行所……………………株式会社 日本評論社
　　　　　　　　　　　　〒170-8474 東京都豊島区南大塚 3-12-4
　　　　　　　　　　　　電話：03-3987-8621 [営業部]　　https://www.nippyo.co.jp
企画・製作………………亀書房 [代表：亀井哲治郎]
　　　　　　　　　　　　〒264-0032 千葉市若葉区みつわ台 5-3-13-2
　　　　　　　　　　　　電話＆FAX：043-255-5676
印刷所……………………三美印刷株式会社
製本所……………………牧製本印刷株式会社
装　幀……………………駒井佑二

ISBN 978-4-535-60893-1　　Printed in Japan

プリンストン解析学講義I
フーリエ解析入門
エリアス・M・スタイン＋ラミ・シャカルチ[著]
新井仁之・杉本　充・髙木啓行・千原浩之[訳]

解析学の基本的アイデアや手法を有機的に学ぶための画期的入門書。プリンストン大学の講義から生まれたシリーズの第1巻。全4巻。　◆A5判／定価4,620円(税込)

プリンストン解析学講義II
複素解析
エリアス・M・スタイン＋ラミ・シャカルチ[著]
新井仁之・杉本　充・髙木啓行・千原浩之[訳]

数学の展望台ともいうべき複素解析の世界を、基本とともに、より豊かな広がりと奥行きのなかで学ぶ。画期的入門書シリーズの第2巻。　◆A5判／定価5,170円(税込)

ルベーグ積分講義[改訂版]
新井仁之[著]　　ルベーグ積分と面積0の不思議な図形たち

面積とはなんだろうかという基本的な問いかけからはじめ、ルベーグ測度、ハウスドルフ次元を懇切丁寧に記述し、さらに掛谷問題を通して現代解析学の最先端の話題までをやさしく解説した。　◆A5判／定価3,190円(税込)

これからの微分積分
新井仁之[著]

高校の微積分からの接続と大学1年の線形代数に配慮し、学生からの質問や教科書には書きにくいコメントも随所に入った丁寧なテキスト。◆A5判／定価3,300円(税込)

常微分方程式入門
大信田丈志[著]　　　　　　　　　物理を使うすべての人へ

常微分方程式は応用数学の出発点だ。何が本質で重要かを考えながら行ってきた、物理工学系1年生の授業から生まれた画期的入門書。　◆菊判／定価3,520円(税込)

日本評論社
https://www.nippyo.co.jp/